Essener Beiträge zur Mathematikdidaktik

Reihe herausgegeben von

Bärbel Barzel, Fakultät für Mathematik, Universität Duisburg-Essen, Essen, Deutschland

Andreas Büchter, Fakultät für Mathematik, Universität Duisburg-Essen, Essen, Deutschland

Florian Schacht, Fakultät für Mathematik, Universität Duisburg-Essen, Essen, Deutschland

Petra Scherer, Fakultät für Mathematik, Universität Duisburg-Essen, Essen, Deutschland

In der Reihe werden ausgewählte exzellente Forschungsarbeiten publiziert, die das breite Spektrum der mathematikdidaktischen Forschung am Hochschulstandort Essen repräsentieren. Dieses umfasst qualitative und quantitative empirische Studien zum Lehren und Lernen von Mathematik vom Elementarbereich über die verschiedenen Schulstufen bis zur Hochschule sowie zur Lehrerbildung. Die publizierten Arbeiten sind Beiträge zur mathematikdidaktischen Grundlagen- und Entwicklungsforschung und zum Teil interdisziplinär angelegt. In der Reihe erscheinen neben Qualifikationsarbeiten auch Publikationen aus weiteren Essener Forschungsprojekten.

Weitere Bände in der Reihe http://www.springer.com/series/13887

Raja Herold-Blasius

Problemlösen mit Strategieschlüsseln

Eine explorative Studie zur Unterstützung von Problembearbeitungsprozessen bei Dritt- und Viertklässlern

 Springer Spektrum

Raja Herold-Blasius
Essen, Deutschland

Dissertation der Universität Duisburg-Essen, 2019
Von der Fakultät für Mathematik der Universität Duisburg-Essen genehmigte
Dissertation zur
Erlangung des Doktorgrades der Naturwissenschaften „Dr. rer. nat."
Datum der Disputation: 18. Dezember 2019
Erstgutachter: Prof. Dr. Benjamin Rott, Universität zu Köln
Zweitgutachter: Prof. Dr. Timo Leuders, Pädagogische Hochschule Freiburg

ISSN 2509-3169   ISSN 2509-3177 (electronic)
Essener Beiträge zur Mathematikdidaktik
ISBN 978-3-658-32291-5   ISBN 978-3-658-32292-2   (eBook)
https://doi.org/10.1007/978-3-658-32292-2

Die Deutsche Nationalbibliothek verzeichnet diese Publikation in der Deutschen Nationalbibliografie; detaillierte bibliografische Daten sind im Internet über http://dnb.d-nb.de abrufbar.

Planung/Lektorat: Carina Reibold
Springer Spektrum ist ein Imprint der eingetragenen Gesellschaft Springer Fachmedien Wiesbaden GmbH und ist ein Teil von Springer Nature.
Die Anschrift der Gesellschaft ist: Abraham-Lincoln-Str. 46, 65189 Wiesbaden, Germany

Für Dominic und Carla

Geleitwort

Kennengelernt habe ich Raja Herold (damals noch ohne „-Blasius") im Sommer 2013. Nachdem wir uns zuvor schon ein paar Mal über den Weg gelaufen waren, waren es eine internationale Konferenz in Kiel und insbesondere die Bahnfahrt von Freiburg dorthin, auf der wir uns die ersten Male intensiv ausgetauscht haben. Gemeinsame Forschungs- (u. a. Problemlösen) und Freizeitinteressen (insb. Brettspiele) waren schnell gefunden. Raja war damals seit kurzer Zeit Referendarin, ich noch relativ frisch gebackener Postdoc an der PH Freiburg.

Von der Postdoc-Stelle in Freiburg bin ich im Sommer 2014 auf eine Junior-Professur an die Universität Duisburg-Essen gewechselt und konnte Raja nach Abschluss ihres Referendariats mit einem Promotionsstipendium als erstes Mitglied meiner Arbeitsgruppe gewinnen. Von Beginn an hat sie sich mit großem Engagement in die (wissenschaftliche) Arbeit gestürzt und gleichzeitig den kompletten Arbeitsbereich der Mathematikdidaktik im besten Sinne aufgemischt.

Drei Jahre später, im Sommer 2017, bin ich an die Universität zu Köln gewechselt. Raja Herold-Blasius war zu diesem Zeitpunkt mit ihrem Mann und ihrer ersten Tochter so fest im Ruhrpott verankert, dass sie dieses Mal nicht mitgewechselt ist. Sie ist an der Uni in Essen geblieben und hat dort erste Lehrerfahrungen sammeln können. Ihre Dissertation hat Raja im Herbst 2019 eingereicht und im Dezember desselben Jahres erfolgreich verteidigt.

Apropos Dissertation: In der vorliegenden Arbeit findet sich eine spannende Studie, in der verschiedene, bisher vernachlässigte Bereiche untersucht und miteinander in Verbindung gebracht werden – eine echte Pionierarbeit. Man mag es kaum glauben, aber Hilfekarten – die zum Standardrepertoire vieler Lehrer*innen und insbesondere Referendar*innen gehören – sind wissenschaftlich bislang kaum untersucht worden. Und wenn es dann um Hilfekarten für besonders anspruchsvolle Tätigkeiten wie das mathematische Problemlösen geht, wird der Forschungsstand richtig dünn. Dieser Forschungslücke hat sich Raja Herold-Blasius angenommen und hier beachtliche Fortschritte erzielt, sowohl was die theoretische Einordnung von Hilfekarten, als auch was eine empirische Untersuchung ihrer Wirkungsweise anbelangt. In Bezug auf die theoretische Einordnung werden – neben Hilfekarten – die Konzepte Prompts, Nudges und Scaffolding aus unterschiedlichen Forschungsdisziplinen und -traditionen aufbereitet und zueinander in Beziehung gesetzt – nach meiner Kenntnis die erste Synthese dieser Art. In Bezug auf das empirische Studium werden qualitativ Typen herausgearbeitet, mit denen dargestellt werden kann, wie Schüler*innen die untersuchten Hilfen nutzen.

Ganz konkret hat sie allgemein-strategische Hilfen, d. h. heuristische Hinweise und Anregungen in Form sogenannter Strategieschlüssel, untersucht. Dieses „Werkzeug" wird jetzt schon von vielen Lehrer*innen eingesetzt und findet in Zukunft hoffentlich noch weitere Verbreitung, denn mit ihm können Schüler*innen zu mehr Eigenständigkeit beim Problemlösen angeleitet werden. Es bedarf sicherlich noch weiterer Forschung zu diesen und ähnlichen Hilfekarten, beispielsweise was ihre Langzeitwirkung anbelangt oder welche Schülergruppen am meisten von ihnen profitieren. Aber dass sie wirken können und auf welchen Ebenen dies geschieht, dazu liegen jetzt die ersten Erkenntnisse vor.

Ich wünsche allen Leser*innen eine interessante Lektüre.

Prof. Dr. Benjamin Rott

Kurzzusammenfassung

Lernhilfen in Form von Hilfe- oder auch Tippkarten werden als Methode und Material zur Differenzierung im Unterricht eingesetzt. Ob Hilfekarten Lernende tatsächlich dabei unterstützen, Hürden zu überwinden, ist bisher unzureichend geklärt. Für die vorliegende Untersuchung dienen sogenannte Strategieschlüssel als Interventionsinstrument. Strategieschlüssel sind schülerbezogene Impulskarten, die Problemlösestrategien und selbstregulatorische Aktivitäten anregen sollen. Mit diesem Material werden Lernenden insgesamt acht heuristische Impulse auf sprachlicher und visueller Ebene angeboten, z. B. „Male ein Bild" oder „Finde ein Beispiel". Dabei dürfen die Lernenden selbst entscheiden, ob, wann und auf welche Schlüssel sie ggf. zurückgreifen möchten.

Die theoretische Einbettung der Strategieschlüssel mit Hilfe von vier theoretischen Konzepten (Hilfekarten, Prompts, Nudges und Scaffolding) lässt vermuten, dass die Strategieschlüssel den Einsatz von Strategien triggern und die Selbstregulation im Bearbeitungsprozess anregen.

Zur Untersuchung der Strategieschlüssel im Rahmen einer explorativen Studie bietet sich inhaltlich das mathematische Problemlösen an. Hier treffen Schülerinnen und Schüler naturgemäß Hürden an, die es zu überwinden gilt und die ggf. mit Hilfe der Strategieschlüssel überwunden werden können.

Das Erkenntnisinteresse der vorliegenden Arbeit besteht darin, zu untersuchen, auf welche Art und Weise die Strategieschlüssel den Problembearbeitungsprozess von Dritt- und Viertklässlern beeinflussen. Dazu wird betrachtet, (a) wie die Nutzung der Strategieschlüssel mit dem Problembearbeitungsprozess (konkretisiert durch Phasen (Episodentypen), den Heurismeneinsatz und den Lösungserfolg) zusammenhängt; (b) welche Weisen der Strategieschlüsselnutzung sich unterscheiden lassen; (c) welche selbstregulatorischen Tätigkeiten mit der

Strategieschlüsselnutzung zusammen hängen und (d) welche Muster bei der Strategieschlüsselnutzung unter Verwendung der Erkenntnisse der Forschungsfragen (a) bis (c) beschrieben werden können.

Zur Beantwortung der Fragen wurden Dritt- und Viertklässler beim Bearbeiten von mathematischen Problemlöseaufgaben in Form von aufgabenbasierten Interviews videografiert. Insgesamt wurden 41 Problembearbeitungsprozesse aufgezeichnet. Diese wurden dann in Teilen transkribiert und auf vier verschiedene Weisen kodiert: (1) Phasen im Problembearbeitungsprozess, (2) Heurismen, (3) externe Impulse, z. B. durch Strategieschlüssel, und (4) Lösungserfolg. Die Datenauswertung erfolgte mit Hilfe quantitativer (z. B. χ^2-Unabhängigkeitstest) und qualitativer Methoden (z. B. Qualitative Inhaltsanalyse).

Die quantitativen Analysen ergaben einen statistisch hoch signifikanten Zusammenhang zwischen der Schlüsselinteraktion, dem Heurismeneinsatz und dem Wechsel zwischen Episodentypen. Durch die qualitativen Analysen wurde gezeigt, dass die Strategieschlüssel auf neun verschiedene Weisen genutzt werden, den Einsatz von Heurismen triggern und selbstregulatorische Tätigkeiten bei den Schülerinnen und Schülern anregen. Darüber hinaus konnten neun Muster bzgl. der Interaktion mit den Strategieschlüsseln identifiziert werden.

Abstract

In teaching, aid or tip cards are often used as method or material to support learning in a heterogenous classroom. However, it is still to investigate whether or not such cards actually support students to overcome obstacles in a working process. For this study, so called strategy keys were utilised as instrument for intervention. Strategy keys are prompt cards to trigger mathematical problem solving heuristics and self-regulatory activities. Therefore, this material provides eight heuristic prompts (e. g. „Draw a picture" or „Find an example"), formulated and visualized according to student needs, who are then allowed – in the intervention – to decide on their own if, when, and which strategy keys they want to use.

From a theoretical perspective, strategy keys are embedded in four concepts: aid cards, prompts, nudges, and scaffolding. With this theoretical framework, it is assumed that strategy keys can trigger the use of (problem solving) strategies and foster students' self-regulation during a working process.

To investigate the use of strategy keys within an explorative study, mathematical problem solving is a suitable content since students naturally encounter barriers they are asked when working with mathematical problems – and strategy keys are likely to help them during that process.

The research interest of this study is to investigate how strategy keys influence problem solving processes of primary school students. To answer this, four sub-questions are focused: (a) How is the use of strategy keys related to the problem solving process (episodes in the process, the use of problem solving heuristics or the final success); (b) How can the use of strategy keys be distinguished from each other; (c) Which self-regulatory activities relate to the use of strategy keys; and (d) Which patterns of strategy key usage can be described using the results from questions (a) to (c).

To answer these research questions, 16 students (aged 7–10 years, grades 3 and 4) were videotaped when working on mathematical problems. In total, 41 problem-solving processes were recorded. All of them were partially transcribed and coded in four different ways: (1) episodes within a problem solving process, (2) heuristics, (3) external prompts, e. g. through strategy keys and (4) success. For data analyses, quantitative and qualitative methods are used (e. g. χ^2-tests and qualitative content analyses).

Quantitative analyses show a high statistical correlation between the interaction with strategy keys, the use of heuristics, and the change between episodes. Qualitative analyses discovered nine different ways of using strategy keys, showed that the use of heuristics is triggered, and self- regulatory activities are supported when interacting with strategy keys. Moreover, nine patterns of key usage could be identified.

Inhaltsverzeichnis

Abbildungsverzeichnis

Tabellenverzeichnis

Einleitung

Lernhilfen in Form von kleinen Karten werden als Methode und Material immer wieder zur Differenzierung im Unterricht verschiedener Jahrgangsstufen eingesetzt (siehe Kapitel 3) und mittlerweile im Rahmen von Aus- und -Fortbildungen Lehrkräften vorgeschlagen (z. B. Klinger et al. 2018 oder Bildungsserver Rheinland-Pfalz).

Lernhilfen in diesem Sinne können als Hilfe-, Tipp- oder Impulskarten bezeichnet werden, wobei in der vorliegenden Arbeit der Begriff *Hilfekarten* benutzt wird. Es handelt sich jedoch stets um Karten mit Hinweisen, die verschriftlicht oder verbildlicht auf Papier zur Verfügung stehen, um Schülerinnen und Schüler verschiedener Altersstufen dabei zu unterstützen, Schwierigkeiten beim Bearbeiten von Aufgaben eigenständig zu überwinden. So werden Hilfekarten als Lernhilfen für den Unterricht von Bildungsministerien (z. B. Jost 2015) oder im Rahmen von Forschungsprojekten (z. B. Haas et al. 2002), aber auch in allgemeinen pädagogischen und methodischen Ratgebern und Praxisheften (z. B. Kostka 2012) empfohlen. Der Einsatz von Hilfekarten im Unterricht scheint also gängige Praxis zu sein, insbesondere in der Grundschule (z. B. Eichholz und Selter 2018; Kostka 2012), aber auch in der Sekundarstufe I und in höheren Klassen (z. B. Sinterhauf und Schöning o. D.).

Dabei besteht die zugrundeliegende Intention darin, dass Hilfekarten Schülerinnen und Schülern auf ihrem individuellen Leistungsniveau helfen, Schwierigkeiten zu überwinden (Koenen und Emden 2016). Es gibt allerdings kaum Studien, in denen der Einfluss von Hilfekarten in Lernprozessen oder in Unterrichtssituationen untersucht wurde. Es ist deswegen unzureichend geklärt, ob Hilfekarten tatsächlich den gewünschten Effekt erzielen und beim Lernen helfen. Am Beispiel von sogenannten Strategieschlüsseln (siehe Kapitel 2) wird ein Beitrag zur Klärung dieser Frage geleistet. Das Erkenntnisinteresse dieser Arbeit besteht damit darin, den Einfluss der Strategieschlüssel auf Bearbeitungsprozesse zu untersuchen.

© Der/die Autor(en), exklusiv lizenziert durch Springer Fachmedien Wiesbaden GmbH, ein Teil von Springer Nature 2021
R. Herold-Blasius, *Problemlösen mit Strategieschlüsseln*, Essener Beiträge zur Mathematikdidaktik, https://doi.org/10.1007/978-3-658-32292-2_1

Die Strategieschlüssel dienen für die vorliegende Untersuchung als Interventionsinstrument. Sie sind schülerbezogene Impulskarten, die Problemlösestrategien und selbstregulatorische Aktivitäten anregen sollen. Insgesamt werden acht Strategieschlüsseln zu einem Schlüsselbund zusammengeführt. Jeder Schlüssel bietet den Schülerinnen und Schülern Hinweise auf sprachlicher und visueller Ebene an, z. B. „Male ein Bild" oder „Erstelle eine Tabelle" (siehe Abbildung 2.1). Ziel der Strategieschlüssel ist es, bereits bekannte heuristische Strategien während eines Bearbeitungsprozesses zu aktivieren. Arbeiten Schülerinnen und Schülern mit den Schlüsseln, dürfen sie selbst entscheiden, ob, wann und auf welche Strategieschlüssel sie ggf. zurückgreifen möchten.

Eine Schwierigkeit besteht nun darin, die Strategieschlüssel als stark praxisorientiertes Material theoretisch sinnvoll einzubetten und so präzise zu fassen. Dazu werden zu den Schlüsseln verwandte Instruktionsformen genutzt. Zur theoretischen Fundierung werden die Strategieschlüssel also mit Hilfe von vier Konzepten beleuchtet und in Verbindung gebracht: Hilfekarten (Kapitel 3), Prompts (Kapitel 4), Nudges (Kapitel 5) und Scaffolding (Kapitel 6). Welche Erkenntnisse aus den einzelnen Konzepten gewonnen werden können, wird nun nacheinander erläutert.

Hilfekarten sollen Schülerinnen und Schülern dabei unterstützen, „ihr Handeln selbst [zu] regulieren" (ebd., S. 25) und auf Schwierigkeiten während eines Bearbeitungsprozesses zu reagieren. Allerdings wurden Hilfekarten bislang weder theoretisch fundiert noch empirisch umfassend untersucht. Stattdessen kann vorwiegend auf Praxisbeiträge zurückgegriffen werden, denn Hilfekarten sind in der Schule etabliert. Es wird allerdings vermutet, dass Hilfekarten die Selbstregulation von Lernenden unterstützen (Braun 2020; Koenen und Emden 2016). Um auf theoretischer und empirischer Ebene mehr über die Strategieschlüssel zu erfahren, ist das Konzept *Hilfekarten* unzureichend. Für die schulische Nähe, die die Strategieschlüssel als konkretes Material mit sich bringen, ist das Konzept dennoch spannend.

Der Begriff *Prompts* stammt aus der Lehr- und Lernpsychologie. Darunter werden externe Impulse verstanden, mit denen bei Lernenden bereits bekannte (Lern-)Strategien abgerufen und aktiviert werden sollen (Bannert 2009; Berthold, Nückles und Renkl 2007). Prompts sind vom Lernenden nicht frei einsetzbar oder wählbar. Sie werden zu festgelegten Zeitpunkten vom Lehrenden oder dem Computer vorgegeben (Bannert 2009). Bisher wurde vor allem in Laborsituationen untersucht, welchen Einfluss Prompts auf das Lernverhalten und den Einsatz von Lernstrategien bei Studierenden in streng kontrollierten Lernumgebungen haben. Prompts werden als Strategie-Aktivatoren verstanden (Reigeluth und Stein 1983; Hasselhorn 1996) und beeinflussen das Strategieverhalten in Lernprozessen positiv (Stark et al. 2008). Außerdem verbessern sie die Selbstregulation, zumindest bei Studierenden (Hübner, Nückles und Renkl 2006). Es bleibt unklar, wie genau Prompts einen Aufgabenbearbeitungsprozess beeinflussen und an welchen Stellen im Lernprozess dies ggf. geschieht (Bannert 2009; Hoffman und Spatariu 2011; Stark et al. 2008). Qualitative Untersuchungen wurden bislang kaum durchgeführt. Allerdings werden insbesondere qualitative Tiefenanalysen zunehmend gefordert (Bannert 2009). Dadurch kann beispielsweise besser verstanden werden, auf welche Art und Weise der Prozess des Promptings verläuft und an welchen Stellen im Lernprozess Lernende wie genau auf Prompts zurückgreifen.

Die Strategieschlüssel können zweifelsohne als Prompts gedeutet werden. Deswegen ist ein entsprechender Rückgriff auf die Forschungsergebnisse der Lehr-Lernpsychologie möglich. Allerdings passt das streng kontrollierte Design der psychologischen Forschung nicht zur Idee der Strategieschlüssel. Immerhin sollen die Kinder selbst bestimmen, ob sie mit den Schlüsseln arbeiten wollen und welchen Schlüssel sie ggf. auswählen. Das Konzept der Prompts genügt also nicht für eine umfassende theoretische Fundierung der Strategieschlüssel.

Das Konzept der *Nudges* stammt aus der Wirtschaftsökonomie. Mit Nudges werden Personen im Sinne des libertären Paternalismus durch Impulse in eine vorher intendierte Richtung „gestupst" (Thaler und Sunstein 2008). So wählen Schülerinnen und Schüler in einer Schulkantine beispielsweise das gesündere Essen aus, wenn es besser sichtbar und zugänglich ist als ungesünderes Essen (z. B. weil es auf Augenhöhe angeordnet ist) (ebd.). Für den konkreten Unterricht bedeutet das, dass eine Lehrperson Lernumgebungen vorher auswählt und gestaltet. Auf diese Art soll der Lernende einen von der Lehrperson intendierten Weg eigenständig erkennen und von sich aus auswählen (Stein 2014; 2017).

Das Konzept der Nudges steht im Zusammenhang mit den Strategieschlüsseln, weil der Schlüsselbund eine durch die Lehrkraft bzw. im vorliegenden Studiendesign durch die Interviewerin getroffene Vorauswahl möglicher Strategien darstellt. Die Lernenden dürfen freiwillig auf die Strategieschlüssel zurückgreifen. Sie entscheiden, ob, wann und ggf. welchen Schlüssel sie nutzen möchten. Es steht ihnen allerdings auch frei, andere Strategien für ihren Problembearbeitungsprozess zu nutzen. Grundsätzlich steht ihnen aber ein didaktisch reduzierter Rahmen – im Kontext der Nudges auch Wahlarchitektur genannt – zur Verfügung. Studien wurden bislang vorwiegend zu wirtschaftlichen und gesundheitsfördernden Bereichen durchgeführt (z. B. Schmidt et al. 2016; Hansen et al. 2016). Im schulischen Kontext sind bislang keine Studien zum Konzept der Nudges bekannt. Deswegen kann für die vorliegende Studie auf keine direkt verwertbaren Forschungsergebnisse zurückgegriffen werden. Das Konzept der Nudges ist für die theoretische Fundierung der Strategieschlüssel dennoch wertvoll, da nur dadurch die wesentliche Facette der Wahlfreiheit adressiert werden kann.

Beim *Scaffolding* werden im Vergleich zu den bisherigen Konzepten erstmals (mindestens) zwei Personen, nämlich ein Lehrender und ein Lernender, und deren Interaktion miteinander betrachtet. Bei einer Scaffoldingmaßnahme begleitet eine Lehrperson den Lernprozess der Schülerin bzw. des Schülers und bietet Unterstützung auf einem individuellen Niveau an (Wood, Bruner und Ross 1976). Auf diese Weise wird ein „Gerüst" in Form von beispielsweise sprachlichen oder strategischen Hilfen aufgebaut. Diese können durch eine lehrende Person (z. B. Tutorin bzw. Tutor oder Expertin bzw. Experte) und/oder gegenstandsbezogen mit Hilfe eines Materials gestaltet werden (Pöhler 2018). Die Schülerinnen und Schüler sollen die Unterstützung so lange in ihren Lern- und Erarbeitungsprozess integrieren, bis sie bereit sind, sich davon wieder zu lösen. Durch solche Scaffolding-Maßnahmen können dann unter anderem auch die selbstregulatorischen Fähigkeiten von Lernenden unterstützt werden (z. B. Molenaar, van Boxtel und Sleegers 2010; für einen detaillierten Überblick siehe van de Pol 2012).

Dieses Konzept findet im Rahmen der vorliegenden Arbeit Verwendung, weil die Strategieschlüssel als eine Scaffolding-Maßnahme interpretiert werden können. Sie geben spezifische, strategische Hilfen, die von der Lehrperson bzw. von der Interviewerin im Vorfeld ausgewählt wurden. Außerdem werden sie in den für Scaffolding-Maßnahmen häufigen Einzelinterviews eingesetzt.

Die Strategieschlüssel können darüber hinaus langfristig als ein Instruktionsmittel für den Mathematikunterricht angesehen werden. Für die hiesige Studie werden sie in dieser Form allerdings nicht eingesetzt. Stattdessen werden sie innerhalb einer einzelnen Lernsituation als Impuls genutzt und begleiten in diesem Sinne keinen Lernprozess, sondern ermöglichen vielmehr eine Momentaufnahme des individuellen Lernstandes. Das Konzept des Scaffoldings kann demnach nur mit Abstrichen für eine theoretische Fundierung genutzt werden.

Die Auseinandersetzung mit den vier theoretischen Konzepten zeigt auf, dass keines die Eigenschaften der Strategieschlüssel vollständig erfasst und theoretisch einbettet. Nur durch deren Zusammenführung und Gegenüberstellung (siehe Kapitel 7) gelingt ein umfassendes Bild und damit eine theoretische Fundierung der Strategieschlüssel.

Allen Konzepten gemein ist, dass mit ihnen ein Impuls angeboten wird, um einen (Entscheidungs- oder Lern-)Prozess voran zu bringen. Durch verschiedene Studien konnte gezeigt werden, dass solche Impulse einerseits die Umsetzung von (Lern- und Problemlöse-)Strategien fördern (z. B. Mevarech und Kramarski 1997; Yilmaz, Seifert und Gonzalez 2010) und andererseits die Selbstregulation von Lernenden anregen oder sogar positiv beeinflussen (z. B. Hübner, Nückles und Renkl 2006).

Um nun zu untersuchen, welchen Einfluss die Strategieschlüssel auf Bearbeitungsprozesse von Mathematikaufgaben haben, müssen die Schülerinnen und Schüler in eine Situation gebracht werden, in der sie naturgemäß Hürden begegnen. So sollen sie angeregt werden, auf Hilfen in Form von Strategieschlüsseln zurückzugreifen. Inhaltlich bietet sich deswegen das mathematische Problemlösen an (siehe Kapitel 8), denn dort treffen Schülerinnen und Schüler auf dem Weg von einem Anfangs- zu einem Zielzustand Barrieren an, die überwunden werden müssen (Dörner 1979). Ein mathematisches Problem wird demnach verstanden als eine Aufgabe, bei der Schülerinnen und Schüler eine solche Barriere antreffen. Zu deren Überwindung steht nicht die Anwendung von einem bestimmten Verfahren oder Algorithmus zur Verfügung. Stattdessen kommen Problemlösestrategien (sogenannte Heurismen) zum Einsatz, um bereits vorhandenes Wissen neu zu kombinieren (Rott 2013; Lange 2013; Bruder und Collet 2011; Heinrich 2004; Mason, Burton und Stacey 2006; Leuders 2010).

Beim Überwinden von Hürden im Problembearbeitungsprozess können zwei Aspekte besonders unterstützend wirken: (1) der Einsatz von Heurismen (z. B. Bruder und Collet 2011; Leuders 2011; Rott 2018; siehe Kapitel 9) und (2) die Selbstregulation (Schoenfeld 1985; Rott 2014a; siehe Kapitel 10). Mit den Strategieschlüsseln sollen Schülerinnen und Schüler befähigt werden, eigenständig Barrieren in mathematischen Problembearbeitungsprozessen zu überwinden.

Resümierend aus den beiden theoretischen Teilen dieser Arbeit erscheint die Beobachtung des Einsatzes von Heurismen und der Selbstregulation im Zusammenhang mit den Strategieschlüsseln als in besonderem Maße Aufschluss versprechend (siehe Kapitel 12). Deswegen wird insgesamt vier Fragen nachgegangen, nämlich wie die Nutzung der Strategieschlüssel mit den Problembearbeitungsprozessen (konkretisiert durch Phasen, den Heurismeneinsatz und den Lösungserfolg) zusammenhängt; welche Nutzweisen der Strategieschlüssel sich unterscheiden lassen; welche selbstregulatorischen Tätigkeiten mit der Strategieschlüsselnutzung zusammen hängen und schließlich welche Muster bei der Strategieschlüsselnutzung beschrieben werden können. So soll die folgende, übergeordnete Forschungsfrage umfassend beantwortet werden: *Auf welche Art und Weise beeinflussen Strategieschlüssel die Problembearbeitungsprozesse von Dritt- und Viertklässlern?*

Zur Beantwortung dieser Fragen werden Dritt- und Viertklässler gebeten, mathematische Problemlöseaufgaben mit Strategieschlüsseln zu bearbeiten. Dies wird in Form von aufgabenbasierten Interviews realisiert, bei denen die Schülerinnen und Schüler gefilmt wurden (siehe Kapitel 13). Sie werden aufgefordert, während des gesamten Bearbeitungsprozesses laut zu denken (Ericsson und Simon 1993). Im Anschluss findet ein kurzes Interview statt, in dem die Schülerinnen und Schüler ihr Vorgehen erklären und ggf. den Einsatz der Strategieschlüssel detaillierter beschreiben sollten. Den Schülerinnen und Schülern werden sechs verschiedene Aufgaben zur Auswahl angeboten. Insgesamt arbeitet jedes Kind an ein bis vier Aufgaben. So ergibt sich eine Gesamtmenge von 41 Problembearbeitungsprozessen.

Für die Datenaufbereitung wird das Videomaterial in Teilen transkribiert und auf vier verschiedene Weisen kodiert (siehe Kapitel 14). Das übergeordnete Ziel der Kodierung besteht darin, einerseits den Problembearbeitungsprozess möglichst umfassend abzubilden und andererseits den Einfluss der Strategieschlüssel zu erfassen. Für die umfassende Beschreibung des Problembearbeitungsprozesses werden prozessorientierte Aspekte wie (1) dessen Phasen (Rott 2014a; 2013) und (2) die Heurismen (Rott 2018) erfasst. Es wird aber auch eine produktorientierte Kodierung vorgenommen – nämlich die (3) Lösungserfolg (Rott 2013). Für diese drei Kodierungen wird auf die von Benjamin Rott (2018; 2014a; 2013) entwickelten Kodiermanuale zurückgegriffen. Sie werden für die vorliegende Arbeit adaptiert und erweitert.

Um den Einfluss der Strategieschlüssel innerhalb der Problembearbeitungsprozesse zu erfassen, wird außerdem unter Verwendung der qualitativen Inhaltsanalyse nach Mayring (2010) ein eigenes Kodiermanual entwickelt. Die Kodierung von (4) externen Impulsen durch die Strategieschlüssel und die Interviewerin verdeutlicht, wann Einflüsse von außen auf den Problembearbeitungsprozess wirken. Die Objektivität der Kodierung dieser Impulse wird über die Bestimmung der Interraterreliabilität auf Validität überprüft (Bortz und Döring 2006).

Mit Hilfe dieser Kodierung werden die 41 Problembearbeitungsprozesse umfassend abgebildet und schließlich mit Blick auf die Fragestellung analysiert. Dabei kommt eine Mixed-Method-Vorgehensweise zur Anwendung (siehe Kapitel 15). Zuerst werden die Problembearbeitungsprozesse auf quantitative und dann auf qualitative Weise analysiert. Durch die quantitativen Analysen (siehe Kapitel 16) wird ein Überblick über die Daten sowie eine statische Untersuchung der Schlüsselinteraktion möglich. Innerhalb der qualitativen Analysen (siehe Kapitel 17) werden die einzelnen Problembearbeitungsprozesse beschrieben, gruppiert und auf Muster untersucht.

Im Fazit (siehe Kapitel 18) werden die Forschungsergebnisse schließlich zusammengefasst und in einer Gesamtschau diskutiert. Dabei tun sich einerseits weiterführende Fragen auf, wie etwa nach dem Mehrwert der Strategieschlüssel, wenn sie langfristig im Unterricht eingesetzt werden oder nach der Übertragbarkeit der Ergebnisse auf andere Schülergruppen. Andererseits werden die Grenzen der vorliegenden Untersuchung deutlich. So zeigt sich etwa, dass das Verhalten der Interviewerin optimiert werden kann und die Stichprobe mit 16 Kindern zu klein ist für generalisierbare Aussagen.

Teil I
Theoretische Verortung der Strategieschlüssel

In diesem ersten theoretischen Teil der vorliegenden Arbeit werden zunächst die einzelnen Strategieschlüssel und damit das Interventionsinstrument dieser Untersuchung vorgestellt (siehe Kapitel 1). Eine Schwierigkeit besteht nun darin, die Strategieschlüssel als praxisorientiertes Material theoretisch sinnvoll einzubetten und damit zu fundieren. Deswegen stellen sich für dieses Dissertationsprojekt verschiedene Fragen,

• Wie können die Strategieschlüssel theoretisch präzise gefasst werden?
• Zu welchen bekannten Instruktionsformen sind die Strategieschlüssel verwandt?
• Welche Erkenntnisse können aus den dazugehörigen Theorien gewonnen werden?

Diese Fragestellungen werden innerhalb dieses ersten theoretischen Teils thematisiert, indem zunächst vier verschiedene, theoretische Konzepte vorgestellt und beschrieben werden sowie deren Forschungsstand aufgearbeitet wird. Als wesentliche Konzepte, die mit den Strategieschlüsseln in Verbindung gebracht werden können, wurden diese vier identifiziert:

• Hilfekarten (Kapitel 2): ein aus der Schulpraxis gewachsenes Konzept mit wenig Forschungshintergrund,
• Prompts (Kapitel 3): ein Konzept aus der Lehr-Lern-Psychologie, das zwar umfassend erforscht, allerdings in der Schulpraxis kaum verwendet und nicht untersucht wurde,
• Nudges (Kapitel 4): ein der Wirtschaftsökonomie entstammendes Konzept, in dem die Freiheit auszuwählen eine tragende Rolle spielt und
• Scaffolding (Kapitel 5): ein Konzept aus der Psychologie, das häufig im (Fremd-)Sprachunterricht eingesetzt wird, um langfristige Lernprozesse zu begleiten und zu unterstützen.

Diese vier Konzepte werden in den nächsten Kapiteln vorgestellt und verglichen. An dieser Stelle sei bereits darauf hingewiesen, dass keines der Konzepte vollständig zu den Strategieschlüsseln passt, sie sich aber gegenseitig ergänzen.

Die Verbindung zwischen dem jeweiligen Konzept und den Strategieschlüsseln sowie der jeweilige Erkenntnisgewinn werden herausgearbeitet (siehe Kapitel 6).

Strategieschlüssel – Das Interventionsinstrument

Das in dieser Arbeit eingesetzte Interventionsinstrument basiert auf den von Kathleen Philipp (2013) entwickelten Impulsschlüsseln. Sie bot Fünft- und Sechstklässlern *„Impulse in Form von Schlüsseln"* (ebd., S. 111, Hervorhebungen im Original) an, um so Strategien für das mathematische Experimentieren zu vermitteln. Sie nutzte insgesamt fünf Impulsschlüssel in ihrer Studie: „Schreibe einige Beispiel auf.", „Schreibe Beispiele geordnet auf. (z. B. als Liste oder Tabelle)", „Suche eine andere Darstellung. (z. B. eine Zeichnung oder Rechnung)", „Schreibe eine Vermutung auf. (Was fällt dir auf?)", „Überprüfe deine Vermutung. (z. B. Finde ich ein Gegenbeispiel?)" (ebd., S. 112; siehe auch Philipp und Herold-Blasius 2016).

Im Projekt *Mathe sicher können* (gefördert durch die Deutsche Telekom Stiftung) wurden die Impulsschlüssel aus dem Kontext des mathematischen Experimentierens in einen allgemeinen mathematikdidaktischen Kontext gesetzt. Im Teilprojekt *Lernförderliche Unterrichtsmethoden* wurden sogenannte Strategieschlüssel als eine Methode zur Differenzierung im Unterricht ab der fünften Klasse angeboten (Barzel et al. 2014). Hierbei wurden zwei Schlüsselbunde unterschieden: (1) Ein grüner Schlüsselbund mit allgemeinen Heurismen und metakognitiven Strategien (z. B. „Mache eine Skizze und beschrifte sie!", „Beschreibe die Aufgabe in deinen eigenen Worten!" oder „Erkläre deine Lösungsideen oder dein Problem deinem Nachbarn!") und (2) ein roter Schlüsselbund mit themenspezifischen Hinweisen abhängig von der jeweiligen Unterrichtseinheit (z. B. „Beachte die Einer-, Zehner- und Hunderterstellen!", „Es gilt 1 Liter = 1 dm^3." oder „Eine Fläche wird in Quadratmetern (m^2) angegeben. Ein Volumen wird in Kubikmetern (m^3) angegeben.") (vgl. ebd.). Die Unterscheidung zwischen allgemeinen und kontextspezifischen Hinweisen wurde auch von Kramarski, Weiss und Sharon (2013) genutzt. Sie untersuchten,

© Der/die Autor(en), exklusiv lizenziert durch Springer Fachmedien Wiesbaden GmbH, ein Teil von Springer Nature 2021
R. Herold-Blasius, *Problemlösen mit Strategieschlüsseln*, Essener Beiträge zur Mathematikdidaktik, https://doi.org/10.1007/978-3-658-32292-2_2

inwiefern diese unterschiedlichen Hinweise im Zusammenhang mit dem Vorwissen stehen[1].

Aufbauend auf diesen Vorarbeiten wurden für die vorliegende Arbeit insgesamt acht Strategieschlüssel mit allgemeinen Heurismen für das mathematische Problemlösen vor allem in der Grundschule entwickelt (siehe Abbildung 2.1). Acht Schlüssel wurden als Anzahl festgelegt, weil allgemeinhin eine Fokussierung auf wenige Problemlösestrategien empfohlen wird (z. B. Perels 2003; Gürtler 2003). Die Strategieschlüssel werden mit der vorliegenden Arbeit für eine andere, jüngere Altersgruppe und einen neuen mathematischen Bereich adaptiert. So wie bei Philipp (2013) sollen die Strategieschüssel Schülerinnen und Schüler dabei unterstützen, Barrieren im Bearbeitungsprozess einer Problemlöseaufgabe eigenständig zu überwinden, „indem man sie dazu anregt, selbst zu entscheiden, was in ihrem Bearbeitungsprozess im nächsten Schritt denkbar, möglich und sinnvoll ist" (ebd., S. 112). Die Schülerinnen und Schüler sollen sich also mit Hilfe der Strategieschlüssel selbst die verschlossene Tür zu ihrem Lösungsweg aufschließen[2].

Abbildung 2.1 Schlüsselbund bestehend aus acht Strategieschlüsseln mit jeweils einem in Schülersprache formulierten Heurismus und einer passenden Visualisierung. (Foto: Raja Herold-Blasius)

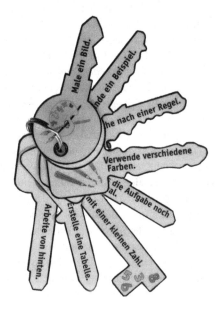

---

[1]Mehr Details zu dieser Studie können Kapitel 4 entnommen werden.

[2]Diese Metapher wird schon länger für den Unterricht genutzt (z. B. bei Gelfman und Kholodnaya 1999). Für das mathematische Problemlösen werden alternativ auch der Werkzeugkoffer

Für die vorliegende Studie wurde auf jedem Strategieschlüssel genau eine Strategie formuliert und mit einem entsprechenden Bild visualisiert[3]. Es wurden vielseitig einsetzbare, allgemein anwendbare und niederschwellige Strategien ausgewählt. So sollen auch leistungsschwache Schülerinnen und Schüler angesprochen werden. Der Einsatz der Strategieschlüssel beruht auf der Grundannahme, dass die Lernenden die angebotenen Strategien teilweise bereits beherrschen und dadurch die Impulse weitestgehend sinnvoll deuten können.

Auch mit einem solchen Vorwissen über Strategien sind, unserer Erfahrung nach und der Promptforschung (Details in Kapitel 4) zufolge, solche strategiebezogenen Impulse während der Aufgabenbearbeitung sinnvoll. Schülerinnen und Schüler zeigen Strategien beim Bearbeiten einer Aufgabe nämlich nicht immer spontan – also von sich aus –, wenn dies nicht explizit in der Aufgabe gefordert ist (Seufert, Zander und Brünken 2007). Folglich bedarf es – auch wenn das Vorwissen grundsätzlich vorhanden ist – passender Impulse von außen, um Schülerinnen und Schülern einen sinnvollen Strategieeinsatz zu ermöglichen.

Dafür wurden die Strategieschlüssel systematisch ausgewählt nach didaktischen Überlegungen basierend auf den Arbeiten von Bruder und Collet (2011), Leuders (2010), Pólya (1973/1945), und Zech (2002). Dabei wurde Wert darauf gelegt, dass …

(1) den Schülerinnen und Schülern verschieden komplexe Strategien angeboten werden (also auch leicht verständliche und/oder leicht ausführbare Strategien mit einem einfachen und in diesem Sinne niederschwelligen Zugang),

(2) die Strategien in zahlreichen Situationen anwendbar sind und damit einen allgemeingültigen Charakter aufweisen[4],

(3) die Strategien für Schülerinnen und Schüler ohne vorherige Einführung nutzbar sind,

(4) manche Strategien einen Darstellungs- bzw. Repräsentationswechsel anregen.

Letzteres ist für erfolgreiches Problemlösen insbesondere in der Grundschule, aber auch in der weiterführenden Schule von großer Bedeutung (Rasch 2009; Sturm 2018; Sturm et al. 2015).

---

oder das Schweizer Taschenmesser als Sinnbild angeboten (z. B. bei Bruder und Collet 2011; Schwarz 2018).

[3]Die Kombination einer Visualisierung mit Text auf Schlüsseln wurde von der Autorin entwickelt.

[4]Das entspricht dem grünen Schlüsselbund im Projekt *Mathe sicher können* (Barzel et al. 2014). Auf themenspezifische Hinweise wurde im Sinne einer Fokussierung für die vorliegende Untersuchung bewusst verzichtet.

Darüber hinaus wurden ausschließlich Strategien ausgewählt, deren Einsatz mit großer Wahrscheinlichkeit zu beobachtbaren Handlungen führt. Immerhin können im Rahmen dieser Studie lediglich Einflüsse von Strategieschlüsseln untersucht werden, die von einem externen Beobachter – hier die Interviewende – erkennbar, beschreibbar und dadurch erfassbar sind. Strategieschlüssel mit Hinweisen wie „Erkläre das Problem deinem Banknachbarn" werden für die vorliegende Studie nicht verwendet, weil die Schülerinnen und Schüler in dieser Studie in Einzelarbeit arbeiten. Gleichzeitig kann so überprüft werden, ob das Schlüsselbund für die Einzelarbeit im Unterricht geeignet ist. Nichtsdestotrotz sind Strategieschlüssel, die beispielsweise die Interaktion mit dem Banknachbarn erfordern, in anderen Settings – wie dem regulären Mathematikunterricht – durchaus sinnvoll zu integrieren (Barzel et al. 2014).

Nach diesen Vorüberlegungen wurden letztlich acht Strategieschlüssel ausgewählt (siehe auch Abbildung 2.1).

- Lies die Aufgabe noch einmal.
- Male ein Bild.
- Finde ein Beispiel.
- Beginne mit einer kleinen Zahl.
- Verwende verschiedene Farben.
- Erstelle eine Tabelle.
- Suche nach einer Regel.
- Arbeite von hinten.

Es sind darüber hinaus noch weitere Strategieschlüssel denkbar. Hier wird allerdings auf wenige Strategien fokussiert, weil sich dies auch in anderen Studien als sinnvoll erwies (z. B. Philipp 2013; Gürtler 2003, S. 243). Die einzelnen Strategieschlüssel und die dahinterstehenden Überlegungen sowie deren Komplexitätsgrade werden nachfolgend näher beschrieben.

Lies die Aufgabe noch einmal.
Im Sinne von Pólyas (1973/1945) Phasenmodell zum mathematischen Problemlösen entspricht das Verstehen der Aufgabenstellung der ersten Phase (Details dazu in Kapitel 8). Durch das erneute Lesen der Aufgabe können sich Schülerinnen und Schüler Teilinformationen aus dem Text erschließen. Das wiederum kann zum Verstehen einer Aufgabe und so zum Lernerfolg beitragen (Hübner, Nückles und Renkl 2007). Auch in anderen Studien wurde dieser Hinweis bereits verwendet (z. B. De Corte und Somers 1982; Montague, Warger und Morgan 2000).

Charles und Lester (1982) kategorisieren diese Strategie als „helping strategy".
Dieser Strategieschlüssel wird als der niederschwelligste Impuls der hier ausgewählten acht Strategien und als am wenigsten komplex eingestuft.

Male ein Bild.
Mit diesem Strategieschlüssel sollen die Schülerinnen und Schüler angeregt werden,
sich einen Sachverhalt graphisch, beispielsweise in Form einer Skizze, zu veranschaulichen. Schon Pólya (1973/1945, S. xvi) schlägt zum besseren Verstehen der
Aufgabe das Zeichnen einer Skizze vor. Bruder und Collet (2011) sprechen in diesem Zusammenhang eher von einer informativen Figur. Darin sollten möglichst
viele Beziehungen und Informationen enthalten sein – also ein echter Informations-
gehalt. Idealerweise gelangen die Schülerinnen und Schüler mit Hilfe einer informativen Figur sogar zu neuen Informationen (ebd.). Dieser Schlüssel wurde auch
ausgewählt, weil nachgewiesen ist, dass die Vermittlung heuristischer Hilfsmittel –
und dazu gehört auch die informative Figur – einen Lerngewinn ermöglicht (Perels
2003, S. 122, siehe auch Schulz, Leuders und Kowalk 2019). Rasch (2009, S. 83)
konnte nachweisen, dass das Erstellen von Skizzen gerade im Grundschulalter zu
erfolgreicheren Lösungen beim Bearbeiten problemhaltiger Aufgaben führt.

Charles und Lester (1982) ordnen das Zeichnen eines Bildes ebenfalls der Kategorie „helping strategy" zu und würden diese Strategie schon bei Erst- und Zweit-
klässlern einsetzen. Auf einer Metaebene nennt Leuders (2010, S. 134) dieses Vorgehen einen Darstellungswechsel. Genau dieser Wechsel von Schrift zu beispielsweise einem Bild, in dem der gleiche Sachverhalt anders dargestellt wird, kann zur
Erschließung eines Problems sehr gewinnbringend sein (Schoenfeld 1985). Das gilt
insbesondere für das Grundschulalter (Sturm 2018; Sturm et al. 2015; Rasch 2009).
Dieser Strategieschlüssel wird als niederschwellig eingestuft und soll damit insbesondere leistungsschwächere Schülerinnen und Schüler erreichen (Ishida 1996).
Die Schwierigkeit dieses Schlüssels besteht darin, eine für das jeweilige mathematische Problem passende Zeichnung zu erstellen. Er wird also als einfache Strategie,
damit wenig komplex und als leicht zugänglich eingestuft.

Finde ein Beispiel.
In Anlehnung an die Vorarbeit von Philipp (2013) wird mit diesem Strategieschlüssel das Generieren von Beispielen angesprochen. Leuders (2010) führt das Finden
von Beispielen zusammen mit dem Spezialisieren an. Es geht darum, sich durch Beispiele und ggf. Spezialfälle an eine Aufgabe heranzutasten. Bei einem zunehmend
elaborierten Vorgehen ist hier ein systematisches Probieren zu erwarten (Bruder und
Collet 2011, S. 70–76).

Dieser Strategieschlüssel wird als niederschwellig und wenig komplex eingestuft. Hier reicht die Bandbreite von ungerichtetem Probieren bis zu einem systematischen Vorgehen. Die Komplexität der Ausführung kann also abhängig vom
Schüler bzw. von der Schülerin variieren.

Beginne mit einer kleinen Zahl.
Dieser Strategieschlüssel soll die Schülerinnen und Schüler dabei unterstützen,
systematisch zu probieren, Beispiele und ggf. sogar Spezialfälle zu generieren,
indem sie sich zunächst an einer kleinen Zahl orientieren. So können etwa bei der
Kleingeld-Aufgabe (siehe Abschnitt 13.3.3) zuerst Beispiele mit 2-Cent Münzen
gesucht werden.

Dieser Strategieschlüssel birgt also die Möglichkeit, Beispiele nach einem
bestimmten Kriterium zu generieren und auf diese Art systematisch zu probieren.
Er ist also gewissermaßen mit dem vorher beschriebenen Strategieschlüssel verwandt, setzt aber auf einer konkreteren Ebene an. Auch dieser Strategieschlüssel
wird deswegen als niederschwellig und wenig komplex eingestuft.

Verwende verschiedene Farben.
Dieser Strategieschlüssel kann potentiell verschiedene Assoziationen wecken. Erstens könnten sich Schülerinnen und Schüler wichtige Informationen im Aufgaben-
text markieren (Montague, Warger und Morgan 2000; Stein und Braun 2013), um
die Aufgabe besser zu verstehen. Das würde dem Heurismus *Gegeben und Gesucht*
(Pólya 1949) entsprechen. Zweitens können Farben dazu dienen, sich einen Sachverhalt übersichtlich darzustellen, systematisch zu gestalten und ggf. neu zu strukturieren.

Dieser Strategieschlüssel wird ebenfalls als niederschwellig eingestuft. Die konkrete Ausführung kann hier variieren – von buntem Ausmalen bis hin zu systemati-
schem Markieren – und in diesem Sinne unterschiedlich komplex gestaltet werden.

Erstelle eine Tabelle.
Dieser Strategieschlüssel soll dazu anregen, eine Tabelle zu erstellen. Das kann
beispielsweise dabei unterstützen, ein mathematisches Problem besser zu verstehen, zu strukturieren und zu visualisieren (Bruder und Collet 2011, S. 45). So können etwa Beispiele übersichtlich dargestellt und geordnet aufgeschrieben werden
(Philipp 2013, S. 112). Das Erstellen einer Tabelle kann damit als ein Hilfsmittel
zum systematischen Probieren fungieren (Rott 2013; Bruder und Collet 2011).

Dieser Strategieschlüssel wird als mittelschwellig eingestuft. Der damit intendierte Heurismus kann zwar auch von leistungsschwächeren Schülerinnen und Schülern eingesetzt werden (Ishida 1996, S. 207), ist gleichzeitig aber komplexer in sei-

ner Ausführung als die zuvor genannten Strategieschlüssel. Die Hauptschwierigkeit dieses Strategieschlüssels besteht für Grundschulkinder darin, über den Aufbau der Tabelle – also die Anzahl der Spalten und Zeilen – zu entscheiden und damit eine für die jeweilige Aufgabe geeignete Tabelle zu erstellen. Insgesamt wird diese Strategie in zahlreichen Studien verwendet, um sie Schülerinnen und Schülern nahe zu bringen (z. B. Perels 2003; Philipp 2013).

Suche nach einer Regel.
Mit diesem Impuls wird das Suchen nach Mustern und Regelmäßigkeiten intendiert. Diese allgemeine Strategie erlaubt es, im weiteren Verlauf eines Bearbeitungsprozesses allgemeine Aussagen zu treffen und gezielt zu untersuchen, unter welchen Bedingungen, welche Auffälligkeiten auftreten (Charles und Lester 1982; Leuders 2010). Charles und Lester (1982, S. 21) empfehlen diese Strategie für Kinder ab der dritten Klasse.

Dieser Strategieschlüssel heißt nicht „Suche nach einem Muster", weil dadurch bei den Kindern bereits eine Vorstellung vom Begriff „Muster" – hier im Sinne von „mathematisches Muster" – vorhanden sein müsste. Diese sollte weiter greifen als beispielsweise Farb- oder Stoffmuster. Es geht dabei also um eine breitere Auffassung des Begriffs Muster. Außerdem wird der Begriff Regel im Mathematikunterricht vermutlich häufiger verwendet und ist damit geläufiger. Meines Erachtens fallen unter eine Regel auch Muster, unter Muster aber nicht unbedingt auch Regeln. Damit ist der Schlüssel mit der Formulierung „Suche nach einer Regel." weiter gefasst als es auf den ersten Blick scheinen mag.

Der Zugang zu diesem Strategieschlüssel wird als mittelschwellig, die Ausführung als komplex eingestuft. Diese Strategie wird eher von leistungsstärkeren Schülerinnen und Schülern präferiert. Die Ausführung der Strategie ist insbesondere für leistungsschwächere Schülerinnen und Schüler schwierig (Ishida 1996, S. 207). Die Schwierigkeit dieses Strategieschlüssels besteht nicht nur im Erkennen eines Musters, sondern auch im Nutzen des Musters zur Lösungsfindung.

Arbeite von hinten.
Dieser Strategieschlüssel meint das klassische Rückwärtsarbeiten, welches als Heurismus explizit benannt wird (z. B. Pólya 1973/1945; Bruder und Collet 2011; Schwarz 2006; Schwarz 2018; Schreiber 2011) und auch Bestandteil verschiedener Untersuchungen ist (z. B. Perels 2003; Gürtler 2003; Collet 2009; Sturm 2018). Die Formulierung des Schlüssels weicht vom geläufigsten Namen des Heurismus ab, damit sich die Kinder die Vorgehensweise durch die gewählte Formulierung selbstständig erschließen können. So soll zumindest die eventuell auftretende sprachliche Hürde reduziert werden. Bei diesem Heurismus wird davon ausgegangen, dass die

meisten Kinder ihn nicht kennen und er für die Kinder eher ungewohnt und schwierig umzusetzen ist (Sturm 2018, S. 127; Rasch 2008). Er wird insbesondere für leistungsstarke Schülerinnen und Schüler angeboten.

Dieser Strategieschlüssel wird unter den acht Strategieschlüsseln als der komplexeste verstanden und bietet damit auch einen schwierigen Zugang.

Tabelle 2.1 Einteilung der Strategieschlüssel in Komplexität und Zugangsschwelle

	Niederschwelliger Zugang	Mittelschwelliger Zugang	Schwieriger Zugang
Einfache Strategie	Lies die Aufgabe. Finde ein Beispiel. Beginne mit einer kleinen Zahl. Verwende verschiedene Farben.	*Finde ein Beispiel.* *Beginne mit einer kleinen Zahl.*	
Mittel schwierige Strategie	Male ein Bild. *Verwende verschiedene Farben.*	Erstelle eine Tabelle.	
Komplexe Strategie	*Male ein Bild.*	*Erstelle eine Tabelle.* Suche nach einer Regel.	Arbeite von hinten.

Zusammenfassend stehen für die vorliegende Untersuchung die genannten acht Strategieschlüssel als Interventionsinstrument zur Verfügung. In Tabelle 2.1 sind sie sortiert nach Komplexitätsgrad und Zugangsschwelle für die Schülerinnen und Schüler. Jeder Strategieschlüssel wird in der Tabelle mindestens einmal genannt. Kommen Strategieschlüssel häufiger als einmal vor, werden die Mehrfachnennungen kursiv markiert. Damit soll das individuelle Niveau jeder Schülerin bzw. jedes Schülers adressiert werden, denn ähnlich individuell wie das mathematische Problemlösen ist auch der Kenntnisstand und der Umgang mit Strategien. Es liegt also nicht nur an den didaktischen Vorüberlegungen, ob eine Strategie schwierig oder leicht ist, sondern auch am subjektiven Empfinden und Leistungsvermögen der Kinder. Durch die kursive Markierung in Tabelle 2.1 werden mögliche Varianten des subjektiven Empfindens berücksichtigt.

Zwei Felder in Tabelle 2.1 bleiben frei, weil für die vorliegende Studie möglichst niederschwellige Strategien ausgewählt wurden; immerhin erfolgt eine Verwendung der Strategieschlüssel ohne vorheriges Training. Im realen Mathematikunterricht können auch zusätzliche und schwierigere Strategien ausgewählt werden.

Grundlegendes Charakteristikum der Strategieschlüssel ist, dass die Verantwortung für den Bearbeitungsprozess weiterhin bei den Schülerinnen und Schülern selbst liegt. Sie entscheiden, ob sie die Strategieschlüssel einsetzen wollen, welchen der Schlüssel sie auswählen und wie sie ihn jeweils interpretieren. Die Strategieschlüssel sind also nur als ein allgemeiner Handlungsvorschlag, nicht aber als Handlungsanweisung zu verstehen.

Zum besseren Verständnis der Strategieschlüssel werden sie nachfolgend mit Hilfe von vier verschiedenen theoretischen Konzepten beleuchtet (siehe die Kapitel 3, 4, 5 und 6) und miteinander in Verbindung gebracht (siehe Abschnitt 7.2). Schließlich werden die Strategieschlüssel in Bezug gesetzt zu den einzelnen Konzepten (siehe Abschnitt 7.3).

Hilfekarten

3

3.1 Begriffsklärung

Eine der Hauptaufgaben von Lehrkräften besteht darin, Schülerinnen und Schülern bei ihrem Prozess des Lernens zu unterstützen. Dabei ist das richtige Maß an Hilfe entscheidend.

The student should acquire as much experience of independent work as possible. But if he is left alone with his problem without any help or with insufficient help, he may make no progress at all. If the teacher helps too much, nothing is left to the student. The teacher should help, but not too much and not too little, so that the student shall have a *reasonable share of the work*. (Pólya 1973/1945, S. 1, Hervorhebungen im Original)

In diesem Sinne sollten Schülerinnen und Schüler verschiedene Hilfen in ihrem Lernprozess angeboten werden. Zech (2002) unterscheidet fünf, zunehmend spezifische Hilfen: Motivationshilfen, Rückmeldungshilfen, allgemein-strategische Hilfen, inhaltsorientierte strategische Hilfen und inhaltliche Hilfen (ebd., S. 315). Einige dieser Hilfen erinnern an Hinweise und Fragen, die auch Pólya (1973/1945) im ersten Teil seines Buches beschreibt. Dabei kann die jeweilige Hilfe der Schülerin bzw. dem Schüler unterschiedlich präsentiert werden, beispielsweise als reine Lehreräußerung oder in Form eines Materials wie z. B. Hilfe- oder Tippkarten.

Lernhilfen in Form von Hilfe- oder Tippkarten werden als Material und Methode zur inneren und offenen Differenzierung angeboten (Selter, Pliquet und Korten 2016; Wolff und Wolff 2016) und stellen so eine Möglichkeit zum individualisierten, selbstregulierten und damit lernprozessbezogenen Lernen dar (Koenen und Emden 2016). Mit Hilfekarten sollen Schülerinnen und Schüler dazu befähigt werden, individuelle Hürden auf inhaltlicher, methodischer, strategischer und sozialer Ebene im Lern- und Erarbeitungsprozess eigenständig zu erkennen, „ihr Handeln

R. Herold-Blasius, *Problemlösen mit Strategieschlüsseln*, Essener Beiträge zur Mathematikdidaktik, https://doi.org/10.1007/978-3-658-32292-2_3

selbst [zu] regulieren" (ebd., S. 25) und schließlich angemessen auf die entstandenen Schwierigkeiten zu reagieren.

Hilfekarten sind ein weit verbreitetes Material, das auf vielfältige Weise zum Einsatz kommt. So werden Hilfekarten als Unterrichtsmaterialien für den Unterricht verschiedener schulischer Jahrgangsstufen (z. B. Eichholz und Selter 2018; Schmidt und Weidig 2010; Kostka 2012; Stolz 2008; Sinterhauf und Schöning o. D.; Wolff und Wolff 2016) und sogar für die Lehreraus- und weiterbildung (z. B. Klinger et al. 2018; Landesakademie für Fortbildung und Personalentwicklung Baden-Württemberg o. D.) angeboten. Zu finden sind Hilfekarten auch als Material für Lehrkräfte oder Ausbildende. Auf einigen Bildungsservern (z. B. Rheinland-Pfalz, Bayern oder Baden-Württemberg) werden Hilfekarten als Lernhilfe zum eigenständigen Arbeiten und als ein Material zum Umgang mit Heterogenität aufgeführt (z. B. Jost 2015; Haas et al. 2002).

Für den weiteren Verlauf der Arbeit wird der Begriff *Hilfekarten* verwendet. Inhaltlich sind damit jede Form von Karten gemeint, auf denen Hinweise und damit auch Tipps notiert sind. Im Kontext der vorliegenden Arbeit handelt es sich eher um allgemeine Hinweise.

3.2   Arten von Hilfekarten

Hilfekarten werden in verschiedenen Unterrichtsfächern wie Mathematik (z. B. Kostka 2012; Braun 2020), Deutsch (z. B. Stolz 2008), Biologie (z. B. Wolff und Wolff 2016), Chemie (z. B. Koenen und Emden 2016), Geschichte (z. B. Adamski 2017) und Englisch (z. B. Bredenbröcker et al. 2005) eingesetzt. Der Einsatz von Hilfekarten im Unterricht kann neben der übergeordneten Verwendung, Tipps und Hinweise zur aktuell zu bearbeitenden Aufgabe anzubieten, Unterschiedliches bezwecken (siehe auch Franke-Braun et al. 2008):

• *Stabilisierung des Verhaltens im Unterricht:* Schülerinnen und Schüler halten eine Karte mit dem Wort „Hilfe" hoch, sobald sie Hilfe irgendeiner Art benötigen (z. B. Wills et al. 2010; Dicke und Prieß 2007). Dadurch sollen Störungen im Unterricht reduziert werden. Wills et al. (2010) haben diese Verwendung von Hilfekarten mit verhaltensauffälligen Schülerinnen und Schülern erprobt und positiv evaluiert. Es geht hier also nicht um inhaltliche Hinweise.
• *Visuelle Unterstützung und/oder Memorisierungstechnik:* Lehrkräfte nutzen Bildkarten, um beispielsweise Vokabeln im Fremdsprachenunterricht bei den Schülerinnen und Schülern zu aktivieren oder zu memorisieren (z. B. Elsner 2010; Bredenbröcker et al. 2005). Durch die Anregung zur Visualisierung kann

auch Vorwissen aktiviert, ein Sachverhalt anders dargestellt oder eine Aufgabe besser verstanden werden (Franke-Braun et al. 2008; Bruder und Collet 2011; Sturm 2018). Auch das Lernen mit Karteikarten kann hierunter gezählt werden.

- *Erarbeitung eines neuen Inhalts:* Schülerinnen und Schüler erarbeiten sich einen neuen Sachverhalt, indem sie zusätzliche Hinweise auf Hilfekarten erhalten (z. B. Stein und Braun 2013; Braun 2020; Wolff und Wolff 2016; Koenen und Emden 2016).

- *Übung bekannter Inhalte:* Über eine Sammlung verschiedener Hilfekarten und die Kombination mit geeigneten Aufgaben können Schülerinnen und Schüler bereits bekannte Inhalte üben und aktivieren (z. B. Kostka 2012; Elsner 2010; Bredenbröcker et al. 2005; Stolz 2008). Hier sind auf einer Karte beispielsweise auf der Vorderseite die Aufgaben und auf der Rückseite die Hinweise notiert.

- *Anwendung als Nachschlagewerk:* Schülerinnen und Schüler können eine Sammlung von Hilfekarten als Nachschlagewerk beispielsweise für die Eingabe von Befehlen in den Taschenrechner nutzen (Schmidt und Weidig 2010).

- *Methodische Hinweise:* Werden allgemeine Hinweise gegeben, z. B. „Erkläre die Aufgabe deinem Banknachbarn" (Barzel et al. 2014), dann regt das zur Umformulierung an (Franke-Braun et al. 2008). Auch das Aussprechen der Hürde oder das Wiedergeben der Aufgabe in eigenen Worten sind mögliche Hinweise, die auf Karten vermerkt werden können.

Diese Sammlung möglicher Einsatzgebiete von Hilfekarten soll keinen Anspruch auf Vollständigkeit haben. Aufgeführt sind hier Referenzen, in denen Karten in Verbindung mit einem Bild und/oder mit Schrift verwendet, vorgeschlagen oder erprobt werden. Damit soll deutlich werden, in welchen Kontexten und zu welchen Zwecken Hilfekarten im weiteren Sinne eingesetzt werden. Nur wenige Autoren sprechen dabei explizit von Hilfekarten (z. B. Schmidt und Weidig 2010; Wills et al. 2010; Adamski 2017). An dieser Stelle soll nicht diskutiert werden, unter welchen Kriterien sich eine Hilfekarte als solche auszeichnet.

Die Strategieschlüssel sollen verschiedene Funktionen erfüllen. In erster Linie dienen sie der visuellen Unterstützung (Punkt 2). Sie sollen bekanntes Wissen aktivieren. Falls das Wissen aber noch nicht vorhanden ist, können sie auch zur Erarbeitung neuer Inhalte genutzt werden (Punkt 3). Alle anderen Zwecke von Hilfekarten werden mit den Strategieschlüsseln nicht verfolgt.

Damit eine Lehrkraft Hilfekarten sinnvoll für den Lernprozess ihrer Schülerinnen und Schüler entwickeln und nutzen kann, ist es unerlässlich, zunächst mögliche Schwierigkeiten und Hürden im Lernprozess zu antizipieren (Koenen und Emden 2016). Erst dann können geeignete Lernhilfen entstehen.

3.3   Hilfekarten im Schulkontext

Bei der Gestaltung von Hilfekarten scheinen der Lehrkraft keine Grenzen gesetzt zu sein. Dabei können beispielsweise allgemeine oder spezifische Hinweise (z. B. Braun 2020) auf verschiedenfarbigen Karten gegeben werden (Barzel et al. 2014; Herold, Barzel und Ehret 2013). Auch gestufte Lernhilfen, die in einer bestimmten Reihenfolge abgearbeitet werden sollen, werden fachdidaktisch angeboten (Schmidt-Weigand, Franke-Braun und Hänze 2008). Aufgrund des hohen Vorbereitungsaufwandes werden auch Hilfen vorgeschlagen, die häufiger verwendet werden – also aufgabenübergreifend sind – und eher strategische Hilfestellungen anbieten (z. B. Mohl-Lomb 2007; Philipp und Herold-Blasius 2016; Philipp 2013).

Organisatorisch werden Hilfekarten als potentielle Hilfestellung angeboten, die an der Tafel oder auf dem Lehrerpult bereit liegen (z. B. Haas et al. 2002). Alternativ können die Hilfen auch auf einem separaten Tisch angeboten, in ein bestimmtes Aufgabenformat integriert sein, z. B. als gestufte Lernhilfe (Schmidt-Weigand, Franke-Braun und Hänze 2008) oder als stets zur Verfügung stehendes Schülermaterial beispielsweise im Federmäppchen (Mohl-Lomb 2007; Herold-Blasius und Rott 2018) in den Unterricht eingebunden werden. Aber auch eine „Tippkiste" könnte Hilfen bündeln (Eichholz und Selter 2018).

3.4   Stand der Forschung

Es gibt kaum Studien, die den Einsatz von Hilfekarten im realen Unterrichtskontext oder mit einzelnen Schülerinnen und Schülern untersuchen.

Wills et al. (2010) führten ein Interventionsprogramm durch, bei dem insbesondere verhaltensauffällige Schülerinnen und Schüler die Zielgruppe darstellten. Ziel war es, eine Möglichkeit zu finden, das störende Verhalten im Unterricht zu reduzieren und stattdessen mehr Zeit zum Lernen aufzubringen. Die Forschergruppe konnte zeigen, dass der Einsatz einer Karte mit dem Wort *Hilfe* darauf sowie Maßnahmen, die das Selbstmanagement anregen sollten (z. B. Belohnungssysteme), zur Reduzierung störenden Verhaltens führen und tatsächlich mehr aufgabenbezogenes Verhalten beobachtet werden konnte.

Koenen und Emden (2016) haben im Rahmen des Projekts *Ganz In. Mit Ganztag mehr Zukunft* Hilfekarten für den Chemieunterricht entwickelt. Dabei orientieren sie sich an gestuften Lernhilfen (Schmidt-Weigand, Franke-Braun und Hänze 2008; Franke-Braun et al. 2008). Sie formulieren, dass Hilfekarten als Lernimpulse bei inhaltlichen und methodischen Fragen verstanden werden können. In diesem Sinne könnten sie das selbstregulierte Lernen anregen (Koenen und Emden 2016, S. 25).

Eine wissenschaftlich begleitete Untersuchung zu diesem praxisnahen Material ist der Autorin nicht bekannt.

Braun (2020) entwickelte Aufgaben mit Realitätsbezug zum Thema Zoo. Zur Überwindung von Hürden entwickelte sie allgemeine Hilfestellungen (z. B. „Super, dass du dich an die Aufgabe traust. Unterstreiche wichtige Wörter in der Aufgabe.") und aufgabenspezifische (z. B. „Ein Löwe frisst 40 kg Fleisch in 4 bis 7 Tagen. Wie viel frisst er an einem Tag? Überlege dir einen Wert, mit dem du gut weiterrechnen kannst.") (Stein und Braun 2013, S. 358; Braun 2020, S. 192). Eileen Braun bat Grundschulkindern acht bis zehn Hilfestellungen in Form von Motivationshilfen, Elaborations- oder Organisationsstrategien pro Aufgabe an.

Sie fand in ihrer Untersuchung heraus, „dass Viertklässler zwar die Hilfen lesen und befolgen, aber die Bearbeitung [der Aufgabe] dennoch ohne Erfolg sein kann" (ebd., S. 199). Sie zeigte außerdem, dass nicht alle Schülerinnen und Schüler die Hinweise auf den Karten tatsächlich lesen. Darüber hinaus haben manche Viertklässler Schwierigkeiten damit, sich auf die Hilfestellungen einzulassen. Die Gründe dafür bleiben unklar (ebd., S. 207–208). Zusätzlich wurde deutlich, dass die Kinder „durchaus in der Lage [sind], aus dem Angebot an Hilfestellungen die für sie nützlichen Hilfen auszuwählen und sie zu benennen" (ebd., S. 224).

Insgesamt zeigen die Schülerinnen und Schüler den Hilfekarten gegenüber eine ablehnende Haltung. Sie assoziieren damit etwas Negatives, das eher für leistungsschwächere Lernende vorbehalten sei. Außerdem ginge es bei Hilfen, um konkret inhaltliche, nicht um strategische Hinweise. Trotz dieser negativen Grundhaltung machten die Schülerinnen und Schüler mit den Hilfekarten deutlich weniger Fehler. Hilfekarten beeinflussen den Lösungserfolg von Bearbeitungsprozessen – hier konkret bei Modellierungsaufgaben – positiv (ebd., S. 267). Sie tragen sogar zur Selbstregulation bei (ebd., S. 215–216 und S. 222).

Zusammenfassend wird deutlich, dass Lernhilfen in Form von Hilfekarten in allen denkbaren Altersstufen, in zahlreichen Unterrichtsfächern und inhaltlichen Bereichen eingesetzt und ebenso vielfältig organisatorisch in den Unterricht integriert werden. Sie scheinen Bearbeitungsprozesse eher positiv zu beeinflussen und es wird vermutet, dass Hilfekarten auf die Selbstregulation von Lernenden wirken. Detaillierte Untersuchungen dazu gibt es bisher allerdings noch nicht und auch zu Gründen für diesen vermuteten positiven Einfluss wird nichts festgehalten.

Die von mir entwickelten Strategieschlüssel können als Hilfekarten verstanden werden, z. B. weil es sich bei den Schlüsseln um Karten mit Bild und Schrift handelt, die Hinweise geben sollen.[1] Auf systematisch angelegte Forschungsergebnisse kann bzgl. der Hilfekarten nicht zurückgegriffen werden.

---

[1] Eine detaillierte Begründung kann in Abschnitt 7.3.1 nachgelesen werden.

Prompts

4

4.1 Begriffsklärung

Prompts (engl. Anregungen) werden als Abruf- oder Durchführungshilfe definiert. Dabei variiert die Formulierung von Prompts von allgemeinen Fragen (z. B. „How can you best organize the structure of the learning contents?" (Berthold, Nückles und Renkl 2007, S. 567: siehe auch Ge, Chen und Davis 2005; Lee und Chen 2009; Stein und Braun 2013) bis hin zu expliziten Ausführungshinweisen, z. B. „Super, dass du dich an die Aufgabe traust. Unterstreiche wichtige Wörter in der Aufgabe." (Stein und Braun 2013, S. 358, siehe auch Koenen 2014). Prompts können schriftlich und mündlich gegeben werden. Für die Untersuchung in wissenschaftlichen Studien werden sie meist in schriftlicher Form verwendet, so auch in der vorliegenden Studie.

Mit dem Einsatz von Prompts sollen verschiedene (z. B. kognitive, metakognitive, motivationale, volitionale oder kooperative) Aktivitäten während des Lernens angeregt und eingeleitet werden. Dadurch werden dann Konzepte oder Vorgehensweisen abgerufen (Bannert 2009). Es geht also darum, das Wissen oder Können von Schülerinnen und Schülern, das sie nicht spontan abrufen oder zeigen, durch den Einsatz von Prompts so anzuregen, dass sie in der Lage sind, dieses Wissen oder Können abzurufen und auszuführen (Bannert 2009; Hübner, Nückles und Renkl 2007; Berthold, Nückles und Renkl 2007) – auch um beispielsweise ein oberflächliches Arbeiten zu überwinden (Berthold, Nückles und Renkl 2007). Dieses Phänomen – Wissen nicht abrufen oder anwenden zu können – wird Produktionsdefizit genannt (Hasselhorn 1996, siehe auch Hasselhorn und Gold 2013; Hasselhorn und Gold 2017).

Verfügen Schülerinnen und Schüler im Prinzip über das notwendige Wissen, können jedoch situativ nicht darauf zugreifen, spricht man von einem Produktdefizit (gegen-

© Der/die Autor(en), exklusiv lizenziert durch Springer Fachmedien Wiesbaden GmbH, ein Teil von Springer Nature 2021
R. Herold-Blasius, *Problemlösen mit Strategieschlüsseln*, Essener Beiträge zur Mathematikdidaktik, https://doi.org/10.1007/978-3-658-32292-2_4

über einem Verfügbarkeitsdefizit, wenn sie das notwendige Wissen gar nicht erst besitzen). (Koenen und Emden 2016, S. 26)[1]

Insofern werden Prompts als Strategie-Aktivatoren verstanden (Reigeluth und Stein 1983; Hübner, Nückles und Renkl 2007), denn durch sie werden Strategien veranlasst, die Lernende grundsätzlich in der Lage wären auszuführen, aber nicht spontan oder in einem unbefriedigenden Grad zeigen (Berthold, Nückles und Renkl 2007, S. 566).

Für die vorliegende Arbeit werden Prompts verstanden als externe Impulse – also Hinweise, die von außen kommen, z. B. von einer Lehrkraft oder einem Computer –, die Schülerinnen und Schüler anregen sollen, potentiell vorhandenes Strategiewissen abzurufen, obwohl es zunächst nicht verfügbar zu sein scheint.

4.2   Arten von Prompts

Im Zusammenhang mit Prompts werden in der Literatur verschiedene Begriffe gebraucht, z. B. Frageprompts, instruktionale, metakognitive und kognitive Prompts oder auch Begründungsprompts. Durch diese Begriffe wird versucht, den jeweiligen Prompt zu konkretisieren. Es gibt also verschiedene Arten von Prompts.

Zu deren Sortierung wird in der Literatur Unterschiedliches angeboten. Wirth (2009) schlägt eine Kategorisierung hinsichtlich dreier Bereiche vor: Inhalt von Prompts, Bedingungen der Präsentation von Prompts und Methode des Promptings. Thillmann et al. (2009) unterscheidet stattdessen den Zweck von Prompts. Keine dieser Kategorisierungen ist so vollständig, dass alle in der Literatur verwendeten Prompts dort zugeordnet werden könnten. Hier wird deswegen eine Übersicht zur Klassifizierungen von Prompts angeboten (siehe Tabelle 4.1). Sie verbindet bereits vorhandene Kategorisierungen und erlaubt es, die Eigenschaften einzelner Prompts spezifischer zu bestimmen. Gleichzeitig werden die einzelnen, in der Literatur bereits genannten Kategorien selten näher ausgeführt. Es handelt sich hier also vor allem um eine Auflistung möglicher Eigenschaften eines Prompts und den einzelnen Ausprägungen dazu. Es sei darauf hingewiesen, dass die Tabelle zwar die Möglichkeit zur Einordnung eines Prompts anbietet, dadurch aber keine Anzahlbestimmung möglicher Prompts gelingt. Denn ein Prompt kann in der Tabelle auch mehreren Tabellenzellen zugeordnet werden.

---

[1] Koenen und Emden (2016, S. 26) sprechen hier von einem Produktdefizit und meinen damit das Produktionsdefizit nach Hasselhorn und Gold (2017). Im weiteren Verlauf dieser Arbeit wird der Begriff Produktionsdefizit verwendet.

Tabelle 4.1 Übersicht über mögliche Klassifizierungen von Prompts

Zweck von Prompts	Strategien zur Generierung neuer Ideen
	Strategien zur Informationsverarbeitung
Inhalt von Prompts	kognitive Hinweise
	metakognitive Hinweise
	inhaltliche Hinweise
	methodische Hinweise
	Organisations-, Elaborations-, Monitoringstrategien
Grad der Verwendung	spezifisch (aufgabenabhängig)
von Prompts	unspezifisch/allgemein (aufgabenunabhängig)
Präsentations-	Zeit, z. B. zu einem festen Zeitpunkt
bedingungen von	Aufgabe, z. B. ein Prompt je Aufgabe
Prompts	abhängig von vorherigen Aktivitäten (Anpassung an die
	individuellen Lernvoraussetzungen, adaptive prompts)
Methode des	feed forward
Promptings	feedback
	Prompting als einzige Unterstützungsmethode
	Prompting als Ergänzung zu anderen Unterstützungsmethoden

Der *Zweck von Prompts* wird von Thillmann et al. (2009) differenziert in das Generieren neuer Ideen und die Verarbeitung von Informationen. Prompts können so zur Kompensation eines Produktions- oder Verfügbarkeits- bzw. Nutzungsdefizits[2] eingesetzt werden (Hasselhorn und Gold 2013; Hasselhorn 1996).

Beim *Inhalt von Prompts* wird vorwiegend zwischen kognitiven und metakognitiven Prompts unterschieden. Kognitive Prompts sollen dabei meist kognitive Strategien; metakognitive Prompts entsprechend metakognitive Strategien anregen. Allerdings kann eine inhaltliche Unterscheidung auch basierend auf einem Modell oder einer Taxonomie erfolgen. So teilen beispielsweise Glogger et al. (2009) Prompts zur Aktivierung von Organisations-, Elaborations- und Monitoringstrategien ein. Diese Klassifizierung von Strategien für die Organisation, Elaboration und das Monitoring geht dabei auf Weinstein und Mayer (1986) zurück. Die Einteilung von Prompts in verschiedene Inhalte erinnert ein wenig an die Taxonomie der Hilfen von Zech (2002), wobei es hierbei um gestufte Hilfen beim mathematischen Problemlösen, nicht aber um den Einsatz von Prompts beim Lernen im Allgemeinen geht.

---

[2]Mehr Informationen zu den Stadien des Strategieerwerbs können im Abschnitt 9.3 nachgelesen werden. Der Begriff Produktionsdefizit geht auf Flavell (1970) zurück. Er beschrieb damit Kinder, die in der Lage sind, Strategien effektiv einzusetzen, wenn sie unterrichtet werden, sie diese aber nicht spontan verwenden (Harnishfeger und Bjorklund 2015, S. 3).

Kramarski, Weiss und Sharon (2013) beschäftigen sich weniger mit dem Inhalt als vielmehr mit dem *Grad der Verwendung von Prompts*. Sie unterscheiden allgemeine und kontextspezifische Prompts:

> Generic prompts can be used across various situations; they serve to focus attention or stimulate students' thinking regardless of the content area [...]. Context-specific guidance helps direct students in a specific example/ skill but still allows different interpretations. (ebd., S. 199)

In dieser Äußerung klingt bereits an, dass manche Prompts bei mehreren Aufgabenbearbeitungen eingesetzt werden können und damit aufgabenunabhängig sind, z. B. „Hast du die Aufgabe verstanden?". Dieser Prompt kann grundsätzlich nach jeder formulierten Aufgabenstellung – egal, ob schriftlich oder mündlich – genutzt werden. Aufgabenabhängige Prompts können nur für eine bestimmte Art von Aufgabe oder sogar nur für eine einzige Aufgabe genutzt werden. Sie sind deutlich spezifischer.

Hinsichtlich der *Präsentationsbedingungen* kristallisierten sich drei Bereiche heraus: Die Zeit, zu der ein Prompt präsentiert wird, ist entscheidend. Innerhalb von psychologischen Studien werden Prompts in der Regel zu einem im Voraus festgelegten Zeitpunkt dargeboten (z. B. bei Thillmann et al. 2009; Glogger et al. 2009). Die Präsentation der Prompts kann aufgabenabhängig erfolgen – also beispielsweise ein spezifischer Prompt je Aufgabe (z. B. bei Schmidt-Weigand, Hänze und Wodzinski 2009; Wichmann und Leutner 2009). Hier geht es jetzt nicht um den Grad der Verwendung, sondern darum, dass Forschergruppen untersuchen wollen, ob ein bestimmter Prompt bei einer bestimmten Aufgabe auch die gewünschte Strategie triggert. Prompts können abhängig von vorherigen Aufgabenbearbeitungen an das individuelle Lernverhalten angepasst werden. In diesem Fall wird auch von „adaptive prompts" gesprochen (Wirth 2009). So könnte ein Kind, das eine Aufgabe richtig löst, bei der nächsten Aufgabe einen anderen Prompt erhalten als das Kind, das die Aufgabe falsch löst.

Die *Methode des Promptings* wird im Allgemeinen zwischen dem „feed forward" und dem „feedback" unterschieden (ebd.). Bei feed forward-Prompts werden Impulse angeboten, damit ein Lernender eine bestimmte Strategie anwendet. Der Prompt wird also angeboten, bevor eine Strategie zu zeigen ist. Bei feedback-Prompts werden die Impulse erst nach der Aufgabenbearbeitung oder Lerneinheit angeboten, um darüber beispielsweise zu reflektieren. Außerdem kann bei der Methode des Promptings auch unterschieden werden, ob die Prompts allein das Unterstützungsangebot darstellen oder als Ergänzung zu einem anderen Angebot eingesetzt werden.

Die hier angebotene Übersicht (siehe Tabelle 4.1) erlaubt es, Eigenschaften einzelner Prompts klarer zu benennen. Dabei ist es durchaus möglich, dass Prompts mehrere dieser Eigenschaften haben. Diese Übersicht hat keinen Anspruch auf Vollständigkeit. Auch eine Trennschärfe zwischen den einzelnen Zeilen ist nicht immer möglich. Dennoch bietet diese Übersicht mehr Klarheit als es bislang in der Literatur der Fall ist.

Zusammenfassend gibt es nicht nur verschiedene Prompts; sie werden auch vielfältig verwendet. Deswegen ist eine übersichtliche Kategorisierung bislang so schwierig.

4.3   Stand der Forschung

Prompts werden im Allgemeinen in Lehr- und Lernsituationen eingesetzt. In der Forschung zu Prompts besteht heutzutage nicht mehr die Frage, ob überhaupt Prompts eingesetzt werden sollten (Bannert 2009). Stattdessen beschäftigt sich die Lehr-Lern-Psychologie mit Fragen dazu, wie Prompts besonders effektiv wirken können (z. B. Thillmann et al. 2009; Hübner, Nückles und Renkl 2007) und in welchen Kontexten der Einsatz von Prompts das Lernen im weitesten Sinne verbessert (z. B. Glogger et al. 2009; Bannert et al. 2015). Es gibt eine Studie, die zeigt, dass Schülerinnen und Schüler Strategien, wie das Gestalten von angemessen Visualisierungen, nicht immer spontan zeigen (Seufert, Zander und Brünken 2007). Gleichzeitig wurde nachgewiesen, dass Prompts die Verwendung und das Erlernen von (Lern-)Strategien unterstützen können (z. B. Sutherland 2002; Hübner, Nückles und Renkl 2006; Berthold, Nückles und Renkl 2007).

Prompts und ihr Zusammenhang zur indirekten Förderung: Geht es darum, Strategien durch Fördermaßnahmen Lernenden näher zu bringen, dann wird im Allgemeinen unterschieden zwischen direkten und indirekten Fördermaßnahmen (Friedrich und Mandl 1992). Bei der direkten Förderung erfolgt ein explizites Strategietraining (für das mathematische Problemlösen z. B. Bruder und Collet (2011)). In der Mathematik wurden auch andere Strategietrainings durchgeführt, empirisch begleitet und schließlich mit Kontrollgruppen verglichen (z. B. Kramarski, Weiss und Sharon 2013; De Corte und Somers 1982; Rott und Gawlick 2014). Dem gegenüber steht die indirekte Förderung, bei der „heuristische Hilfen in die Lernumgebung integriert und während des Lernens angeboten [werden]" (Tyroller 2005, S. 34). Die Wirksamkeit von indirekten Fördermaßnahmen durch Prompts wurde bereits mehrfach nachgewiesen (z. B. Stark et al. 2008; King 1994; Schoenfeld 1985, Kap. 6).

Prompts und Lernzeit: Im Zusammenhang mit Prompts stand immer wieder im Raum, ob sich durch Prompts die Lernzeit verlängere. Es konnte gezeigt werden, dass die Lernzeit in Lernsituationen durch den Einsatz von Prompts nicht reduziert werden kann, sich aber auch nicht verlängert. Die Lernzeit bleibt also genauso lang und ist damit unabhängig vom Einsatz von Prompts (Stark et al. 2008). Gleichzeitig werden mit Promptingmaßnahmen in kurzer Lernzeit große Effekte erzielt (ebd.). Diese Tatsache könnte insbesondere für den Schulalltag von Bedeutung sein. Bei einer gezielten Integration von Prompts in den Unterricht könnte bei gleicher Lernzeit möglicherweise ein höherer Lernzuwachs resultieren. Ideal wäre im Schulkontext sicherlich die Integration von Prompts mit Computern, denn so wurden die meisten Promptingmaßnahmen untersucht.

Prompts und Lernerfolg: Es wurde mehrfach untersucht, welche Prompts bei Studierenden besonders wirksam sind. Dabei konnte gezeigt werden, dass kognitive Prompts und die Kombination von metakognitiven und kognitiven Prompts den Lernerfolg bei Studierenden im Zusammenhang mit Lernprotokollen verbessern (Hübner, Nückles und Renkl 2007; Berthold, Nückles und Renkl 2007). Metakognitive Prompts (z. B. „Which main points have I already understood well?" oder „What possibilities do I have to overcome my comprehension problems?") allein verbessern den Lernerfolg in dieser Studie nicht (Berthold, Nückles und Renkl 2007, S. 569).

Tyroller (2005, S. 116–117) konnte zeigen, dass eine metakognitive Promptingmaßnahme im Zusammenhang mit einer hypermedialen Lernumgebung einen nachhaltigen Wissens- und Leistungszuwachs ermöglicht. Dabei wirkt „die Promptingmaßnahme [...] auf alle Probanden gleichermaßen motivierend" (ebd., S. 119) – auch auf Lernende mit hoher metakognitiver Kompetenz.

In der Studie von Stark et al. (2008) konnte kein nachweisbarer Einfluss der Promptingmaßnahme auf den Lernfortschritt nachgewiesen werden. Allerdings lösten die Probanden nach der Promptingmaßnahme schwierigere Aufgaben besser.

Prompts und ihr Zusammenhang zur Metakognition[3]*:* Insgesamt konnte nachgewiesen werden, dass der Einsatz von Prompts metakognitive Aspekte des Vorgehens in einer Lernsituation positiv beeinflussen (Wirth 2009; Stark et al. 2008; Bannert 2003; Tyroller 2005). Dabei spielt es keine Rolle, zu welchem Zeitpunkt im Lernprozess die Prompts präsentiert werden (Thillmann et al. 2009).

Es wurde weiter gezeigt, dass metakognitives Prompting innerhalb von hypermedialen Lernumgebungen tatsächlich zu metakognitiven Aktivitäten und damit den gewünschten Effekten führt (Tyroller 2005, S. 143, siehe auch Bannert 2003; Gerjets, Scheiter und Schuh 2005). Durch Promptingmaßnahmen führen Lernende „mehr lernförderliche kognitive und metakognitive Aktivitäten aus [...]" (Tyroller 2005, S. 144; Bannert 2003; Gerjets, Scheiter und Schuh 2005).

---

[3]Mehr Informationen zum Begriff *Metakognition* werden in Kapitel 10 aufgeführt.

Prompts und ihr Zusammenhang zur Selbstregulation: Promptingmaßnahmen beeinflussen das selbstregulierte Lernen positiv (Hübner, Nückles und Renkl 2006; Sitzmann und Ely 2010), insbesondere dann, wenn möglichst viele Teilprozesse des selbstregulierten Lernens angesprochen werden (z. B. Organisation, Elaboration, Monitoring und Planung) (Hübner, Nückles und Renkl 2006).

In einer Studie mit 215 Studierenden konnte gezeigt werden, dass nicht nur metakognitive Prompts die Selbstregulation in Lernprozessen positiv beeinflussen, sondern auch motivationsregulierende Prompts das selbstregulierte Lernen sinnvoll unterstützen (Daumiller und Dresel 2019).

Langzeitwirkung von Promptingmaßnahmen: Es konnte auf vielfältige Weise gezeigt werden, dass Prompts verschiedene Bereiche des Lernens positiv beeinflussen. Interessanterweise wurde dieser positive Effekt in Langzeituntersuchungen nicht bestätigt. Hübner, Nückles und Renkl (2007) berichten, dass sich die anfänglich positiven Effekte ihrer Promptingmaßnahme gewissermaßen umkehrten. Zum Semesterende übertraf die Gruppe ohne Prompts die Gruppe mit Prompts in allen Bereichen – Lernerfolg, Strategieeinsatz und Motivation. Die Forschergruppe erklärt dieses Phänomen so:

> Gehen wir mit Reigeluth und Stein (1983) davon aus, dass die Prompts zunächst als Strategie-Aktivatoren fungierten, induzierten sie bei den Studierenden „von außen" eine Tendenz, während des Schreibens produktive Strategien anzuwenden, zu denen die Studierenden zwar im Prinzip fähig waren, welche sie jedoch von sich aus nicht oder nur in unzureichendem Maße gezeigt hätten. Je mehr nun aber die Studierenden die Tendenz zur Strategieanwendung internalisierten und daher die Strategien entsprechend spontan bzw. von sich aus anwendeten, umso mehr wurden die Prompts überflüssig und von den Studierenden vermutlich als störend oder hemmend wahrgenommen. Die Prompts fungierten dann nicht mehr als Strategie-Aktivatoren, sondern vielmehr als „Strategie-Inhibitoren". (Hübner, Nückles und Renkl 2007, S. 131)

Die Kurzzeitwirkung einer Promptingmaßnahme scheint also sehr effizient und für den Schulalltag vielversprechend zu sein. Langfristig betrachtet, konnte der Lernerfolg durch Prompts bisher nicht konstant hoch gehalten werden. Stattdessen sinkt der Lernerfolg sogar (ebd.). Zur Überwindung dieses hemmenden Effekts empfiehlt die Forschergruppe in Anlehnung an das Scaffolding eine „Fading-Prozedur"[4]. Dabei werden die zuvor eingeführten Prompts abhängig vom Stand des Lernenden sukzessive wieder ausgeblendet und zwar dann, wenn der Lernende die durch die Prompts aktivierten Strategien „in einem zufriedenstellendem Maße" eigenständig abrufen und zeigen kann (ebd., S. 132).

---

[4]Mehr Informationen zum Fading innerhalb eines Scaffoldingprozesses können Kapitel 6 entnommen werden.

Bedeutung des Vorwissens für die Nutzung von Prompts: Das Vorwissen scheint für die erfolgreiche Integration von Prompts in den individuellen Lernprozess ausschlaggebend zu sein (Stark et al. 2008). Nur besteht keine Einigkeit darüber, ob vorwissensstärkere oder -schwächere Lernende mehr oder weniger von Promptingmaßnahmen profitieren. Vielmehr scheinen vorwissensstärkere Lernende eher eigenständig metakognitive Kontrollaktivitäten auszuführen und greifen deswegen weniger auf externe Regulationsangebote wie Promptingmaßnahmen zurück. Für Lernende mit metakognitiven Defiziten scheinen Promptingmaßnahmen eine Möglichkeit der Kompensation dieser metakognitiven Defizite zu bieten. Allerdings darf das Defizit dafür nicht gravierend sein. Ansonsten können die Promptingangebote nicht angemessen genutzt werden (ebd.). Außerdem profitieren leistungsschwächere Schülerinnen und Schüler eher von spezifischen als von allgemeinen Prompts (Kramarski, Weiss und Sharon 2013, S. 209). Zusammenfassend profitieren also nicht alle Lernenden in gleichem Maßen von Prompts als Lernhilfen (Stark et al. 2008; Bannert 2003; Krause und Stark 2006; Krause 2007). Bannert (2003) erklärt das Phänomen so:

> Da die metakognitiven Lernhilfen während des Lernens zusätzliche mentale Kapazitäten beanspruchen, ist zu vermuten, dass sich Personen mit geringem Vorwissen nicht oder nur mühsam beim Lernen darauf einlassen, weil die Kapazität ihres Arbeitsgedächtnisses aufgrund fehlender Schemata mehr ausgelastet bzw. erschöpft ist, sie sozusagen keine freien mentalen Kapazitäten aufweisen. (ebd., S. 23)

Kramarski, Weiss und Sharon (2013) stellen in ihrer Untersuchung heraus, dass das Vorwissensniveau allein nicht entscheidend für das erfolgreiche Nutzen von Prompts ist. Das Wissen müsse auch verfügbar sein und aktiv genutzt werden können.

Gestaltung von Prompts innerhalb von Lernumgebungen: Es wird empfohlen, Promptingmaßnahmen „so wenig komplex wie möglich zu gestalten und möglichst ‚natürlich' in den Lernprozess zu integrieren" (Tyroller 2005, S. 37). Damit einher geht, dass die jeweiligen Prompts „nicht zu textlastig sind" (Koenen und Emden 2016, S. 31) und „die gewählte Sprache der Schülerschaft angepasst sein muss" (ebd., S. 31). So soll insbesondere vorwissensschwachen Schülerinnen und Schülern ermöglicht werden, von der jeweiligen Promptingmaßnahme zu profitieren (Tyroller 2005; Stark et al. 2008). Darüber hinaus sprechen sich Stein und Braun (2013) für eine möglichst einheitliche Gestaltung der Prompts aus. So könne den Schülerinnen und Schülern eine leichtere Orientierung ermöglicht und die kognitive Beanspruchung (cognitive load) der Schülerinnen und Schüler reduziert werden (siehe auch Braun 2020).

Prompts bei verschiedenen Zielgruppen: Bislang wurde bei der Untersuchung von Prompts und ihrer Wirkung vor allem auf Studierende fokussiert (z. B. Hoffman und Spatariu 2008; Berthold, Nückles und Renkl 2007; Tyroller 2005; Stark et al. 2008). Nur vereinzelt werden andere Zielgruppen betrachtet: Schülerinnen und Schüler der Grundschule (z. B. Babbs 1983) und der Sekundarstufe I (z. B. Koenen 2014; Kramarski, Weiss und Sharon 2013; Wong, Lawson und Keeves 2002). Es besteht hier also ein Bedarf, auch jüngere Schülerinnen und Schüler und ihren Umgang mit Prompts zu untersuchen.

Prompts und ihr Bezug zur Schule: Strategien sollen Schülerinnen und Schülern mit geeigneten Methoden nahe gebracht werden (Schmidt-Weigand, Hänze und Wodzinski 2009). Babbs (1983, S. xi) empfiehlt dafür konkrete, materialisierte und damit greifbare Prompts als effektives Medium, um Schülerinnen und Schülern Strategien näher zu bringen. Die von mir entwickelten Strategieschlüssel sind ein solch greifbares Material.

Systematisches Prompting ist bereits beim Unterrichten von Kindern mit Behinderung verbreitet (Radford et al. 2014; Spooner et al. 2012). Hier werden Prompts als Unterstützung bei Scaffolding-Maßnahmen eingesetzt und untersucht. Da es hier um Kinder mit Behinderungen geht, werden die vorher festgelegten Prompts durch die Lehrkraft gegeben und nicht, wie sonst häufig üblich, durch einen Computer. Außerhalb des inklusiven Unterrichts sind der Autorin dazu keine Studien bekannt.

Methodisches Vorgehen bei der Erforschung von Prompts: Methodisch wurden Prompts bisher vorwiegend in (computergestützten) Laborsituationen eingesetzt (z. B. Ge, Chen und Davis 2005; Stark et al. 2008; Wong, Lawson und Keeves 2002) und häufig mit Experimental-Kontrollgruppen-Design und Prä-Post-(Follow-Up)-Design gearbeitet (z. B. Lee und Chen 2009; Hoffman und Spatariu 2008; Stark et al. 2008). Nur selten wurden qualitative Daten erhoben und/oder qualitativ ausgewertet (z. B. Ge, Chen und Davis 2005; Hoffman und Spatariu 2011). Die Methoden, die in der Psychologie bisher eingesetzt wurden, um den Einfluss von Prompts zu erfassen, reichen allerdings nicht aus, um das Prompting tiefergehend zu verstehen (Stark et al. 2008). Die vorwiegend quantitativ geprägten Methoden zur Datenerhebung, z. B. durch Fragebögen, müssen durch qualitative Methoden ergänzt werden, z. B. durch Videoerhebungen und Interviews (Bannert 2009). Nur so kann verstanden werden, wie Schülerinnen und Schüler Prompts in ihren Bearbeitungsprozess integrieren, an welchen Stellen Prompts einen Bearbeitungsprozess beeinflussen und was genau an diesen Stellen inhaltlich passiert. Hier besteht ein eindeutiger Forschungsbedarf.

Zur Adressierung dieses Bedarfes werden ergänzende Methoden wie das laute Denken vorgeschlagen (Kramarski, Weiss und Sharon 2013; Hoffman und Spatariu 2011; Tyroller 2005) und qualitative Tiefen- und Einzelfallanalysen gefordert (Kramarski, Weiss und Sharon 2013; Stark et al. 2008; Bannert 2009; Tyroller 2005). Dadurch könnten die Quantität, Qualität und Diversität des Strategiegebrauchs von Schülerinnen und Schülern tiefgründig untersucht werden (Bannert 2009; Hoffman und Spatariu 2011).

Prompts und das mathematische Problemlösen[5]: Allein durch das Nennen von Heurismen, z. B. durch eine Lehrperson, scheint bereits vorhandenes Wissen von Studierenden aktiviert und damit verfügbar gemacht zu werden (Schoenfeld 1985, Kapitel 6). Genau diese Wirkung sollen Prompts entfalten.

Darüber hinaus können Schülerinnen und Schüler ihre Reflexions- und Problemlösefähigkeiten durch den Einsatz von Prompts verbessern und zwar dann, wenn sie genau wissen, was sie reflektieren sollen und wenn ihnen eher spezifische Prompts angeboten werden (Kramarski, Weiss und Sharon 2013). Kramarski, Weiss und Sharon (ebd., S. 199–200) haben dazu ein Trainingsprogramm entwickelt. Mit Hilfe von als Fragen formulierten Prompts sollen Schülerinnen und Schüler auf verschiedenen Ebenen zur Selbstregulation und zum mathematischen Problemlösen angeregt werden. Dabei werden vier Typen von Fragen unterschieden: Verstehens-, Verbindungs-, Strategie- und Reflexionsfragen.

Das Problemlösen eignet sich laut Hoffman und Spatariu (2011) im Zusammenhang mit Interviews besonders zur Untersuchung von Prompts. Dadurch könnte festgestellt werden, ob und wann Prompts von Lernenden in Betracht gezogen werden und warum der gleiche Prompt manchmal verschiedene Antworten nach sich zieht (ebd.).

Insgesamt besteht der begründete Verdacht, dass Prompts insbesondere metakognitive und selbstregulatorische Prozesse (Stark et al. 2008; Hübner, Nückles und Renkl 2006) anstoßen, die erfolgreiches und nachhaltiges Lernen ermöglichen. Der langfristige Einsatz von Prompts ist bisher noch ungenügend untersucht (Hübner, Nückles und Renkl 2007). Studienübergreifend spielt es kaum eine Rolle, wann Prompts angeboten werden.

Auf qualitativer Ebene bleibt unklar, welche Lernprozesse durch Prompting im Detail initiiert werden und wie genau der Prozess des Promptings verläuft – also wie beispielsweise Prompts in den Lernprozess integriert werden. Zur Untersuchung dieser qualitativen Frage wird inhaltlich das Problemlösen vorgeschlagen, denn hier können durch Prompts möglicherweise Strategien aktiviert sowie selbstregulatorische und metakognitive Prozesse hervorgerufen werden. Darüber hinaus könnten im Gegensatz zu Studierenden jüngere Schülergruppen beispielsweise aus der Grundschule oder der Sekundarstufe I berücksichtigt werden. Auf methodischer Ebene bieten sich hierfür Interviews zusammen mit der Methode des lauten Denkens an. Die vorliegende Arbeit untersucht genau diese Forderungen und Hinweise (siehe hierzu Kapitel 12).

---

[5]Nähere Informationen zum mathematischen Problemlösen und zum Einsatz von Heurismen während des Problembearbeitungsprozesses finden sich in Teil II in den Kapiteln 8 und 9.

Nudges 5

5.1 Begriffsklärung

Der Begriff *Nudge* (engl.: Stupser, Anstoß) wurde von Thaler und Sunstein (2008) in der Verhaltensökonomie geprägt. Sie definieren einen Nudge als

> [...] any aspect of the choice architecture that alters people's behavior in a predictable way without forbidding any options or significantly changing their economic incentives. To count as a mere nudge, the intervention must be easy and cheap to avoid. Nudges are not mandates. (ebd., S. 6)

Der Grundgedanke bestehe darin, das Entscheidungsverhalten von Menschen so zu beeinflussen, dass langfristig Vorteile für Gesellschaft und Individuum erzielt werden können. Wichtig dabei sei, dass das Verhalten in einer vorhersagbaren Weise modifiziert wird. Gleichzeitig müssten aber alle Wahlmöglichkeiten offen gehalten werden (Jensen 2017, S. 13).

Um das Konzept der Nudges zu veranschaulichen, werden zunächst drei Beispiele mit Alltagsnähe angeführt[1].

Beispiel 1: Der Lake Shore Drive ist eine Straße, von der man einen atemberaubenden Blick auf die Skyline von Chicago hat. Bei einem bestimmten Teil der Straße passiert man eine starke S-Kurve, bei der Autofahrer auf 25 mph[2] abbremsen sollen. Allerdings ignorieren viele Fahrer die Straßenschilder mit der angegebenen Geschwindigkeitsbeschränkung. Die Autofahrer sind hier entweder durch den

---

[1]Zahlreiche weitere Beispiele und Studien können auf der nachfolgenden Homepage gefunden werden: https://inudgeyou.com (Zugriff am 12.07.2019).

[2]mph: miles per hour

© Der/die Autor(en), exklusiv lizenziert durch Springer Fachmedien Wiesbaden GmbH, ein Teil von Springer Nature 2021
R. Herold-Blasius, *Problemlösen mit Strategieschlüsseln*, Essener Beiträge zur Mathematikdidaktik, https://doi.org/10.1007/978-3-658-32292-2_5

35

Ausblick abgelenkt oder können die Enge der Kurve nicht richtig einschätzen. Beides führt zu Unfällen (Thaler und Sunstein 2008).

> At the beginning of the dangerous curve, drivers encounter a sign painted on the road warning of the lower speed limit, and then a series of white stripes painted onto the road. [...] When the stripes first appear, they are evenly spaced, but as drivers reach the most dangerous portion of the curve, the stripes get closer together, giving the sensation that driving speed is increasing [...]. One's natural instinct is to slow down. (ebd., S. 37–39)

Damit die Autofahrer intuitiv langsamer fahren, wurden in immer kürzer werdenden Abständen weiße Streifen auf die Fahrbahn gemalt. Dadurch wirkt es so, als würde man schneller fahren. Auf diese Art und Weise fahren die Autofahrer an dieser Stelle automatisch langsamer. Gemäß der Analyse eines städtischen Verkehrsingenieurs reduzierte sich die Anzahl der Unfälle in den ersten sechs Monaten, nachdem die Streifen aufgezeichnet wurden, um 36% (Damani 2017).

Beispiel 2: Hansen et al. (2016) untersuchten im Rahmen einer Konferenz, wie sich das Essverhalten von Konferenzteilnehmerinnen und -teilnehmern durch die Anordnung von Kuchen und Obst beeinflussen lässt. Sie konnten nachweisen, dass durch eine angemessene Anordnung (das Obst vor dem Kuchen) der Konsum von Kuchen um mehr als 30% reduziert und der Konsum von Äpfeln um knapp 84% gesteigert werden konnte.

Beispiel 3: Wird ein Buffet angeboten, ist es üblich, seinen Teller möglichst voll zu beladen; unabhängig davon, ob dieses Essen tatsächlich verspeist werden kann. Damit die Menschen weniger konsumieren, so weniger Kalorien zu sich nehmen und gleichzeitig weniger Essen weggeworfen werden muss, wurde in der Studie von Kallbekken und Saelen (2013) die Tellergröße verkleinert. So passte weniger auf den Teller – die Menschen aßen weniger und weniger Essen, das auf den Tellern übrig geblieben ist, musste entsorgt werden. So konnte die Menge an wegzuwerfendem Essen in einem Hotelrestaurant um knapp 20% verringert werden (ebd.).

Hausman und Welch (2010) fassen das Konzept der Nudges so zusammen:

> Nudges are ways of influencing choice without limiting the choice set or making alternatives appreciably more costly in terms of time, trouble, social sanctions, and so forth. They are called for because of flaws in individual decision-making, and they work by making use of those flaws. (ebd., S. 126).

Es gibt beim Konzept der Nudges also eine Vorauswahl an Wahlmöglichkeiten. Werden nicht diese vorgegebenen Wahlmöglichkeiten ausgewählt, ist grundsätzlich jede andere Entscheidung auch möglich (siehe dazu Abschnitt 5.1.1). Außerdem basiert das Konzept der Nudges auf der Grundannahme, dass Individuen nur begrenzt in der Lage sind, für sich selbst „gute" und damit vermeintlich richtige Entscheidungen zu treffen (Selinger und Whyte 2011, nähere Details dazu in Abschnitt 5.1.2). Dieser Makel wird beim Konzept der Nudges genutzt.

5.1.1 Wahlarchitekt und Wahlarchitektur

Die Wahlfreiheit ist ein wesentliches Merkmal des libertären Paternalismus und unterscheidet gleichzeitig den traditionellen Paternalismus vom libertären[3]:

> Der libertäre Aspekt, der diese Form der paternalistischen Intervention gegenüber traditionellen Herangehensweisen unterscheidet, besteht in der *Bewahrung individueller Wahlfreiheit*. Die Aufrechterhaltung der Wahlfreiheit bezieht sich dabei ausdrücklich darauf, dass entgegen der ursprünglich als paternalistisch aufgefassten Form der Zwangsmaßnahme die Menge der Entscheidungsalternativen staatlich nicht begrenzt werden darf. (Neumann 2013, S. 33, Hervorhebungen im Original)

Beim Konzept der Nudges ist die Wahlfreiheit also unerlässlich. Selbst, wenn ein bestimmtes Verhalten mit einem Nudge intendiert ist, muss es der Person frei stehen, sich auch anders zu entscheiden (Selinger und Whyte 2011). Der Wahlarchitekt, z. B. der Staat oder eine Lehrperson, darf also keine Entscheidungsoptionen ausschließen und muss „die Wahlfreiheit als oberstes Credo" (Neumann 2013, S. 38) stärken. Nur dann werden die libertären Grundsätze hinreichend beachtet.

> Prohibitions, policies, and programs that draw on psychology and behavioral economics are not nudges if they end up limiting people's choices. Strategies to modify people's behavior that use psychology and behavior economics are not necessarily nudges. Nudges use the results of these social sciences, but they do so in ways that work with biases and preserve choice and incentives. (Selinger und Whyte 2011, S. 927)

Die Wahlfreiheit innerhalb einer vorgegebenen Wahlarchitektur ist also Teil des Konzepts der Nudges. Dabei wird die „Freiwilligkeit als Kernelement" hervorgehoben (Neumann 2013, S. 39), aber nicht weiter ausgeführt. Die Frage danach, wann

---

[3]Details zum (libertären) Paternalismus können Abschnitt 5.1.2 entnommen werden.

man generell von Wahlfreiheit sprechen kann, wird von Neumann (ebd.) intensiv diskutiert.

> Die Beibehaltung der Wahlfreiheit, oder vielmehr die Vermeidung des Ausschlusses von Handlungsoptionen folgen [...] negativen Freiheitskonzeptionen, die in der Abwesenheit von Beschränkungen der Handlungsausübung den Kern des Freiheitsbegriffes deuten. Bedeutsamkeit erlangt diese Konzeption dadurch, dass sie den Freiheitsbegriff *unabhängig von den einer Handlung zugrunde liegenden Präferenzen* verortet. (ebd., S. 84, Hervorhebungen im Original)

Hier liegt ein negativer Freiheitsbegriff zugrunde, also „die Abwesenheit von Zwang und Beschränkungen" (ebd., S. 84). Natürlich ist die Abwesenheit von Zwang und Beschränkung nichts Negatives. So wie bei der *negativen Verstärkung* im Behaviorismus ist hier das Ausbleiben und in diesem Sinne die Abwesenheit von Zwang gemeint. Spricht man von „der Möglichkeit der Ausübung einer Handlung" (ebd., S. 84), liegt ein positiver Freiheitsbegriff zugrunde. Wahlfreiheit liegt schließlich dann vor, „[w]enn sie [eine Person] ohne Beschränkungen eine vernünftige oder gewissenhafte Auswahl oder Vollstreckung einer oder mehrere Items einer Handlungsoption treffen kann" (ebd., S. 85).

Unter einer *Wahlarchitektur (choice architecture)* wird der Kontext verstanden, in dem Menschen Entscheidungen treffen (Barton und Grüne-Yanoff 2015). Thaler und Sunstein (2008) konkretisieren den Begriff der Wahlarchitektur an folgendem Beispiel: Carolyn koordiniert die Schulkantinen hunderter Schulen. Durch ein Experiment, bei dem sie in verschiedenen Schulen das Essen in den Schulkantinen verschieden anbietet, findet sie heraus, dass sie die Essenswahl der Kinder durch die Anordnung des Essens beeinflussen kann (ebd.). Sie könnte das Essen zum Beispiel so anordnen, dass sie den Profit maximiert. Sie könnte das Essen aber auch so auslegen lassen, dass die Schülerinnen und Schüler eher das gesunde Essen wählen (Neumann 2013; Hausman und Welch 2010). So könnte beispielsweise erst das Gemüse angeboten werden und die Desserts weiter hinten. Die Pommes könnten höher angeordnet sein, während die Salate auf Augenhöhe der Kinder stehen (Thaler und Sunstein 2008, S. 1).

Carolyn fungiert in diesem Kontext als *Wahlarchitektin*: Damit hat sie die Verantwortung, den Kontext zu organisieren, in dem Menschen Entscheidungen treffen (ebd., S. 3).

> Choice architects set the background against which people make choices, whether or not their influence is recognized. (Hausman und Welch 2010, S. 124)

Ein Arzt gilt beispielsweise als Wahlarchitekt, wenn er einen Patienten über verschiedene Behandlungsmöglichkeiten aufklärt. Auch Eltern, die ihrem Kind mögliche Bildungswege beschreiben, werden zu Wahlarchitekten (Thaler und Sunstein 2008). Lehrpersonen können ebenfalls als Wahlarchitekten betrachtet werden (Stein 2014; 2017), denn sie wählen Inhalte und Lehrmethoden didaktisch begründet aus, um sie für ihre Schülerinnen und Schüler aufzubereiten. Wahlarchitekten versuchen selbstbewusst, Menschen in Richtungen zu bewegen, die ihr Leben besser machen (Thaler und Sunstein 2008, S. 6) – unabhängig davon, ob das in der Schule oder im Krankenhaus ist.

Die Aufgabe eines Wahlarchitekten besteht letztlich darin, schädliche oder nachteilige Vorurteile bzw. Neigungen zu identifizieren und entsprechende Wahlalternativen zu kreieren (Selinger und Whyte 2011, S. 925). In diesem Sinne genießen Wahlarchitekten ein besonderes Privileg, tragen aber gleichzeitig eine große Verantwortung. Sie legen die Werte und Wahlmöglichkeiten fest, die durch die Nudges letztlich gewählt werden können (Rizzo und Whitman 2009). Dabei können Wahlarchitekten ihre eigenen Werte und Präferenzen auf den idealen Entscheidungstreffenden projizieren. Allerdings gibt es keine Garantie, dass diese Projektionen deckungsgleich mit den eigentlichen Präferenzen der Menschen sind (Selinger und Whyte 2011, S. 929).

Das Ziel der Entscheidungsarchitektur kann folgendermaßen umrissen werden: „Die generelle Maxime des von uns umrissenen und vertretenen Libertären Paternalismus fordert, dass die Menschen die von den Planern nahegelegte Option einfach vermeiden können." (Neumann 2013, S. 37)

5.1.2 Libertärer Paternalismus

Das Konzept der Nudges ist eingebettet in den Grundgedanken des libertären – auch weichen – Paternalismus. Der Begriff besteht aus zwei Teilen: libertär und Paternalismus. Im Duden wird *Paternalismus* als „Bestreben [eines Staates], andere [Staaten] zu bevormunden, zu gängeln" (Dudenredaktion 2018b) definiert. An dieser Stelle sei darauf hingewiesen, dass es im weiteren Verlauf dieses Kapitels nicht nur um Staaten, sondern um Wahlarchitekten im Allgemeinen geht. Der Begriff wurde von Thaler und Sunstein (2003; 2008) erweitert und wird hier in diesem weiten Verständnis genutzt. *Libertär* wird im Duden beschrieben als „extrem freiheitlich; anarchistisch" (Dudenredaktion 2018a).

Thaler und Sunstein (2003) argumentieren, dass eine anti-paternalistische Haltung auf einer falschen Grundannahme und zwei Irrtümern beruhe. Die falsche Grundannahme bestünde darin, dass Menschen immer Entscheidungen träfen, die ihren Interessen entsprechen. Ein erster Irrtum bestünde darin, zu glauben, dass es eine tragfähige Alternative zum Paternalismus gäbe. Dem ist nicht so:

> In many situations, some organization or agent must make a choice that will affect the choices of some other people. The point applies to both private and public actors. (ebd., S. 175)

Am Beispiel von Carolyn bedeutet das, dass sie eine Entscheidung bzgl. der Essenspräsentation treffen muss. Dabei prallen ggf. widersprüchliche Interessen aufeinander:

> Die Kinder möchten ihren Hunger gemäß ihren Vorlieben und Präferenzen stillen, die Eltern wünschen ein möglichst gesundes und ausgewogenes Speiseangebot, die Betreiber der Mensa wollen ihre Gewinne maximieren und die Schulleitung bevorzugt möglicherweise ein Angebot, das (u. a.) hohe Anmeldungen der Kinder an der Essensversorgung gewährleistet. (Neumann 2013, S. 40)

Carolyn muss in der Schulkantine am Ende verschiedene Entscheidungen treffen, die die Zutaten, die Warteschlangen, die Preise und die Reihenfolge der verschiedenen Speisen betreffen. Sie hat zwar verschiedene Alternativen (siehe Abschnitt 5.1.1), muss aber in jedem Fall zu einer Entscheidung kommen. In diesem Sinne ist der Paternalismus in solch einer Situation unvermeidbar (ebd.).

Der zweite Irrtum liege laut Thaler und Sunstein (2008) in der Annahme, dass Paternalismus stets etwas mit Zwang und Nötigung zu tun hätte. Verdeutlicht werden kann diese Annahme an einem Beispiel, durch das der Unterschied zwischen dem weichen und dem harten Paternalismus aufgezeigt wird.

> Wenn man etwa glaubt, dass die Individuen ihren Alkoholkonsum nicht rational planen können, weil sie negative gesundheitliche Folgen systematisch unterschätzen, dann würde die typische Reaktion eines traditionellen Paternalisten auf diesen Sachverhalt in der Forderung nach einer völligen Alkoholprohibition bestehen, oder auch in der Einführung von hohen Konsumsteuern auf alkoholische Getränke. Wenn ein Konsument über die negativen Folgen des Alkoholkonsums unzureichend informiert ist, dann kann ihn immerhin das Preissignal zu einer rationaleren Entscheidung bewegen. Der weiche Paternalist hingegen würde beim Design von Entscheidungssituationen ansetzen. Er würde die Spirituosen in die hinteren Ecken der Geschäfte verbannen und dadurch Impulskäufe einschränken, wohlüberlegte Konsumscheidungen aber nicht wirklich behindern. Oder er würde für das Anbringen gut sichtbarer und möglichst abschreckender Etiketten plädieren, die den Konsumenten über die negativen Lang-

fristfolgen seines Alkoholkonsums im Moment der Kaufentscheidung informieren. (Schnellenbach 2011, S. 446)

Insgesamt scheinen sich beide Formen des Paternalismus darin zu unterscheiden, dass sie verschieden mit der Wahlfreiheit umgehen. Beim libertären Paternalismus wird die Wahlfreiheit gewährt. Individuen werden also keine fremden Präferenzen aufgezwungen. „[I]hnen [werden] lediglich bessere Entscheidungen bei gegebenen, wenn auch oft konfligierenden Präferenzen ermöglich[t]." (ebd., S. 450) Bei traditionellen Formen des Paternalismus wird „die Menge der zur Wahl stehenden Alternativen [. . .] reduzier[t]" (ebd., S. 449).

Kritisch bleibt, dass Personen durch Nudges in eine bestimmte Richtung gelenkt werden sollen (Hausman und Welch 2010) und die vermeintlich „richtige" Richtung von außen vorgegeben wird.

Der „alte" [klassische] Paternalist gab vor zu wissen, dass bestimmte Konsumgüter für die Individuen schädlich seien und diese daher vor solchen Gütern geschützt werden sollten; der „neue" [weiche oder libertäre] Paternalist gibt entsprechend vor zu wissen, welches Element einer widersprüchlichen Präferenzordnung unvernünftig und welches vernünftig ist. (Schnellenbach 2011, S. 450)

Außerdem beruhe das Konzept der Nudges auf einer falschen Grundannahme:

[. . .] the very idea of using nudges is patronizing since it rests on the assumption that the masses are too stupid to make good decisions for themselves (Selinger und Whyte 2011, S. 928)

Resümierend löst die Tatsache Unbehagen aus, dass „der Staat [bzw. ein Wahlarchitekt] in Entscheidungskontexte eingreifen soll, damit Individuen so handeln, wie es die die [sic!] ökonomische Theorie vorhersagt" (Neumann 2013, S. 79). Thaler und Sunstein (2008) warnen selbst vor Missbrauch des Konzepts:

So let's go on record and as saying that choice architects in all walks of life have incentives to nudge people in directions that benefit the architects (or their employers) rather than their users. (ebd., S. 239)

Wird die Wahlarchitektur vom Wahlarchitekten gewissenhaft geschaffen, kann Missbrauch an dieser Stelle aber vorgebeugt werden. Dabei darf keine Einschränkung der Wahlmöglichkeiten erfolgen (Neumann 2013).

5.2   Arten von Nudges

In der Literatur werden verschiedene Arten von Nudges unterschieden. Eine für
alle gültige Kategorisierung gibt es bislang aber nicht. In diesem Abschnitt werden
unterschiedliche Kategorisierungsmöglichkeiten von Nudges zusammengetragen.
Bovens (2010) kategorisiert Nudges beispielsweise nach ihrer Wirkweise und
ihrem Zweck. Er unterscheidet dabei drei *Wirkweisen von Nudges*: (a) Nudges, die
Heurismen hervorrufen (heuristics-triggering), (b) Nudges, die Heurismen verhin-
dern (heuristics-blocking) und (c) Nudges, die Informationen geben (informing).
Barton und Grüne-Yanoff (2015, S. 344) weisen darauf hin, dass ein und derselbe
Nudge auch zu verschiedenen Kategorien gehören kann. So seien abschreckende
Bilder auf Tabakschachteln zusammen mit den entsprechenden Informationstexten
sowohl „informing" als auch „heuristics-blocking".

An dieser Stelle sei darauf hingewiesen, dass der Begriff „heuristic" hier nicht
im Sinne von Problemlösestrategien verwendet wird, sondern im Kontext der Verhaltensökonomie eher als allgemeine Entscheidungsheurismen verstanden wird.

> [. . .] people rely on a limited number of heuristic principles which reduce the complex
> tasks of assessing probabilities and predicting values to simpler judgmental operations.
> In general, these heuristics are quite useful, but sometimes they lead to severe and
> systematic errors. (Tversky und Kahneman 1974, S. 1124, siehe auch Kahneman 2011)

Kahneman (ebd.) arbeitet insgesamt drei wesentliche Heurismen heraus: Reprä-
sentativität, Verfügbarkeit und die Anpassung von einem Ankerpunkt aus.[4] Der
zugrundeliegende Heurismenbegriff der Nudges stammt aber aus einem anderen
Kontext und ist deswegen für das mathematische Problemlösen nicht übertragbar.

Mit Blick auf den *Zweck von Nudges* kann hier einerseits ein Fokus auf dem pri-
vaten (pro-self nudges) oder dem sozialen (pro-social nudges) Wohlergehen liegen
(Hagman et al. 2015).

Eine zusätzliche Kategorie machen Hansen und Jespersen (2013) auf, indem sie
die Art und damit die Natur des jeweiligen Nudges versuchen zu beschreiben. Sie
sprechen dabei von zwei Typen von Nudges.

> [. . .] type 2 nudges are aimed at influencing the attention and premises of – and
> hence the behaviour anchored in – reflective thinking (i.e. choices), via influencing the
> automatic system, type 1 nudges are aimed at influencing the behaviour maintained

---

[4]Für eine übersichtliche und zugängliche Zusammenfassung dieser Heurismen kann der Beitrag von Graf (2015) genutzt werden.

by automatic thinking, or consequences thereof without involving reflective thinking. (ebd., S. 7)

Die Autoren unterscheiden weiter zwischen transparenten und nicht-transparenten Nudges. Dabei verstehen sie unter *transparenten Nudges* solche, bei denen der jeweiligen Person deutlich wird, (a) was mit dem Nudge intendiert ist und (b) auf welche Art und Weise die Verhaltensänderungen verfolgt werden. Bei transparenten Nudges kann also von den Menschen erwartet werden, dass sie die Intention hinter dem Nudge begreifen und ihr Verhalten entsprechend anpassen (ebd.). Transparente Nudges sind beispielsweise abstoßende Bilder auf Zigarettenschachteln, als Abschreckung vor dem Rauchen; Aufdrucke von Fliegen im Urinal, um die Treffsicherheit zu erhöhen oder aufgemalte Fußabdrücke auf dem Boden, die zu Treppen führen (ebd., S. 17). Charakteristisch an einem transparenten Nudge ist, dass der Anstupser offensichtlich ist (siehe Abschnitt 5.1).

Bei einem *nicht-transparenten Nudge* ist die dahinterliegende Intention nicht so offensichtlich und muss rekonstruiert werden (ebd., S. 18). Dazu zählen beispielsweise der Lake Shore Drive oder die kleinen Teller am Buffet (siehe Abschnitt 5.1).

Für den Fall, dass nicht ganz klar ist, ob eine Intervention als Nudge interpretiert werden kann, machen Selinger und Whyte (2011, S. 927–928) die Kategorie der „fuzzy nudges" auf. Als Beispiel dafür führen sie die Tufts Psychologie Studie[5] an. Darin wurde herausgefunden, dass das Benoten mit einem roten Stift das Selbstvertrauen von Schülerinnen und Schülern negativ beeinflusst. Lehrkräfte würden mit roter Tinte härter bewerten.

Zusammenfassend gibt es also verschiedene Arten von Nudges. Inwiefern sich eine Zuordnung eines Nudges in eine dieser Arten als sinnvoll erweist, wird hier nicht weiter diskutiert. An dieser Stelle sei lediglich darauf hingewiesen, dass es verschiedene Zwecke für die Anwendung und verschiedene Umsetzungen von Nudges gibt. Insgesamt scheinen Nudges situationsspezifisch zu sein, was eine sinnvolle Kategorisierung erschwert.

5.3 Nudges im Schulkontext

Verschiedene Autorinnen und Autoren übertragen das Konzept der Nudges mittlerweile auf pädagogische Kontexte. So kursieren im Internet verschiedene Blogs,

---

[5]Mehr Informationen zur Tufts Studie unter: https://tuftsdaily.com/news/2010/10/25/teachers-who-use-red-ink-are-likely-to-grade-students-work-more-harshly-study-finds/ (zuletzt geprüft am 11.02.2017)

die Nudges im Zusammenhang mit Erziehung thematisieren[6]. Griffin (2011) greift
Nudges als inhaltliches Thema im Politikunterricht auf. Damit werden Nudges als
Unterrichtsinhalt thematisiert und haben inhaltlich Einkehr in die Schule gehalten.
Der Einsatz von Nudges im Unterricht selbst spielt dabei bislang keine Rolle –
zumindest nicht dokumentiert.

Im Schulkontext sieht Stein (2014; 2017) die Aufgabe von Lehrkräften darin,
eine Umgebung zu schaffen, in der Schülerinnen und Schüler eine angemessene Entscheidung für ihren jeweiligen Lernprozess treffen können. Die Lehrkraft schafft so
beruhend auf einer entsprechenden Wahlarchitektur eine lernerfreundlichen Umgebung und übernimmt so die Funktion des Wahlarchitekten. Die Lehrkraft trifft beispielsweise eine Vorauswahl an Aufgaben und stellt den Schülerinnen und Schülern
drei Aufgaben zur Auswahl. Konkret sieht Stein (2014) Nudges auch im Mathematikunterricht:

> Auch wenn die Schüler/innen über heuristische Techniken informiert sind, sind wir
> nicht davon entbunden, uns über die Wahlarchitektur Gedanken zu machen, und unsere
> Aufgabe besteht darin, diese Wahlarchitektur durch implizite Hilfen – Nudges – so zu
> gestalten, dass schwache Schüler/innen implizite Hilfe erhalten, und stärkere Schüler
> nicht daran gehindert werden, ihre eignen Wege zu gehen. (ebd., S. 105, Hervorhebun-
> gen im Original)

Etwas später in seinem Text überträgt Stein (ebd.) das Konzept der Nudges auch
auf das mathematische Problemlösen. Hier definiert er Nudges als „implizite Hilfen innerhalb einer Wahlarchitektur, die den Problemlösern die Freiheit lassen, auch
einen anderen Weg einzuschlagen, der nicht durch das Nudge impliziert wird" (ebd.,
S. 105). Dabei betont er insbesondere, dass Nudges für leistungsschwächere Schülerinnen und Schüler konzipiert werden. Er sieht in den Nudges eine Möglichkeit,
um mit der Heterogenität im Klassenzimmer erfolgreich umzugehen.

5.4   Stand der Forschung

Nudges wurden bislang in verschiedenen wirtschaftlichen Kontexten und für politi-
sche Zwecke erforscht. So wurden – wie oben bereits beschrieben – Studien durchgeführt, um win-win-Situationen für Hotelrestaurants und Gäste zu schaffen, indem

---

[6]Blogs zum Thema Erziehung: https://muttis-blog.net/nudging-autoritaet-in-der-erziehung-
teil-3/ (07.06.2018) und https://www.elternwissen.com/erziehung-entwicklung/erziehung-
tipps/art/tipp/nudging.html (07.06.2018)

die Tellergröße am Buffet verkleinert wird (Kallbekken und Saelen 2013; Hansen et al. 2013).

Es gibt auch Bestrebungen, Menschen dazu zu bewegen, weniger zu rauchen oder zumindest in den dafür vorgesehenen Bereichen, z. B. in einem Flughafen. Schmidt et al. (2016) fanden heraus, dass durch das Aufkleben von Stickern am Boden und das Umsortieren von Sitzgelegenheiten im Flughafen, das Raucherverhalten maßgeblich beeinflusst werden kann.

In einer großangelegten, internationalen Studie (Steelcase 2016) wurde festgestellt, dass Arbeitnehmer häufig während ihrer Arbeit unterbrochen werden. Dadurch geht viel effektive Arbeitszeit verloren. Zur Reduzierung dieser Störungen wurden sechs verschiedene Nudges entworfen (iNudgeYou 2019):

1. Turn off unnecessary notifications [...]
2. Signal that you are busy [...]
3. Schedule time for small talk [...]
4. Have a sentence prepared beforehand [...]
5. Have a notepad by your side [...]
6. Make a procedure for interruptions [...]

An dieser Stelle könnte noch eine Vielzahl anderer Studien aufgeführt werden, die sich damit beschäftigen, wie das Verhalten von Menschen im Sinne des gesellschaftlichen Wohls positiv beeinflusst werden kann. Allerdings sind alle hier aufgeführten Untersuchungen in anderen Kontexten angesiedelt. Studien im schulischen Kontext sind der Autorin nicht bekannt. Auf Forschungsergebnisse, bezogen auf den Einsatz von Impulsen bei Lernenden, kann hier also nicht zurückgegriffen werden.

Scaffolding

6

6.1 Begriffsklärung

Das Konzept *Scaffolding* stammt ursprünglich aus der Spracherwerbsforschung. Hier meint „Scaffolding eine Form der sprachlichen Unterstützung" zur Erweiterung der Sprachkompetenz mithilfe von „scaffolds" (Sprachgerüsten) (Wessel 2015, S. 45). Beim Scaffolding werden also metaphorisch „(Bau-)gerüste" gebaut, die für die Konstruktion oder Veränderung eines Gebäudes notwendig sind und anschließend wieder abgebaut werden – also nur temporär zur Verfügung stehen (Pöhler 2018, S. 102, siehe auch Hasselhorn und Gold 2013).

More often than not, it [the intervention of a tutor] involves a kind of „scaffolding" process that enables a child or novice to solve a problem, carry out a task, or achieve a goal which would be beyond his unassisted efforts. (Wood, Bruner und Ross 1976, S. 90)

Im ursprünglichen Verständnis des Konzepts Scaffolding sind mindestens zwei Personen involviert: ein Tutor, der die Rolle des Wissenden oder Experten einnimmt und ein Lernender, der unwissend oder zumindest weniger Experte ist (ebd.). Scaffolding ist also charakterisiert durch die Interaktion dieser beiden Personen mit dem Ziel, den Lernprozess des Lernenden durch geeignete und zeitlich begrenzte Hilfe voran zu bringen (van Oers 2014, siehe auch Wessel 2015; Pöhler 2018). Die unterstützenden Impulse können dabei sowohl mündlich als auch schriftlich erfolgen.

Idealerweise wird eine Schülerin oder ein Schüler mit Hilfe eines solchen „Gerüsts" im Sinne der Zone der nächsten Entwicklung nach Vygotsky (1978) in ihrem bzw. seinem Lern- und/oder Sprachentwicklungsprozess durch passende Unterstützung (scaffolds) weiter voran gebracht (Wessel 2015; Wood, Bruner und Ross 1976; Belland 2014). In genau dieser Weiterentwicklung besteht die Essenz von Scaffol-

© Der/die Autor(en), exklusiv lizenziert durch Springer Fachmedien Wiesbaden GmbH, ein Teil von Springer Nature 2021
R. Herold-Blasius, *Problemlösen mit Strategieschlüsseln*, Essener Beiträge zur Mathematikdidaktik, https://doi.org/10.1007/978-3-658-32292-2_6

ding (Pöhler 2018; Belland 2014). Am Ende zeichnet sich erfolgreiches Scaffolding dadurch aus, dass eine Person einen Prozess internalisiert und sich so begleitet
durch den Tutor von der angebotenen Hilfe wieder löst. Dieser Ablösungsprozess
wird auch *Fading* genannt (Wood, Bruner und Ross 1976; Cagiltay 2006; van de
Pol, Volman und Beishuizen 2010).

> Zur Erleichterung des individuellen Wissensaufbaus wird währenddessen ein sichern-
> des „Lerngerüst" aufgebaut (Scaffolding). Vorübergehend kann der Lehrende die Bear-
> beitung von Teilaufgaben, die noch zu schwierig sind, auch vollständig selbst überneh-
> men. Das Lerngerüst erlaubt ein unterstütztes Erproben von Methoden und Strategien,
> die der Lernende noch nicht allein vollziehen kann. Schrittweise werden die Hilfe-
> stellungen wieder ausgeblendet (Fading) und das Lerngerüst wird wieder abgebaut.
> (Hasselhorn und Gold 2013, S. 298)

Beim Fading geht es darum, Verantwortung zu übertragen: „Fading is said to pro-
mote skill gain through the transfer of responsibility from the scaffold and tutee to
the tutee alone" (Belland 2014, S. 506). Diese Verantwortungsübernahme von Seiten der Lernenden kann beispielsweise durch das Generieren von Fragen gelingen
(ebd., S. 506).

Allgemein kann von einer Scaffolding-Maßnahme dann gesprochen werden,
wenn die drei Charakteristika „contingency, fading, and transfer of responsibility"
(van de Pol, Volman und Beishuizen 2010, S. 275) erfüllt sind. Die Forschergruppe
macht außerdem deutlich, dass es sich nicht automatisch um Scaffolding handle,
nur weil beispielsweise Fragen gestellt werden.

> However, the use of such strategies [modeling or questioning] does not automatically
> imply the occurrence of scaffolding [. . .]. That is, for scaffolding to occur, the teacher
> must apply scaffolding strategies that are clearly contingent (i.e., based upon student
> responses). This support must be faded over time with, as a result, increased student
> responsibility for the task at hand [. . .]. (van de Pol, Volman und Beishuizen 2010,
> S. 275)

Insgesamt gibt es bei der begrifflichen Definition von Scaffolding verschiedene
Nuancen und Uneinigkeiten (ebd.), z. B. bzgl. der Rolle der Interaktion zwischen
Tutor und Lernendem oder der Intensität der Unterstützung. Dennoch gilt Scaffolding als ein mächtiges Konzept, das eine Unterstützung mit hoher Qualität darstellt,
weil es sowohl angepasst an die Bedürfnisse der Lernenden als auch zeitlich begrenzt
ist (van de Pol 2012).

> Scaffolding fully acknowledges and connects to the potential of a student while aiming
> to transfer the responsibility for learning or for a task to the student. (ebd., S. 233)

Pöhler (2018) arbeitet in ihrer Dissertation heraus, dass die Scaffolding-Metapher in verschiedenen Kontexten erweitert wurde (siehe auch Belland 2014). Sie unterscheidet zwischen personenbasiertem und gegenstandsbasiertem Scaffolding. Das *personenbasierte Scaffolding* kann in Eins-zu-Eins-Situationen in seiner ursprünglichen Weise durchgeführt, aber auch in Kleingruppen oder durch Peers erfolgen. Hier erfolgt die Interaktion also nicht nur zwischen einem Lehrenden und einem Lernenden. Stattdessen können mehr Personen involviert sein und sich gegenseitig unterstützen. Beim *gegenstandsbasierten Scaffolding* kann die Interaktion ergänzt werden durch computergestützte Instrumente oder schriftliche Materialien. Der wissende Andere kann auf diese Art auch durch Material abgebildet werden (van den Heuvel-Panhuizen und van den Boogaard 2008).

> Die [...] gegenstandsbasierten Modalitäten von Scaffolding gelten [dabei] als Lösung für das Dilemma, dass Lehrkräfte im regulären Klassenunterricht nicht allen Lernenden adäquates Eins-zu-Eins-Scaffolding bieten können. Sie können entweder kontextspezifischer, auf den fachlichen Inhalt der betreffenden Unterrichtseinheit abgestimmt Natur oder in vielfältigen Situationen einsetzbar sein und damit einen allgemeineren Charakter haben. Die als Scaffolding fungierenden Materialien sollen die Eins-zu-Eins-Situationen dabei allerdings nicht ersetzen, sondern ergänzen. (Pöhler 2018, S. 106)

Zur konkreten Umsetzung von Scaffolding werden häufig spezifische Hilfen verwendet, z. B. das Vormachen *modeling* oder das Geben von Hinweisen (van Oers 2014, S. 537). Letzteres kann beispielsweise durch Prompts[1] realisiert werden. Im Projekt „Knowledge Integration Environment (KIE)" wurden verschiedene Arten von Prompts eingesetzt, um metakognitives Scaffolding zu fördern (Davis 1996). Zusätzlich ist es möglich, dass Scaffolds jederzeit sichtbar zur Verfügung stehen oder nur zu bestimmten Zeitpunkten angeboten werden (Cagiltay 2006). Beim Scaffolding geht es z. B. im Mathematikunterricht um eine zweckmäßige Interaktion zum Erlernen von mathematischen Handlungen und Problemlösestrategien (van Oers 2014, S. 535)[2].

Es gibt verschiedene Aspekte, die an dem Konzept Scaffolding und im Umgang mit diesem Begriff bisher kritisiert wurden.

Erstens zählt dazu die Tatsache, dass es sich beim Scaffolding um eine asymmetrische Interaktion zwischen Erwachsenem und Kind handelt. Der Erwachsene konstruiert nämlich das Gerüst allein – also ohne Mitwirken des Kindes – und präsentiert es lediglich dem vermeintlich unwissenden Kind (Radford et al. 2014,

---

[1]Detaillierte Informationen zum Begriff *Prompts* können Kapitel 4 entnommen werden.

[2]Beispiele für Scaffolding-Maßnahme im mathematikdidaktischen Settings bieten z. B. Pöhler (2018), Wessel (2015), und Prediger und Krägeloh (2015).

S. 118; siehe auch Daniels 2016). Parallelen zum Begriff *Prompts* sind an dieser Stelle erkennbar. Werden Prompts gegeben, werden diese auch im Vorfeld ausgewählt und dem Lernenden angeboten. Allerdings steht hier weniger die Interaktion im Vordergrund.

Ein zweiter Kritikpunkt am Konzept des Scaffoldings besteht in der vorwiegend passiven Rolle der Lernenden (van de Pol 2012). Es ist aber wichtig, dass das Kind aktiv am Lernprozess teilnimmt, auch innerhalb des asymmetrischen Verhältnisses. Das Kind sollte als aktiver Teilnehmer in der Interaktion angesehen werden (Radford et al. 2014, S. 118).

Drittens wird Scaffolding damit verbunden, dass in Richtung eines vordefinierten Endes hingearbeitet wird. Zu diesem Ende leite die Lehrperson die Schülerin bzw. den Schüler über einen vordefinierten Weg. Lernen werde demnach als ein im Vorfeld planbarer, gradliniger und auf diese Art vordefinierter Prozess verstanden (van de Pol 2012).

Viertens werde der Begriff des Scaffoldings unklar und quasi synonym mit jeglicher Form der Unterstützung verwendet (ebd.).

Mit dieser Auflistung von Kritikpunkten soll aufgezeigt werden, dass dieses didaktische Konzept auch nach über 40 Jahren noch immer in der wissenschaftlichen Diskussion steht und mit Blick auf Optimierungsmöglichkeiten weiterentwickelt wird. Grundsätzlich beruht das Konzept Scaffolding auf einem konstruktivistischen Verständnis von Lernen. Die Schülerin bzw. der Schüler konstruiert das neue Wissen und gelangt so zur Zone der nächsten Entwicklung (Vygotsky 1978). Um diesen Entwicklungsschritt erfolgreich zu bestreiten, wird durch ein geeignetes und auf die Schülerin bzw. den Schüler zugeschnittenes Unterstützungssystem Hilfe angeboten. Sherry und Wilson (1996) nutzen zur Beschreibung von Scaffolding die Metapher der Stützräder. Dabei darf der Lernende entscheiden, wann er Gebrauch von den Stützrädern machen und wann er die Stützräder ignorieren möchte.

Zusammenfassend ist das Scaffolding ein Konzept, das mit den Strategieschlüsseln in Verbindung gebracht werden kann. Immerhin stellen die Strategieschlüssel ein Material dar, das ein Gerüst bilden kann, um Problemlösestrategien zu verinnerlichen. Welche Verbindungen es zwischen dem Konzept des Scaffoldings und den Strategieschlüsseln noch gibt, wird in Abschnitt 7.3.4 näher ausgeführt.

6.2   Arten von Scaffolding

Im Laufe der Zeit haben sich verschiedene Arten von Scaffolding herausgebildet. Nachfolgend soll ein Einblick in diese verschiedenen Arten gegeben werden, indem einzelne – für diese Arbeit potentiell relevante – Scaffolding Arten beschrieben und anschließend sortiert werden.

Conceptual scaffolding: Mit konzeptuellem Scaffolding (auch *supportive scaffolding* genannt) wird bezweckt, die konzeptuelle Entwicklung zu fördern – und damit sind mathematische Inhalte, also konzeptuelles Wissen, gemeint. Durch diese Art von Scaffolding wird der Lernende angeregt, darüber nachzudenken, was inhaltlich noch zur Aufgabenbearbeitung beitragen kann. Die Aufgabe selbst bleibt beim konzeptuellen Scaffolding unverändert. Das Scaffolding wird parallel zur Aufgabenbearbeitung angeboten und besteht beispielsweise aus Hinweisen oder Vormachen. Das konzeptuelle oder unterstützende Scaffolding ist die Art Scaffolding, die in der Literatur am häufigsten angeführt wird (Hannafin, Land und Oliver 1999; Jackson, Krajcik und Soloway 1998; Holton und Clarke 2006; Cagiltay 2006).

Metacognitive scaffolding: Mit metakognitivem Scaffolding (auch *reflective scaffolding* genannt) wird das Nachdenken über die Aufgabe und das Denken während des Lernens unterstützt. Hier geht es beispielsweise darum, sich potentielle Strategien in einer Planungsphase zu überlegen oder während des Bearbeitungsprozesses Fragen wie „Was habe ich gemacht? Was erledige ich als nächstes?" zu stellen (Hannafin, Land und Oliver 1999, siehe auch Jackson, Krajcik und Soloway 1998; Cagiltay 2006; Davis 1996).

Heuristic scaffolding: Mit heuristischem Scaffolding beziehen sich Holton und Clarke (2006) auf die Entwicklung von Heurismen für das Lernen oder Problemlösen. Mit Heurismen meinen sie an dieser Stelle einen sehr allgemeinen Heurismenbegriff: „approaches that may be taken" (ebd., S. 134).

Strategic scaffolding: Durch strategisches Scaffolding wird die Analyse oder das Herangehen an eine Aufgabe bzw. ein Problem unterstützt. Hierzu werden beispielsweise Fragen angeboten, die den Start in eine Aufgabe erleichtern sollen. Mit einem strategischen Scaffolding wird das Erlernen neuer Strategien zeitweise unterstützt (Hannafin, Land und Oliver 1999; Prediger und Krägeloh 2015; Radford et al. 2014). Parallelen zu „heuristic scaffolding" werden in der Literatur nicht gezogen, sind aber sicher vorhanden.

Self-scaffolding: Beim self-scaffolding geht es um Situationen, in denen Schülerinnen und Schüler sich selbst Scaffolding anbieten können, sobald sie einem unbekannten Problem oder Konzept begegnen. Holton und Clarke (2006) gehen davon aus, dass diese Form des Scaffolding ein essentielles Werkzeug sein könnte, wenn es darum geht, neue Inhalte kennenzulernen oder Probleme jeglicher Art zu lösen (siehe auch Radford et al. 2014). Möglicherweise könnte hier eine Verbindung zum gegenstandbasierten Scaffolding nach Pöhler (2018) bestehen. Ein Material könnte dann die Rolle des Gerüsts einnehmen, sodass eine Schülerin bzw. ein Schüler sich selbst im Lernprozess unterstützen kann. Auch der Fragenkatalog von Pólya 1973/1945[3] kann in diesem Sinne als Scaffolding für das mathematische Problemlösen genutzt werden. Die Rolle des Tutors würde dann möglicherweise das jeweilige Material übernehmen.

Reciprocal scaffolding: In dieser Art des Scaffoldings sind zwei oder mehr Personen involviert. Sie arbeiten gemeinsam an einer Aufgabe und ergänzen sich gegenseitig (Holton und Clarke 2006). Nähere Ausführungen dazu, wie diese Scaffoldingart genau funktioniert, geben die Autoren nicht. Allerdings erinnert sie an die Beschreibung des personenbezogenen Scaffolding von Pöhler (2018).

Problematizing scaffolds: Problematisierende Scaffolds richten sich an einzelne Lernende, indem sie die Lernenden anregen, ihre eigenen metakognitiven Aktivitäten zu entwickeln. Diese metakognitiven Aktivitäten unterstützen Gruppendiskussionen und regen diese schließlich an. „[. . .] problematizing scaffolds elicit metacognitive activities of individual students and in turn support group discussion on the interpersonal plane" (Molenaar, van Boxtel und Sleegers 2010, S. 1729, siehe auch Reiser 2004). Parallelen zum metakognitiven Scaffolding sind hier sicher vorhanden, werden in der Literatur aber nicht benannt.

Structural scaffolding: Durch strukturierendes Scaffolding werden äußere Strukturen angeboten, wie beispielsweise ein Argumentationsschema (siehe Hein und Prediger 2017). So sollen insbesondere metakognitive Aktivitäten angesprochen werden (Reiser 2004).

In Anbetracht dieser Liste an verschiedenen Arten von Scaffolding liegt die Annahme nahe, dass der Begriff – ähnlich wie beim Konzept der Prompts – je nach Verwendung durch ein weiteres Wort zu konkretisieren versucht wird. An dieser Stelle sei darauf hingewiesen, dass hier eine Auswahl verschiedener Scaffoldingarten erfolgt ist und kein Anspruch auf Vollständigkeit erhoben wird[4]. Je nach Kontext, Studie und Autorengruppe sind durchaus weitere Arten des Scaffoldings denkbar.

In Tabelle 6.1 wird eine systematisierende Übersicht über die verschiedenen Arten des Scaffolding gegeben. Das jeweils hinzugefügte Wort definiert dann näher, (a) was eigentlich unterstützt wird – z. B. mathematische Konzepte (conceptual scaffolding) oder Strategien (strategic scaffoling); (b) wer im Scaffoldingprozess welche Rolle einnimmt – reciprocal scaffolding vs. self-scaffolding; oder (c) wie die jeweiligen Hinweise gestaltet werden – structural scaffolding vs. problematizing scaffolds.

---

[3] Mehr Details dazu können Kapitel 8 entnommen werden.

[4] Belland (2014) klassifiziert verschiedene Studien zum Scaffolding beispielsweise in Einzel-, Gruppen- und computerbasiertes Scaffolding. Diese Sortierung ist für die vorliegende Untersuchung wenig ergiebig und wurde deswegen nicht weiter betrachtet.

Tabelle 6.1 Übersicht über die verschiedenen Arten des Scaffoldings

(a) Inhalt des Scaffoldings	(b) Rollenverteilung während des Scaffoldings	(c) Konkrete Gestaltung des Scaffoldings
conceptual scaffolding	self-scaffolding	problematizing scaffolding
metacognitive scaffolding	reciprocal scaffolding	structural scaffolding
heuristic scaffolding		
strategic scaffolding		

Diese Tabelle bietet eine mögliche Systematisierung von einzelnen Scaffolding-Maßnahmen an. Wie genau die einzelnen Begriffe innerhalb der Tabelle miteinander verwoben sind, ist kaum auszumachen. Die Begriffe werden je nach Projekt und abhängig von der Autorengruppen unterschiedlich verwendet; Bezüge zwischen Projekten und Autorengruppen werden nicht immer angeführt. Eine Herleitung der zusammengesetzten Begriffe erfolgt nur an vereinzelten Stellen. Möglicherweise nutzen verschiedene Autorengruppen zur Beschreibung gleicher Scaffolding-Maßnahmen auch verschiedene Begriffe. So liegen beispielsweise das heuristische und das strategische Scaffolding inhaltlich nah beieinander und sind teilweise sicher nicht trennscharf zu unterscheiden.

6.3   Stand der Forschung

Scaffolding wurde bislang in verschiedenen Kontexten untersucht. So wurde Scaffolding häufig im Zusammenhang mit Sprache und Textaufgaben (z. B. Prediger und Krägeloh 2015) oder mit dem Einsatz von Technologie (z. B. Davis 1996; Hannafin, Land und Oliver 1999) untersucht. Bislang wurden vorwiegend beschreibende Studien mit Textaufgaben durchgeführt; Wirksamkeitsstudien hingegen vor allem im naturwissenschaftlichen und mathematischen Unterricht (van de Pol, Volman und Beishuizen 2010). Bisher ist wenig über die Effekte von Scaffolding in Klassensituationen bekannt (van de Pol 2012, S. 6).

Scaffolding und Lernen: Scaffolding unterstützt Schülerinnen und Schüler in ihrem Lernen (z. B. Pöhler 2018) sowohl in Bezug auf Lernleistungen als auch im Hinblick auf affektive und motivationale Aspekte (van de Pol 2012, S. 6). Bei der Untersuchung von Scaffolding in Bezug auf Lernen wurden die meisten Studien in Computer-Settings oder elterlichem Face-to-Face Scaffolding durchgeführt (ebd., S. 14).

Pöhler (2018) entwickelte ein Lehr-Lern-Arrangement zum Lernen von Prozenten anhand des Prozentstreifens. Dabei legte sie großen Wert auf die sprachliche Unterstützung mit Hilfe von Scaffoldingelementen. Sie konnte durch eine qualitative, von ihr entwickelte Analysemethode – die sogenannte Spurenanalyse – zeigen, dass sowohl sprachlich schwache als auch sprachlich starke Schülerinnen und Schüler durch das Lehr-Lern-Arrangement den mathematischen Inhalt lernen und ihre Sprache verbessern. Eine positive Wirksamkeit des für den Klassenkontext angepassten Lehr-Lern-Arrangements konnte auf quantitative Art und Weise nachgewiesen werden.

Scaffolding und Lernzeit: Die Verwendung von Scaffolding könnte im Unterricht länger dauern als ein Unterricht ohne Scaffolding-Maßnahme. Immerhin muss die Lehrkraft jede einzelne Schülerin bzw. jeden einzelnen Schüler betreuen, um einen angemessenen Input geben zu können. Die Wartezeit bis zum eigentlichen Input ist dadurch erhöht (van de Pol 2012, S. 245).

Durch ein gegenstandsbezogenes Scaffolding könnte diese Wartezeit möglicherweise reduziert und die tatsächliche Lernzeit erhöht werden. So haben Prediger und Krägeloh (2015) einen sogenannten Textknacker entworfen – ein Arbeitsblatt, dass eine schrittweise Annäherung an eine Aufgabenstellung ermöglicht. Wenn jedes Kind im Unterricht damit arbeitet und sich dadurch selbstständig eine Aufgabenstellung erschließt, könnte dadurch langfristig auch die Lernzeit optimiert werden.

Scaffolding und Metakognition: Metakognitives Scaffolding in Kleingruppen regt metakognitive Aktivitäten erfolgreich an und unterstützt die Entwicklung metakognitiver Fähigkeiten in Triaden. Dabei spielt die Art der Scaffolds keine signifikante Rolle. In früheren Untersuchungen schienen allerdings die problematisierenden Scaffolds (siehe dazu *problematizing scaffolds* in Abschnitt 6.2) größeren Einfluss auf das individuelle metakognitive Wissen gehabt zu haben (Molenaar, van Boxtel und Sleegers 2010).

Scaffolding und selbstreguliertes Lernen: Scaffolding hat auf selbstreguliertes Lernen insbesondere in Eins-zu-Eins-Situationen einen positiven Einfluss (van de Pol 2012, S. 9). Darüber hinaus kann Scaffolding dazu beitragen, fehlende Selbstregulationsfähigkeiten von Gruppen zu kompensieren, indem durch Scaffolding metakognitive Aktivitäten angeregt werden (Molenaar, van Boxtel und Sleegers 2010, S. 1728).

Scaffolding und Fading: Der Fading-Prozess muss aktiv angeleitet werden. Ein automatisches Fading scheint sehr schwierig umsetzbar zu sein – insbesondere in elektronischen Lernumgebungen (Cagiltay 2006). Insgesamt ist über den Fading-Prozess noch wenig bekannt (van de Pol, Volman und Beishuizen 2010).

Methodisches Vorgehen bei der Erforschung von Scaffolding: Scaffolding zu erfassen und insbesondere zu messen, ist herausfordernd einerseits wegen des dynamischen Charakters von Scaffolding und andererseits wegen der Komplexität des Prozesses (ebd.).

In einer umfangreichen Metaanalyse zeigten van de Pol, Volman und Beishuizen (ebd.), dass Lehrkräften und Tutorinnen bzw. Tutoren innerhalb von Studien vorgeschrieben wurde, welche Scaffolding-Techniken und -Ideen sie einsetzen sollten. Scaffolding wurde hier jeweils als Intervention betrachtet. Nach der Intervention wurde dann das Verhalten der lehrenden Person gemessen, nicht aber das Verhalten oder die Leistungen der Schülerinnen und Schüler (ebd.). Es sollten deswegen in weiteren Studien das Verhalten der Lernenden ebenso wie das der Lehrkräfte berücksichtigt werden (ebd.).

Erhoben wurden sowohl quantitative als auch qualitative Daten – Fragebögen ebenso wie Videos (z. B. Pöhler 2018; Wessel 2015). Zur Analyse der Daten wurden beispielsweise Lehreräußerungen und/oder -unterbrechungen (z. B. Wessel 2015 oder Mertzman 2008) betrachtet. Pöhler (2018) rekonstruierte aber auch kleinschrittig die Lernprozesse von drei Schülerpaaren und konnte so das Potential des von ihr entwickelten Lehr-Lern-Arrangements zeigen. Insgesamt fehlen aber noch immer systematisch aufeinander aufbauende Videoanalysen von Scaffolding-Prozessen (van de Pol, Volman und Beishuizen 2010).

Zur Kodierung der Daten kann bisher nur vereinzelt auf Kodierungsschemata zurückgegriffen werden (ebd.). Auf einer Mikroebene konnte Wessel (2015) verschiedene Kodes für Lehrkräfte herausarbeiten.

Methodisch kommen verschiedene Komponenten zum Einsatz, z. B. lautes Denken oder die Arbeit in Triaden. Das laute Denken ist deswegen sinnvoll, weil während des Scaffolding-Prozesses jederzeit entschieden werden muss, ob eine Unterstützung nötig ist. Durch das laute Denken bekommt die Tutorin bzw. der Tutor mehr Einblick in das Denken der Schülerin bzw. des Schülers. Letztlich wird so die Unabhängigkeit des Lernenden insofern unterstützt, als ihm die leitende Rolle in der Interaktion übergeben wird (Radford et al. 2014).

Scaffolding scheint beim Arbeiten in Triaden besonders stimulierend zu wirken. So zeigen Lernende, die zuvor in Triaden und mit einem Scaffolding Programm gearbeitet haben, über einen längeren Zeitraum signifikant mehr metakognitive Aktivitäten (Molenaar, van Boxtel und Sleegers 2010).

Scaffolding und Zielgruppen: Bislang wurden Studien zu Scaffolding-Prozessen vorwiegend mit Studierenden (Ge, Chen und Davis 2005) oder Jugendlichen durchgeführt (z. B. Wessel 2015; Pöhler 2018). Vereinzelt werden auch Schülergruppen der Grundschule und/oder frühen Sekundarstufe I berücksichtigt (z. B. Molenaar, van Boxtel und Sleegers 2010).

Scaffolding im Schulalltag und in der Lehrerausbildung: Durch die dynamische Art von Scaffolding und die Komplexität des Konzepts ist die Durchführung von Scaffolding im Unterricht herausfordernd und im Klassenraum eher spärlich vertreten (Oh 2005). Die Lehrkräfte sind für die konkrete Umsetzung von Scaffolding

im Unterricht nicht ausgebildet und für deren Ausbildung gibt es auch kein entspre-
chendes Konzept. Fortbildungskonzepte für Lehrkräfte zum Einsatz von Scaffolding
im Unterricht sollten deswegen noch entwickelt werden (van de Pol 2012).

Zusammenfassend birgt das Konzept des Scaffoldings großes Potential für den
Schulalltag und dort insbesondere für langfristig angelegte Lernprozesse. Methodisch ist es bislang noch schwierig, Scaffolding-Prozesse umfassend zu beschreiben
und zu erfassen. Wessel (2015) und Pöhler (2018) liefern dazu umfassende Anregungen. Bisher wurde Scaffolding kaum mit Schülerinnen und Schülern der Grundschule untersucht. Hier besteht noch Forschungsbedarf. Neben diesen Aspekten
scheint das Scaffolding insbesondere auch Prozesse der Metakognition und Selbstregulation zu initiieren. Wie genau dies allerdings passiert, ist bislang unklar und
bedarf qualitativer Analysen.

Theoretische Verortung der Strategieschlüssel

Wir erinnern uns an die Einführung in diesen ersten theoretischen Teil der Arbeit. Drei Fragen wurden gestellt:

- Wie können die Strategieschlüssel theoretisch präzise gefasst werden?
- Zu welchen bekannten Instruktionsformen sind die Strategieschlüssel verwandt?
- Welche Erkenntnisse können aus diesen Instruktionsformen gewonnen werden?

Bislang wurden die vier verschiedenen theoretischen Konzepte *Hilfekarten* (Kapitel 3), *Prompts* (Kapitel 4), *Nudges* (Kapitel 5) und *Scaffolding* (Kapitel 6) beschrieben und es wurde der jeweilige Forschungsstand aufgezeigt. Diese Vorarbeit dient dazu, die Strategieschlüssel (siehe Kapitel 2) mit bekannten Instruktionsformen in Verbindung zu bringen, sie auf diese Weise sinnvoll theoretisch einzubetten und Erkenntnisse aus den verschiedenen Konzepten für das Verständnis der Strategieschlüssel zu nutzen. Es bleibt offen, wie genau die Strategieschlüssel nun theoretisch gefasst werden können und welche Erkenntnisse tatsächlich aus den bisherigen Ausführungen gewonnen werden können.

Deswegen werden in diesem Kapitel die vier bisher beschriebenen Konzepte miteinander in Beziehung gebracht. Es wird die Verbindung zwischen den Strategieschlüsseln und den einzelnen Konzepten aufgezeigt. Dazu wird zuerst die Arbeit mit Theorien im Allgemeinen und damit auf einer Metaebene betrachtet, um die Vorgehensweise in den Abschnitten 7.2 und 7.3 zu verdeutlichen.

7.1 Die Arbeit mit Theorien auf der Metaebene

Eine allgemeingültige Definition des Begriffes „Theorie" gibt es nicht. Dafür gibt es verschiedene Gründe: Erstens sind weltweit verschiedene Forschungstraditionen vertreten, die nicht immer international, sondern vielmehr regional bekannt

© Der/die Autor(en), exklusiv lizenziert durch Springer Fachmedien Wiesbaden GmbH, ein Teil von Springer Nature 2021
R. Herold-Blasius, *Problemlösen mit Strategieschlüsseln*, Essener Beiträge zur Mathematikdidaktik, https://doi.org/10.1007/978-3-658-32292-2_7

sind, z. B. aufgrund von Sprachbarrieren. Zweitens ist das Forschungsfeld selbst sehr komplex und drittens gibt es verschiedene Wege, Wissen zu generieren, die in verschiedenen theoretischen Sichtweisen resultieren (Prediger und Bikner-Ahsbahs 2014, S. 5). Der Begriff „Theorie" wird aus diesen Gründen unterschiedlich weit gefasst. Prediger, Bikner-Ahsbahs und Arzarello (2008) definieren den Begriff so:

> In our understanding, 'theories or theoretical approaches' are constructions in a state of flux. They are more or less consistent systems of concepts and relationships, based on assumptions and norms. They consist of a core, of empirical components, and its application area. The core includes basic foundations, assumptions and norms, which are taken for granted. The empirical components comprise additional concepts and relationships with paradigmatic examples; it determines the empirical content and usefulness through applicability. (ebd., S. 169)

Mit dieser Begriffsklärung wird deutlich, dass die vier bisher genannten theoretischen Konzepte auch als Theorien verstanden werden können. Allerdings sind die einzelnen Theorien unterschiedlich weit ausgebildet oder fundiert. Das theoretische Konzept der Hilfekarten ist dabei sicherlich die am wenigsten fortgeschrittene Theorie. Arzarello (ebd.) erklären in ihrem Beitrag, dass die Arbeit mit verschiedenen Theorien unterschiedlich intensiv und tiefgründig erfolgen kann. Sie verstehen die Arbeit mit Theorien als Kontinuum, wobei am einen Ende das Ignorieren anderer Theorien und am anderen Ende die ganzheitliche Vereinigung stehen (siehe Abbildung 7.1). Die Autorengruppe spricht also nicht von disjunkten Stufen, sondern vielmehr von Integrationsgraden. Dabei führen sie insgesamt vier Integrationsgrade bei der Arbeit mit Theorien an: „[1. Grad] *understanding* and *making understandable*; [2. Grad] *comparing* and *contrasting*; [3. Grad] *combining* and *coordinating*; and [4. Grad] *integrating locally* and *synthesizing*" (Prediger und Bikner-Ahsbahs 2014, S. 119, Hervorhebungen im Original, siehe auch Prediger, Bikner-Ahsbahs und Arzarello 2008). Sie machen aber auch deutlich, dass zwischen den Integrationsgraden noch weitere Möglichkeiten der Theoriearbeit liegen.

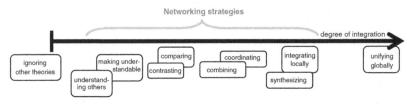

Abbildung 7.1 Übersicht über Strategien zum Networking von Theorien (Prediger, Bikner-Ahsbahs und Arzarello 2008, S. 170)

Für die Arbeit mit den vier theoretischen Konzepten zur Fundierung der Strategieschlüssel werden die ersten drei Integrationsgrade angewandt. Der vierte Integrationsgrad wird im Rahmen der vorliegenden Arbeit nicht angestrebt. Eine wirkliche Synthese wird zur theoretischen Verortung der Strategieschlüssel als wenig zielführend angesehen, weil die einzelnen Konzepte weit voneinander entfernt sind.

Der erste Integrationsgrade wurde bereits innerhalb der Kapitel 3 bis 6 vollzogen. Darin wurden die vier theoretischen Konzepte Hilfekarten, Prompts, Nudges und Scaffolding erst beschrieben, damit dem Leser verständlich dargelegt und der jeweilige Forschungsstand zusammengetragen. Im nachfolgenden Abschnitt werden diese vier Konzepte miteinander verglichen und kontrastiert (2. Integrationsgrad, siehe Abschnitt 7.2). Dadurch sollen Gemeinsamkeiten und Unterschiede der einzelnen Konzepte sowie mögliche Verbindungen zwischen den Konzepten herausgearbeitet werden (Prediger und Bikner-Ahsbahs 2014). In einem weiteren Schritt (3. Integrationsgrad) werden die vier Konzepte bzw. Theorien dann zusammengeführt (siehe Abschnitt 7.3). Dadurch werden die Strategieschlüssel von vier verschiedenen theoretischen Perspektiven beleuchtet, was die Einblicke in die Arbeit mit Strategieschlüsseln vertiefen soll (ebd.).

7.2 Vergleich und Gegenüberstellung der vier theoretischen Konzepte

Zum Vergleich und zur Gegenüberstellung von Theorien oder theoretischen Konzepten schlägt Radford (2008) drei inhaltliche Bereiche vor:

- A system, *P*, of *basic principles*, which includes implicit views and explicit statements that delineate the frontier of what will be the universe of discourse and the adopted research perspective.
- A *methodology*, *M*, which includes techniques of data collection and data interpretation as supported by P.
- A set, *Q*, of paradigmatic *research questions* (templates or schemas that generate specific questions as new interpretations arise or as the principles are deepened, expanded or modified). (ebd., S. 320, Hervorhebungen im Original)

Prediger und Bikner-Ahsbahs (2014) erweitern den ersten Bereich (*basic principles*) um *Key Constructs*, führen aber nicht weiter aus, was sie darunter verstehen. Insgesamt fungieren diese drei Bereiche (nachfolgend Analysebereiche genannt) *Grundsätze und Schlüsselkonzepte*, *Methodologie* und *Forschungsfragen* nachfolgend als Vergleichskriterien. Sie werden für die Arbeit mit den vier theoretischen Konzepten genutzt und bilden so die Struktur für deren Vergleich und Gegenüberstellung.

Jeder dieser drei Analysebereiche wurde durch sogenannte Analyseaspekte operationalisiert. Diese Operationalisierung dient der Übersichtlichkeit und Transparenz. So wurde der Analysebereich *Grundsätze und Schlüsselkonzepte* durch die folgenden Aspekte inhaltlich gefüllt und beschrieben:

- Grundhaltung: Damit sind die dem jeweiligen Konzept zugrundeliegenden Weltauffassungen gemeint.

- Intention: Bei der Intention des jeweiligen Konzeptes wird der Frage nachgegangen, was mit diesem erreicht werden soll.

- Angebot: Hier wird herausgearbeitet, was der adressierten Personengruppe durch das jeweilige Konzept präsentiert wird.

- Personengruppen: An dieser Stelle werden diejenigen Personengruppen aufgeführt, die in dem jeweiligen Konzept involviert sind, wie beispielsweise Wissenschaftlerinnen und Wissenschaftler oder Schülerinnen und Schüler. Außerdem wird deren Beziehung zueinander beschrieben.

- Explizitheit: Es wird die Frage beantwortet, ob mit dem jeweiligen Konzept eher explizite oder eher implizite Hinweise verwendet werden.

- Wahlmöglichkeit: Inwiefern den jeweils adressierten Personengruppen ein Raum zur freien Entscheidungsfindung und damit Wahlmöglichkeiten geboten wird, beschreibt dieser Analyseaspekt.

- Bezug zum Schulkontext: Durch den Bezug zum Schulkontext soll verdeutlicht werden, ob das jeweilige Konzept dahingehend geprüft wird, wie nah oder fern es sich am realen Schulkontext orientiert.

Im Analysebereich *Methodologie* werden in Anlehnung an Radford (2008) unter anderem Methoden der Datengenerierung und -interpretation als Analyseaspekte festgelegt. Dabei werden diejenigen Analyseaspekte gewählt, über die Aussagen bei den einzelnen Konzepten möglich sind.

- Forschungsdisziplin: Darunter zählt die Forschungsdisziplin, in der das jeweilige Konzept zu verorten ist und in der vorwiegend untersucht wurde, also beispielsweise die Psychologie oder Anglistik.

- Datenerhebung: Hier werden die Methoden der Datengenerierung und -erhebung aufgeführt, die am häufigsten verwendet wurden.[1]

---

[1]Details zu Methoden der Datenerhebung können den Kapiteln zu den jeweiligen Konzepten (Hilfekarten: Kapitel 3, Prompts: Kapitel 4, Nudges: Kapitel 5 und Scaffolding: Kapitel 6) entnommen werden.

- Probandenauswahl: Die Personengruppen, die am häufigsten bei Untersuchungen herangezogen wurden, werden aufgeführt.
- Forschungsergebnisse: Die zentralsten Forschungsergebnisse (immer in Bezug auf die Strategieschlüssel) werden sehr komprimiert aufgelistet.

Für den dritten Analysebereich *Forschungsfragen* wurden fünf Analyseaspekte festgelegt, indem der Prozess von der Präsentation eines Impulses bis hin zur Verbesserung eines Lernprozesses mental und chronologisch vollzogen wurde. Wird beispielsweise ein Material präsentiert, reagieren die Lernenden zunächst auf einen Impuls. Es stellen sich dann Fragen dazu, wie ein Lernprozess stattfindet und wie Lernende mit einem Impuls umgehen. Langfristig stellen sich Fragen nach der Optimierung. Für die Operationalisierung dieses Analysebereichs wurden letztlich nachfolgenden Analyseaspekte festgelegt:

- Reaktion auf die jeweilige Impulsgabe: Hier stellt sich die Frage, wie Lernende auf den jeweiligen Impuls reagieren.
- Beschreibung des (Lern-)Prozesses: Die übergeordnete Frage ist hier, wie die Lernenden durch diesen Impuls lernen.
- Verwendung der jeweiligen Maßnahme: Es werden Fragen generiert, die sich damit beschäftigen, wie Lernende mit den gegebenen Impulsen umgehen, wie sie diese verwenden.
- Vergleich von (Lern-)Prozessen: Wurden die Impulse und der Umgang mit ihnen hinreichend verstanden, können dann Fragen und Untersuchungen folgen, in denen überprüft wird, welche Bereiche des Lernens durch die Impulse besonders gefördert oder angesprochen werden.
- Optimierung des (Lern-)Prozesses: Zuletzt stellt sich die Frage, wie die Impulsgabe so beeinflusst werden kann, dass der Lernprozess dadurch verbessert wird.

An dieser Stelle sei bereits darauf hingewiesen, dass sicherlich noch andere Analyseaspekte und Fragestellungen denkbar wären. Im Sinne eines Lernprozesses, der durch die Strategieschlüssel begleitet und/oder (positiv) beeinflusst werden soll, sind diese hier festgelegten Fragestellungen eingängig. Ein Anspruch auf Vollständigkeit besteht nicht.

In den nachfolgenden Abschnitten werden die Analysebereiche *Grundsätze und Schlüsselkonzepte*, *Methodologie* sowie *Forschungsfragen* nacheinander anhand der einzelnen Analyseaspekte erläutert und zum Vergleich sowie zur Gegenüberstellung der vier theoretischen Konzepte genutzt (für einen komprimierten Überblick siehe Tabellen 7.1a, 7.1b und 7.1c).

Tabelle 7.1a Vergleich der vier theoretischen Konzepte, Analysebereich *Grundsätze und Schlüsselkonzepte*

Analysebereiche	Analyseaspekte	Hilfekarten	Prompts	Nudges	Scaffolding
Grundsätze und Schlüsselkonzepte	Grundhaltung	didaktisch, je nach Situation: behavioristisch oder konstruktivistisch	behavioristisch	verhaltensökonomisch, libertärer Paternalismus als Basis, behavioristisch in der Forschung	konstruktivistisch & didaktisch
	Intention	Unterstützung im Lern- oder Aufgabenbearbeitungsprozess	Unterstützung im Lernprozess	vermeintlich „richtige" Entscheidungsfindung für den Einzelnen und große Bevölkerungsgruppen	Unterstützung im Lern- oder Aufgabenbearbeitungsprozess
	Angebot	Sätze und/oder Bilder auf Karten im Lern- oder Aufgabenbearbeitungsprozess	Impulse vor, während und/oder nach dem Lernprozess	„Anstupser" in Form von zusätzlichen, attraktiven Wahlangeboten	Hilfegerüst in Form von sprachlichen, strategischen oder anderen Hilfen
	Personengruppen	Lehrkraft und Lernende, z. B. Schüler*innen oder Studierende	Wissenschaftler*in und Lernende, meist Studierende	Politiker*in bzw. Ökonom*in und alle Bürger*innen, vor allem Erwachsene	Expert*in und Unwissende, z. B. Schüler*innen oder Studierende
	Explizitheit	eher explizit	eher explizit	implizit (non-transparent) oder explizit (transparent)	Übergang von explizit zu implizit
	Wahlmöglichkeit	ist gegeben, aber abhängig vom jeweiligen Gebrauch	ist nicht gegeben	ist gegeben, die Wahlarchitektur bietet einen (ignorierbaren) Rahmen	ist nicht gegeben
	Bezug zum Schulkontext	Entwicklung durch Lehrkräfte, beruhend auf Schulerfahrung	bisher nicht im Schulkontext eingesetzt und erforscht	erste Versuche das Konzept in den Erziehungs- und Schulkontext zu bringen, aber lediglich auf inhaltlicher und nicht auf Forschungsebene	erforscht Lernsituationen, also auch im Schul- und Universitätskontext

Tabelle 7.1b Vergleich der vier theoretischen Konzepte, Analysebereich *Methodologie*

Analysebereiche	Analyseaspekte	Hilfekarten	Prompts	Nudges	Scaffolding
Methodologie	Foschungsdisziplin	vereinzelt in der Fachdidaktik, z. B. in der Chemie	vorwiegend in der Lehr-Lern-Psychologie	erforscht im Rahmen von Fragen zum Verhalten großer Gruppen und zur Ökonomie	erforscht in verschiedenen Disziplinen, z. B. Psychologie, z. B. Psychologie, Mathematik, Anglistik, etc.
	Datenerhebung	/	vorwiegend quantitativ	vorwiegend quantitativ	vorwiegend qualitativ
	Probandenauswahl	vorwiegend Schüler*innen	vorwiegend Studierende	vorwiegend Erwachsene	Schüler*innen und Studierende, Lehrkräfte
	Forschungsergebnisse	Unterstützung von Selbstregulation	Unterstützung von Selbstregulation und Metakognition	Beeinflussung von Verhalten größerer Gruppen (z. B. im Bereich Gesundheit)	Unterstützung von Selbstregulation und Metakognition

Tabelle 7.1c Vergleich der vier theoretischen Konzepte, Analysebereich *Forschungsfragen*

Analysebereiche	Analyseaspekte	Hilfekarten	Prompts	Nudges	Scaffolding
Forschungsfragen	**Reaktion auf die jeweilige Maßnahme**	Wie reagieren Lernende auf Hilfekarten?	Wie reagieren Lernende auf Prompts?	Wie reagieren Menschen auf Nudges?	Wie reagieren Lernende auf eine Scaffolding-Maßnahme?
	Beschreibung des (Lern-)Prozesses	Wie lernen Lernende mit Hilfekarten?	Wie lernen Lernende mit Prompts?	Wie lernen Menschen durch Nudges?	Wie lernen Lernende mit einer Scaffolding-Maßnahme?
	Verwendung der jeweiligen Maßnahme	Wie gehen Lernende mit Hilfekarten um? Wann nutzen sie Hilfekarten?	Wie gehen Lernende mit Prompts um?	Wie gehen Menschen mit Nudges um?	Wie gehen Lernende mit einer Scaffolding-Maßnahme um?
	Vergleich von (Lern-)Prozessen	Gibt es Hilfekarten, die besser helfen als andere?	Welche Bereiche des Lernens können durch Prompts am besten gefördert werden?	Welche Bereiche des Lebens können durch Nudges am besten beeinflusst werden?	Welche Bereiche des Lernens können durch Scaffolding am besten gefördert werden?
	Optimierung des (Lern-)Prozesses	Wie können Hilfekarten möglichst gewinnbringend eingesetzt werden?	Unter welchen Bedingungen fördern Prompts den Lernprozess am optimalsten?	Wie können Menschengruppen zu einer vermeintlich besseren Entscheidung verleitet werden?	Wie kann der Lernprozess von Lernenden möglichst optimal vorangebracht werden?

7.2.1 Grundsätze und Schlüsselkonzepte der vier Konzepte

Im Analysebereich der Grundsätze und Schlüsselkonzepte (siehe Tabelle 7.1a) variiert die *Grundhaltung* der verschiedenen Konzepte. So basieren die Prompts eher auf einer behavioristischen Grundhaltung[2]. Eine Scaffolding-Maßnahme hingegen begründet sich in einer konstruktivistischen Grundhaltung und wird eher didaktisch eingesetzt. Didaktisch motiviert ist auch das Konzept der Hilfekarten. Die Nudges hingegen haben einen verhaltensökonomischen Hintergrund.

Allen Konzepten ist gemein, dass ein (Lern-)Prozess durch eine leichte Hilfestellung oder einen Impuls positiv beeinflusst werden soll. Die *Intention* und damit die Zielstellung der einzelnen Konzepte ist also ähnlich. Das begründet auch, weswegen diese vier theoretischen Konzepte zur theoretischen Fundierung der Strategieschlüssel ausgewählt wurden.

Das jeweilige *Angebot* unterscheidet sich aber. So besteht das Angebot bei Hilfekarten darin, dass Sätze und/oder Bilder z. B. auf Papierkarten abgedruckt und den Lernenden während ihres Lern- oder Aufgabenbearbeitungsprozesses zur Verfügung gestellt werden. Prompts werden entweder schriftlich oder mündlich gegeben. Der Zeitpunkt kann dabei vor, während oder nach dem Lernprozess liegen. Prompts, die nach dem Lernprozess angeboten werden, dienen im Regelfall der Reflexion und können damit zukünftige Lernprozesse beeinflussen. Beim Scaffolding werden Hilfsgerüste auf beispielsweise sprachlicher oder strategischer Art und Weise während des Lernprozesses angeboten. Nudges werden hingegen als „Anstupser" in Form von zusätzlichen und eher attraktiven Wahlangeboten präsentiert. Sie werden bisher nicht im Lernkontext angeboten – auch wenn erste Bemühungen dazu insbesondere im Mathematikunterricht unternommen werden (siehe dazu Stein 2017).

Die *Personengruppen* ähneln sich insofern, als dass bei drei der vier theoretischen Konzepte mindestens eine lehrende und eine lernende Person involviert sind. Dabei mag die Beziehung dieser Personen untereinander verschieden sein. Bei den Hilfekarten ist die Lehrkraft eher passiv, der Lernende dafür aktiv, denn er oder sie wählt aus, ob eine Hilfe genutzt wird und wie effizient die Hilfe in den Lernprozess integriert wird. Beim Scaffolding ist es eher umgekehrt. Die Lehrkraft führt den Lernenden hier durch den Lernprozess. Der Lernende ist damit eher passiv. Bei den Prompts ist eine eindeutige Beziehung zwischen Personen kaum auszumachen. Es gibt eine forschende Person, die untersuchen möchte, ob mit einem bestimmten Impuls die damit intendierte Wirkung erzielt wird. Das kann

---

[2]Details zum Behaviorismus können verschiedenen Handbüchern der Psychologie entnommen werden, z. B. Hasselhorn und Gold (2017).

über einen Computer oder eine Person erfolgen. Insofern ist der Lernende aktiv. Welche Rolle die gewissermaßen „lehrende" bzw. forschende Person einnimmt, bleibt schwer zu bestimmen. Lediglich bei dem Konzept der Nudges stehen sich Personengruppen gegenüber, die grundlegend andere Interessen verfolgen als bei den anderen theoretischen Konzepten. Das Konzept der Nudges sollte vor allem vor einem wirtschaftlichen und damit gänzlich anderen Hintergrund betrachtet werden. Stein (2014) überträgt das Konzept zwar auf einen Lernhintergrund und damit auf den Schulkontext, allerdings stehen die Lernenden auch dann nicht im Mittelpunkt. Dem Wahlarchitekten[3] – und damit auch der Lehrperson – wird beim Konzept der Nudges die aktive Rolle zugesprochen. Die Personen, die auf die Nudges reagieren, sind eher passiv.

Bezogen auf die *Explizitheit* können die Hilfekarten und Prompts als eher explizite, die Nudges als eher implizite Maßnahmen eingestuft werden. Bei den Nudges gibt es aber durchaus auch transparente Nudges, die eine Verhaltensänderung und damit gewissermaßen einen Lernprozess explizit anstoßen sollen – wie beispielsweise die abstoßenden Bilder auf Zigarettenschachteln. Eine genaue Zuordnung zum Grad der Explizitheit kann deswegen nicht erfolgen. Das Scaffolding nimmt insofern eine Sonderrolle ein, als dass es hier genau um den Übergang von einer expliziten Förderung zu einer zunehmend internalisierten und damit impliziten Verwendung der Maßnahme geht. Hier werden also explizite und implizite Vorgehensweisen verbunden.

Die *Möglichkeit zu Wählen* wird besonders feinschrittig beleuchtet, um diesen Analyseaspekt gut zu verstehen und zwischen den vier theoretischen Konzepten vergleichen zu können. Bei allen vier Konzepten gibt es grundsätzlich die Möglichkeit zu wählen. Es muss nämlich entschieden werden, ob die jeweilige Maßnahme akzeptiert und durchgeführt bzw. verwendet oder ignoriert wird. Hier handelt es sich um eine dichotome Entscheidung – ja oder nein. Inhaltlich gibt es aber feine Nuancen.

Bei dem Konzept der Hilfekarten ist die Wahlmöglichkeit beispielsweise abhängig von der jeweiligen praktischen Umsetzung der Karten. So gibt es feste Reihenfolgen für Hilfekarten, z. B. differenziert nach Schwierigkeitsgraden (Schmidt-Weigand, Franke-Braun und Hänze 2008). Es gibt auch Hilfekarten, die Inhalte oder methodische Vorgehensweisen adressieren (Koenen und Emden 2016). Es könnte auch je Aufgabe eine Auswahl an Hilfekarten geben. Dann würde nicht nur entschieden werden, wann eine Hilfekarte genutzt werden soll, sondern auch welche Hilfekarte helfen könnte (Herold-Blasius und Rott 2018). Abhängig davon, welche Form von Hilfekartenkonzept zugrunde liegt, unterscheidet sich die Wahlfreiheit.

---

[3]Details zum Begriff *Wahlarchitekt* können Abschnitt 5.1.1 entnommen werden.

Beim Konzept der Nudges wird eine noch größere Wahlfreiheit angeboten. Es kann dem jeweiligen Nudge gefolgt werden oder nicht. Dies ist zunächst eine dichotome Entscheidung – so wie bei den anderen Konzepten auch. Wenn entschieden wurde, dass die Bilder auf den Zigarettenschachteln ignoriert werden oder zumindest trotz der Bilder geraucht wird, dann kann die jeweilige Person rauchen, welche Marke sie möchte, wann sie möchte, so oft sie möchte und, im Rahmen der gesetzlichen Vorgaben, auch wo sie möchte. Hier sind ihr keine Grenzen gesetzt. Durch die Nudges wird also nur ein Anstupser gegeben – z. B. ein abschreckendes Bild auf der Zigarettenschachtel – und so die Entscheidung potentiell in eine vorher intendierte Richtung gelenkt – nämlich das Rauchen zur Prävention der potentiellen, gesundheitlichen Spätfolgen aufzugeben. Gleichzeitig wird im Konzept der Nudges nicht vorgegeben, für welche Handlungsmöglichkeit man sich entscheiden sollte.

Die Prompts sind, so wie sie üblicherweise in Untersuchungen präsentiert werden, kaum zu ignorieren. Während des Lernprozesses wird ein spezifischer Prompt zu einem im Vorfeld festgelegten Zeitpunkt – meist auf dem Computerbildschirm – eingeblendet (z. B. Lee und Chen 2009). Damit soll ein ganz spezifisches Verhalten getriggert werden, z. B. eine bestimmte Lernstrategie. Es wird also untersucht, ob ein bestimmter Impuls tatsächlich ein bestimmtes, intendiertes Verhalten hervorruft. Ein Eröffnen neuer Handlungsmöglichkeiten steht bei diesem Konzept damit nicht im Fokus; vielmehr geht es darum, bereits angelegtes Verhalten zu aktivieren und abzurufen.

Beim Scaffolding wird ein „Lerngerüst" passend zu den Bedürfnissen des Lernenden konstruiert und vorgegeben. Der Lernende selbst hat an dieser Stelle keine Wahlmöglichkeit, denn die Lehrperson gibt das Lerngerüst vor. Auch ein Ignorieren des Lerngerüsts ist aufgrund der Interaktion mit der Lehrperson kaum möglich. Der Lernende kann lediglich den Grad der Gerüstnutzung bestimmen und das Lerngerüst ggf. schneller abbauen.

7.2.2 Methodologie der vier Konzepte

Das Konzept der Hilfekarten beruht bislang vorwiegend auf Erfahrungswerten. Eine punktuelle wissenschaftliche Begleitung fand z. B. in der Chemiedidaktik mit Schülerinnen und Schülern der Sekundarstufe I statt (siehe Koenen und Emden 2016). Es besteht die Vermutung, dass mit Hilfekarten selbstreguliertes Lernen gefördert werden kann (Braun 2020; Koenen und Emden 2016). Auf umfassende Forschung hierzu kann nicht zurückgegriffen werden.

Prompts wurden intensiv in der Lehr-Lern-Psychologie auf quantitativer Ebene untersucht. Qualitative Fragen blieben bisher weitestgehend unbeantwortet.

Erforscht werden Phänomene bzgl. der Prompts vorwiegend anhand von Studierenden, teilweise auch anhand von Schülerinnen und Schülern. Besonders vielversprechend für die vorliegende Arbeit scheint der positive Einfluss von Prompts auf die Selbstregulation und die Metakognition[4].

Das Konzept der Nudges wurde bisher ausschließlich in der Wirtschaft erforscht, beispielsweise mit Fragen zum Kaufverhalten von Kunden. Erkenntnisse werden dabei vorwiegend mit quantitativen Methoden generiert. Untersucht wird hier insbesondere das Verhalten von Erwachsenen (z. B. im Straßenverkehr), teilweise aber auch von Schülergruppen (z. B. in der Schulkantine).

Scaffolding wurde bereits in verschiedenen Disziplinen untersucht, z. B. in der Psychologie und verschiedenen Fachdidaktiken (Mathematik, Englisch oder Deutsch). Insgesamt liegen für das Scaffolding quantitative Untersuchungen vor (siehe dazu van de Pol, Volman und Beishuizen 2010), die in den letzten Jahren u. a. in der Mathematikdidaktik durch qualitative und quantitative Forschungsergebnisse (z. B. Wessel 2015; Pöhler 2018; Hein und Prediger 2017) ergänzt wurden. Im Mittelpunkt der Untersuchungen zu diesem Thema standen bisher Studierende sowie Schülerinnen und Schüler der Sekundarstufen. Auch beim Scaffolding scheinen die positiven Ergebnisse bzgl. der Selbstregulation und Metakognition von besonderer Bedeutung zu sein.

Zusammenfassend sei an dieser Stelle festgehalten, dass abgesehen von den Nudges alle anderen Konzepte für die Unterstützung von Selbstregulation und Metakognition vielversprechend scheinen. Gleichzeitig wird deutlich, dass Grundschulkinder in der Forschung bisher unterrepräsentiert sind.

7.2.3 Forschungsfragen zu den vier Konzepten

Im letzten Analysebereich wurden fünf Analyseaspekte beleuchtet. Eine detaillierte Auflistung der generierten, möglichen Fragestellungen findet sich in Tabelle 7.1c. An dieser Stelle sei angemerkt, dass die nachfolgende Sammlung von Forschungsfragen keinen Anspruch auf Vollständigkeit erhebt, sondern lediglich eine Anregung für zukünftige Forschung darstellt. Manche dieser Fragen wurden in verschiedenen Studien bereits (in Teilen) adressiert (siehe dazu die Abschnitte 3.4, 4.3, 5.4 und 6.3).

Zunächst werden Fragen zur Reaktion auf den jeweiligen Impuls gestellt, d. h. „Wie reagieren Lernende auf Hilfekarten?" oder „Wie reagieren Menschen auf Nudges?". Anschließend werden die dahinterliegenden Prozesse auf einer deskriptiven Ebene durch die Beantwortung von Fragen wie „Wie lernen Lernende mit Prompts?"

---

[4]Mehr Details dazu können Abschnitt 4.3 entnommen werden.

oder „Wie lernen Lernende in einer Scaffolding-Umgebung?" beschrieben. Daran schließt der Fragenkomplex an, wie Personen die jeweiligen Impulse verwenden: „Wie gehen Lernende mit Hilfekarten um und wann nutzen sie diese?". Sind diese Fragen beantwortet, können Vergleiche zwischen verschiedenen Bedingungen angestellt werden, z. B. „Welche Bereiche des Lernens können durch Prompts am besten gefördert werden?". In einem letzten Schritt könnten dann Optimierungskonditionen untersucht werden, z. B. „Wie kann der Lernprozess von Lernenden möglichst optimal voran gebracht werden?".

7.3 Verbindung und Kombination der vier theoretischen Konzepte

Die Strategieschlüssel als praxisorientiertes Material für den Schulunterricht sollen nun durch die Verbindung und Kombination der vier theoretischen Konzepte umfassend theoretisch begründet und damit verortet werden. Es werden Verbindungen zwischen den Strategieschlüsseln und den einzelnen theoretischen Konzepten aufgezeigt. So soll deutlich werden, warum es notwendig ist, die Strategieschlüssel von insgesamt vier verschiedenen theoretischen Perspektiven zu betrachten. Gleichzeitig soll erkennbar werden, was jedes einzelne theoretische Konzept leisten kann, warum es passt und warum eben keines der Konzepte vollständig zu den Strategieschlüsseln passt. Tabelle 7.2 gibt dazu eine komprimierte Zusammenfassung.

7.3.1 Die Verbindung zwischen Strategieschlüsseln und Hilfekarten

Die Strategieschlüssel können aus verschiedenen Gründen als eine besondere Art von Hilfekarten betrachtet werden (siehe Tabelle 7.2).

Erstens stimmt der Zweck der Strategieschlüssel mit dem der Hilfekarten überein. Strategieschlüssel sollen Schülerinnen und Schüler dabei unterstützen, bei der Bearbeitung von Aufgaben Hürden eigenständig zu überwinden. Genau diesen Zweck verfolgen Lehrkräfte auch mit dem Einsatz von Hilfekarten in ihrem Unterricht.

Zweitens deckt sich die Gestaltung der Strategieschlüssel mit der Gestaltung von Hilfekarten. Zwar gibt es diesbezüglich zahlreiche Möglichkeiten, letztlich geht es aber darum, dass Hilfestellungen auf Karten notiert sind – als Bild und/oder in Form von Schrift. Das ist auch bei den Strategieschlüsseln der Fall. Hier wird auf jedem

Tabelle 7.2 Überblick über die Passung und Nichtpassung der einzelnen theoretischen Konzepte

	Hilfekarten	Prompts	Nudges	Scaffolding
Das theoretische Konzept passt zu den Strategieschlüsseln, weil ...	... eigenständig Hürden im Aufgabenbearbeitungsprozess überwunden werden sollen. ... Hinweise auf Karten formuliert und visualisiert sind. ... die Strategieschlüssel eine besondere Art Hilfekarte sind, insofern als sie inhaltlich allgemein und damit aufgabenübergreifend ansetzen. ... Strategieschlüssel ebenso wie Hilfekarten zur Differenzierung im Unterricht genutzt werden sollen.	... Prompts dazu dienen, ein Produktionsdefizit zu überwinden und die Strategieschlüssel genau dabei unterstützen sollen. ... sie als Strategie-Aktivatoren wirken. ... die empfohlenen Gestaltungskriterien zutreffen. ... ein Rückgriff auf systematisch generierte Forschungsergebnisse möglich ist. ... einzelne Strategieschlüssel als kognitive Prompts; das gesamte Schlüsselbund als metakognitive Prompts verstanden werden können.	... Nudges (Entscheidungs-) Prozesse in eine bestimmte Richtung lenken sollen. ... Strategieschlüssel als implizite, leichte Hilfe für das Problemlösen dienen. ... Nudges und Strategieschlüssel im Vorfeld nicht gelehrt wurden. ... die Strategieschlüssel im Sinne der Wahlarchitektur im Vorfeld ausgewählt wurden. ... die Offenheit in der Auswahl von Heurismen auch mit Einsatz der Strategieschlüssel bestehen bleibt.	... durch die Strategieschlüssel Lernprozesse weiterentwickelt und begleitet werden sollen. ... Strategieschlüssel als Instruktionsmaßnahme und Hilfsgerüst im Unterricht gesehen werden können. ... eine Interaktion zwischen den Strategieschlüsseln und der Schülerin bzw. dem Schüler möglich ist.
Das theoretische Konzept passt _nicht_ zu den Strategieschlüsseln, weil ...	... kaum auf empirische Forschungsergebnisse zurückgegriffen werden kann.	... das streng kontrollierte Forschungssetting im schulischen Kontext wenig sinnvoll ist. ... nicht final geprüft werden kann, ob die Kinder die intendierten Heurismen bereits beherrschen. ... keine Wahlmöglichkeit besteht.	... Nudges im Kontext wirtschaftlicher Interessen genutzt werden. ... auf keine, für diese Arbeit hilfreichen Forschungsergebnisse zurückgegriffen werden kann.	... die Strategieschlüssel nicht in jeder Situation individualisierbar sind. ... die Strategieschlüssel hier – anders als Scaffoldingmaßnahmen im Allgemeinen – nicht in Unterrichts- oder Fördersettings eingesetzt werden.

Strategieschlüssel ein Heurismus schriftlich präsentiert und durch ein passendes Bild visualisiert (siehe Kapitel 2).

Inhaltlich werden Hilfekarten im Allgemeinen – wenn sie inhaltlich und nicht auf das soziale Verhalten (siehe z. B. Wills et al. 2010) ausgerichtet sind – auf einen spezifischen Unterrichtsinhalt oder sogar eine spezifische Aufgabe zugeschnitten (z. B. Schmidt-Weigand, Franke-Braun und Hänze 2008).

Die Besonderheit der für diese Arbeit entwickelten Strategieschlüssel liegt nun darin, dass sie allgemeiner konzipiert und damit aufgabenübergreifend einsetzbar sind. Sie sind also nicht für eine spezifische Aufgabe oder Unterrichtseinheit entwickelt, sondern adressieren allgemeine Vorgehensweisen und Problemlösestrategien im Mathematikunterricht. Nichtsdestotrotz können die Strategieschlüssel, ähnlich wie im Projekt *Mathe sicher können*, auch für themenspezifische Bereiche und damit bestimmte Unterrichtseinheiten konzipiert werden (Barzel et al. 2014).

Darüber hinaus geht es bei den Strategieschlüsseln insbesondere darum, potentiell bereits vorhandenes Wissen zu aktivieren. Sie sind also nicht primär dazu gedacht, neue Inhalte – also Problemlösestrategien – zu erarbeiten. Die Neuerarbeitung einer Problemlösestrategie ist aber grundsätzlich auch damit möglich.

Das Konzept der Hilfekarten ist bisher kaum wissenschaftlich begleitet (siehe Koenen und Emden 2016) und nur vereinzelt empirisch untersucht worden (siehe Braun 2020). Aus diesen Arbeiten entstand die Vermutung, dass Hilfekarten zu einer besseren Selbstregulation von Schülerinnen und Schülern beitragen. Es bleibt aber offen, ob das tatsächlich der Fall ist. Außerdem ist noch ungeklärt, wie Schülerinnen und Schüler mit Hilfekarten umgehen oder sie in ihren Arbeitsprozess integrieren.

7.3.2 Die Verbindung zwischen Strategieschlüsseln und Prompts

Die Strategieschlüssel können aus verschiedenen Gründen als eine Form von Prompts betrachtet werden. Zunächst basieren die Strategieschlüssel auf der gleichen Grundidee wie Prompts: Sie sollen ein Produktionsdefizit[5] überwinden, indem bereits vorhandenes Wissen durch einen Impuls aktiviert wird. Sie könnten in diesem Sinne als Strategie-Aktivatoren fungieren.

Weiterhin können die Strategieschlüssel den in Tabelle 4.1 (siehe Seite 27) vorgestellten Kategorien zugeordnet werden: Sie bezwecken vor allem die Generierung neuer Ideen. Inhaltlich kann jeder Strategieschlüssel für sich als kognitiver Prompt eingestuft werden, weil jeder Strategieschlüssel konkrete Handlungsanweisungen

---

[5]Mehr Informationen dazu können Kapitel 4 entnommen werden.

anbietet. Die Strategieschlüssel in ihrer Gesamtheit können hingegen als metakognitive Prompts verstanden werden. Mit dem Schlüsselbund wird intendiert, das
eigene Vorgehen zu planen und zu strukturieren. Der Grad der Verwendung von
einzelnen Strategieschlüsseln ist verschieden. So adressieren einige eher spezifische (z. B. Arbeite von hinten.) andere eher allgemeine Strategien (z. B. Finde ein
Beispiel.). Die Methode des Promptings beläuft sich in der gegebenen Studie auf
ein feed forward Angebot, wobei das Prompting als einziges Unterstützungsangebot
dient.

In Abschnitt 4.3 wurden empfohlene Gestaltungsmerkmale von Prompts angeführt. Die Strategieschlüssel erfüllen genau diese Gestaltungskriterien: Sie sind als
Material physisch vorhanden, einheitlich gestaltet, schülernah formuliert und sind
aufgabenübergreifend einsetzbar. Dadurch müssen sich Schülerinnen und Schüler
nicht aufgabenspezifisch auf neue Lernhilfen einstellen, sondern können bereits
bekanntes Material immer wieder verwenden und dadurch langfristig internalisie-
ren. Das Arbeitsgedächtnis der Schülerinnen und Schüler wird auf diese Art entlastet
(Stein und Braun 2013).

Im Rahmen bisheriger Forschungsprojekte wurden Prompts vorwiegend kontrol-
liert und in Laborsituationen vorgegeben (z. B. Ge, Chen und Davis 2005 oder Stark
et al. 2008). Im IMPROVE-Projekt wurden Schülerinnen und Schülern Karten mit
verschiedenen Fragen-Prompts angeboten, die nacheinander abgearbeitet werden
sollten (Mevarech und Kramarski 1997). Mit den Strategieschlüsseln bekommen
Schülerinnen und Schüler nun eine Auswahl an Heurismen vorgelegt. Diese dienen als Assoziationsstütze zur Ideengenerierung. Sie dürfen also durchaus auch
andere Strategien verwenden als die vorgegebenen und sie dürfen die Reihenfolge
der Heurismen selbst festlegen – sie wird ihnen nicht vorgegeben. Auf ein strikt
kontrolliertes Forschungssetting wird bewusst verzichtet, damit eine möglichst pra-
xisnahe Lernsituation simuliert werden kann.

Die Forschungsergebnisse verschiedener Studien deuten darauf hin, dass Prompts
sowohl die Selbstregulation als auch die Metakognition positiv beeinflussen und als
Strategie-Aktivatoren fungieren. Es ist also denkbar, dass die Strategieschlüssel
genau an diesen Stellen eines Bearbeitungsprozesses Einfluss ausüben.

Aus verschiedenen Gründen passen die Strategieschlüssel nicht zum Konzept
der Prompts.

Erstens ist im Vorfeld nicht bekannt, ob Schülerinnen und Schüler die auf den
Strategieschlüsseln angebotenen Heurismen tatsächlich beherrschen. Das ist aber
per Definition des Begriffs Prompts notwendig. Deswegen werden zumeist Studien
durchgeführt, in denen zuerst Strategien erlernt und anschließend mit Prompts aktiviert werden. Eine empirische Erhebung dazu, ob Heurismen beherrscht werden, ist
insbesondere bei Grundschulkindern und im Zusammenhang mit der explorativ und

vorwiegend qualitativ angelegten Studie, wenig sinnvoll[6]. Stattdessen werden die Strategieschlüssel als unterrichtsnahes Material angeboten, das freie Assoziationen wecken soll.

Zweitens bringt die Sammlung an Strategieschlüsseln verschiedene, wenig kontrollierbare Faktoren mit sich. So dürfen sich die Schülerinnen und Schüler beispielsweise aussuchen, welchen Strategieschlüssel sie wann anwenden wollen und wie sie welchen Strategieschlüssel interpretieren möchten. In diesem Sinne bleibt nicht nur der Zeitpunkt des Promptings unbestimmt, sondern auch wie die Schülerinnen und Schüler den jeweiligen Prompt verstehen. Die Strategieschlüssel werden also zu keinem festen Zeitpunkt und/oder bei einer bestimmten Aufgabe präsentiert. Stattdessen sind stets alle Strategieschlüssel verfügbar. Hinzu kommt, dass mit den Strategieschlüsseln nicht festgelegt wird, welche Strategie in welchem Moment der jeweiligen Aufgabenbearbeitung getriggert werden soll. Insgesamt sind die Strategieschlüssel also im Vergleich zum Konzept der Prompts recht vage.

Drittens und daraus gewissermaßen resultierend sind die Strategieschlüssel zu wenig gezielt. Mit dem Einsatz von Prompts wird bei einer bestimmten Aufgabe und/oder zu einem bestimmten Zeitpunkt intendiert, eine bestimmte Strategie zu triggern. Das leisten die Strategieschlüssel in dieser kontrollierten Form nicht. Sie sollen Strategien im Allgemeinen triggern. Dabei spielt es keine Rolle, ob beispielsweise durch den Strategieschlüssel „Erstelle eine Tabelle" tatsächlich eine Tabelle oder doch eher eine Liste oder eine andere systematische Schreibweise initiiert wird.

7.3.3 Die Verbindung zwischen Strategieschlüsseln und Nudges

Strategieschlüssel können im Sinne von Stein (2014) als implizite, leichte Hilfen z. B. für das mathematische Problemlösen und damit als Nudges verstanden werden. Durch die vorgegebene Auswahl an möglichen Heurismen wird eine Wahlarchitektur geschaffen. Die Lehrperson entscheidet dabei im Vorfeld über die zur Auswahl stehenden Strategieschlüssel und nimmt damit die Rolle des Wahlarchitekten ein. Grundsätzlich bleiben den Schülerinnen und Schülern also alle anderen Heurismen auch offen zur Auswahl. Sie dürfen folglich auch eine andere Strategie, als im Strategieschlüsselbund vorgeschlagen, verwenden. Die Lernenden behalten auf diese Art ihre Wahlfreiheit, werden aber gleichzeitig insofern gelenkt, als ihnen ein Strategiegebrauch als sinnvoll suggeriert wird.

---

[6]Details zum methodischen Vorgehen der Datenerhebung können Kapitel 13 entnommen werden.

Auch die Grundintention der Nudges, Menschen mit Hilfe eines leichten „Anstupsers" in eine vorher antizipierte Richtung zu lenken, passt zu den Strategieschlüsseln. Sie passt zumindest insofern, als dass eine Vorauswahl an Strategieschlüsseln angeboten wird. Die reichhaltige Fülle verschiedener Heurismen wird auf diese Art und Weise didaktisch reduziert und für Schülerinnen und Schüler aufbereitet – in Form einer Wahlarchitektur. Gleichzeitig werden die einzelnen Strategieschlüssel lediglich vorgelesen, nicht aber erklärt oder gelehrt. Deswegen kann hier von einer impliziten Hilfe im Sinne eines „Anstupsers" gesprochen werden.

Die Strategieschlüssel können den Arten der Nudges zugeordnet werden. Sie werden im Sinne der Kategorisierung als ein transparenter Nudge verstanden, der das private Wohl fokussiert – also den Lernfortschritt (hier konkret den Problemlöseerfolg) einer einzelnen Schülerin bzw. eines einzelnen Schülers. Es wird keine Menschengruppe thematisiert, sondern das Wohl einer einzelnen Person. Transparent sind die Strategieschlüssel, weil sie im Interview vor Beginn der Aufgabenbearbeitung vorgelesen werden und anschließend sichtbar auf dem Tisch liegen. Es geht also von Anfang an um die Strategieschlüssel, sodass den Schülerinnen und Schülern von vornherein bewusst sein könnte, dass sie die Strategieschlüssel wählen könnten.

Das Konzept der Nudges passt nicht zu den Strategieschlüsseln, weil es auf einer anders zu verortenden Interessenlage basiert. Die dahinter liegenden wirtschaftlichen Interessen treffen auf die Strategieschlüssel in keiner Weise zu. Die dieses Konzept stützenden Forschungsergebnisse können für die Strategieschlüssel deswegen nicht genutzt werden.

7.3.4 Die Verbindung zwischen Strategieschlüsseln und Scaffolding

Die Strategieschlüssel können aus vier Gründen als eine Form des Scaffoldings betrachtet werden.

Erstens wird mit ihnen das gleiche Interesse verfolgt wie mit dem Konzept Scaffolding. Die Strategieschlüssel sollen Schülerinnen und Schüler in ihrem Problembearbeitungsprozess begleiten, den Weg der Stufe der nächsten Entwicklung anbahnen und als Material ein *scaffold* bilden. Sobald die Schülerinnen und Schüler gut damit arbeiten und die Strategien verinnerlicht haben, sollen sie sich wieder von dem Material lösen (*fading*). In diesem Sinne können die Strategieschlüssel als Instruktionsmaßnahme verstanden werden.

Zweitens können die Strategieschlüssel als eine spezifische Hilfe angesehen werden, mit der Hinweise gegeben werden. Auf jedem Strategieschlüssel steht ein

Heurismus, der einen strategischen Hinweis anbieten soll. Dabei sind die Strategieschlüssel durch die Lehrperson im Vorfeld passend zu den verschiedenen Aufgaben antizipiert, sodass Schülerinnen und Schüler die möglichen Hürden innerhalb der Aufgabenbearbeitungsprozesse möglichst optimal überwinden können. In diesem Sinne können Strategieschlüssel die Lehrkraft im realen Klassensetting entlasten, unterstützen – nicht aber ersetzen – und so den von van de Pol (2012) geforderten Beitrag zu einem guten Klassenmanagement leisten.

Drittens können die Strategieschlüssel einzeln und als Gesamtheit den Arten des Scaffoldings zugeordnet werden. Langfristig sollen die Strategieschlüssel eine Möglichkeit zum *self-scaffolding* sein. Die Schülerinnen und Schüler können sich durch die Strategieschlüssel selbst ein Gerüst bauen und später wieder abbauen. Die Strategieschlüssel fördern so nicht nur auf strategischer Ebene, sondern unterstützen auch die Selbstständigkeit der Schülerinnen und Schüler. Der Strategieschlüssel „Lies die Aufgabe noch einmal." kann als Möglichkeit zum metakognitiven Scaffolding gesehen werden. Immerhin kann so das Verstehen der Aufgabe und damit ein wesentlicher Anfang zur Aufgabenbearbeitung ermöglicht werden. Andere Strategieschlüssel (z. B. „Erstelle eine Tabelle" oder „Male ein Bild") können als heuristisches Scaffolding verstanden werden.

Viertens ist die Unterstützung durch Scaffolding adaptiv und kann deswegen grundsätzlich auf jede Schülerin bzw. jeden Schüler und das jeweils individuelle Lernlevel angepasst werden. Das macht das Konzept Scaffolding für den Unterricht so vielversprechend (ebd.). Die Strategieschlüssel sind ebenfalls anpassbar und adaptiv. Die Anzahl der Strategieschlüssel kann beispielsweise reduziert oder erweitert werden. Es können inhaltlich andere Strategien oder spezifischere Hinweise hinzugefügt werden (siehe Barzel et al. 2014). Die Strategieschlüssel sind allerdings nicht so flexibel, dass sie in einer spezifischen Lernsituation sofort angepasst wären – sie müssen vorbereitet werden und können erst zu einem späteren Zeitpunkt zum Einsatz kommen.

Kritisch bei der Verbindung der Strategieschlüssel mit dem Konzept Scaffolding bleibt der Aspekt der Instruktionsmaßnahme. Scaffolding ist eine Instruktionsmaßnahme für z. B. den Unterricht in der Schule (van de Pol 2012) oder in Fördersituationen (Wessel 2015; Pöhler 2018; Krägeloh und Prediger 2015). Die Strategieschlüssel sollen langfristig gesehen auch so in den Unterricht integriert werden. Im Rahmen der vorliegenden Studie werden die Strategieschlüssel den Schülerinnen und Schülern präsentiert als Material, auf das man zurückgreifen kann, falls man im Bearbeitungsprozess „stecken bleibt". Die Strategieschlüssel werden nacheinander vorgelesen, bleiben auf dem Tisch sichtbar liegen und damit ist ihre Einführung beendet.[7] Ein tatsächliches Scaffolding findet also im Rahmen der vorliegenden Studie nicht statt. Trotzdem könnte dieses Konzept insbesondere für den langfristigen Gebrauch der Strategieschlüssel im Unterricht tragfähig sein. Hierzu werden innerhalb einer größer angelegten Langzeitstudie an einer Gesamtschule in Havixbeck bei Münster bereits erste Erprobungen durchgeführt (siehe z. B. Herold-Blasius und Rott 2018; Herold-Blasius und Rott 2021).

˙ Außerdem bleibt die Frage, inwiefern Strategieschlüssel als Material die Funktion eines Tutors übernehmen und/oder unterstützen können. Ein Scaffolding – angepasst an das jeweilige Individuum – ist mit den Strategieschlüsseln nur schwer möglich. Stattdessen werden den Schülerinnen und Schülern gleichzeitig verschiedene Handlungsmöglichkeiten angeboten. Sie dürfen also – im Sinne eines langfristigen Lernprozesses mit dem Ziel des eigenständigen Lernens – selbst entscheiden, welche Anregung ihnen weiterhilft. Die Verantwortung liegt damit vor allem bei der Schülerin bzw. dem Schüler. Der Lehrende würde an dieser Stelle die Vorarbeit leisten und die entsprechenden Strategieschlüssel aussuchen, entwickeln und zusammenstellen. Diese Form des gegenstandsbasierten Scaffoldings (siehe dazu Pöhler 2018, S. 106 oder Abschnitt 6.1) bietet insbesondere Lehrkräften die Möglichkeit, nicht sofort auf Schwierigkeiten von Schülerinnen und Schülern reagieren zu müssen. Stattdessen haben die Schülerinnen und Schüler bereits ein Repertoire an möglichen Hilfestellungen zur Hand. Das verschafft Zeit und entlastet die Lehrkraft.

7.4 Zusammenfassung

Resümierend zeigen die Strategieschlüssel also Parallelen zu vier verschiedenen Instruktionsformen: Hilfekarten, Prompts, Nudges und Scaffolding. Dabei bietet jedes der vier Konzepte eine andere Perspektive, um die Strategieschlüssel theoretisch zu fundieren und so besser zu verstehen. In den bisherigen Ausführungen wurde deutlich, dass die Strategieschlüssel nicht durch ein einzelnes Konzept beschrieben werden können. Vielmehr entsteht aus der vierseitigen Beleuchtung der Strategieschlüssel ein Theoriehybrid. Dadurch können die Strategieschlüssel theoretisch eingebettet und präzise gefasst werden.

Erinnern wir uns an den Anfang dieses ersten theoretischen Teils der vorliegenden Arbeit. Es stellt sich noch die Frage, welche Erkenntnisse aus den Instruktionsformen gewonnen werden können. Hierzu bietet Tabelle 7.3 eine zusammenfassende Übersicht zum Forschungsstand und -bedarf der einzelnen Konzepte.

---

[7]Mehr Details zum methodischen Vorgehen bei der Datenerhebung können Kapitel 13 entnommen werden.

Tabelle 7.3 Zusammenfassung der Forschungserkenntnisse und offene Fragen bei den vier theoretischen Konzepten

| | Strategieschlüssel als … | | | |
	Hilfekarten	Prompts	Nudges	Scaffolding
Erkenntnisse aus der Forschung	• Es sind keine Forschungsergebnisse bekannt. • Es gibt aber die Vermutung, dass Hilfekarten das individualisierte, selbstregulierte Lernen fördern. • Hilfekarten werden zur Differenzierung eingesetzt.	• Bisher wurde der Einsatz von Prompts systematisch, kleinschrittig, meist computergestützt und vorwiegend quantitativ insbesondere mit Studierenden erforscht. • Prompts beeinflussen einen Lernprozess wirksam und unterstützen besonders selbstregulatorische und metakognitive Prozesse von Lernenden. • Die meisten Ergebnisse beziehen sich auf Lern-, nicht aber auf Problembearbeitungsprozesse.	• Aufgrund der wirtschaftlichen Interessenlage ist kein Rückgriff auf Forschungsergebnisse möglich. • Studien im Bildungskontext sind nicht bekannt.	• Scaffolding unterstützt den Lernprozess und dabei insbesondere selbstregulatorische und metakognitive Prozesse. • Es gibt die Möglichkeit, die Tutorin bzw. den Tutor durch ein Material zu ergänzen oder zu ersetzen (gegenstandsbasiertes Scaffolding).
Offene Fragen aus der Forschung	• Es bestehen Fragen bezogen auf alle Bereiche des Unterrichts – z. B. die Lernenden, die Lehrkräfte, die Aufgabenbearbeitungsprozesse und die Strategieschlüssel.	• Es ist unbekannt, welchen qualitativen Einfluss Prompts auf Lernprozesse haben und wie genau das Prompting geschieht. • Es ist unbekannt, ob und wie Prompting bei Grundschulkindern funktioniert.	• Es ist bislang unbekannt, wie genau Nudges das Verhalten beeinflussen.	• Es ist wenig erforscht, wie genau die Lernprozesse bei Lernenden verschiedener Altersgruppen während einer Scaffolding-Maßnahme ablaufen.

So besteht beispielsweise zum Einsatz von *Hilfekarten* die Vermutung, dass deren Einsatz das individualisierte und selbstregulierte Lernen fördert (Koenen und Emden 2016) und die Selbstregulation damit angeregt wird (Braun 2020). Empirische Untersuchungen dazu gibt es kaum. Gleichzeitig wird bei der Sichtung von Unterrichtsmaterial und aus Erfahrungsberichten heraus deutlich, dass Hilfekarten im Unterricht zur Differenzierung genutzt werden (z. B. Selter, Pliquet und Korten 2016; Wolff und Wolff 2016). Offene Fragen bleiben deswegen in allen unterrichtsrelevanten Situationen bestehen.

Die Forschung mit *Prompts* fand bereits deutlich systematischer statt. Prompts gelten als Strategie-Aktivatoren (Hasselhorn und Gold 2013; Reigeluth und Stein 1983) und sind in Lernprozessen besonders hilfreich in Bezug auf die selbstregulatorischen und metakognitiven Fähigkeiten von Lernenden. Insgesamt konnte nachgewiesen werden, dass Prompts das Lernen wirksam unterstützen (z. B. King 1994; Stark et al. 2008) und zum effizienten Einsatz der Prompts ein bestimmtes Vorwissen nötig ist (Stark et al. 2008). Studien werden vorwiegend mit quantitativen Methoden geplant und durchgeführt (z. B. Lee und Chen 2009; Kramarski, Weiss und Sharon 2013). Untersuchungen bei anderen Lernergruppen (z. B. Grundschulkindern) oder auf qualitativer Ebene wurden bislang kaum durchgeführt. Es gibt deswegen nur Vermutungen dazu, wie genau ein Promptingvorgang abläuft oder welche Prozesse durch Prompting im Allgemeinen ausgelöst werden. Qualitative Einzelfall- und Tiefenanalysen sind hier gefordert (Bannert 2009; Kramarski, Weiss und Sharon 2013; Stark et al. 2008), um den Einfluss von Prompts besser zu verstehen. Es ist unzureichend geklärt, ob die Erkenntnisse aus der Lernpsychologie auf das mathematische Problemlösen übertragen werden können. Erste Indizien dafür lieferte schon Schoenfeld (1985). Weitere Studien mit anderen Lernergruppen und anderen inhaltlichen Themen sind dennoch sinnvoll.

Auf Untersuchungen zu *Nudges* kann aufgrund der deutlich anderen wirtschaftlichen Interessenlage nicht zurückgegriffen werden. Studien mit Nudges im Bildungskontext sind der Autorin bisher nicht bekannt. Es ist aber klar, dass durch dieses Konzept eine neue Idee – nämlich die Wahlfreiheit – zum Tragen kommt. Für die weitere Forschungsarbeit bleibt zu klären, ob Nudges als eine tragfähige Idee in die Pädagogik und Didaktik aufgenommen werden könnten und wie genau Nudges das Verhalten von Schülerinnen und Schülern letztlich (auf qualitativer Ebene) beeinflussen.

Beim *Scaffolding* ist bekannt, dass ein Lernprozess durch Scaffoldingmaßnahmen unterstützt werden kann, z. B. indem beim Lernenden metakognitive und selbstregulatorische Prozesse beim Lernen in Gang gesetzt werden. Offen bleibt hier, wie genau ein Scaffolding- und/oder Fadingprozess bei Schülerinnen und Schülern verschiedener Altersstufen abläuft. Es ist also noch nicht ausreichend geklärt, ob Material tatsächlich im Sinne des gegenstandbasierten Scaffoldings die Funktion einer Tutorin bzw. eines Tutors sinnvoll ersetzen kann. Erste Untersuchungen deuten aber darauf hin (z. B. Krägeloh und Prediger 2015; Wessel 2015; Pöhler 2018).

Basierend auf diesem Kenntnisstand besteht begründeter Verdacht, dass die Strategieschlüssel als Strategie-Aktivatoren fungieren könnten und die Selbstregulation von Lernenden anregen. Es sind folglich Fragen danach besonders interessant, ob und ggf. welche Heurismen durch die Strategieschlüssel getriggert werden oder welche selbstregulatorischen Tätigkeiten durch die Strategieschlüssel initiiert werden können. Eine Konkretisierung der Forschungsfragen für die vorliegende Arbeit wird in Kapitel 12 vorgenommen.

Teil II
Facetten des mathematischen Problemlösens

Problemlösen 8

8.1 Begriffsklärung

Eine Aufgabe ist charakterisiert dadurch, dass sie von einem Individuum gelöst werden soll, indem es von einem Anfangszustand zu einem Zielzustand gelangt. Zu einem Problem wird die Aufgabe, wenn dem Individuum für den dazwischen liegenden Weg keine vorgefertigten Lösungsschemata oder bekannten Algorithmen zur Verfügung stehen. Dadurch entsteht eine Hürde (auch Barriere genannt) (Dörner 1979; Edelmann 1994). Zentral dabei ist, dass ein Problem für die eine Person eine Hürde beinhalten kann, für die andere aber ggf. nicht. Ob ein Problem also ein Problem ist, hängt auch von der jeweiligen Person ab (Rott 2013):

> It is a matter of common observation that what seems objectively to be the same situation may constitute for one person a puzzle, for another a problem, and for a third a condition with which he is thoroughly acquainted. (Brownell 1942, S. 416)

Aufgrund dieser Personenabhängigkeit sollten deswegen die einzelnen Problembearbeitungsprozesse im Mittelpunkt stehen. In der Mathematikdidaktik ist mit einem mathematischen Problem folgendes gemeint:

> Eine Aufgabe ist für ihren Bearbeiter (genau) dann eine (mathematische) Problemaufgabe, wenn bei ihrer Bearbeitung ein *Prozess des Problemlösens* stattfindet (im Gegensatz zu einem *Routineprozess*). (Rott 2013, S. 32, Hervorhebungen im Original)

Die Aufgabenbearbeitung wird damit als Prozess verstanden. Der entscheidende Unterschied zwischen einer Problemaufgabe und einer Routineaufgabe liegt dabei – so wie in der psychologischen Literatur dazu – im Vorhandensein einer Barriere; ohne Barriere wird von einer Routineaufgabe gesprochen, mit Barriere von einer

R. Herold-Blasius, *Problemlösen mit Strategieschlüsseln*, Essener Beiträge zur Mathematikdidaktik, https://doi.org/10.1007/978-3-658-32292-2_8

Problemaufgabe (Lange 2013). Der Lernende kann also kein ihm oder ihr bekanntes Routineverfahren oder gar einen Algorithmus anwenden, um zur Lösung zu gelangen. Rott (2013) kontrastiert deswegen den Problemlöseprozess mit dem Routineprozess – also der Verwendung eines bekannten Lösungsverfahrens.

> Ein Prozess ist genau dann ein *reiner Routineprozess*, wenn sofort ein Verfahren zur Lösung der gestellten Aufgabe bekannt ist und angewendet wird. Ist dies nicht der Fall oder wird das Verfahren während der Bearbeitung verworfen, handelt es sich um einen *Problemlöseprozess*. (ebd., S. 36, Hervorhebungen im Original)

Für die vorliegende Arbeit wird nachfolgend der Begriff *Problembearbeitungsprozess* verwendet. Damit wird im Kontrast zu einem Routineprozess, eine Bearbeitung ohne bekanntes Lösungsvorgehen verstanden und gleichzeitig ein Fokus auf dem Prozess der Bearbeitung anstatt dessen Produkt gelegt.

Unter Problemlösen wird in der Psychologie allgemein die Überführung eines Ausgangszustands in einen Zielzustand verstanden. Während dieses Prozesses muss eine Barriere angetroffen und überwunden werden (Dörner 1979). Mayer und Wittrock (1996) definieren Problemlösen so:

> Problem solving is cognitive processing directed at achieving a goal when no solution method is obvious to the problem solver. (ebd., S. 47)

Problemlösen ist also ein kognitiver Prozess, bei dem ein bestimmtes Ziel erreicht werden soll, aber noch unklar ist, wie der Weg dahin ist bzw. keine bestimmte Vorgehensweise zur Verfügung steht. Das Zentrale beim Problemlösen ist ein „zielorientiertes Vorgehen" (Perels 2003, S. 7). Der gesamte Prozess ist dabei – wie Brownell (1942) schon betonte – individuell und abhängig vom Wissen und den Fähigkeiten der jeweiligen Person (Perels 2003, S. 7; siehe auch Rott 2013; Bruder und Collet 2011; Holzäpfel et al. 2018). Sturm (2018) fasst all diese Facetten in einer Beschreibung zusammen:

> Die Lernenden können bei deren Bewältigung [sie spricht von mathematischen Problemstellungen] keinen bekannten Weg reproduzieren, sondern stehen vor der Herausforderung mithilfe ihrer individuellen Ressourcen die Transformation des Anfangs- in den Zielzustand zu bestreiten und schließlich die Barriere(n) mit eigenen Mitteln zu überwinden. (ebd., S. 10)

Mit „eigenen Mitteln" bedeutet hier beispielsweise, dass auf Problemlösestrategien (auch Heurismen genannt)[1] zurückgegriffen wird.

---

[1] Mehr Informationen zu diesem Begriff folgen in Kapitel 9.

Friedrich und Mandl (1992, S. 4) zeigen auf, dass die Begriffe Lernen, Denken und Problemlösen häufig gemeinsam auftreten und selten klar voneinander abgegrenzt werden. Sie bezeichnen das Lernen sogar als „eine Art Problemlösen". Beide Begriffe liegen also sehr eng beieinander, auch weil einzelne Komponenten, wie das deklarative und prozedurale Wissen oder auch metakognitive Kontrollstrategien, sowohl für das Problemlösen als auch für das Lernen von großer Bedeutung sind (ebd., S. 6). Insgesamt wird das Problemlösen (insbesondere in der Psychologie) häufig allgemein betrachtet, weil es in zahlreichen Domänen eine Rolle spielt, so z. B. in der Chemie oder der Physik. Dabei wird Problemlösen immer wieder als ein Teil von Lernen angesehen. In verschiedenen Büchern tauchen deswegen immer wieder neben Kapiteln zum Lernen oder Lernstrategien einzelne Kapitel zum Problemlösen auf (z. B. Brownell 1942 oder Friedrich und Mandl 1992). In dieser Arbeit wird Problemlösen damit als Bestandteil des Lernens im Allgemeinen betrachtet. Dieses allgemeine Verständnis von Problemlösen erlaubt es, im späteren Verlauf der Arbeit auch auf Forschungsergebnisse anderer Domänen zurückzugreifen und ggf. zusätzliche Strategien, die zum Bearbeiten von mathematischen Problemen nützlich sein können, zu betrachten.

Für das Erforschen und Analysieren von Problembearbeitungsprozessen schlägt Schoenfeld (1985) vier Bereiche zur Betrachtung vor (siehe auch Schoenfeld 1987):

- *Wissen (resources):* das Fundament von grundlegendem mathematischem Wissen,
- *Heurismen (heuristics):* eine Bandbreite an allgemeinen Problemlösetechniken,
- *Kontrolle (control) oder Selbstregulation:* die allgemeine Frage danach, wie jemand das Wissen auswählt und anwendet,
- *Einstellungen (belief systems):* Grundideen und Einstellungen gegenüber der Mathematik.

Den dritten Punkt, die Kontrolle bzw. Selbstregulation, beschreibt er mit vier Aspekten:

Aspects of management include (a) making sure that you understand what a problem is all about before you hastily attempt a solution; (b) planning; (c) monitoring, or keeping track of how well things are going during a solution; and (d) allocating resources, or deciding what to do, and for how long, as you work on the problem. (ebd., S. 190–191)

Diese vier Aspekte tragen demnach dazu bei, dass Lernende ihre Problembearbeitungsprozesse selbst regulieren.

Für das weitere Vorgehen in diesem Teil der Arbeit werden insbesondere die Heurismen (siehe Kapitel 9) und die Kontrolle (siehe Kapitel 10) näher betrachtet und für die Auswertungen herangezogen. Die Heurismen stehen in direktem Zusammenhang mit den Strategieschlüsseln, denn auf den Schlüsseln sind Heurismen in schülernaher Sprache formuliert (siehe Kapitel 2). Mit der Kontrolle sind auch Metakognition und Selbstregulation gemeint. Sowohl die Problemlösestrategien als auch die Selbstregulation wurden im ersten theoretischen Teil dieser Arbeit als vielversprechend im Zusammenhang mit den Strategieschlüsseln herausgearbeitet. Hier zeigt sich nun, dass beides auch beim Problemlösen von großer Bedeutung zu sein scheint. Die Einstellungen der Schülerinnen und Schüler werden für diese Untersuchung bewusst ausgelassen. Die Kinder sind grundsätzlich motiviert und an Mathematik interessiert (siehe Kapitel 13). Wir können deswegen eher von einer positiven Einstellung gegenüber der Mathematik und des Problemlösens ausgehen. Detaillierte Informationen zu den Einstellungen der Kinder wurden deswegen nicht erhoben.

In den nachfolgenden Abschnitten werden erst Phasenmodelle zum Problemlösen beschrieben und dann die allgemeine Relevanz des Problemlösens im Schulkontext thematisiert.

8.2   Phasenmodelle des mathematischen Problemlösens

Wenn man Problembearbeitungsprozesse betrachtet, ist ihr Verlauf von besonderem Interesse. Verschiedene Wissenschaftler schlagen vor, Problemlöse- bzw. Problembearbeitungsprozesse in Phasen einzuteilen. In einer Übersicht zeigt Rott (2014a) verschiedene Eigenschaften von Phasenmodellen auf, z. B. Modelle mit normativem oder deskriptivem Charakter. Die Modelle unterscheiden sich dabei in der Art und Anzahl von Phasen im Problembearbeitungsprozess, aber auch in ihrer Linearität bzw. Nicht-Linearität im Prozessverlauf. Rott (ebd.) zeigt auf, dass nicht die Anzahl der Phasen entscheidend ist. Spannend sei vielmehr, was jeweils in den Phasen passiere. Zentral sei dabei stets die folgende grobe, chronologische Einteilung: „de[r] Einstieg in die Problembearbeitung, die eigentliche Arbeit am Problem und de[r] Ausklang der Bearbeitung" (ebd., S. 257). Jonassen (2014) unternimmt eine feinere Einteilung in wiederkehrende Phasen verschiedener Modelle vor:

1. Define the problem.
2. Analyze the problem (identify possible causes).
3. Investigate the problem (gather information).
4. Generate possible solutions.
5. Evaluate the alternative solutions.

6. Implement the solution(s).
7. Monitor the solution(s). (ebd., S. 269)

Phasenmodelle zur Beschreibung von mathematischen Problembearbeitungsprozessen werden aber auch kritisch betrachtet. So merkt Jonassen (ebd.) beispielsweise an, dass Problemlösen jeweils abhängt von der Aufgabe, dem Individuum oder der Gruppe sowie von den zur Lösung des Problems verwendeten Strategien. Er argumentiert, dass trotz eines möglichen Phasenverlaufs jeder einzelne Problembearbeitungsprozess gewissermaßen einzigartig sei. Es bleibt deswegen zu prüfen, welcher Stellenwert den jeweiligen Modellen zugesprochen werden sollte.

Trotz dieser Kritik werden nachfolgend zwei verschiedene Phasenmodelle exemplarisch beschrieben. Insgesamt gehen die vier prominentesten Phasenmodelle in der Mathematik und Mathematikdidaktik auf Pólya (1973/1945), Mason, Burton und Stacey (2006), Schoenfeld (1985) sowie Wilson, Fernandez und Hadaway (1993) zurück (Rott 2014a). Für den weiteren Verlauf dieser Arbeit sind die Modelle zur Beschreibung der Phasen innerhalb eines Problembearbeitungsprozesses von Pólya (1973/1945) und Schoenfeld (1985) von besonderem Interesse.

Das Phasenmodell von Pólya (1973/1945) beruht „auf seiner Erfahrung als Mathematiker, der Beobachtung von Studierenden und dem Modell von Dewey"[2] (Rott 2014a) und ist insgesamt in vier Phasen unterteilt:

(1) **Understanding the problem.** It is foolish to answer a question that you do not understand. It is sad to work for an end that you do not desire. Such foolish and sad things often happen in and out of school, but the teacher should try to prevent them from happening in his class. The student should understand the problem. [...]
(2) **Devising a plan.** We have a plan when we know, or know at least in outline, which calculations, computations, or constructions we have to perform in order to obtain the unknown. The way from understanding the problem to conceiving a plan may be long and tortuous. In fact, the main achievement in the solution of a problem is to conceive the idea of a plan. This idea may emerge gradually. Or, after apparently unsuccessful trials and a period of hesitation, it may occur suddenly, in a flash, as a „bright idea." [...]
(3) **Carrying out the plan.** To devise a plan, to conceive the idea of the solution is not easy. It takes so much to succeed; formerly acquired knowledge, good mental habits, concentration upon the purpose, and one more thing: good luck. To carry out the plan is much easier; what we need is mainly patience. [...]
(4) **Looking back.** Even fairly good students, when they have obtained the solution of the problem and written down neatly the argument, shut their books and look for something else. Doing so, they miss an important and instructive phase of the work. By looking back at the completed solution, by reconsidering and reexamining the

---

[2]Mehr Informationen zum Modell von Dewey können Rott (2013; 2014a) entnommen werden.

result and the path that led to it, they could consolidate their knowledge and develop
their ability to solve problems. (Pólya 1973/1945, S. 6–15, Hervorhebungen im
Original)

Dieses eher normative Phasenmodell (Rott 2014a) kann dazu genutzt werden, den
immer wiederkehrenden und damit zirkulären Problembearbeitungsprozess besser
zu verstehen. Dieses Modell dient also weniger dazu, einen Problembearbeitungsprozess zu beschreiben, als vielmehr dazu, Hinweise für interessierte Problemlöser
anzubieten. Deswegen wird es häufiger – auch im Zusammenhang mit dem dahinterstehenden Fragenkatalog an Heurismen – als Grundlage für die Gestaltung von
Mathematikunterricht zum Problemlösen genutzt (z. B. Lam et al. 2011; Hoong et al.
2014).

Einen eher deskriptiven Zugang wählt Schoenfeld (1985, Kap. 9). Er nutzt die
vier Problemlösephasen von Pólya (1973/1945) und beobachtet diese in Problembearbeitungsprozessen von Studierenden. Er protokolliert und videografiert Bearbeitungsprozesse und kann so Problembearbeitungsprozesse anhand empirischer Daten
in sogenannte Episoden einteilen. Insgesamt identifiziert er sechs Episodentypen,
die die Problemlösephasen von Pólya (ebd.) konkretisieren und die nachfolgend in
Anlehnung an Schoenfeld (1985) und Rott (2014a) beschrieben werden:

- *Reading (Lesen):* Lesen der Aufgabenstellung.
- *Analysis (Analyse):* Verstehen der Aufgabenstellung, z. B. durch Paraphrasieren.
- *Exploration (Erkundung):* Ausprobieren eines oder mehrerer Lösungsansätze,
  z. B. unter Verwendung verschiedener Heurismen.
- *Planning (Planung):* „Explizites Formulieren eines Plans zur Bearbeitung der
  Aufgabe." (ebd., S. 267)
- *Implementation (Ausführung):* „Ausführen eines Aufgabenplans inklusive der
  Kontrolle einzelner Schritte. Bei impliziter Planung kann auch gemeinsam
  Planning-Implementation kodiert werden." (ebd., S. 267)
- *Verification (Verifikation):* „Überprüfen der Lösung und Rückschau-Halten."
  (ebd., S. 267)

Diese Episodentypen lassen sich den vier Problemlösephasen von Pólya (1973/1945)
zuordnen (Rott 2014a). So können die Episoden *Lesen* und *Analyse* dem Verstehen
der Aufgabe, die *Planung* zum Erstellen eines Plans, die Episodentypen *Erkundung*
und *Ausführung* dem Durchführen des Plans und die Verifikation der Rückschau-
Phase zugeordnet werden. Schoenfeld (1985) beschreibt neben diesen Episodentypen auch die *Transition*. Sie umfasst die Übergänge zwischen verschiedenen Epi-

soden und ist damit für den eigentlichen Problembearbeitungsprozess nicht von Bedeutung. Sie wird im weiteren Verlauf dieser Arbeit nicht weiter betrachtet.

Rott (2013) baut auf den Arbeiten von Pólya (1973/1945) und Schoenfeld (1985) auf und operationalisiert diese Episoden zur Kodierung von Videomaterial (siehe dazu Kapitel 14). Während seines deduktiv-induktiven Vorgehens identifizierte er Verhaltensweisen von Schülerinnen und Schülern, welche den bisher betrachteten Episoden nicht zugeordnet werden können. Insgesamt benennt er auf Basis des beobachteten Verhaltens der Schülerinnen und Schüler vier weitere Episodentypen:

- *Abschweifung*: „kein aufgabenbezogenes Verhalten", z. B. private Gespräch oder Diskussion über andere Aufgaben.
- *Organisation*: Ausführen organisatorischer Tätigkeiten, z. B. „das Anfertigen von aufwändigen Zeichnungen oder Tabellen".
- *Schreiben*: Zusammenfassen (bisheriger) Erkenntnisse, ohne inhaltliches Weiterarbeiten.
- *Sonstiges*: „Verhalten, das keinem anderen Episodentyp (sinnvoll) zugeordnet werden kann." (Rott 2013, S. 198)

Diese insgesamt 10 Episodentypen (exkl. Transition) sortiert Rott (ebd.) in inhaltstragende und nicht-inhaltstragende Episoden. *Inhaltstragende Episoden* sind für ihn die Episodentypen, durch die der Problembearbeitungsprozess weiter vorangebracht und am konkreten Problem gearbeitet wird – also Analyse, Planung, Erkundung, Ausführung und Verifikation. Als *nicht-inhaltstragende Episoden* werden die Episodentypen verstanden, in denen inhaltlich nichts Neues im Problembearbeitungsprozess passiert, in denen die inhaltliche Weiterarbeit im Hintergrund steht – also Lesen, Abschweifung, Organisation, Schreiben und Sonstiges.

Diese Einteilung eines Problembearbeitungsprozesses in Episodentypen wird im weiteren Verlauf der Arbeit, insbesondere bei der Datenaufbereitung (siehe hierzu Kapitel 14) und Datenanalyse (siehe Kapitel 16 und 17) relevant.

Besonderheit „wild-goose-chase" Prozess: Treten die Episodentypen in einer besonderen Abfolge auf, bezeichnet man den Problembearbeitungsprozess als *wild-goose-chase*. Auf sprachlicher Ebene wird im Online Wörterbuch leo.org eine *wild-goose-chase* als „fruchtloses Unternehmen" bzw. „vergebliches Bemühen" übersetzt. Im Oxford Advanced Learner's Dictionary wird eine wild-goose-chase beschrieben als:

a search for sth that is impossible for you to find or that does not exist, that makes you waste a lot of time (Hornby 2003, S. 1481).

Schoenfeld (1992b) erklärt das Vorgehen bei einem wild-goose-chase Prozess so:

> [...] they [the students] read the problem, picked a particular direction to work on, and pursued that direction until they ran out of time. (Schoenfeld 1992b, S. 191)

Ein wild-goose-chase Prozess ist also gekennzeichnet durch eine eher vergebliche Suche nach etwas – hier einer Problemlösung. Diese Suche erfolgt in eine bestimmte Richtung und dauert ggf. sehr lange. Der Prozess endet häufig erst, wenn die Zeit abgelaufen ist oder der Prozess abgebrochen wird – unabhängig davon, ob bis dahin eine sinnvolle Lösung erzielt wurde (Rott 2014a; Schoenfeld 1985). Schoenfeld (1987, S. 193) spricht in diesen Prozessen von der Abwesenheit von Selbstregulation.

Rott (2013) sieht das Lesen der Aufgabenstellung und mindestens eine Explorationsphase als wesentliche Bestandteile eines wild-goose-chase Prozesses; nicht aber Episoden wie Verifikation, Planung oder Implementation. Er erklärt zusätzlich, „dass Problemlöser kurz versuchen [könnten], die ihnen gestellte Aufgabe zu verstehen, bevor sie eine Bearbeitungsidee bis zum (erfolglosen) Ende der Bearbeitung ungeprüft verfolgen" (ebd., S. 302). Auf dieser Grundlage deklariert er in seiner Arbeit all diejenigen Problembearbeitungsprozesse als wild-goose-chase Prozesse, die den Episodentyp *Exploration* und gegebenenfalls eine *Analyse* aufweisen.[3]

8.3 Problemlösen im Schulkontext

8.3.1 Relevanz von Problemlösen

Durch das Problemlösen können wir im Allgemeinen zu neuer Erkenntnis gelangen und unser Denken schulen (Winter 1995). Die Mathematik wird dabei als ein geeignetes Unterrichtsfach angesehen, um „die Fähigkeit zum Problemlösen zu entwickeln bzw. zu fördern" (Heinze 2007, S. 3; siehe auch Sturm 2018, S. 7 oder Winter 1995, S. 42). Demzufolge wird das Problemlösen als wichtiges Ziel und wichtiger Inhalt des Mathematikunterrichts angesehen (Heinze 2007; Winter 1995; Holzäpfel et al. 2018).

Auf dieser Basis gehört das Problemlösen zu den prozessbezogenen Kompetenzen und wird in den Bildungsstandards der Bundesrepublik Deutschland entsprechend gefordert (Sekretariat der Ständigen Konferenz der Kultusminister der Länder in der Bundesrepublik Deutschland 2004; 2005a; 2005b). Weiter wird davon ausge-

---

[3]Nähere Informationen zur Kodierung von Episodentypen können Abschnitt 14.1 entnommen werden.

gangen, dass die prozessbezogenen Kompetenzen „maßgeblich an der Entwicklung inhaltsbezogener mathematischer Kompetenzen beteiligt [sind]" (Sturm 2018, S. 8). Deswegen hängt „die mathematische Grundbildung für Schülerinnen und Schüler [. . .] wesentlich davon ab, in welchem Maße im Unterricht Anlässe geschaffen werden, selbst oder gemeinsam *Probleme mathematisch zu lösen* [. . .]" (Walther, Selter und Neubrand 2008, S. 20, Hervorhebungen im Original).

In der Primarstufe sollen die Schülerinnen und Schüler am Ende der 4. Jahrgangsstufe

- mathematische Kenntnisse, Fertigkeiten und Fähigkeiten bei der Bearbeitung problemhaltiger Aufgaben anwenden,
- Lösungsstrategien entwickeln und nutzen (z. B. systematisch probieren),
- Zusammenhänge erkennen, nutzen und auf ähnliche Sachverhalte übertragen. (Sekretariat der Ständigen Konferenz der Kultusminister der Länder in der Bundesrepublik Deutschland 2005b, S. 7)

International wird dem Problemlösen teilweise noch größere Bedeutung zugesprochen. So wird beispielsweise das mathematische Problemlösen in Singapur ins Zentrum der curricularen Rahmenvorgaben gestellt (Ministry of Education Singapore 2012, S. 14). Durch diesen Schwerpunkt erfolgt der Mathematikunterricht durch Problemlösen. Problemlösen ist dadurch kein zusätzlicher Unterrichtsinhalt.

Wird die mathematische Problemlösekompetenz nun als Ziel schulischer Allgemeinbildung gesehen, dann unterscheidet Heinrich (2004) zwischen einem Zielaspekt (Probleme lösen lernen) und einem Methodenaspekt (Problemlösen als Lernmethode zur Erreichung von Lernzielen):

Beide Aspekte stehen aber nicht beziehungslos nebeneinander. So herrscht in der Mathematikdidaktik weitgehend Konsens, dass man Problemlösen eben nur durch Problemlösen lernen kann. Diese zunächst trivial klingende Aussage beinhaltet unter dem Methodenaspekt jedoch noch eine tiefliegende Erkenntnis: Die durch eigenständiges und erfolgreiches Problemlösen gewonnenen Einsichten, Werthaltungen und Erkenntnisse gelten als besonders nachhaltig im Sinne von motivierend, weil eigene Kompetenz erlebt wurde, und sie sind nachhaltig im Sinne von dauerhaft verfügbar und durchaus auch flexibel einsetzbar. (Heinrich, Bruder und Bauer 2015, S. 284–285)

Insgesamt steht es außer Frage, dass das mathematische Problemlösen als allgemeinbildendes Ziel verstanden wird (z. B. Heinrich 2004; Heinze 2007; Bruder und Collet 2011; Rott 2013; Sturm 2018). Deswegen wird immer wieder untersucht, „wie mathematisches Problemlösen gelingen kann" (Heinrich, Bruder und Bauer 2015, S. 279) und versucht, Problemlösen möglichst effizient zu unterrichten.

In den 1970-er und 80-er Jahren wurde in den USA auf bildungspolitischer Ebene angestrebt, ein Programm zu entwickeln, mit dem allgemeines Problemlösen unterrichtet werden kann. Dazu wurden zahlreiche Experimente zum Problemlösen durchgeführt. Allerdings reichte die Größe der Experimente nicht aus, um die Ergebnisse auf eine größere Fallzahl zu übertragen (Cyert 1980, S. 5). Cyert (ebd.) stellt heraus, dass für das Problemlösen ein allgemeines Lehrkonzept eher schwierig sei – auch wenn das dem übergeordneten Wunsch entspricht. Es liefe immer wieder auf Heurismen heraus.[4]

8.3.2 Mathematisches Problemlösen fördern und trainieren

Grundsätzlich sollte es der Mathematikunterricht ermöglichen „in der Auseinandersetzung mit Aufgaben Problemlösefähigkeiten, die über die Mathematik hinaus gehen, (heuristische Fähigkeiten) zu erwerben" (Winter 1995, S. 37). Es scheint allerdings schwierig zu sein, geeignete Maßnahmen zu entwickeln:

> Die Schwierigkeiten bei der Ausarbeitung von Fördermaßnahmen für die mathematische Problemlösekompetenz gehen sicherlich auch auf Defizite der Forschung zur Entwicklung der mathematischen Problemlösefähigkeit (individuell und im Mathematikunterricht) zurück. Es gibt bisher keine elaborierten Theorien zur Entwicklung dieser Fähigkeit (insbesondere im Rahmen der sozialen Interaktion des Unterrichtsgeschehens). Entsprechend ist es kaum möglich, optimale Maßnahmen für den Unterricht abzuleiten. (Heinze 2007, S. 15)

Dennoch gibt es für das Lehren und Fördern von Problemlösefähigkeiten im Mathematikunterricht verschiedene Ansätze, von denen nachfolgend einige vorgestellt werden.

Erstens gibt es den Ansatz, dass mathematisches Problemlösen durch den Umgang mit mathematischen Problemen erlernt werden kann (z. B. Pólya 1973/1945).

> Trying to solve problems, you have to observe and to imitate what other people do when solving problems and, finally, you learn to do problems by doing them. The teacher who wishes to develop his students' ability to do problems must instill some interest for problems into their minds and give them plenty of opportunity for imitation and practice. (ebd., S. 4–5)

Mit seinem vierstufigen Schema zum Problemlösen gibt Pólya gewissermaßen eine Anleitung mit verschiedenen Hinweisen und Fragestellungen. Diese Anleitung soll

---

[4]Mehr Details zum Begriff *Heurismen* folgen in Kapitel 9.

Lernende beim Lösen von mathematischen Problemen unterstützen (Heinze 2007, S. 16). Spannenderweise ist das Übertragen dieser Anleitung auf den Unterricht schwierig, weil „die Lernenden die erwünschten Strategien zwar erwerben, aber in entsprechenden Situationen nicht verwenden" (ebd., S. 16). Dieses in der Promptforschung als Produktdefizit beschriebene Phänomen scheint also auch beim mathematischen Problemlösen bekannt zu sein.

Zweitens werden die Phasenmodelle des Problemlösens für den Mathematikunterricht aufbereitet, so beispielsweise in Singapur (Lam et al. 2011; Hoong et al. 2014). Dort werden die vier Phasen im Problemlöseprozess nach Pólya (1949) verwendet. Innerhalb einer Unterrichtseinheit zum Problemlösen werden elf Unterrichtsstunden abgehalten (Hoong et al. 2014). Dabei wird erst thematisiert, was überhaupt ein Problem ist, um anschließend die Phasen eines Problembearbeitungsprozesses nachzuvollziehen und zu üben (Lam et al. 2011). Außerdem werden einzelne Heurismen thematisiert (ebd.) – auch hier in Anlehnung an den heuristischen Fragenkatalog von Pólya (1949). Auf diese Art und Weise wird zunächst Metawissen über den Problemlöseprozess im Allgemeinen und anschließend Wissen über Heurismen im Speziellen vermittelt (Lam et al. 2011).

Ein dritter Ansatz besteht in der expliziten Thematisierung von Heurismen. Im deutschsprachigen Raum ist hier besonders das Training von Bruder und Collet (2011) etabliert. Schülerinnen und Schüler durchlaufen darin insgesamt vier Etappen: (1) Gewöhnen an Heurismen, (2) Bewusstmachen heuristischer Elemente und Einsicht in deren Wirksamkeit, (3) zeitweilige bewusste Übung und Anwendung und (4) schrittweise bewusste Kontexterweiterung für den Einsatz der Heurismen und zunehmend unterbewusste Nutzung (ebd., S. 114). Bei diesem Vorgehen werden Problemlösestrategien einzeln eingeführt und an dafür geeigneten Aufgaben geübt. Die empirische Begleitung in Form einer Trainingsstudie ergab, dass die mathematischen Leistungstests in sechs von neun Klassen positive Ergebnisse zeigten und dass vor allem das schwächste Leistungsdrittel von der Maßnahme profitierte (Komorek, Bruder und Schmitz 2004).

Aber auch international gibt es verschiedene Programme, die auf die Vermittlung einzelner Problemlösestrategien abzielen (z. B. Jaspers und van Lieshout 1991) oder einen Fokus auf z. B. externe Repräsentationen legen (Sturm 2018).

Eine vierte Variante besteht darin, nacheinander verschiedene Arten von mathematischen Problemen zu thematisieren (Jonassen 2014). So erkennen die Schülerinnen und Schüler, mit welchem Problemtyp (z. B. strukturiert oder unstrukturiert) sie es zu tun haben und können entsprechende Lösungsmuster aktivieren (ebd., S. 272–273).

Eine fünfte Möglichkeit besteht darin, das mathematische Problemlösen durch einen anderen Bereich zu fördern. Im Rahmen des IMPROVE-Programms

(*Introducing* new concepts, *Metacognitive* questioning, *Practicing*, *Reviewing* and reducing difficulties, *Obtaining* mastery, *Verification* and *Enrichment*) werden beispielsweise metakognitive Fähigkeiten gefördert, um so auch die Problemlösekompetenz zu fördern. Bei dieser israelischen Unterrichtsmethode werden drei Komponenten zu einem Gesamtkonzept integriert: (1) die Förderung von Strategieerwerb und metakognitiven Prozessen, (2) das kooperative Lernen in leistungsheterogenen Gruppen und (3) ein produktives Feedback (Mevarech und Kramarski 1997). Die metakognitiven Hinweise werden durch verschiedene Typen von Fragen realisiert und mit Hilfe von sogenannten *prompt cards* und anderen Lernmaterialien initiiert und unterstützt (Mevarech und Kramarski 1997; Kramarski 2009; Kramarski, Weiss und Sharon 2013).

Aber nicht nur die Kombination von Problemlösefähigkeiten und metakognitiven Fähigkeiten, sondern auch die Verbindung mit selbstregulatorischen Fähigkeiten bietet sich an. Gürtler et al. (2002) konnten nachweisen, dass die kombinierte Förderung von Selbstregulations- und Problemlösestrategien die Leistung von Schülerinnen und Schülern positiv beeinflusst (siehe auch Gürtler 2003; Perels 2003; Collet 2009).

Als sechste Trainingsmöglichkeit bietet sich zur Vermittlung einzelner ausgewählter Heurismen auch das Lernen mit Lösungsbeispielen an (Renkl, Schworm und vom Hofe 1995). So soll ein gleitender Übergang „vom Beispielstudium zum Problemlösen" gelingen (ebd., S. 18). Zuerst wird ein vollständiges Lösungsbeispiel angeboten, das schrittweise weniger von der Lösung preisgibt. Ein Ablösen vom Lösungsbeispiel wird angebahnt.

Ein siebter Ansatz, das mathematische Problemlösen positiv zu beeinflussen, besteht in der Verwendung einfacher Hinweise. So kann beispielsweise die Taxonomie der Hilfen von Zech (2002) genutzt werden, um gemäß des Prinzips der minimalen Hilfe so viel Hilfe wie nötig und so wenig Hilfe wie möglich anzubieten. Zech (ebd.) schlägt insgesamt fünf verschiedene Stufen von Hilfen vor:

- Als *Motivationshilfen* seien Hilfen bezeichnet, die dem Lernenden nur mehr oder weniger Mut machen und ihn an der Aufgabe halten. [. . .]
- Als *Rückmeldungshilfen* seien Hilfen bezeichnet, die dem Lernenden Auskunft darüber geben, ob er richtig oder falsch liegt bei seinen Lösungsbemühungen. [. . .]
- Als *allgemein-strategische Hilfen* seien Hilfen bezeichnet, die auf fachübergreifende bzw. allgemeine fachliche Problemlösungsmethoden aufmerksam machen. [. . .]
- Als *inhaltsorientierte strategische Hilfen* seien Hilfen bezeichnet, die auf stärker fachbezogene Problemlösungsmethoden (die sich auf Teilgebiete der Mathematik beziehen) bzw. auf allgemeine Problemlösungsmethoden – verbunden mit einem inhaltlichen Aspekt – aufmerksam machen. [. . .]

- Als *inhaltliche Hilfen* seien schließlich Hilfen bezeichnet, die spezielle Hinweise geben auf vorgeordnete Begriffe und Regeln, auf bestimmte Zusammenhänge zwischen diesen, auf ganz bestimmte Hilfsgrößen oder Hilfslinien. (ebd., S. 316–317, Hervorhebungen im Original)

Zech (ebd.) konkretisiert die einzelnen Hilfestufen zusätzlich mit Beispielen, wie „Du bist auf dem richtigen Weg." als Rückmeldungshilfe, „Was ist gegeben, was ist gesucht?" als allgemein-strategische Hilfe oder „Zeichnet doch mal diese Hilfslinie ein . . . " als inhaltliche Hilfe (ebd., S. 316–317). Diese beispielhaften Konkretisierungen erinnern (teilweise sogar im Wortlaut) an Polyás (1973/1945) Fragenkatalog. Laut Zech (2002) beruhen sie v. a. auf Unterrichtsbeobachtungen, sind also im wissenschaftlichen Sinne nicht auf Effizienz überprüft. Dieser Ansatz kann durchaus auch mit anderen, zuvor genannten kombiniert werden.

Holzäpfel et al. (2018) bieten einen weiteren Ansatz an. Sie nutzen bereits Vorhandenes, z. B. Aufgaben, und geben Anregungen dazu, wann das Problemlösen im realen Unterricht natürlicherweise einfließen könnte. Damit verschieben sie den Fokus vom Lernenden zum Lehrenden. Sie erläutern, dass sich abhängig von der Zielsetzung innerhalb von Unterrichtseinheiten und einzelnen Unterrichtsstunden manche Phasen des Unterrichts (konkret: Erkunden, Ordnen, Überprüfen und Vertiefen) besonders für das Problemlösen eignen. Sie beschreiben dann anhand von einzelnen Unterrichtsphasen und konkreten Aufgabenbeispielen, wie Problemlösen aus Sicht der Lehrkraft gelingen kann.

Mit dieser Sammlung möglicher (im weitesten Sinne) Trainingsangebote soll die Bandbreite aufgezeigt werden, durch die mathematisches Problemlösen unterrichtet und gefördert werden kann. Die Angebote sind also vielfältig und dennoch gelingt es nicht – zumindest in Deutschland – das mathematische Problemlösen flächendeckend in den Mathematikunterricht zu integrieren. Die Gründe dafür sind ebenso vielfältig wie die Angebote (Herold-Blasius, Holzäpfel und Rott 2019).

Das in dieser Arbeit verwendete Interventionsinstrument (siehe Kapitel 2) kombiniert verschiedene Aspekte der vorgestellten Trainingsangebote. Die Strategieschlüssel sind zunächst einfache Impulse und werden den Schülerinnen und Schülern einfach nur gezeigt. Es findet also zunächst kein umfassendes Training statt. Dadurch sind die Strategieschlüssel schnell zugänglich und leicht in den Mathematikunterricht integrierbar. Gleichzeitig greifen sie die Idee der Taxonomie der Hilfen von Zech (2002) auf, denn sie bieten vor allem allgemein-strategische und inhaltsorientierte strategische Hilfen an. Außerdem wird mit den Strategieschlüsseln auch der häufig gewählte Fokus auf Heurismen genutzt. Durch diese Verbindung von Hilfen und Heurismen stellen sie möglicherweise ein für den realen Schulkontext in besonderem Maße geeignetes Material dar.

8.3.3 Bewertung mathematischer Problemlösungen

Ist ein Problembearbeitungsprozess abgeschlossen, stellt sich die Frage nach seiner Bewertung. Dazu gibt es verschiedene Herangehensweisen (siehe Jonassen 2014 für einen Überblick). Zunächst ist die Entscheidung darüber, ob ein Ergebnis richtig oder falsch ist, relevant, um Schülerantworten objektiv zu vergleichen und zu bewerten (ebd., S. 271). Idealerweise sollte aber nicht nur die Richtigkeit einer Lösung und damit das Schülerprodukt betrachtet werden:

> [...] correct answers should be only one of the assessment methods used. Although correct answers have significant face validity, content and construct validity cannot be assured by correct answers alone. (ebd., S. 271)

Zur Bewertung von Problemlösungen können neben der Schülerlösung auch verschiedene Bezugsnormen herangezogen werden. So unterscheidet Rheinberg (1980) (siehe auch Wälti 2015, S. 26) zwischen der Sozial-, der Lernziel- und der Individualnorm. Wird eine Leistung mit der *sozialen Bezugsnorm* (Sozialnorm) bewertet, dann wird „die Leistung eines Lernenden mit Leistungen einer sozialen Vergleichsgruppe, z. B. der Schulklasse, verglichen" (Holder und Kessels 2018, S. 90). Eine Leistung wird dann positiv gewertet, „wenn sie besser ist bzw. besser scheint als eine durchschnittliche Leistung der beobachteten Gruppe bzw. Klasse" (Wälti 2015, S. 26). Bei der *kriterialen Bezugsnorm* (auch sachliche oder Lernzielnorm) „wird eine Leistung anhand eines Kriteriums beurteilt, welches zuvor extern oder intern definiert wurde (z. B. Anforderungen des Lehrplans)" (Holder und Kessels 2018, S. 90). Liegt einer Bewertung die *Individualnorm* zugrunde, wird der Lernfortschritt des Lernenden berücksichtigt. Neben diesen drei Bezugsnormen entstand im Rahmen von großangelegten Vergleichsstudien zusätzlich die *fähigkeitsorientierte Bezugsnorm* (Jäger 2008). Hier werden die Fähigkeiten von Lernenden mit vorgegebenen Kompetenzstufen verglichen (Wälti 2015, S. 27). Dieses eher prozessorientierte Vorgehen wird beispielsweise mit Hilfe eines Kompetenzrasters in Anlehnung an Pólyas Phasen im Problembearbeitungsprozess umgesetzt (Weiß 2016).

Zur Bewertung von Schülerlösungen in der vorliegenden Untersuchung wird die kategoriale Bezugsnorm verwendet, weil über die anderen drei Bezugsnormen keine Aussagen möglich sind. Immerhin werden die Schülerinnen und Schüler weder im Vergleich zu anderen Kindern betrachtet, noch über einen längeren Zeitraum beobachtet. Für diesen Fall legt Wälti (2015, S. 110) ein vierstufiges Bewertungsraster zugrunde: Probleme werden bewertet mit „0 (keine mathematisch substanzielle und/oder persönlich relevante Auseinandersetzung mit der Fragestellung), 1, 2 oder 3 (mathematisch substanzielle und individuell geprägte nachvollziehbare Auseinandersetzung mit der Fragestellung, die zu einem kommentierten Ergebnis führt) Punkten" (ebd., S. 110; siehe auch Wälti 2017, S. 148–150).

Das Bewerten von Problemlösungen in Form von vorher festgelegten „Rubriken" ist eine andere Möglichkeit, mit Schülerlösungen umzugehen (Jonassen 2014, S. 277–278). Hierbei werden zu einer Aufgabe im Vorfeld Bereiche und deren Ausprägungen festgelegt. Jonassen (ebd., S. 277) führt die folgende Aufgabe als Beispiel für eine unstrukturierte Problemaufgabe an:

> Improved Design of Cassette Plates – You have been asked to redesign X-ray film cassettes so that they are lighter but retain the same stiffness to bending loads. Compare various materials that are compatible with the application to produce an improved cassette. (ebd., S. 277)

Eine Rubrik und ihre Ausprägungen zur Bewertung dieser Aufgabe ist dann möglicherweise diese:

Determination of performance problem:
3 All performace characteristics of problem (e.g., weight, speed, structural strength, [. . .]) identified; all characteristics relevant to problem.
2 Most performance characteristics identified; all relevant to problem.
1 Only a few performance characteristics identified; some not relevant to problem.
0 No performance characteristics identified. (ebd., S. 277, Hervorhebungen im Original)

Im Rahmen der genannten Aufgabe führt Jonassen (ebd.) noch andere Rubriken auf, die hier nicht weiter von Bedeutung sind. Wichtig ist die grundsätzliche Idee dahinter: Es gibt eine übergeordnete Kategorie oder Rubrik, die verschiedenstufig bepunktet wird. Diese Art mit Lösungen oder auch Lösungsprozessen umzugehen und diese zu kodieren, scheint allerdings mit 60% Übereinstimmung nur begrenzt interraterreliabel (ebd., S. 281–282).

Rott (2013) nutzt für die Bewertung der Problembearbeitungsprozesse in seiner Arbeit ebenfalls ein vierstufiges Bewertungsraster und verbindet darin (wenn auch zeitlich vorgelagert) die Ansätze von Wälti (2015) und Jonassen (2014). Er kommt mit seinem Kodiermanual zu einer exzellenten Interraterübereinstimmung (je nach Aufgabe liegen die κ-Werte zwischen 0,865 und 1). Er bewertet das Produkt – also die Schülerlösung, indem er diese Kategorien vergibt:

(1) Kein Ansatz – die Aufgabe wurde nicht sinnvoll bearbeitet und/oder es wurde keine Lösung abgegeben.
(2) Einfacher Ansatz – das Problem wurde zu Teilen korrekt bearbeitet, dabei zeigen sich aber deutliche Mängel; wenn die Lösung Erklärungen erfordert, fehlen diese.

(3) Erweiterter Ansatz – das Problem wurde zu großen Teilen korrekt bearbeitet; wenn
     die Lösung Erklärungen erfordert, sind zumindest Ansätze dazu vorhanden.
(4) Korrekter Ansatz – das Problem wurde korrekt gelöst; wenn die Lösung Erklärun-
     gen erfordert, sind diese angemessen gegeben. (Rott 2013, S. 185)

	Ohne Berücksichtigung der Reihenfolge der Legosteine	Mit Berücksichtigung der Reihenfolge der Legosteine
Kein Ansatz (0 Punkte)	Kein oder ein Beispiel: Der Schüler/ die Schülerin hat keine Lösung gefunden oder gibt genau ein Beispiel an. Im zweiten Fall wurde die Problemstellung nicht erfasst.	
Einfacher Ansatz (1 Punkt)	Mehrere Beispiele: Der Schüler/ die Schülerin schreibt einzelne Beispiele auf, geht dabei aber unsystematisch vor und findet dadurch nicht alle Lösungen.	
Erweiterter Ansatz (2 Punkte)	Mehrere Beispiele und Strategie: Der Schüler/ die Schülerin schreibt Beispiele auf und geht dabei systematisch vor. Dennoch wurden nicht alle Lösungen gefunden.	
Korrekter Ansatz (3 Punkte)	Alle Beispiele: Der Schüler/ die Schülerin findet die vollständige Anzahl von Lösungen. a) $3+3+3+3+3+4$ b) $3+3+3+4+6$ c) $3+4+6+6$ d) $3+4+4+4+4$ Die Lösungen b) und c) können durch das Zusammenfassen von 3-er Steinen in 6-er Steinen generiert werden.	Mit Berücksichtigung der Reihenfolge ergeben sich insgesamt 43 Möglich-keiten. $\dfrac{6!}{5!}+\dfrac{5!}{3!}+\dfrac{5!}{4!}+\dfrac{4!}{2!}=$ $=6+20+5+12=43$

Abbildung 8.1 Bewertungsschema hier am Beispiel der Legosteine-Aufgabe (Herold-
Blasius, Holzäpfel und Rott 2019, S. 307)

Dieses Bewertungsschema kann auf jede Problemlöseaufgabe übertragen und für
diese konkretisiert werden – hier am Beispiel der Legosteine-Aufgabe (siehe Abbildung 8.1)[5]. Dieses vierstufige Bewertungsschema ermöglicht es, eine Vielzahl von
Schülerlösungen miteinander zu vergleichen. Auf einer Metaebene kann so auch
festgestellt werden, auf welchem Lösungsniveau sich Schülerinnen und Schüler ggf.
befinden. Aufgrund der hohen Interraterreliabilität wird dieses Bewertungsschema
im Verlauf der Arbeit verwendet (siehe dazu Kapitel 14).

Zusammenfassend wurde in diesem Kapitel neben der begrifflichen Klärung die
Relevanz des Problemlösens im Allgemeinen und für den Kontext Schule im Spezifischen gezeigt. Außerdem wurden verschiedene Trainingskonzepte vorgestellt, die
bezwecken, die Problemlösekompetenzen von Lernenden, z. B. im Mathematikun-

---

[5]Mehr Informationen zu dieser und anderen Aufgaben folgen in Abschnitt 13.3 und zu deren
Bewertung in Abschnitt 14.4.

terricht, zu fördern und zu unterstützen. Sie unterscheiden sich teilweise stark voneinander. Die Strategieschlüssel vereinen verschiedene Aspekte dieser Trainingskonzepte. Sie thematisieren nicht nur Heurismen – so wie auch andere Trainings –, sondern bieten gleichzeitig Hilfestellungen verschiedener Art an[6]. Beendet wurde dieses Kapitel mit Hinweisen dazu, wie die Problemlöseprodukte letztlich bewertet werden können. Ein vierstufiges Bewertungsschema wird für das weitere Vorgehen in dieser Arbeit angewandt.

In den nächsten zwei Kapiteln werden zwei der vier Bereiche nach Schoenfeld (1985) – nämlich Heurismen und Kontrolle –, begrifflich geklärt und wesentliche Facetten davon jeweils beschrieben.

---

[6]Konkrete Ausführungen dazu können Kapitel 2 entnommen werden.

Heurismen 9

9.1 Begriffsklärung

Das Wort „Heuristik" stammt aus dem Griechischen $\varepsilon\upsilon\rho\iota\sigma\kappa\varepsilon\iota\nu$ (*heurískein*), bedeutet so viel wie Finden oder Entdecken (Dudenredaktion 2019) und wird definiert als die

> Lehre von den Verfahren, wahre Aussagen zu finden, im Unterschied zur Logik, die lehrt, wahre Aussagen zu begründen; um zu Problemlösungen zu gelangen, werden u. a. eingesetzt Vermutungen, Analogien, Hypothesen, Modelle, Gedankenexperimente (Brockhaus 2019a).

Sie wird auch als Erfindungskunst (z. B. bei Pólya 1964, S. 5) oder als Entdeckungskunst (*ars inveniendi*, Leibniz 1666; siehe dazu Brockhaus 2019a oder Grenz und Emling 2017, S. 40) bezeichnet. Pólya (1949, S. 118–119) beschreibt Heuristik als den „Name[n] eines gewissen, nicht sehr deutlich abgegrenzten Wissenszweiges, der zur Logik, zur Philosophie oder zur Psychologie gehörte [mit dem Ziel], die Methoden und Regeln von Entdeckung und Erfindung zu studieren" (ebd., S. 118–119). Für die Mathematik spezifiziert er einige Jahre später die Aufgabenbereiche und Ziele der Heuristik:

> Die Heuristik beschäftigt sich mit *dem Lösen von Aufgaben*. Zu ihren spezifischen Zielen gehört es, *in allgemeiner Formulierung die Gründe herauszustellen für die Auswahl derjenigen Momente bei einem Problem, deren Untersuchung uns bei der Auffindung der Lösung helfen könnte*. (Pólya 1964, S. 5, Hervorhebungen im Original)

Speziell für das Problemlösen unterscheiden die Psychologen Betsch, Funke und Plessner (2011) zwischen Strategien und Heuristiken:

© Der/die Autor(en), exklusiv lizenziert durch Springer Fachmedien Wiesbaden GmbH, ein Teil von Springer Nature 2021
R. Herold-Blasius, *Problemlösen mit Strategieschlüsseln*, Essener Beiträge zur Mathematikdidaktik, https://doi.org/10.1007/978-3-658-32292-2_9

Strategien beziehen sich auf übergeordnete Ziele. Eine typische Strategie ist das Ausprobieren von verschiedenen Lösungsentwürfen. Heuristiken sind spezielle Strategien:
Sie sind Daumenregeln, die angewendet werden, wenn der bestmögliche Lösungsweg
unbekannt oder zu aufwändig ist. (ebd., S. 157)

In der Psychologie werden Heuristiken also als Untermenge von Strategien verstanden. Kategorisierungen von Strategien wurden bereits von verschiedenen Autorinnen und Autoren vorgenommen. Leutner und Leopold (2006, S. 162) unterscheiden
beispielsweise zwischen kognitiven und metakognitiven Strategien. Die kognitiven Strategien zielen auf die Verarbeitung eines Lernstoffes. Die metakognitiven
Strategien hingegen werden zur Planung, Überwachung und Regulation von kognitiven Strategien eingesetzt und sind damit den kognitiven Strategien übergeordnet
(Schreblowski und Hasselhorn 2006).

Im gleichen Zusammenhang mit Heuristiken tauchen in der Literatur immer
wieder verschiedene, aber sehr ähnliche Begrifflichkeiten auf. Im deutschsprachigen Raum spricht man von Heuristik, Heuristiken, Heurismus oder Heurismen; im
Englischsprachigen ist eher von „heuristic" oder „heuristics" die Rede. Rott (2014b,
2018) versucht die verschiedenen Begrifflichkeiten zu ordnen:

Mit *Heurismen* (bzw. *Heurismus* im Singular) sind einzelne heuristische Aktivitäten
gemeint, die in anderen Veröffentlichungen teilweise auch als Heuristiken bezeichnet
werden. In englischsprachigen Artikeln wird das Wort *heurism(s)* kaum verwendet und
sowohl die einzelnen Aktivitäten als auch die Wissenschaft werden mit *heuristic(s)*
oder *heuristic strategies* bezeichnet. (Rott 2018, S. 50, Hervorhebungen im Original)

Insgesamt besteht in der Mathematikdidaktik also keine begriffliche Einigkeit. Die
Begriffe Heuristik, Heurismus bzw. Heurismen sind nicht klar umrissen. Je nach
Fachgebiet und individuellem Verständnis liegen den Begriffen andere Verständ-
nisse zugrunde (siehe dazu im Detail Rott 2014b und Rott 2018). Rott (2014b)
trug zunächst auf theoretischer Ebene verschiedene Definitionen aus der Literatur
zusammen und identifizierte mithilfe der qualitativen Inhaltsanalyse insgesamt neun
verschiedene Kategorien zur Beschreibung des Begriffs *heuristics*:

- Description: According to the author(s), what is the nature of heuristics? Descrip-
  tions range from "rules of thumb" to "kinds of information" and "cognitive tools".
- Effectiveness: What does the characterization say about the effectiveness of heuristics? Most say they offer "no guarantee for a solution", but heuristics can also be
  defined as being "helpful for problem solving".
- Analysis: Does the characterization explicitly mention understanding and analyzing the problem?

- Metacognition: Does the characterization explicitly mention metacognitive or self-regulatory activities? Are they included into or excluded from "heuristics"?
- Range: Do the authors mention some kind of range of heuristics? To what kind of problems are they applicable? Are there different types of heuristics (e.g., local and global or domain-specific and general ones) with different fields of application?
- Algorithm: Does the characterization mention algorithms or other "standard procedures"? Are these included into or excluded from the definition of heuristics?
- Awareness: Does the characterization mention whether problem solving techniques have to be executed consciously to be regarded as heuristics? Some characterizations speak of "systematical" or "methodical approaches" which seem to exclude implicit/subconscious/intuitive uses of such techniques.
- Problem Space: Does it refer to the concept of problem space?
- Others: Are there any other features that haven't been covered by the other categories? (ebd., S. 181)

Auf Grundlage dieser Kategorien erstellte er einen Fragebogen, der von 18 Expertinnen und Experten aus Deutschland, Ungarn, Australien, Finnland, Griechenland, Israel und Schweden beantwortet wurde. Jede dieser Kategorien wurde zu einem möglichem Kriterium des Begriffs *heuristic*. Dabei sollte entschieden werden, ob das jeweilige Kriterium ein richtiges ist und für die jeweilige Entscheidung sollten Gründe angegebenen werden. Am Ende des Fragebogens sollte eine eigene Beschreibung vom Begriff *heuristic* gegeben werden. Die Untersuchung ergab:

No characterization covers all aspects of the categories [...] and sometimes the aspects of one characterization conflict those of others. Additionally, there is no characterization favored by all experts. (ebd., S. 184)

Am Ende seines Beitrags wagt er sich zu einer Definition, mit der er versucht, alle von den Expertinnen und Experten genannten Aspekte zu berücksichtigen:

Heuristics is a collective term for devices, methods, or (cognitive) tools, often based on experience. They are used under the assumption of being helpful when solving a problem (but do not guarantee a solution). There are general (e.g., "working backwards") as well as domain-specific (e.g., "reduce fractions first") heuristics. Heuristics being helpful regards all stages of working on a problem, the analysis of its initial state, its transformation as well as its evaluation. Heuristics foster problem solving by reducing effort (e.g., by narrowing the search space), by generating new ideas (e.g., by changing the problem's way of representation or by widening the search space), or by structuring (e.g., by ordering the search space or by providing strategies for working on or evaluating a problem). Though their nature is cognitive, the application and evaluation of heuristics is operated by metacognition. (ebd., S. 189–190, Hervorhebungen im Original)

Konkret werden Heurismen in Form von Fragen und Hinweisen z. B. in der Übersichtstabelle von Pólya (1973/1945) beschrieben. Diese haben einen allgemeinen Charakter (ebd., S. 2), so beispielsweise „What is the unknown? What are the data? What is the condition?" (ebd., S. xvi–xvii). Allgemein bedeutet hier, dass ein Heurismus in verschiedenen Situationen angewandt und je nach Kontext auch unterschiedlich verstanden werden kann (Yilmaz, Seifert und Gonzalez 2010, S. 339). Auch Bruder und Collet (2011) geben einen Überblick über mögliche Heurismen. Sie weisen z. b. die Verwendung von informativen Figuren hin, um einen Darstellungswechsel anzuregen, oder führen das Nutzen von Tabellen für ein geordnetes und ggf. systematisches Vorgehen beim Ausprobieren an.

Die Fragen und Hinweise von Pólya (1973/1945) sowie die Heurismen bei Bruder und Collet (2011) sollen während des Problembearbeitungsprozesses beim Überwinden von Barrieren helfen, z. B. indem damit das Verstehen einer Aufgabe gelingt oder neue Lösungsansätze entwickelt werden. Sie dienen in der vorliegenden Arbeit in aufbereiteter Form als Interventionsmittel (siehe dazu die Kapitel 2 und 13).

Für die vorliegende Arbeit werden Problemlösestrategien synonym mit dem Begriff *Heurismen* verstanden (siehe auch Leuders 2010). So werden das Vorwärts- und Rückwärtsarbeiten beispielsweise als heuristische Strategien und damit auch als Problemlösestrategien interpretiert. Dabei sind Problemlösestrategien eine Teilmenge vom allgemeinen Strategiebegriff:

> At their most general, strategies are goal-directed, mental operations that are aimed at solving a problem. Historically, most researchers have also assumed that strategies are deliberate, or intentional. (Bjorklund 2015, S. xi)

Mit dieser Definition wird deutlich, dass Strategien beim Lösen von Problemen unterstützen sollen. Diese allgemeine Definition ist sehr nah an Pólyas Heurismenbegriff. Er definiert Heurismen als „mental operations typically useful in this process [Prozess des Problemlösens]" (Pólya 1973/1945, S. 129–130). Diese begriffliche Nähe besteht auch zum Begriff *Lernstrategie*:

> Lernstrategien sind […] Handlungssequenzen zur Erreichung eines Lernziels. Lernstrategien sind häufig als Pläne mental repräsentiert. […] Bei gegebener Zielsetzung sind Lernstrategien flexibel und situationsangemessen. Mit Prozedur bzw. Technik werden dagegen Teilhandlungen bezeichnet, die je nach Situation und Aufgabe in die Strategie integriert werden, um das jeweilige Ziel zu erreichen. Im konkreten Fall können Prozeduren/Techniken relativ situationsinvariante und aufgabenspezifische Handlungsmuster sein. (Friedrich und Mandl 1992, S. 6)

Da das Problemlösen als eine Art des Lernens und gemäß der hier aufgeführten Definitionen auch eine Problemlösestrategie als eine Art Lernstrategie verstanden werden kann, werden nachfolgend auch Forschungsergebnisse betrachtet, die Lernstrategien als Bestandteil ihrer Untersuchungen nutzen.

9.2 Taxonomien von Heurismen

Strategien im Allgemeinen, Lernstrategien oder auch Problemlösestrategien im Konkreten, wurden schon häufig sortiert und kategorisiert. Dazu werden in der Regel übergeordnete Kriterien aufgestellt. (ebd., S. 7–8) tragen die häufigsten Kategorisierungen zusammen:

(1) die Unterscheidung nach Primär- und Stützstrategien,
(2) die nach allgemeinen und spezifischen Strategien,
(3) die Beschreibung von Lern- und Denkstrategien nach ihrer Funktion für den Prozeß der Informationsverarbeitung und
(4) die Unterscheidung von Mikro- und Makrostrategien (ebd., S. 7–8)

Mit diesen sogenannten Taxonomien ergeben sich verschiedene Schwierigkeiten. Erstens werden damit nicht alle Strategien abgedeckt. So fokussieren manche auf die Sortierung von Lernstrategien und andere auf das Problemlösen (Friedrich und Mandl 1992, S. 16). Alle Strategien gleichermaßen abzudecken, scheint schlicht zu umfangreich. Zweitens die Taxonomien „[erlauben] es nicht immer [...], einzelne Strategien eineindeutig der einen oder anderen Strategieklasse zuzuordnen" (ebd., S. 16). Drittens sprechen die Autoren von einem sogenannten *Bandbreite-Genauigkeits-Dilemma*:

> Allgemeine Strategien tragen zur Lösung eines konkreten Problems zumeist nur wenig bei; jene Strategien, die einen großen Beitrag leisten, sind selten allgemein. Häufig sind allgemeine Strategien in ihrer Wirksamkeit sogar an das Vorhandensein spezifischerer Strategien gebunden. (ebd., S. 18)

Für das Problemlösen finden sich in der Mathematikdidaktik „drei unterschiedliche Gruppierungen von Heurismen: (1) nach ihrer Nützlichkeit oder Trainierbarkeit, (2) nach inhaltlicher Ähnlichkeit und (3) nach ihrer Reichweite in Bezug auf die Gestaltung von Problemlöseprozessen" (Rott 2018, S. 5). Für die zweite Gruppierung erscheinen besonders prominent die Kategorisierungen von Schreiber (2011) und Schwarz (2018). Letzterer unterscheidet Heurismen der Variation, der Induktion und der Reduktion. Bei der dritten Gruppierung werden beispielsweise Tietze,

Klika und Wolpers (2000, S. 98) oder auch Bruder (2000) genannt. Erstere unterscheiden zwischen „globalen und lokalen Heuristiken", zweitere zwischen heuristischen Hilfsmitteln, heuristischen Prinzipien und heuristischen Strategien. Für den weiteren Verlauf der vorliegenden Arbeit ist es unbedeutend, welcher Kategorisierung gefolgt wird. Die einzelnen Kategorisierungen werden hier der Vollständigkeit halber erwähnt, aber nicht weiter vertieft.

An dieser Stelle sei allerdings darauf hingewiesen, dass Problemlösestrategien – also Heurismen – mindestens bei Kategorisierungen in der Psychologie neben beispielsweise den Lernstrategien auftauchen. Es handelt sich also auch hier um Strategien. Für den weiteren Verlauf der Arbeit wird deswegen auch auf allgemeine Modelle, z. B. zum Erwerb von Strategien (siehe Abschnitt 9.3), zurückgegriffen.

9.3   Das Erwerben von (Problemlöse-) Strategien

Der Erwerb von Strategien im Allgemeinen und von Problemlösestrategien im Speziellen ist mühsam, dauert lange und geschieht nur in wenigen Fällen automatisch. Komplexe Lernstrategien scheinen in der Regel erst ab der Sekundarstufe erworben werden zu können (Hasselhorn und Gold 2013, S. 99). Die Ausbildung eines Repertoires von differenziert einsetzbaren, komplexen und metakognitiven Lernstrategien scheint erst im Alter von 15 bis 16 Jahren möglich zu sein (Baumert und Köller 1996). Die Ausbildung von Behaltensstrategien scheint aber schon im Grundschulalter möglich zu sein (Hasselhorn und Gold 2013, S. 99).

Hasselhorn und Gold (ebd., S. 99) sprechen davon, dass der Erwerb von Strategien in verschiedenen Stufen erfolgt. Im ersten Stadium – der Entwicklung basaler Behaltensstrategien – wiederholen und kategorisieren Kinder im Grundschulalter Informationen.

> [In diesem] Stadium des Strategieerwerbs bringen die Kinder eine Strategie weder spontan hervor, noch sind sie in der Lage, eine durch ein kompetentes Modell demonstrierte Strategie selbst zu übernehmen. Es scheint ihnen an den notwendigen kognitiven Voraussetzungen bzw. an den zur Strategieanwendung notwendigen vermittelnden Vorbedingungen (sogenannten Mediatoren) zu mangeln. (ebd., S. 99)

In diesem Studium sind die Kinder nach einer Demonstration der Strategie und der Aufforderung diese nachzuahmen nicht in der Lage, die Strategie zu nutzen. Man spricht von einem *Mediationsdefizit*.

Im zweiten Stadium der Strategieentwicklung begegnen die Kinder einem sogenannten *Produktionsdefizit*.

> Hier verfügen die Kinder zwar im Prinzip über die zur Umsetzung der Strategie not-
> wendigen Prozeduren bzw. Mediatoren, sie übernehmen eine Strategie aber nicht in
> ihr spontanes Verhaltensrepertoire. (ebd., S. 99)

Den Kindern in diesem Stadium fällt es schwer, eine Strategie spontan abzurufen,
wenn sie nicht mehr demonstriert wird oder wenn die Kinder nicht mehr explizit
zur Stategieausübung aufgefordert werden (ebd., S. 99–100).

Im dritten Stadium des Strategieerwerbs wird von einem *Nutzungsdefizit* oder
einer *Nutzungsineffizienz* gesprochen (Hasselhorn 1996; Miller 1994).

> In diesem Stadium bringen die Kinder zwar die betreffende Strategie spontan hervor,
> jedoch wirkt sich die Strategienutzung noch nicht in der zu erwartenden Weise günstig
> auf die entsprechenden Lernleistung aus. (Hasselhorn und Gold 2013, S. 100)

Gründe dafür werden in einer unzureichenden Automatisierung der Strategie und in
der Unsicherheit gesehen, wann und wie eine Strategie wirkungsvoll einsetzbar ist
(Miller und Seier 1994). Außerdem beanspruche eine unzureichende Automatisierung übermäßig das Arbeitsgedächtnis (Hasselhorn und Gold 2013, S. 100). Mittlerweile wird vermutet, dass das letzte Stadium nicht notwendigerweise auftreten
muss. Dennoch wird davon ausgegangen, dass es im Kontext Schule im Zusammenhang mit komplexen Lernstrategien vermehrt auftritt (ebd.).

Für die vorliegende Untersuchung ist dieser Abschnitt deswegen relevant, weil
nicht bekannt ist, auf welcher Stufe sich die Kinder bei welchem Heurismus befinden. Es ist aber davon auszugehen, dass die Mehrheit mindestens ein Nutzungsdefizit vorweist, wenn nicht sogar ein Produktions- oder Mediationsdefizit. Anders
formuliert, ist davon auszugehen, dass die Grundschulkinder dieser Studie möglicherweise in der Lage sind eine vorgeschlagene Strategie zu verwenden, nicht aber
sie eigenständig abzurufen.

Beim Erwerb von Strategien sprechen Hasselhorn und Gold (2017) von der Ausbildung basaler, also grundlegender, Strategien. Übertragen auf das Problemlösen
wird in der vorliegenden Arbeit unterschieden zwischen basalen und elaborierten
Heurismen. So werden Heurismen wie *Gegeben und Gesucht*[1] oder das Erstellen
einer *Routineaufgabe* im Sinne von Stern (1992) als grundlegend und damit basal
verstanden. Diese Heurismen dienen v. a. dem Verstehen der Aufgabe und ersten
Lösungsversuchen.

Fortgeschrittene und damit elaborierte Heurismen, wie das Erstellen einer *Tabelle*
oder die Verwendung des *Zerlegungsprinzips*, werden erst später von den Kindern

---

[1]Hinweise zu den einzelnen Heurismen können dem Kodiermanual in Abschnitt 14.2 entnommen werden.

eingesetzt, z. B. wenn sie mehr Erfahrung im mathematischen Problemlösen gesammelt haben. Mit diesen Heurismen geht es eher darum, gezielt einen Lösungsansatz zu entwickeln.

Resümierend werden Heurismen als ein Teil von Strategien im Allgemeinen also vielfältig eingesetzt und sortiert. Aufgrund dieser Vielfalt, ihrer jeweiligen Komplexität und der damit einhergehenden Schwierigkeit der Systematisierung, fällt es Schülerinnen und Schülern schwer, Heurismen zu erlernen. Dieser Lernprozess ist langwierig (Lester 1994) und verläuft nachweislich in Stufen. Es ist also denkbar, dass auch die Verwendung der Strategieschlüssel unterschiedlich erfolgt – eben abhängig davon, auf welcher Stufe das jeweilige Kind gerade verweilt.

Metakognition und Selbstregulation

10

10.1 Begriffsklärung

10.1.1 Metakognition

Der Begriff *Metakognition* setzt sich zunächst zusammen aus zwei Wortteilen: dem Präfix *meta* und dem Begriff *Kognition* (Konrad 2005, S. 23). Das Präfix *meta* stammt von dem altgriechischen Wort $\mu \varepsilon \tau \alpha$ ab und bedeutet so viel wie „inmitten, zwischen, nach, hinter" (Brockhaus 2019c). Der Begriff *Kognition* stammt hingegen aus dem Lateinischen und bedeutet so viel wie „das Erkennen, Kennenlernen" (Brockhaus 2019b). Allgemein wird Kognition verstanden als ein

> Sammelbegriff für alle Prozesse und Strukturen, die mit dem Wahrnehmen und Erkennen zusammenhängen (Denken, Erinnerung, Vorstellen, Gedächtnis, Lernen, Planen u. a.) (ebd.).

Mitte der 70-er Jahre wurde der Begriff *Metakognition* erstmals beschrieben:

> "Metacognition" refers to one's knowledge concerning one's own cognitive processes and products or anything related to them, e.g., the learning-relevant properties of information or data. For example, I am engaging in metacognition [...] if I notice that I am having more trouble learning A than B; if it strikes me that I should double-check C before accepting it as a fact; [...] Metacognition refers, among other things, to the active monitoring and consequent regulation and orchestration of these processes in relation to the cognitive objects or data on which they bear, usually in the service of some concrete goal or objective. (Flavell 1976, S. 232)

In den 80-er Jahren werden bereits erste Komponenten der Metakognition benannt: „Metakognition hat – vorsichtig formuliert – mit dem *Wissen* und der *Kontrolle*

© Der/die Autor(en), exklusiv lizenziert durch Springer Fachmedien Wiesbaden 109
GmbH, ein Teil von Springer Nature 2021
R. Herold-Blasius, *Problemlösen mit Strategieschlüsseln*, Essener Beiträge zur Mathematikdidaktik, https://doi.org/10.1007/978-3-658-32292-2_10

über das eigene kognitive System zu tun" (Brown 1984, S. 61, Hervorhebungen im Original). Diese beiden Bereiche *Wissen über Kognition* (metakognitive knowledge) und die *Steuerung von Kognition* (metacognitive regulation) erweitert Flavell (1984, S. 23) noch um einen weiteren Bereich, nämlich um die *metakognitiven Empfindungen* (metacognitive experience) (Rott 2013, S. 84; siehe auch Ehrhard 1995, S. 4–5).

Für die vorliegende Arbeit von Interesse ist hier der Aspekt der metakognitiven Steuerung, der durch eine Reihe von Tätigkeiten charakterisiert ist,

- *Planungsaktivitäten* vor dem Bearbeiten einer Aufgabe (Vorhersage von Resultaten, Entwerfen von Strategien und Durchspielen unterschiedlicher Möglichkeiten von Versuch und Irrtum usw.),
- *Überwachungsaktivitäten* während des Lernens (Steuerung, Prüfung, Abänderung und Neuplanung der Lernstrategien) und
- *Ergebnisüberprüfung* (Überprüfung des Ergebnisses der Strategieanwendung nach Effizienz- und Effektivitätskriterien). (Brown 1984, S. 63–64, Hervorhebungen im Original)

Kluwe und Schiebler (1984, S. 32) heben in Bezug auf die metakognitive Steuerung den prozessualen Charakter der Metakognition hervor und betrachten den Begriff „als einen Anteil geistiger Tätigkeit". Hier geht es „um jene Vorgänge, die auf eine Kontrolle und Steuerung des eigenen Denkens gerichtet sind" (Kluwe 1982, S. 113). Brown (1984) hebt hervor, dass die Prozesse der Steuerung schwierig zu formulieren und damit mitzuteilen sind; das gilt insbesondere für Kinder:

[…] wenn man weiß, wie etwas gemacht wird, heißt das nicht unbedingt, daß die entsprechenden Tätigkeiten bewußt gemacht werden und anderen mitgeteilt werden können. (Brown 1984, S. 64)

Schoenfeld (1987, S. 190) überträgt drei Komponenten der Metakognition auf die Mathematik:

[R]esearch on metacognition has focused on three related but distinct categories of intellectual behavior:

1. Your knowledge about your own thought processes. How accurate are you in describing your own thinking?
2. Control, or self-regulation. How well do you keep track of what you're doing when (for example) you're solving problems, and how well (if at all) do you use the input from those observations to guide your problem solving actions?

3. Beliefs and intuitions. What ideas about mathematics do you bring to your work in mathematics, and how does that shape the way that you do mathematics? (ebd., S. 190)

In dieser Beschreibung taucht der Begriff *Selbstregulation* explizit auf. Rott (2013, S. 83) konkretisiert den Zusammenhang zwischen Metakognition und Selbstregulation an einem Beispiel:

Stellt man beispielsweise beim Lesen eines Textes fest, dass man mit seinen Gedanken abschweift und das Gelesene nicht (mehr) aufnimmt, überwacht man seine geistigen Tätigkeiten; im weitesten Sinne ist dies eine metakognitive Tätigkeit. Wenn man sich dann bewusst dafür entscheidet, den letzten Absatz noch einmal zu lesen oder den Text beiseite zu legen, reguliert man sein Handeln. (ebd., S. 83)

In diesem Sinne wird Selbstregulation[1] im Rahmen dieser Arbeit als Teil von Metakognition verstanden. Im Zusammenhang mit Problemlösen können metakognitive Prozesse anhand verschiedener Tätigkeiten identifiziert werden, z. B.

[...] assessing one's knowledge, formulating a plan of attack, selecting strategies, and monitoring and evaluating progress (Goos und Galbraith 1996, S. 230, siehe auch Schoenfeld 1985).

Unter einem besseren Problemlöser wird dann diejenige Person verstanden, die mithilfe solcher Tätigkeiten ihr Problemlöseverhalten kontrollieren kann (Goos und Galbraith 1996, S. 230–231).

10.1.2 Selbstregulation

Selbstregulation wird im Allgemeinen beschrieben als

an active, constructive process whereby learners set goals for their learning and then attempt to monitor, regulate, and control their cognition, motivation, and behavior, guided and constrained by their goals and the contextual features in the environment (Pintrich 2000, S. 453).

Der Lernende ist also dafür verantwortlich, ein bestimmtes Ziel festzulegen und zu verfolgen. Zur Zielerreichung wird das Lernen reguliert. Selbstregulation bezieht

---

[1] Details zu diesem Begriff folgen im nächsten Abschnitt 10.1.2.

sich dabei vor allem „auf kurze Zeitintervalle wie beispielsweise beim Problemlösen" (Stoppel 2019, S. 45) – so auch bei Schoenfeld (1992a).

Der Begriff Selbstregulation wird häufig im Zusammenhang mit selbstreguliertem Lernen verwendet, wobei ersteres übergeordnet zu verstehen ist (Stoppel 2019,
S. 45). Das selbstregulierte Lernen „induziert ein flexibel einsetzbares Repertoire
von Strategien zur Wissensaufnahme und zur Wissensverarbeitung sowie zur Überwachung der am Lernen beteiligten Prozesse" (Gürtler 2003, S. 1). Dabei verarbeitet
der Lernende Informationen, Eindrücke und Erfahrungen so, dass sie auf ein Ziel
hin lenken. „Der Lerner bestimmt im selbstgesteuerten Lernen das Lernziel, den
Lerninhalt, die Lernform und fordert bei Bedarf den Lernberater an. Damit wird er
zum Hauptakteur seiner eigenen Absichten" (Deitering 2001, S. 10). Der Lernende
„analysiert sein Lernen selbst und setzt sich Ziele. Er plant, organisiert und kontrol-
liert den Lernprozess. Dadurch optimiert er seine Selbststeuerungsfähigkeiten im
Lernen" (Gürtler 2003, S. 5). All das geschieht über einen Zeitraum hinweg. Damit
bezieht sich das selbstregulierte Lernen „eher auf längere Zeitintervalle, in der mehrere Selbstregulationen – u. U. mit unterschiedlichen Phasen der Selbstregulation,
erneuter Zielsetzung, wiederholtem Durchlauf derselben Phase der Selbstregulation
o. ä. – stattfinden können" (Stoppel 2019, S. 45).

Für die vorliegende Arbeit ist nicht das langfristige Betrachten von Lernprozessen, sondern die Untersuchung bei kurzen Zeitintervallen interessant. Zur
Beschreibung solcher selbstregulatorischer Episoden werden nachfolgend verschiedene Modelle der Selbstregulation benannt und vereinzelt erklärt.

10.2 Modelle zur Beschreibung von Selbstregulation

Um den Begriff der Selbstregulation besser verstehen und beschreiben zu können,
wurden „abhängig vom jeweiligen theoretischen Hintergrund" (Gürtler 2003, S. 6)
immer wieder verschiedene Modelle aufgestellt, z. B. von Kanfer (1987; 1996) oder
Boekaerts (1997; 1999)[2]. In allen Modellen geht es um aktive, konstruktive Lernende (Pintrich 2000; Zimmerman 2000; Kramarski, Weiss und Sharon 2013) und
deren „intentionalen Gebrauch […] spezifischer Strategien zur Leistungsverbesse-
rung" (Gürtler 2003, S. 6). Außerdem wird häufig unterschieden zwischen kognitiven, motivationalen und metakognitiven Komponenten (Stoppel 2019, S. 44; Gürtler
2003, S. 6). Für die vorliegende Arbeit wird auf die Modelle von Zimmerman (1998;
2000) und Schmitz (2001) zur Beschreibung von Selbstregulation zurückgegriffen.

---

[2]Eine umfassende Übersicht kann Gürtler (2003, S. 8–24) entnommen werden.

Diese Autoren gehen davon aus, dass Selbstregulation ein individueller Prozess ist, der in Zyklen auftritt. So kann langfristig eine Planung und Auswahl geeigneter Strategien sinnvoll erfolgen:

> No self-regulatory strategy will work equally well for all persons, and few, if any, strategies will work optimally for a person on all tasks or occasions. As a skill develops, the effectiveness of an initial acquisition strategy often declines to the point where another strategy becomes necessary, such as when a novice golfer shifts from a swing execution strategy to a ball flight aiming strategy. Thus, as a result of diverse and changing intrapersonal, interpersonal, and contextual conditions, self-regulated individuals must continuously adjust their goals and choice of strategies. (Zimmerman 2000, S. 17)

Der Prozess der Selbstregulation wird in prä-aktionale, aktionale und post-aktionale Phasen unterteilt (Zimmerman 1998; 2000; Schmitz 2001). In der *prä-aktionalen Phase* wird beispielsweise die Aufgabenstellung analysiert, es werden Ziele festgelegt und mögliche Strategien geplant (Zimmerman 2000, S. 16). Auch die für die Aufgabenbearbeitung nötige Motivation kann hier festgelegt werden. In der *aktionalen Phase* werden dann Strategien genutzt, um die Aufgabe zu bearbeiten:

> *Task strategies* assist learning and performance by reducing a task to its essential parts and reorganizing the parts meaningfully. (ebd., S. 19)

Als mögliche Strategien können hier auch Heurismen zur Bearbeitung von Problemlöseaufgaben verstanden werden. In der *post-aktionalen Phase* wird der eigene Lernprozess reflektiert und evaluiert. Dieser zyklische Prozessverlauf weist Parallelen zum mathematischen Problemlösen auf: „Mathematical problem solving occurs in cyclical phases that resemble self-regulation" (Kramarski, Weiss und Sharon 2013, S. 198). Zusammengefasst verläuft ein selbstregulatorischer Prozess so:

> Students need first to comprehend the task and select strategies, then to monitor and control their understanding, and finally to modify their plans, goals, strategies, and efforts in relation to contextual conditions (ebd., S. 198).

In Abbildung 10.1 werden die einzelnen Phasen visualisiert. Es ist möglich, die einzelnen Phasen mehrfach zu durchlaufen – auch innerhalb einer Aufgabenbearbeitung. Allerdings wird dieses Modell zumeist im Zusammenhang mit selbstreguliertem Lernen und damit für längere Zeiträume angeführt. Ziel eines jeden Regulationsprozesses ist es, den Strategieeinsatz und damit die Leistung zu optimieren. Dabei spielen auch Komponenten wie Emotionen und Motivation eine Rolle. Für die vorliegende Arbeit soll auf die einzelnen Komponenten nicht näher eingegangen

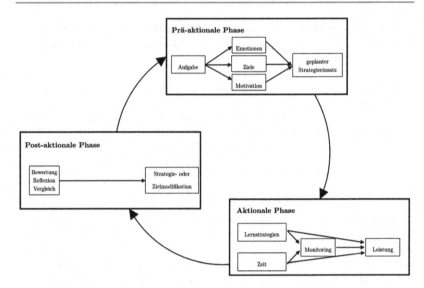

Abbildung 10.1 Phasenmodell eines Selbstregulationsprozesses. (Schmitz 2001, S. 183, mit Anpassungen durch die Autorin)

werden. Wichtig ist der grundsätzliche Ablauf eines selbstregulatorischen Prozesses und das Wissen darüber, dass Selbstregulation mehr ist, als nur das zyklische Durchlaufen von Phasen. Auch inhaltlich geschieht innerhalb der Phasen Verschiedenes (siehe Abbildung 10.1), z. B. das Festlegen von Zielen in der prä-aktionalen Phase oder das Reflektieren in der post-aktionalen Phase.

Alternativ zu den bisher genannten Theorien stellen De Corte, Verschaffel und Op't Eynde (2000) ein Modell vor, in dem sie Selbstregulation und mathematisches Problemlösen in Verbindung bringen. Sie ordnen nämlich das selbstregulierte Lernen dem Problemlösen unter. Sie gehen dabei nicht von einem zyklischen Prozess aus,

> sondern stellen nur verschiedene Selbstregulationsstrategien vor, die zur Förderung des Problemlösens unterstützend sein können. [...] Selbstregulation wird dabei reduziert auf die Strategien, die zur Förderung der mathematischen Fähigkeiten von Bedeutung sind. (Perels 2003, S. 259)

Für die vorliegende Arbeit werden sowohl das mathematische Problemlösen als auch die Selbstregulation innerhalb von mathematischen Problembearbeitungsprozessen betrachtet. Da es immer um einen spezifischen Problembearbeitungsprozess und die darin vorkommenden selbstregulatorischen Momente geht – also eine Mikro-ebene der Selbstregulation –, wird nachfolgend von selbstregulatorischen Tätigkeiten gesprochen. Unter einer *selbstregulatorischen Tätigkeit* wird jede metakognitive, motivationale oder kognitive Handlung innerhalb eines Problembearbeitungsprozesses verstanden, die einen selbstregulatorischen Hintergrund haben könnte. Dazu zählt beispielsweise das Auswählen von Heurismen. Erfolgt die Auswahl nämlich gezielt, zeugt das von selbstregulatorischer Fähigkeit. Auch das (bewusste) Wechseln zwischen Heurismen entspricht der Steuerung von Heurismen und kann damit als selbstregulatorische Tätigkeit verstanden werden. Eine selbstregulatorische Tätigkeit kann aber auch die Einflussnahme auf den Prozess sein, indem man versucht, sich selbst zu motivieren. Dann hätte die selbstregulatorische Aktivität eher einen motivationalen Charakter. Bei all diesen Handlungen spielt es keine Rolle, wie erfolgreich die jeweilige selbstregulatorische Tätigkeit für den Gesamt-bearbeitungsprozess ist.

Stand der Forschung

In diesem Kapitel werden Forschungsergebnisse zu den einzelnen Facetten des Problemlösens zusammengetragen, also zum Problemlösen selbst, zu Erkenntnissen bezogen auf Heurismen, Selbstregulation und Metakognition. Es werden dabei insbesondere die Studien ausgewählt, die in Verbindung mit den Strategieschlüsseln relevant sind.

11.1 Problemlösen

Problemlösen und das Vorkommen bestimmter Episodentypen: Im Zusammenhang von arithmetischem Problemlösen untersuchten De Corte und Somers (1982), ob das Schätzen eine heuristische Strategie im Mathematikunterricht sein könnte. Dazu entwickelten sie neben einem theoretischen Prozessverlaufsplan zum Umgang mit arithmetischen Aufgaben auch ein Trainingsprogramm. Darin sollen Sechstklässler die nachfolgenden fünf Schritte durchlaufen:

1. read the task
2. estimate the solution and represent the result of the estimation graphically on the number scale
3. solve the task
4. verify the solution [...]
5. note the solution (ebd., S. 114)

Die Autoren fanden heraus, dass Sechstklässler beim Umgang mit Problemaufgaben selten versuchen, die Aufgabe erst zu analysieren und zu verstehen. Stattdessen scheint es gewissermaßen normal zu sein, direkt nach dem Lesen mit dem Rechnen zu beginnen. Außerdem überprüfen sie kaum ihre Ergebnisse; eine Verifikations-

R. Herold-Blasius, *Problemlösen mit Strategieschlüsseln*, Essener Beiträge zur Mathematikdidaktik, https://doi.org/10.1007/978-3-658-32292-2_11

phase kommt entsprechend selten vor (ebd., S. 119). Insbesondere letzteres konnte auch in der von Rott (2013) durchgeführten Studie beobachtet werden.

Problemlösen und die Verwendung von Hinweisen: Harskamp und Suhre (2006) entwickelten ein Programm zur Förderung der Problemlösefähigkeit. In diesem bearbeiteten Schülerinnen und Schüler (15–17 Jahre) innerhalb eines Experimental-Kontrollgruppen-Designs komplexe, arithmetische Problemlöseaufgaben. Dafür standen ihnen innerhalb des Programms Hinweise zur Verfügung. Sie fanden heraus, dass leistungsstarke und -schwache Schülerinnen und Schüler gleichermaßen auf die Hinweise zurückgriffen. Solche Impulse werden wohl grundsätzlich von einer Vielzahl von Schülerinnen und Schülern zunächst angenommen. Die Forscher konnten auch zeigen, dass Hinweise, die innerhalb einer Planung vor der Aufgaben-bearbeitung genutzt wurden, effektiver waren als Hinweise, die zu einem späteren Zeitpunkt im Prozess verwendet wurden (ebd.).

In ihren qualitativen Analysen schildern sie eine Szene, die in ähnlicher Weise auch im Umgang mit den Strategieschlüsseln auftreten könnte:

> In a typical exponential problem, one of the weaker students initially tried to solve the problem without hints, but after having chosen a solution plan, the student clicked on and studied the hints on the solution plan. After having noticed a discrepancy with the originally selected approach, the student changed the plan accordingly and reached for the calculator, thereby arriving at the correct answer. (ebd., S. 810)

Die Verwendung von Hinweisen beim Problemlösen könnte demnach insbesondere für leistungsschwächere Schülerinnen und Schüler gewinnbringend sein.

Problemlösetrainings in Kombination mit metakognitiven und selbstregulatori-schen Strategien: Es gab verschiedene Studien, für die Trainings entwickelt wurden, in denen das mathematische Problemlösen und metakognitive Strategien fokussiert wurden (z. B. Mevarech und Kramarski 1997; Cardelle-Elawar 1995; Kramarski, Mevarech und Lieberman 2001). Innerhalb dieser Studien konnte nachgewiesen werden, dass die Trainings eine positive Wirkung auf das Problemlösen haben.

Das Training von Montague, Warger und Morgan (2000) wird beispielsweise von einer Lehrkraft im inklusiven Mathematikunterricht eingeführt und besteht aus sieben Phasen:

- Read (for understanding) […]
- Paraphrase (your own words) […]
- Visualize (a picture of a diagram) […]
- Hypothesize (a plan to solve the problem) […]
- Estimate (predict the answer) […]
- Compute (do the arithmetic) […]
- Check (make sure everything is right) […] (ebd., S. 111)

Jede einzelne dieser Phasen wird angeleitet durch drei Sätze, die von den Schülerinnen und Schülern nachgesprochen und nacheinander abgehandelt werden sollen. In der ersten Phase heißt das konkret: „Say: Read the problem. If you don't understand, read it again. Ask: Have I read and understood the problem? Check: For understanding as I solve the problem." (ebd., S. 111). Durch diese übergeordnete Strukturgebung durchlaufen die Schülerinnen und Schüler eine Problembearbeitung von Anfang bis Ende. Phasen dürfen dabei auch mehrfach durchlaufen werden. Gleichzeitig lernen die Schülerinnen und Schülern durch das Training selbstregulatorische Strategien dadurch, dass sie sich beispielsweise selbst Fragen stellen. Die Autoren merken am Ende an, dass die praktische Umsetzung des Trainingsprogramms im inklusiven Klassenraum Schwierigkeiten mit sich bringt. So brauchen leistungsstärkere Schülerinnen und Schüler beispielsweise nicht ein solch explizites Vorgehen für das Problemlösen. Außerdem berichten sie, dass manche Lehrkräfte bei der Implementierung des Trainings Schwierigkeiten haben und deswegen Fortbildungen nötig seien (ebd., S. 116).

11.2 Heurismen

Erlernen einzelner Heurismen: Innerhalb einer sechswöchigen Interventionsstudie konnte gezeigt werden, dass Schülerinnen und Schüler auf das Training einzelner Heurismen unterschiedlich reagieren und wie sie damit umgehen. So wurden die Darstellungsformen, z. B. das Erstellen einer Tabelle oder einer informativen Figur (Perels 2003, S. 155), von den Schülerinnen und Schülern „sofort angenommen und angewendet" (ebd., S. 264). Besonders auffällig war die Strategie „Rückwärtsarbeiten", denn die Achtklässler nutzten diesen Heurismus bereits intuitiv (ebd., S. 264). Ein explizites Training dieser Vorgehensweise könnte laut Perels (ebd.) deswegen auch weggelassen werden.

Ishida (1996, S. 207) konnte in seiner Studie Strategien identifizieren, die insbesondere leistungsschwächere und leistungsstärkere Sechstklässler zur Bewältigung von Problembearbeitungsprozessen einsetzten:

> Good students were more likely to use a „look for a pattern" strategy and a „mathematical expression" strategy, while poor students often used a „make a table" strategy and a „draw a figure" strategy. (ebd., S. 207)

Er konnte auch beobachten, dass die leistungsstarken Schülerinnen und Schüler sich damit beschäftigten, elegante und schöne Lösungen zu finden. Falls sie in diesem Prozess durcheinander kamen, konnten sie leicht zwischen Strategien wechseln.

Leistungsschwachen Schülerinnen und Schülern fehlte diese Fähigkeit, alternative Strategien zu verwenden (ebd., S. 207).

Heurismentrainings und deren Effekte: Es konnte in mehreren Studien nachgewiesen werden, dass Heurismen trainiert werden können (z. B. Perels 2003, S. 89; Bruder und Collet 2011; Rott und Gawlick 2014; Collet 2009; Koichu, Berman und Moore 2007; Schoenfeld 1985). König (1992) geht sogar davon aus, dass sie explizit erlernt werden müssen:

> Ausgewählte heuristische Vorgehensweisen sollten (als eine spezielle Art von Verfahrenskenntnissen) im Prozeß der Tätigkeit bewußt vermittelt werden. Das heißt, es geht um ein zielgerichtetes Aneignen und Anwenden im Unterricht und um ein explizites Abheben von methodologischen Erkenntnissen. Ein nur implizites Vermitteln etwa durch Vorbildwirkung reicht nicht aus. (ebd., S. 24)

Aber auch 25 Jahre später besteht in der Literatur keine Einigkeit darüber, wie Problemlösen unterrichtet werden sollte. Dies wird z. B. durch die zahlreichen verschiedenen Ansätze zur Förderung von Problemlösekompetenz deutlich (siehe hierzu Abschnitt 8.3.2).

Besonders spannend ist, dass bereits das bloße Zeigen von Heurismen einen signifikanten Einfluss auf den Ideenreichtum von Studierenden zu haben scheint (Yilmaz, Seifert und Gonzalez 2010, S. 335). Die Autorengruppe untersuchte die Rolle von Heurismen beim Problemlösen. Zielgruppe waren Studierende, die das Studienfach Design im ersten Semester studierten. Deren Aufgabe bestand darin, Salz- und Pfefferstreuer zu entwerfen. Die Autoren fanden heraus, dass bereits ein einzelner Heurismus genügt, um eine neue Idee hervorzurufen. Sie konnten auch nachweisen, dass die Präsentation mehrerer Heurismen gleichzeitig zu mehr Ideen führt (ebd., S. 344).

Schoenfeld (1985, Kapitel 6) berichtet ähnliche Ergebnisse. Er arbeitete in seiner Untersuchung heraus, dass bei sieben Studierenden insbesondere drei von fünf Problemlösestrategien (Heurismen) erlernt wurden: die Verwendung von weniger Variablen, Induktion und das Zeichnen einer Abbildung. Er erklärt sich die Studienergebnisse folgendermaßen:

> [...] the explicit mention of the heuristic techniques served to bring those skills to the students' conscious attention and to help them codify and reorganize their existing knowledge in such a way that those skills could now be accessed and used more readily. (ebd., S. 209)

Andere Wissenschaftler beschäftigten sich mit der Frage, ob Heurismen implizit oder explizit gelehrt werden sollten (z. B. Zimmermann 2003; Bruder und Collet 2011; Rott und Gawlick 2014; Brockmann-Behnsen und Rott 2017). Rott und Gawlick (2014) replizierten Teile der zuvor genannten Studie von Schoenfeld (1985) und trainierten Studierende in drei Sitzungen. Die Autoren arbeiteten heraus, dass die Leistungen der Studierenden mit einem expliziten Problemlöse- und Heurismentraining dem impliziten Training überlegen sind. Sie schließen daraus, dass „[…] zusätzliche Instruktionen und Hinweise wesentlich dazu beitragen, erlernte Heurismen erfolgreich auf andere Aufgaben zu übertragen" (Rott und Gawlick 2014, S. 207).

Lern- vs. Trainingszeit: Da durch ein explizites Heurismentraining ein neuer Lerninhalt hinzukommt, könnte davon ausgegangen werden, dass auch die Lernzeit zunimmt. Über einen längeren Zeitraum konnte das nicht bestätigt werden, denn mit einem Problemlösetraining nimmt die Lernzeit schließlich stetig ab (Perels 2003, S. 113). Die Schülerinnen und Schüler werden also im Verlauf des Trainings schneller in den Problembearbeitungen und holen so die anfängliche Mehrzeit wieder auf.

Die Rolle von Heurismen in Aufgabenbearbeitungsprozessen: Heurismen scheinen innerhalb von Aufgabenbearbeitungsprozessen verschiedene Rollen erfüllen zu können. Sie scheinen zunächst unzureichende Problemlösefähigkeiten zu kompensieren, denn eine „heuristische Schulung [kann] wirksam helfen, rationeller zu einer Lösung zu gelangen. Es geht also darum, die in einer Anforderungssituation mangelnde geistige Beweglichkeit[1] teilweise zu kompensieren durch Aneignung von Kenntnissen über solche Vorgehensweisen, die beim beweglichen Schüler intuitiv zur Lösungsidee führen." (Bruder und Müller 1990, S. 877) Es können demnach „Defizite im Problemlösen über eine größere Methodenbewusstheit und die Aneignung spezieller heuristischer Strategien, Prinzipien und Hilfsmittel […] kompensier[t] [werden]" (Gürtler 2003, S. 54). In ihrem Beitrag stellen Bruder und Müller (1990) im Anschluss verschiedene Heurismen vor. Collet (2009) weist in ihrer Studie dieses Phänomen nach und kann es damit bestärken.

Yilmaz, Seifert und Gonzalez (2010) konnten in ihrer Studie herausarbeiten, dass Heurismen noch viel vielfältiger auf Aufgabenbearbeitungsprozesse wirken können. So erweitern sie das Handlungsrepertoire von Studierenden und triggern neue Ideen. Sie initiieren beispielsweise Perspektivwechsel, wodurch dann neue Ideen entstehen können:

Design heuristics move the designer into other ways of looking at the same elements and provide the opportunity for a novel design to occur. (ebd., S. 338)

---

[1]Geistige Beweglichkeit spielt für das Problemlösen eine besondere Rolle. Sie wird z. B. beschrieben durch das Wechseln von Annahmen oder Kriterien, durch die Umkehrung von Gedankenfolgen (Reversibilität) oder das gleichzeitige Betrachten mehrerer Aspekte (Lompscher 1972; Bruder 2000; Rott 2013).

Es wird erkennbar, dass durch den Einsatz von Heurismen nicht nur Barrieren innerhalb eines Problembearbeitungsprozesses überwunden werden können, sondern auch vielfältige Mikroprozesse initiiert werden können, wie das Generieren neuer Ideen.

Heurismen und Hilfsangebote: In der Studie von Perels (2003, S. 108) ergab sich ein negativer Zusammenhang zwischen den Variablen „Problemlösetraining" und „Hilfe holen". Je mehr Training die Schülerinnen und Schüler also erhielten, desto weniger griffen sie auf Hilfe zurück. An dieser Stelle werden keine Vermutungen darüber geäußert, warum dieser Zusammenhang so auftritt. Es ist also unklar, ob die Schülerinnen und Schüler tatsächlich weniger Hilfe benötigen, weil ihre Problemlösefähigkeiten besser ausgebildet sind oder weil sie beispielsweise keine Lust mehr auf die Hilfe haben und resignieren. Es sei darauf hingewiesen, dass dieses Phänomen auch aus der Promptforschung bekannt ist (Hübner, Nückles und Renkl 2007, siehe dazu Abschnitt 4.3).

Auswahl von Heurismen: Beim Lehren von Problemlösen spielen Heurismen eine Rolle. Das ist bereits in den Ausführungen von Kapitel 8 und aus Studienergebnissen deutlich geworden. Auch Simon (1980) stellt Heurismen als wesentlichen Bestandteil von Problemlösen heraus und weist daraufhin, dass dies für alle Arten von Heurismen gilt – also unabhängig davon, ob allgemeine oder spezifische Heurismen.

> In teaching problem solving, major emphasis needs to be directed toward extracting, making explicit, and practicing problem-solving heuristics – both general heuristics, like means-ends analysis, and more specific heuristics, like applying the energy conservation principle in physics. (ebd., S. 94)

In verschiedenen Studien wurde eine Auswahl von etwa zehn Heurismen vorgenommen, die den Lernenden zugemutet wurde (z. B. Philipp 2013; Perels 2003; Rott und Gawlick 2014; Collet 2009). Abhängig vom Alter der Lernenden und dem Fokus der Studie lag die Anzahl der ausgewählten Heurismen etwas unter oder über zehn.

11.3   Metakognition

Training von Metakognition: Mit Hilfe verschiedener Interventionsstudien konnte nachgewiesen werden, dass das Training metakognitiver Fähigkeiten einen positiven Einfluss auf das selbstregulierte Lernen und die Lernleistung hat. So führte beispielsweise Cardelle-Elawar (1995) eine über mehrere Monate angelegte Interventionsstudie mit 489 Schülerinnen und Schülern aus 18 Klassen (Klassenstufen 3 bis 8) durch. Darin konnte gezeigt werden, dass metakognitive Fragen im Mathematikunterricht die Lernleistung von insbesondere leistungsschwächeren Schülerinnen und Schülern verbessern können. So wurden die Lehrkräfte innerhalb eines dreitägigen Trainings angeleitet, innerhalb eines Aufgabenbearbeitungsprozesses immer wieder die nachfolgenden Fragen an die Schülerinnen und Schüler zu richten:

1. Do I understand the meaning of the words in this problem? What is the question? [...].
2. Do I have all the information needed to solve the problem? What type of information do I need? [...].
3. Do I know how to organize the information to solve the problem? Which steps should I take? What do I do first? (planning, strategic knowledge).
4. How should I calculate the solution? With which operations do I have difficulty? [...]. (ebd., S. 85)

Durch diese Fragen wurde der Arbeitsprozess der Schülerinnen und Schüler strukturiert, was sich insbesondere bei leistungsschwächeren Schülerinnen und Schülern als positiv herausstellte. In jedem Fall scheint nicht das Erlernen von Strategien, sondern vielmehr deren Steuerung ein langfristiger Entwicklungsprozess zu sein (Friedrich und Mandl 1992, S. 22).

Förderung einer metakognitiven Kompetenz: Um metakognitive Kompetenzen fördern zu können, ist eine bewusste Wissensbasis notwendig (Kretschmer 1983). Heinze (2007) fasst die Studienergebnisse so zusammen:

> In seiner Studie mit zwölfjährigen Schülerinnen und Schülern stellte er fest, dass das Steuerungsverhalten im Problemlöseprozess eher assoziativ denn reflektiert ablief. Entsprechend folgert er, dass zunächst ausreichend Erfahrungen mit heuristischen Strategien vorhanden sein müssen, bevor über diese in einem produktiven Sinne reflektiert werden kann. (ebd., S. 15–16)

Forschungsmethoden: Ursprünglich wurde das Schülerverhalten methodisch mit Hilfe von Fallstudien und manchmal mit individuellen Beobachtungen und Befragungen erfasst und untersucht (Brownell 1942, S. 420). Heutzutage werden häufig quantitative Pre-Post-Follow-Up Design Studien durchgeführt. Auf qualitative Art und Weise werden Lernprozesse nur begrenzt untersucht (z. B. Vauras, Kinnunen und Rauhanummi 1999).

Metakognition bei verschiedenen Altersgruppen: Das Alter von Kindern ist bei der Verwendung von Strategien zum Bearbeiten von Aufgaben entscheidend. Ab der dritten Klasse sind Kinder in der Lage, Strategien eigenständig einzusetzen (Harnishfeger und Bjorklund 2015, S. 5). Vauras, Kinnunen und Rauhanummi (1999) konnten zeigen, dass die metakognitiven und selbstregulatorischen Fähigkeiten von

Kindern der ersten Jahrgangsstufe bereits im Zusammenhang stehen mit deren späteren Problemlösefähigkeiten. Sie betonen deswegen die Wichtigkeit, Metakognition und Selbstregulation bereits im frühen Grundschulalter zu trainieren.
Verwendung metakognitiver Strategien: Metakognitive Strategien dienen vor allem der Überwachung und Regulation von Lernprozessen, werden aber zumindest unter Studierenden vielfach nicht verwendet (Nückles 2004). Ihnen fehlen selbstregulatorische Fähigkeiten, um Verständnislücken eigenständig zu schließen, z. B. durch wiederholtes Lesen (Hübner, Nückles und Renkl 2007). Gleichzeitig wird das erneute Lesen, um eine Verständnislücke zu schließen, als Anzeichen für Prozessregulation verstanden, denn

> [w]enn der Lernende während des Schreibens ein Verständnisproblem bei sich feststellt und dann Schritte unternimmt, um dieses Problem zu beheben, kommt es zu einer Regulation des Lernprozesses. Eine Regulationsstrategie kann zum Beispiel darin bestehen, dass der Lernende versucht, durch Abruf von Wissen aus dem Langzeitgedächtnis oder zusätzliche Lektüre, seine Verständnislücke zu schließen. Im Zuge dieser Regulation werden somit wiederum remediale kognitive Strategien eingesetzt, die im Idealfall zur Beseitigung des Verständnisproblems führen. (Hübner, Nückles und Renkl 2007, S. 124)

11.4 Selbstregulation

Selbstregulation wird von Lernenden nicht spontan erlernt (Kramarski, Weiss und Sharon 2013, S. 199). Es gibt aber verschiedene Ansätze. So können z. B. innerhalb einer Scaffolding-Maßnahme Prompts eingesetzt werden, um so die Entwicklung von Selbstregulation zu ermöglichen (z. B. Schoenfeld 1992a). Die Lernenden können dann zeitweise auf diese externen Impulse bzw. Hinweise zurückgreifen, bis sie sie verinnerlicht haben (Kramarski, Weiss und Sharon 2013, S. 199).
Kompensation fehlender selbstregulatorischer Fähigkeiten: Sind selbstregulatorische Fähigkeiten nicht ausreichend ausgebildet, kann dies kompensiert werden, indem durch eine Scaffoldingmaßnahme metakognitive Aktivitäten anregt werden (Molenaar, van Boxtel und Sleegers 2010, S. 1728). Die Forschergruppe entdeckte diesen Zusammenhang in Gruppenarbeitssituationen.
Förderung von Problemlösefähigkeiten durch Selbstregulation: Im Rahmen eines größer angelegten DFG-Projekts wurde ein Trainingsprogramm für Achtklässler zur Förderung von Problemlösefähigkeiten und selbstregulatorischen Kompetenzen entwickelt (Gürtler 2003; Perels 2003; Gürtler et al. 2002). Es konnte gezeigt werden, dass die kombinierte Förderung von Selbstregulations- und Problemlösestrate-

gien zu einer Verbesserung der Kompetenzen beider Bereiche führt. Perels (2003) konnte in ihrem Teilprojekt nachweisen, „dass eine Kombination von fachspezifischen Problemlösestrategien mit fächerübergreifenden Selbstregulationsstrategien zu besseren Resultaten beim Problemlösetest führt als die reine Vermittlung fachspezifischer Strategien [...]" (ebd., S. 267). Das Trainingsprogramm verzeichnete am Ende den größten Leistungszuwachs bei den leistungsschwächeren Schülerinnen und Schülern (Gürtler 2003, S. 246; Perels 2003, S. 266).

Selbstregulation in verschiedenen Altersstufen: Kluwe und Schiebler (1984) führten eine Untersuchung mit 57 vier- bis siebenjährigen Kindern durch, bei der sie Puzzles bearbeiten sollen. Mit Hilfe quantitativer Analysen arbeiteten die Forscher heraus, dass alle Kinder über „ein hohes Ausmaß an regulatorischer Aktivität" (ebd., S. 49) verfügen. Letztlich kommen sie zu dem Ergebnis, dass „jede Altersgruppe ihr eigenes ‚Paket' an Steuermaßnahmen hat, um den sich ändernden Problemlösebedingungen zu begegnen" (ebd, S. 57). Trotz dieser vielversprechenden ersten Eindrücke in die metakognitiven Aktivitäten von jungen Kindern werden die meisten Studien dazu mit Schülerinnen und Schüler der Sekundarstufe I oder Studierenden durchgeführt (z. B. Gürtler et al. 2002).

11.5 Zusammenfassung

Zur Unterstützung beim mathematischen Problemlösen werden externe Hinweise in Form von Prompts empfohlen. So soll Selbstregulation im Sinne eines Scaffolding-Ansatzes schrittweise erlernt werden (Schoenfeld 1992a; Kramarski, Weiss und Sharon 2013, S. 199). Mit einem solchen Ansatz können auch die Bedürfnisse von leistungsschwächeren Schülerinnen und Schülern adressiert werden (Jitendra, Griffn und Haria 2007).

Insgesamt wird deutlich, dass die Selbstregulation und Metakognition beim mathematischen Problemlösen eine besondere Rolle spielen und durch passende Maßnahmen gefördert werden sollte. Idealerweise erfolgen solche Förderungen bereits im Grundschulalter (Vauras, Kinnunen und Rauhanummi 1999). Denn die selbstregulatorischen und metakognitiven Kompetenzen unterscheiden sich je nach Altersgruppe der Lernenden. Hier wird davon ausgegangen, dass Lernende mit zunehmendem Alter ihre Kompetenzen weiter ausbilden. Allerdings verfügen auch schon Kinder im Kindergarten- und Grundschulalter darüber (Vauras, Kinnunen und Rauhanummi 1999; Kluwe und Schiebler 1984).

Das Forschungsinteresse

12

Das Erkenntnisinteresse dieser Arbeit besteht darin zu klären, *auf welche Art und Weise Strategieschlüssel den Problembearbeitungsprozess von Dritt- und Viertklässlern beeinflussen.* Um dieses Interesse zu verfolgen, werden in der vorliegenden Arbeit insgesamt vier Fragen thematisiert, die nachfolgend genannt und näher erläutert werden.

(A) *Wie hängt die Nutzung der Strategieschlüssel zusammen mit dem Problembearbeitungsprozess (konkretisiert durch Phasen (Episodentypen), den Heurismeneinsatz und den Lösungserfolg)?*

Bei dieser Frage wird auf quantitative Art und Weise der Umfang der Schlüsselnutzung und ihr statistisch nachweisbarer Zusammenhang mit anderen Facetten eines Problembearbeitungsprozesses überprüft. Durch die Ausführungen in den beiden theoretischen Teilen dieser Arbeit lassen sich bereits erste Annahmen formulieren.

So wird beispielsweise vermutet, dass die Nutzung der Strategieschlüssel den Einsatz von Heurismen triggern kann. In diesem Fall müssten mehr Heurismen in den Problembearbeitungsprozessen erkennbar sein je mehr Interaktionen mit Strategieschlüsseln (nachfolgend *Schlüsselinteraktionen* genannt) auftreten. Hier wäre also ein positiver statistischer Zusammenhang zu erwarten.

Über den Zusammenhang zwischen der Schlüsselinteraktion und den Phasen im Problembearbeitungsprozess (Episodentypen) besteht keine eindeutige Annahme. In den Ausführungen zum Konzept der Hilfekarten wurde mehrfach die Vermutung geäußert, dass solche Karten die Selbstregulation fördern. Untersuchungen dazu gab es aber keine. In der Promptforschung konnte nachgewiesen werden, dass das selbstregulierte Lernen durch Prompts positiv beeinflusst werden kann. Da es sich in der vorliegenden Arbeit um eine Momentaufnahme und kein Prä-Post-Test-Design handelt, ist zwischen der

R. Herold-Blasius, *Problemlösen mit Strategieschlüsseln*, Essener Beiträge zur Mathematikdidaktik, https://doi.org/10.1007/978-3-658-32292-2_12

Schlüsselinteraktion und der Selbstregulation kein statistisch nachweisbarer Zusammenhang zu erwarten.

In Bezug auf den Zusammenhang zwischen der Schlüsselinteraktion und dem Lösungserfolg wird eher kein statistisch nachweisbarer Zusammenhang erwartet. Innerhalb verschiedener Prompt-Maßnahmen konnte zwar ein Zusammenhang zwischen den Prompts und der Leistung nachgewiesen werden. Dieses Ergebnis ist allerdings nicht über alle Studien konsistent und in Anbetracht der kurzzeitigen Intervention der vorliegenden Studie vermutlich nicht übertragbar. Gleichzeitig greifen vermutlich eher leistungsschwächere Schülerinnen und Schüler zu den Strategieschlüsseln, denn leistungsstarke sind potentiell auch ohne die externen Impulse erfolgreich. Deswegen ist hier kaum ein Effekt zu erwarten. Trotzdem wäre ein statistischer Zusammenhang zwischen der Schlüsselinteraktion und dem Lösungserfolg wünschenswert, weil genau durch die Strategieschlüssel letztlich das mathematische Problemlösen verbessert werden soll. Innerhalb einer Langzeitstudie wäre die Annahme hier also anders.

(B)   *Lassen sich verschiedene Nutzweisen der Strategieschlüssel unterscheiden und wenn ja, welche?*

Wie oben beschrieben, wird davon ausgegangen, dass die Nutzung der Strategieschlüssel zu mehr Heurismeneinsatz führen kann. Die Schülerinnen und Schüler interagieren also mit den Strategieschlüsseln und anschließend ist ein bestimmtes Verhalten im Hinblick auf den Heurismeneinsatz erkennbar. So wäre beispielsweise denkbar, dass die Probanden in ihrem Problembearbeitungsprozess stecken bleiben, mit den Strategieschlüsseln interagieren und dann ihr bisheriges Vorgehen verändern, um einen neuen Lösungsweg und damit einen neuen Heurismus auszuprobieren.

Bei Forschungsfrage (B) soll geprüft werden, ob es verschiedene solcher Nutzweisen gibt und welche das ggf. sind. Dazu werden die Daten mit qualitativen Methoden analysiert.

(C)   *Welche selbstregulatorischen Tätigkeiten hängen mit der Strategieschlüsselnutzung zusammen?*

Es besteht die Vermutung, dass Schülerinnen und Schüler durch Hilfekarten und hier exemplarisch durch die Strategieschlüssel, zu selbstregulatorischen Tätigkeiten angeregt werden. Empirische Nachweise dazu gibt es nicht. Allerdings ist bekannt, dass Prompts das selbstregulierte Lernen unterstützen, was die genannte Vermutung stützt.

Zur Beantwortung der hier gestellten Frage werden selbstregulatorische Tätigkeiten identifiziert, die innerhalb der Problembearbeitungsprozesse im Zusammenhang mit der Strategieschlüsselnutzung beobachtbar sind. Auch diese Frage wird mit Hilfe qualitativer Methoden beantwortet.

(D) *Welche Muster können bei der Strategieschlüsselnutzung unter Verwendung der Erkenntnisse der Forschungsfragen (A) bis (C) beschrieben werden?*
Die Erkenntnisse aus den Forschungsfragen (A) bis (C) werden hier genutzt, um die gleichen Problembearbeitungsprozesse auf Muster bei der Strategieschlüsselnutzung zu untersuchen. Es könnte beispielsweise Kinder geben, die zwar mit den Strategieschlüsseln interagieren, deren Verhalten sich dann aber nicht verändert. In diesem Fall wäre kein Einfluss erkennbar. Es könnte aber auch Kinder geben, die nach einer Schlüsselinteraktion neue Heurismen zeigen und anschließend erfolgreich zur Lösung gelangen. Idealerweise gibt es auch Kinder, die erst einen wild-goose-chase Prozess durchlaufen, diesen mit Hilfe der Strategieschlüssel unterbrechen und anschließend zum richtigen Ergebnis gelangen.

Es sind zur Beantwortung dieser Frage also verschiedene, voneinander abgrenzbare Szenarien oder Muster denkbar. In den Daten sollen diese herausgearbeitet und beschrieben werden.

Teil III

Empirische Studie – Methodisches Vorgehen

Datenerhebung 13

13.1 Auswahl der Probanden

Für die vorliegende, explorative Untersuchung wurden Schülerinnen und Schüler im Alter von 7 bis 10 Jahren aus den Jahrgangsstufen 3 und 4 ausgewählt. Die Kinder besuchten im Wintersemester 2014/2015 freiwillig das Angebot *Mathe für schlaue Füchse*[1] an der Universität Duisburg-Essen. Dabei handelt es sich um eine außerschulische, am Nachmittag stattfindende Veranstaltung, für die unter anderem mathematische Problemaufgaben für Grundschülerinnen und -schüler altersgerecht aufbereitet und bearbeitet werden. Für die Teilnahme an dem Angebot gibt es keinen Eingangstest. Es sind folglich keine Aussagen über den mathematischen Wissensstand der Kinder möglich. Es kann aber davon ausgegangen werden, dass sich die Kinder gerne mit Mathematik beschäftigen und dass sie motiviert sind, sich intensiv mit Problemaufgaben auseinanderzusetzen. Es handelt sich also um eine positive Selektion im Sinne von mathematisch interessierten Dritt- und Viertklässlern.

Wöchentlich werden zwei parallele Gruppen *Mathe für schlaue Füchse* an unterschiedlichen Tagen angeboten. Über einen Zeitraum von insgesamt acht Wochen konnten so insgesamt 16 Kinder (sieben Mädchen und neun Jungen) an der Untersuchung teilnehmen. Im weiteren Verlauf der Arbeit sind die Namen der 16 Grundschulkinder pseudonymisiert. Das Geschlecht und der sozioökonomische Status der Namen wurden beibehalten.

Bei der Auswahl der Kinder handelt es sich um eine gezielt homogene Stichprobe (Döring und Bortz 2016), bei der Unterschiede zwischen den Probanden möglichst gering gehalten werden sollten. Dabei wird nur auf „einen einzigen oder [...] wenige Rekrutierungswege" zurückgegriffen und so „ein relativ kleines Sample zusammengestellt" (ebd., S. 304). Durch dieses Vorgehen konnte im Sinne des explorativen

---

[1]Details zu diesem Angebot können Böttinger (2016) entnommen werden.

© Der/die Autor(en), exklusiv lizenziert durch Springer Fachmedien Wiesbaden GmbH, ein Teil von Springer Nature 2021
R. Herold-Blasius, *Problemlösen mit Strategieschlüsseln*, Essener Beiträge zur Mathematikdidaktik, https://doi.org/10.1007/978-3-658-32292-2_13

Charakters dieser Studie die Zielgruppe begründet eingegrenzt werden. Denn durch diese spezielle Stichprobe soll der folgenden Grundidee Rechnung getragen werden: Wenn der Einsatz von Strategieschlüsseln keinen Einfluss auf mathematisch interessierte Grundschulkinder hat, würde ein Einsatz im realen Schulkontext in der gleichen Altersgruppe vermutlich wenig Sinn ergeben.

13.2   Design der Interviewsituation

Die dieser Arbeit zugrundeliegenden empirischen Daten wurden durch *aufgabenbasierte Einzelinterviews* generiert (Maher und Sigley 2014). Jedes Interview wurde folgendermaßen durchgeführt: Zuerst stellte sich die Interviewerin (die Autorin dieser Arbeit) vor und erklärte dem jeweiligen Kind das Vorgehen. Insbesondere wurden hierbei die Kameras thematisiert und die Interviewerin wies darauf hin, dass sie schwierige Aufgaben mitgebracht habe. Es könne sogar sein, dass man bei diesen schwierigen Aufgaben manchmal „stecken" bleibe. Für diesen Fall habe sie die Strategieschlüssel mitgebracht. An dieser Stelle sei angemerkt, dass die Schlüssel, anders als in Kapitel 2 beschrieben, für das Interview größer und einzeln, also nicht als gebündeltes Schlüsselbund, angeboten wurden, damit sie auch im Video gut erkennbar sind. Die Interviewerin legte die Schlüssel dann der Reihe nach auf den Tisch und las sie nacheinander laut vor. Die Strategieschlüssel wurden den Kindern also direkt vor der Aufgabenbearbeitung erstmals präsentiert. Es handelt sich folglich für die Kinder um ein neues, ihnen zuvor unbekanntes Material. Auf eine vertiefende Einführung des Materials wurde verzichtet, um einen Trainingscharakter zu vermeiden. Außerdem forderte die Interviewerin das jeweilige Kind auf, während der Aufgabenbearbeitung laut zu denken. So sollen die Gedankengänge und Vorgehensweisen der Kinder im Nachhinein möglichst genau rekonstruiert werden (vgl. van Someren, Barnard und Sandberg 1994). Im Anschluss daran wurden jedem Kind vier von sechs mathematische Problemlöseaufgaben[2] vorgelegt, aus denen es zunächst eine auswählen durfte.

Dann begann die Aufgabenbearbeitung. Jedes Kind bearbeitete die ausgewählte Aufgabe alleine. Die Interviewende war die gesamte Zeit anwesend und erinnerte das Kind ggf. an das laute Denken (z. B. „Was denkst du gerade?"). Es war weiterhin möglich, dass – im Sinne eines aufgabenbasierten Interviews – schon während der Bearbeitung Fragen gestellt wurden (z. B. „Was hast du gerade gemacht?" oder „Warum bist du so vorgegangen?"). So können die Gedankengänge der Kinder besser nachvollzogen werden (Maher und Sigley 2014; Goldin 2000).

---

[2]Details zu den einzelnen Aufgaben können Abschnitt 13.3 entnommen werden.

Sobald ein Schüler bzw. eine Schülerin eine Aufgabe beendet hatte, folgte ein Interview von meist ein bis zwei Minuten, in dem der Einsatz der Strategieschlüssel thematisiert wurde (z. B. „Hast du einen Schlüssel benutzt?", „Hat dir der Schlüssel/Haben dir die Schlüssel weitergeholfen? Falls ja, wie genau?"). Anschließend durfte das jeweilige Kind entscheiden, ob es sich einer neuen Aufgabe widmen oder die gesamte Interviewsituation beenden möchte. Auf diese Weise bearbeitete jedes Kind ein bis vier Aufgaben.

Insgesamt bilden so 41 videografierte Prozesse mit einer Videogesamtlänge von neun Stunden, 45 Minuten die Datengrundlage der vorliegenden Untersuchung.

Exkurs zur Methode des lauten Denkens: Bei der Methode *lautes Denken* wird der/die Interviewte aufgefordert, während der Bearbeitung einer Aufgabe über seine Gedanken und Ideen laut zu sprechen. Dadurch werden Einblicke in die Gedankenwelt und damit in die inneren Vorgänge der Schülerinnen und Schüler ermöglicht (Philipp 2013, S. 57).

Für die vorliegende Untersuchung und die damit einhergehende Probandenauswahl sind vorwiegend Äußerungen in Form von lautem Reden bzw. Denken und Erklärungen zu Gedanken zu erwarten. Ericsson und Simon (1993, S. 106) konnten in Verbindung mit solchen Äußerungen keine Veränderung der Denkprozesse nachweisen. Es kann also davon ausgegangen werden, dass der Problembearbeitungsprozess durch die Methode des lauten Denkens kaum beeinflusst wird.

Gleichzeitig sollte berücksichtigt werden, dass es sich beim lauten Denken keineswegs um eine natürliche Gesprächs- oder Bearbeitungssituation handelt, aber um eine für Grundschulkinder bekannte. Immerhin werden sie im Unterricht immer wieder dazu aufgefordert, beispielsweise ihren Lösungsweg den Mitschülerinnen und -schülern zu präsentieren und dabei zu beschreiben, wie sie vorgegangen sind und was sie sich dabei gedacht haben (ebd., S. 78).

Darüber hinaus nehmen insbesondere Grundschulkinder die Interviewerin als Gesprächspartnerin wahr. Sie können sich nur schwer von der Dialogsituation lösen (Philipp 2013, S. 57). Deswegen sind in dieser Konstellation mehr Gesprächsanteile des Interviewers bzw. der Interviewerin zu erwarten als beispielsweise in einem Partnerinterview mit zwei Kindern.

13.3   Auswahl der Aufgaben

Zur Datenerhebung werden mathematische Problemlöseaufgaben verwendet, damit bei möglichst vielen Kindern Barrieren in den Bearbeitungsprozessen auftreten. Zur Überwindung dieser Barrieren stehen die Strategieschlüssel zur Verfügung. Die in der vorliegenden Studie verwendeten Aufgaben sollen jeweils die folgenden vier

Kriterien erfüllen (siehe auch Herold 2015 oder Herold-Blasius, Rott und Leuders 2017):

(1) **Offenheit:** Bei Problemlöseaufgaben gibt es verschiedene Arten der Offenheit: die Offenheit bzgl. der Anzahl der Lösungen und die Offenheit bzgl. der Anzahl der Lösungswege. Eine Offenheit bzgl. der Anzahl der Lösungen ist im gegebenen Kontext nicht wünschenswert, da die Aufgaben dadurch einen explorativen Charakter bekommen würden und beispielsweise neue Inhalte erkundet werden könnten (Holzäpfel et al. 2018). Die Schülerinnen und Schüler sollen sich mit Fokus auf die Forschungsfrage aber keine neuen mathematischen Inhalte erschließen, sondern mathematische Probleme bearbeiten. Es ist also wünschenswert, dass es genau eine richtige Lösung gibt. Die möglichen Wege zu dieser Lösung dürfen und sollen dabei möglichst vielfältig (vgl. Büchter und Leuders 2011, S. 30; Schoenfeld 1985; Schoenfeld 2011) und in diesem Sinne auch mit Hilfe verschiedener Heurismen bewältigbar sein.

(2) **Vorwissen:** Die Aufgaben sollen für die 7- bis 10-jährigen Schülerinnen und Schüler niederschwellig, dadurch leicht zugänglich und mit relativ wenigen mathematischen Vorkenntnissen zu bewältigen (vgl. Leuders 2011; Schoenfeld 1985), und gleichzeitig anspruchsvoll sein. Immerhin soll in der vorliegenden Studie nicht überprüft werden, was die Kinder bereits gelernt haben. Es soll primär um die Fähigkeiten bzgl. des mathematischen Problemlösens gehen. Dabei spielt das mathematische Wissen zunächst nur eine untergeordnete Rolle. Durch dieses Kriterium können auch Dritt- und Viertklässler die gewählten Aufgaben lösen und bewältigen.

(3) **Heurismen:** Die Problemlöseaufgaben sollen mit möglichst verschiedenen Heurismen gelöst werden können. Dazu bieten sich die in den nachfolgenden Aufgabenanalysen identifizierten Heurismen oder auch andere Lösungsstrategien an. Der Einsatz von Lösungsstrategien, die nicht auf den Strategieschlüsseln abgebildet sind, wäre dann zwar nicht intendiert, aber möglich und ggf. trotzdem hilfreich im Problembearbeitungsprozess.

(4) **Strategieschlüssel:** Die angebotenen Strategieschlüssel sollen tragfähige Lösungsstrategien anregen. Dazu ist es unbedingt erforderlich, dass immer auch passende Strategieschlüssel angeboten werden. Die Auswahl der Aufgaben erfolgt so, dass bei jeder Aufgabe mindestens zwei der angebotenen acht Strategieschlüssel potentiell helfen könnten, um die Aufgabe zu lösen.

Mit Hilfe dieser vier Kriterien wurden insgesamt sechs Aufgaben auswählt. Es handelt sich dabei vorwiegend um arithmetische Probleme, die grundsätzlich mit verschiedenen Heurismen bewältigt werden können. Diese sollen letztlich durch die

Strategieschlüssel getriggert werden. Im Folgenden werden die sechs ausgewählten Aufgaben didaktisch analysiert. Für die jeweilige Aufgabe werden die als hilfreich eingestuften Strategieschlüssel angeführt.

13.3.1 Bauernhof

> Auf dem Bauernhof gibt es ein Freigehege für die Hühner, in dem auch Kaninchen gehalten werden. Jens steht am Zaun und zählt 20 Tiere mit insgesamt 70 Beinen. Wie viele Hühner sind es? (ursprünglich in Anlehnung an Pólya 1962, S. 23, hier aus Collet 2009).

Didaktische Analyse: Die Bauernhof-Aufgabe wird klassischerweise mit linearen Gleichungssystemen in Verbindung gebracht und demnach den mathematischen Bereichen der linearen Funktionen und der (linearen) Algebra zugeordnet. Pólya (1962, S. 24) stellt diese Herangehensweise tabellarisch dar (siehe Tabelle 13.1).

Wird mit den beiden in Tabelle 13.1 entstandenen Gleichungen ein lineares Gleichungssystem aufgestellt und gelöst, gelangt man zur Lösung $x = 15$ und $y = 5$. Dieser algebraische Ansatz kann also mit standardisierten Lösungsverfahren gelöst werden, erfordert aber entsprechende Vorkenntnisse. Deswegen wird dieser Lösungsansatz von Dritt- und Viertklässlern nicht erwartet.

Tabelle 13.1 Algebraische Herangehensweise an die Bauernhofaufgabe nach Pólya (1962, S. 24)

Das Problem beschreiben	
auf Deutsch	*in algebraischer Sprache*
Auf dem Bauernhof gibt es ein Freigehege	
für die Hühner,	x
in dem auch Kaninchen gehalten werden.	y
Jens steht am Zaun	
und zählt 20 Tiere	$x + y = 20$
mit insgesamt 70 Beinen.	$2x + 4y = 70$

Eine für Dritt- und Viertklässler eher geeignete Herangehensweise besteht im Ausprobieren und sich Herantasten. Geht man erst davon aus, dass es 20 Kaninchen gibt, hätten die Tiere 80 Beine – das ist zu viel. Wären es nur Hühner, hätten sie 40 Beine – das ist zu wenig. Mit zehn Hühnern und zehn Kaninchen kommt man auf 60 Beine. Wird nun die Anzahl der Kaninchen reduziert und die Anzahl der Hühner entsprechend erhöht, führt dies insgesamt zu weniger Beinen. Reduzieren wir stattdessen die Anzahl der Hühner, benötigen wir mehr Kaninchen und gelangen zu mehr Beinen. Es müssen also mehr als zehn Kaninchen sein – probieren wir 15 Kaninchen. Da wären wir: 15 Kaninchen haben 60 Beine, fünf Hühner haben zehn Beine. Das macht zusammen 20 Tiere mit 70 Beinen (ebd., S. 23).

Kognitive Anforderungen und mögliche Schwierigkeiten: Die Hauptschwierigkeit der Bauernhof-Aufgabe besteht darin, dass die Schülerinnen und Schüler zwei Komponenten gleichzeitig beachten müssen: die Anzahl der Beine und die Anzahl der Köpfe. Es reicht nicht aus, nur auf eine der beiden Komponenten zu achten. Erst wenn beide Bedingungen erfüllt sind, ist das Problem vollständig und korrekt gelöst.

Mögliche Lösungsstrategien: Bei dieser Aufgabe können verschiedene Heurismen helfen, um sich dem mathematischen Problem zu nähern:

- Beispiele finden: Durch das Generieren von Beispielen, kann ein Überblick gewonnen werden.
- Systematisches Probieren: Durch das zielgerichtete Generieren von Beispielen kann die Lösung schneller erzielt werden.
- Skizze anfertigen: Eine Zeichnung kann helfen, sich die Anzahl der Tiere bzw. Beine vor Augen zu führen und zu verdeutlichen.
- Tabelle erstellen: Durch eine Tabelle können die einzelnen Beispiele systematisch erfasst werden.
- Muster erkennen: Bei der Wegnahme eines Kaninchens und der Hinzunahme eines Huhns reduziert sich die Anzahl der Beine um zwei. Wird diese Regelmäßigkeit erkannt, kann sie bei der Suche nach der Lösung zielführend eingesetzt werden.

Hilfreiche Strategieschlüssel: Gemäß den möglichen Lösungsstrategien können verschiedene Strategieschlüssel den Lösungsprozess unterstützen, so beispielsweise „Male ein Bild", „Erstelle eine Tabelle" oder „Finde ein Beispiel". Denkbar, in der Grundschule aber eher unwahrscheinlich, wäre auch der Strategieschlüssel „Suche nach einer Regel".

13.3.2 Sieben Tore und Eine Tüte Smarties

13.3.2.1 Sieben Tore

Ein Mann geht Äpfel pflücken. Um mit seiner Ernte in die Stadt zu kommen, muss er durch 7 Tore gehen. An jedem Tor steht ein Wächter und verlangt von ihm die Hälfte seiner Äpfel und einen Apfel mehr. Am Schluss bleibt dem Mann nur ein Apfel übrig. Wie viele Äpfel hatte er am Anfang? (in Anlehnung an Bruder, Büchter und Leuders 2005, S. 145; siehe auch Rott 2013, S. 153)

Didaktische Analyse: Betrachtet man die Chronologie des Aufgabenkontextes, ist hier der Anfangszustand unbekannt und der Endzustand gegeben – also genau andersherum als bei der Bauernhof-Aufgabe.

Strategisch gelöst werden kann die Aufgabe auf mindestens zwei verschiedene Arten. Erstens kann eine Anfangszahl von Äpfeln (mehr oder weniger systematisch) festgelegt werden; mit dieser Zahl können die sieben Tore gedanklich durchschritten werden. „Durch Vergleich des erhaltenen Ergebnisses mit dem in der Aufgabe angegebenen Endwert kann so eine Abschätzung über die Veränderungsrichtung des Anfangswertes vorgenommen werden." (Aßmus 2010, S. 137) Hier würden wir vom klassischen Vorwärtsarbeiten sprechen. Diese Strategie ist bei insgesamt sieben Toren schwer umsetzbar. Erfolgsversprechender ist der zweite Ansatz; das Rückwärtsarbeiten als Weg vom Ziel- zum Anfangszustand. Dieses Vorgehen führt „bei korrekter Anwendung unmittelbar zum richtigen Ergebnis" (ebd., S. 137). Allerdings seien dabei zwei wesentliche Herausforderungen zu beachten:

(1) die Umkehrung der einzelnen Operationen und
(2) die Operationsreihenfolge, die in umgekehrter Reihenfolge durchlaufen werden muss (ebd., S. 138).

Rott (2013, S. 154 für eine detaillierte Darstellung) hat verschiedene typische Vorgehensweisen für den Lösungsansatz *Rückwärtsarbeiten* beobachtet.

- *Lösung (a):* Hier wird die Anzahl der Äpfel lediglich verdoppelt. Damit erreicht man eine Gesamtmenge von 128 Äpfeln. Die dahinterstehende Operatorkette ist
$$\square \xleftarrow{\cdot 2} \square \xleftarrow{\cdot 2} \square \xleftarrow{\cdot 2} \square \xleftarrow{\cdot 2} \square \xleftarrow{\cdot 2} \square \xleftarrow{\cdot 2} \square \xleftarrow{\cdot 2} 1.$$

- *Lösung (b):* Auch hier wird die Anzahl der Äpfel verdoppelt. Allerdings werden am Ende sieben Äpfel hinzugefügt – einer pro Tor, das durchlaufen wird. Damit erreicht man eine Gesamtmenge von 135 Äpfeln. Dahinter verbirgt sich diese Operatorkette: $\square \xleftarrow{+7} \xleftarrow{\cdot 2} \square \xleftarrow{\cdot 2} \square \xleftarrow{\cdot 2} \square \xleftarrow{\cdot 2} \square \xleftarrow{\cdot 2} \square \xleftarrow{\cdot 2} \square \xleftarrow{\cdot 2} 1.$

- *Lösung (c):* Wird die Anzahl der Äpfel erst verdoppelt und dann 1 hinzugefügt, erreicht man 255 Äpfel insgesamt. Die dazugehörige Operatorkette wäre diese:
$$\square \xleftarrow{+1} \xleftarrow{\cdot 2} \square \xleftarrow{+1} \xleftarrow{\cdot 2} \square \xleftarrow{+1} \xleftarrow{\cdot 2} \square \xleftarrow{+1} \xleftarrow{\cdot 2} \square \xleftarrow{+1} \xleftarrow{\cdot 2} \square \xleftarrow{+1} \xleftarrow{\cdot 2} \square \xleftarrow{+1} \xleftarrow{\cdot 2} 1.$$
Hier ist allerdings die Reihenfolge der mathematischen Verknüpfung nicht hinreichend beachtet.

- *Lösung (d):* Bei diesem korrekten Lösungsansatz wird zuerst ein Apfel addiert und diese Anzahl dann verdoppelt. Durch dieses Vorgehen erreicht man 382

Äpfel als Ergebnis. Dahinter verbirgt sich diese Operatorkette: $\square \xleftarrow{:2} \xleftarrow{+1} \square \xleftarrow{:2}$ $\xleftarrow{+1} \square \xleftarrow{:2} \xleftarrow{+1} \square \xleftarrow{:2} \xleftarrow{+1} \square \xleftarrow{:2} \xleftarrow{+1} \square \xleftarrow{:2} \xleftarrow{+1} \square \xleftarrow{:2} \xleftarrow{+1}$ 1.

- *Lösung (e):* Eine Lösung kann auch in algebraischer Form erfolgen: Sei x die Anzahl der Äpfel. Dann gilt: $((((((x : 2 - 1) : 2 - 1) : 2 - 1) : 2 - 1) :$ $2 - 1) : 2 - 1) : 2 - 1 = 1$. Diese Gleichung kann schrittweise nach 1 aufgelöst werden und ergibt dann $x = 382$. Diese Vorgehensweise ist für Schülerinnen und Schüler der dritten und vierten Klasse nicht zugänglich.

- *Lösung (f):* Die Aufgabe kann auch durch *Vorwärtsarbeiten* gelöst werden. Dazu wird zuerst eine Startzahl bestimmt und dann die Operatorkette der Reihe nach durchgeführt. Bleibt am Ende der Kette ein Apfel übrig, stimmt die Startzahl: $\square \xrightarrow{:2} \xrightarrow{-1} \square \xrightarrow{:2} \xrightarrow{-1} \square \xrightarrow{:2} \xrightarrow{-1} \square \xrightarrow{:2} \xrightarrow{-1} \square \xrightarrow{:2} \xrightarrow{-1} \square \xrightarrow{:2} \xrightarrow{-1} \square \xrightarrow{:2} \xrightarrow{-1}$ 1. Diese Vorgehensweise ist aufgrund der sieben Tore und der damit im Zusammenhang stehenden großen Startzahl vermutlich langwierig und wenig erfolgversprechend.

Kognitive Anforderungen und mögliche Schwierigkeiten: Bei dieser Aufgabe muss die beschriebene Handlungsfolge in Gedanken rückgängig gemacht werden und erfordert dadurch die Fähigkeit zum reversiblen Denken. Dabei muss schrittweise die Anzahl der vorhandenen Äpfel in den Zwischenetappen bestimmt werden.

Mögliche Lösungsstrategien: Bei dieser Aufgabe bieten sich verschiedene Lösungsansätze an. An dieser Stelle seien drei für Kinder in der Grundschule realisierbare Lösungsstrategien dargestellt. Eine ausführlichere Darstellung möglicher Lösungsansätze insbesondere für etwas ältere Schülergruppen (Jahrgang 5 und 6) kann Rott (ebd.) entnommen werden.

- Rückwärtsarbeiten: In diesem Fall beginnt man mit einem Apfel und gelangt schrittweise zur Startzahl.

- Skizze anfertigen: Eine Skizze kann genutzt werden, um den Sachverhalt strukturiert zu erfassen und nacheinander abzuarbeiten. So könnten z. B. die Tore und/oder die Äpfel gezeichnet werden.

- Tabelle: Durch eine Tabelle können die einzelnen Schritte systematisch aufgeschrieben werden.

Hilfreiche Strategieschlüssel: Zum Triggern der antizipierten Lösungsstrategien bei der Sieben Tore-Aufgabe können die nachfolgenden Strategieschlüssel unterstützend wirken: „Male ein Bild", „Arbeite von hinten" oder „Erstelle eine Tabelle".

13.3.2.2 Eine Tüte Smarties

> Jenny bekommt von ihrer Oma eine Tüte voller Smarties geschenkt. Am ersten Tag isst sie die Hälfte der Smarties und dann noch einen. Am zweiten Tag isst sie von den übrigen Smarties wieder die Hälfte und dann noch einen. Danach sind noch 6 Smarties übrig. Wie viele Smarties waren am Anfang in der Tüte? (Aßmus 2010, S. 137)

Didaktische Analyse: Die Smarties-Aufgabe ist zur Sieben Tore-Aufgabe strukturgleich. Beibehalten wurde der fehlende Anfangs- und der gesuchte Endzustand sowie die Abfolge der Operatorketten. Verändert wurden der Kontext und die Anzahl der Schritte. Grundsätzlich geht es auch hier um einzelne Schritte, die rückwärts gegangen werden können. Durch die Reduzierung der Schrittanzahl auf zwei ist das Finden einer Anfangszahl und damit das Vorwärtsarbeiten eine wesentlich sinnvollere Herangehensweise als bei der Sieben Tore-Aufgabe. Nachfolgend werden drei mögliche Bearbeitungswege aufgezeigt:

- *Lösung (a):* Die Anzahl der Smarties wird lediglich verdoppelt. So gelangt man zu der Gesamtmenge von 24 Smarties. Dahinter verbirgt sich diese Operatorkette: $\square \xleftarrow{\cdot 2} \square \xleftarrow{\cdot 2} 6$.

- *Lösung (b):* Werden die Smarties verdoppelt und anschließend zwei Smarties addiert – je einer für einen Tag, dann gelangt man zu 26 Smarties am Anfang: $\square \xleftarrow{+2} \xleftarrow{\cdot 2} \square \xleftarrow{\cdot 2} \square \xleftarrow{\cdot 2} 6$.

- *Lösung (c):* So wie bei der Sieben Tore-Aufgabe gibt es auch hier die Möglichkeit, die Operatorkette in der umgekehrten Reihenfolge zu durchlaufen, also $\square \xleftarrow{+1} \xleftarrow{\cdot 2} \square \xleftarrow{+1} \xleftarrow{\cdot 2} 6$. Dann wären am Anfang 27 Smarties in der Tüte gewesen.

- *Lösung (d):* Die Aufgabe kann durch *Rückwärtsarbeiten* mit Hilfe dieser Operatorkette gelöst werden: $\square \xleftarrow{\cdot 2} \xleftarrow{+1} \square \xleftarrow{\cdot 2} \xleftarrow{+1} 6$. So kommt man zum richtigen Ergebnis mit $x = 30$.

- *Lösung (e):* Diese Lösung ist algebraischer Natur und wohl für Schülerinnen und Schüler frühestens ab Klasse 7 zugänglich: Sei x die Anzahl der Smarties in der Tüte. Dann gilt: $(x : 2 - 1) : 2 - 1 = 6$. Diese Gleichung kann schrittweise nach 6 aufgelöst werden und ergibt dann $x = 30$.

- *Lösung (f):* Die Aufgabe kann durch *Vorwärtsarbeiten* gelöst werden, indem eine Startzahl bestimmt und diese Operatorkette durchlaufen wird: $\square \xrightarrow{\cdot 2} \xrightarrow{-1} \square \xrightarrow{\cdot 2} \xrightarrow{-1} 6$. Auch hier kann 30 als richtige Lösung ermittelt werden.

- *Lösung (g):* Die Lösungsidee (d) kann auch verbal formuliert werden. Dabei entsteht eine kleine Geschichte, die die Tage rückwärts abhandelt: Es sind 6 Smarties übrig. Bevor Jenny „dann noch einen" gegessen hat, muss sie also 7 gegessen haben. Das ist die Hälfte von dem, was nach dem ersten Tag noch übrig war, also waren 14 Smarties übrig. Diese Argumentation kann durch eine Skizze oder eine Tabelle unterstützt werden, z. B. indem die einzelnen Tage tabellarisch aufgeschrieben und Smarties in die Spalten gezeichnet werden.

Kognitive Anforderungen und mögliche Schwierigkeiten: So wie bei der Sieben Tore-Aufgabe ist von den Kindern auch hier die Fähigkeit zum reversiblen Denken herausfordernd. In dieser reduzierten Variante des Aufgabenformats kann diese Fähigkeit mit Hilfe des Vorwärtsarbeitens aber umgangen werden.

Mögliche Lösungsstrategien: Durch die Strukturähnlichkeit dieser Aufgabe zur Sieben Tore-Aufgabe führen hier auch ähnliche Heurismen potentiell zur Lösung. Durch die Reduzierung der Komplexität kommt das *Vorwärtsarbeiten* hinzu.

- Rückwärtsarbeiten: In diesem Fall beginnt man mit den sechs Smarties und gelangt schrittweise zur Startzahl.
- Vorwärtsarbeiten: Durch die wenigen Schritte kann bei dieser Aufgabe auch durch Vorwärtsarbeiten das richtige Ergebnis erzielt werden. In diesem Fall denkt sich die Problemlöserin bzw. der Problemlöser eine Startzahl aus und geht dann schrittweise die Tage durch. Bleiben am Ende sechs Smarties übrig, stimmt die Startzahl.
- Skizze anfertigen: Eine Skizze kann genutzt werden, um den Sachverhalt strukturiert zu erfassen und nacheinander abzuarbeiten.
- Tabelle: Durch eine Tabelle können die einzelnen Schritte systematisch aufgeschrieben werden.

Hilfreiche Strategieschlüssel: Die Bearbeitung dieser Aufgaben kann beispielsweise durch diese Strategieschlüssel unterstützt werden: „Arbeite von hinten", „Finde ein Beispiel" oder „Male ein Bild".

13.3.3 Kleingeld und Legosteine

13.3.3.1 Kleingeld

> Wie kannst du einen Geldbetrag von genau 31 Cent hinlegen, wenn du nur 10-Cent-, 5-Cent- und 2-Cent-Münzen zur Verfügung hast? Gib alle Möglichkeiten an!
> (PISA-Konsortium Deutschland 2006, S. 177)

Didaktische Analyse: Mit der Kleingeld-Aufgabe wird der arithmetische Aspekt der Zahlzerlegung thematisiert. Dabei soll eine gegebene Zahl a in Summanden aus einem gegebenen Zahlenvorrat a_1, a_2 und a_3 zerlegt und dafür alle Möglichkeiten gefunden werden.

Die Serie der möglichen Zerlegungen ist nach dem lexikographischen Prinzip unter Verwendung der folgenden Verfahrensregel aufgebaut: Suche zunächst alle Zerlegungen, die mit dem Summanden 5 beginnen. Da die anderen beiden verfügbaren Summanden gerade sind und die Zerlegungszahl 31 ungerade ist, muss die Anzahl der verwendeten 5-Cent-Münzen ungerade sein, denn es gilt $u + g = u$ und $g + u = u$ (u: ungerade Zahlen; g: gerade Zahlen). Es kommen also nur Zerlegungen mit fünf, drei oder einer 5-Cent-Münze in Betracht (Sjuts 2014). Die so beginnenden Summen werden nun unter Fortführung des Prinzips mit den Summanden 10 und 2 aufgefüllt. Das Konstruktionsprinzip garantiert bei korrekter Handhabung die Vollständigkeit des Ergebnisses.

- *Lösung (a): Ohne Berücksichtigung der Reihenfolge* ergeben sich sechs Möglichkeiten (siehe Tabelle 13.2).

Tabelle 13.2 Lösungsmöglichkeiten der Kleingeld-Aufgabe ohne Berücksichtigung der Reihenfolge

Lösung	10-Cent	5-Cent	2-Cent
1	2×	1×	3×
2	1×	1×	8×
3	0×	1×	13×
4	1×	3×	3×
5	0×	3×	8×
6	0×	5×	3×

- *Lösung (b): Mit Berücksichtigung der Reihenfolge* bestehen deutlich mehr Möglichkeiten. Die Anzahl der möglichen Lösungen erhält man, indem pro Lösung aus Tabelle 13.2 jeweils alle möglichen Permutationen mit Wiederholung errechnet werden:
$\frac{6!}{2! \cdot 3!} + \frac{10!}{8!} + \frac{14!}{13!} + \frac{7!}{3! \cdot 3!} + \frac{11!}{8! \cdot 3!} + \frac{8!}{5! \cdot 3!} = 60 + 90 + 14 + 140 + 165 + 56 = 525$. Unter Berücksichtigung der Reihenfolge ergeben sich demnach 525 Möglichkeiten, die Münzen anzuordnen.

Kognitive Anforderungen und mögliche Schwierigkeiten: Das Addieren der einzelnen Summanden stellt bei dieser Aufgabe nicht die Schwierigkeit dar. Die Herausforderung besteht vielmehr im Zerlegen einer Zahl – hier 31 – in Summanden unter gegebenen Bedingungen und dem systematischen Erfassen aller Möglichkeiten (ebd.). Dabei ist die Aufgabe unbedingt im Sinne von Lösung (a) zu verstehen. Sollten Grundschülerinnen und -schüler die Aufgabe im Sinne von Lösung (b) fehlinterpretieren, haben sie keine Chance, alle Permutationen zu generieren.

Hinzu kommt eine Schwierigkeit beim Verständnis der Aufgabe: Die Schülerinnen und Schüler könnten annehmen, dass immer jede Sorte Münze verwendet werden muss. Dadurch würden beispielsweise die Lösungen 3, 5 und 6 nicht gefunden bzw. akzeptiert werden.

Während des Bearbeitungsprozesses könnten die Kinder beim Generieren von Beispielen den Überblick verlieren und Beispiele doppelt anführen. Es könnte für die Schülerinnen und Schüler auch schwierig sein, zu erkennen, wann sie alle Möglichkeiten gefunden haben.

Mögliche Lösungsstrategien: Für die Bearbeitung der Kleingeld-Aufgabe kann die Verwendung verschiedener Strategien unterstützend wirken:

- Beispiele generieren: Um sich an die Aufgabe heranzutasten und sich einen Überblick zu verschaffen, können die Schülerinnen und Schüler verschiedene Beispiele suchen und diese schriftlich festhalten.
- Systematisches Probieren: Beispiele können systematisch entstehen, indem beispielsweise immer mit einer bestimmten Münzsorte angefangen wird oder indem die 10-Cent Münze schrittweise durch 2-Cent und/oder 5-Cent Münzen ersetzt wird.
- Einsatz von Systematisierungshilfen: Bei der Generierung von Beispielen stellt sich zu irgendeinem Zeitpunkt die Frage, ob denn alle Möglichkeiten gefunden wurden. Zur Überprüfung oder zum Finden fehlender Beispiele können die gleichen Münzen jeweils mit einer Farbe markiert werden und so leichter und übersichtlicher erkennbar werden.
- Tabelle: Die Anzahlen der Münzen können systematisch in Form einer Tabelle festgehalten werden – so wie beispielsweise in Tabelle 13.2. Diese Vorgehensweise ist in der Grundschule allerdings kaum zu erwarten. Das Erstellen einer einfachen Liste wäre in dieser Altersgruppe eher wahrscheinlich.

Hilfreiche Strategieschlüssel: Bei dieser Aufgabe können die angeführten Lösungsstrategien durch verschiedene Strategieschlüssel angeregt werden, z. B. „Finde ein Beispiel", „Erstelle eine Tabelle", „Verwende verschiedene Farben" oder „Beginne mit einer kleinen Zahl".

13.3.3.2 Legosteine

Maike baut eine Ritterburg aus Legosteinen. Sie hat 3 verschiedene Sorten von Steinen:

3er   4er   6er

Um die Ritterburg zu Ende zu bauen, benötigt Maike noch eine Mauer, die genau „19 Punkte" breit ist.

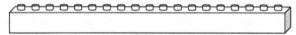

Finde alle Möglichkeiten, aus 3er-, 4er- und 6er-Steinen eine 19-Punkte-Mauer zu bauen. Wie viele 3er-, 4er- und 6er- Steine braucht man jeweils? (entwickelt im DFG-Projekt DISUM, zitiert aus Besser, Leiss und Blum (2015))

Didaktische Analyse: Diese Aufgabe ist zur Kleingeld-Aufgabe strukturgleich. Auch sie ist arithmetischer Natur und thematisiert die Zahlzerlegung einer vorgegebenen Zahl (hier 19) mit Hilfe dreier vorgegebener Summanden, wovon einer ungerade ist (hier 3er-, 4er- und 6er-Steine). Diese Aufgabe ist aufgrund der kleineren Endzahl (19 statt 31) in ihrer Komplexität deutlich reduziert. Durch diese Reduktion entstehen letztlich weniger Lösungen und die Aufgabe wird für Grundschulkinder überschaubarer. Verändert wurde neben dem Zahlenmaterial auch der Kontext.

Bei der Legosteine-Aufgabe handelt es sich um den gleichen Problemtyp wie bei der Kleingeld-Aufgabe: Eine gegebene Zahl a soll in Summanden aus einem gegebenen Zahlenvorrat a_1, a_2, a_3 zerlegt werden. Dazu sollen alle Möglichkeiten gefunden und ggf. die Vollständigkeit begründet werden. Auch bei dieser Aufgabe sind zwei der verfügbaren Summanden gerade; die Zerlegungszahl 19 aber ungerade. Deswegen muss die Anzahl der verwendeten 3er-Steine ungerade sein. Es kommen folglich nur Zerlegungen mit fünf, drei oder einem 3er-Stein in Betracht. Die so beginnenden Summen werden dann unter Fortführung des Prinzips mit den Summanden 4 und 6 aufgefüllt. Bei korrekter Handhabung dieser Vorgehensweise kann so die Vollständigkeit des Ergebnisses garantiert werden.

- *Lösung (a): Ohne Berücksichtigung der Reihenfolge* ergeben sich vier Möglichkeiten:

(1) $3 + 3 + 3 + 3 + 3 + 4$
(2) $3 + 3 + 3 + 4 + 6$

(3) $3 + 4 + 4 + 4 + 4$

(4) $3 + 4 + 6 + 6$

Die Lösungen (1), (2) und (4) stehen miteinander im Zusammenhang. Sie können jeweils durch Zusammenfassen von zwei 3er-Steinen zu einem 6er-Stein erzeugt werden oder in umgekehrter Richtung, indem ein 6er-Stein in zwei 3er-Steine zerlegt wird.
Ein weiterer Zusammenhang besteht zwischen den Lösungen (1), (2) und (3). Hier können vier 3er-Steine in drei 4er-Steine und umgekehrt zerlegt werden.

- *Lösung (b): Mit Berücksichtigung der Reihenfolge* ergeben sich wie bei der Kleingeld-Aufgabe auch hier mehr Möglichkeiten. Die Anzahl der möglichen Lösungen wird so wie bei der Kleingeld-Aufgabe durch die Permutation mit Wiederholung ermittelt: $\frac{6!}{5!} + \frac{5!}{3!} + \frac{5!}{4!} + \frac{4!}{2!} = 6 + 20 + 5 + 12 = 43$. Unter Berücksichtigung der Reihenfolge ergeben sich damit 43 Möglichkeiten.

Kognitive Anforderungen und mögliche Schwierigkeiten: Bei dieser Aufgabe ist die Einkleidung in den Kontext Legosteine sehr anschaulich für Dritt- und Viertklässler. Gleichzeitig wird weder in der Aufgabe noch im Rahmen der Aufgabenbearbeitung dazu aufgefordert, die Aufgabe mit Hilfe von realen Legosteinen zu bauen. Es ist also in dem hier gegebenen Setting keine Handlungsorientierung vorgesehen. Diese Fokussierung auf arithmetischer Ebene könnte bei den Kindern ggf. zu Irritationen führen.
Mit Blick auf die Kleingeld-Aufgabe wird auch hier nicht das Addieren der einzelnen Summanden als Schwierigkeit angesehen, sondern die Zerlegung der Zahl 19 in verschiedene Summanden und das systematische Erfassen aller Möglichkeiten (Sjuts 2014). Auch hier kann lediglich die Lösung (a) von den Kindern erwartet werden. Die Lösung (b) ist aufgrund der 43 Möglichkeiten für Dritt- und Viertklässler nicht zu überblicken.
Die Schwierigkeiten beim Verständnis der Aufgabe und während der Aufgabenbearbeitung sind mit denen der Kleingeld-Aufgabe identisch (siehe Abschnitt 13.3.3.1).

Mögliche Lösungsstrategien: Der Einsatz der nachfolgenden Lösungsstrategien kann bei der Bearbeitung der Legosteine-Aufgabe potentiell hilfreich sein:

- Beispiele generieren: Mit einigen Beispielen kann die Aufgabe schnell verstanden werden. Es schließt hier schnell die Frage an, wann alle Möglichkeiten gefunden wurden.
- Systematisches Probieren: Durch das systematische Generieren von Beispielen kann die Vollständigkeit der gefundenen Möglichkeiten begründet werden.

- Hilfselemente: Durch das Einzeichnen von Hilfslinien kann die Abbildung in der Aufgabenstellung als Unterstützung genutzt werden. Auf diese Art könnten einzelne Legosteine gekennzeichnet werden.
- Tabelle: Mit Hilfe einer Tabelle können die Permutationen systematisch erfasst werden – äquivalent zur Kleingeld-Aufgabe (siehe Tabelle 13.2). Diese Vorgehensweise ist bei Dritt- und Viertklässlern eher nicht zu erwarten.

Hilfreiche Strategieschlüssel: Die nachfolgend genannten Strategieschlüssel können bei der Bearbeitung dieser Aufgabe unterstützen, z. B. „Finde ein Beispiel", „Erstelle eine Tabelle", „Verwende verschiedene Farben" oder „Male ein Bild".

13.3.4 Schachbrett

> Peter spielt leidenschaftlich gerne Schach. Er spielt so gerne Schach, dass seine Gedanken auch dann um das Spiel kreisen, wenn er gerade gar nicht spielt. Neulich stellte er sich die Frage, wie viele Quadrate wohl auf einem Schachbrett zu finden sind und bespricht sein Ergebnis mit einer Freundin.
> Peter: Das sind 64 Quadrate insgesamt.
> Freundin: Hm... Ich sehe viel mehr Quadrate.
> (in Anlehnung an Mason, Burton und Stacey 2006, S. 20, Rott 2013, S. 149)

Didaktische Analyse: Mit dem kurzen Dialog zwischen Peter und seiner Freundin wird auf die Problematik in der Aufgabe hingewiesen. Es geht nicht um die offensichtliche (aber nicht intendierte) Lösung von 64 Quadraten, sondern eben um viel mehr Quadrate. Die Äußerung des Mädchens soll letztlich dazu führen, dass die Schülerinnen und Schüler stutzen und ggf. weitere Quadrate suchen. Es können demnach Quadrate verschiedener Größen gefunden werden (1×1-, 2×2-, 3×3-, 4×4-, 5×5-, 6×6-, 7×7- und 8×8-Quadrate). Insgesamt kann die Aufgabe auf drei verschiedene Weisen verstanden und jeweils gelöst werden (Details dazu können Rott (2013) entnommen werden.):

- *Lösung (a) – Betrachtung von 1×1-Quadraten:* Werden nur die kleinen Quadrate betrachtet, dann vereinfachen die Kinder die Aufgabe sehr stark, rechnen lediglich $8 \cdot 8$ und kommen auf insgesamt 64 Quadrate. Sie reduzieren damit das mathematische Problem auf eine Routineaufgabe.
- *Lösung (b) – Betrachtung von unterschiedlich großen Quadraten ohne Überlappung:* Abhängig davon, wie die Überlappung verstanden wird, sind hier zwei Lösungen möglich. Es gibt 85 Quadrate für den Fall, dass „nur vollständige, sich

nicht überschneidende Überdeckungen" (ebd., S. 150) gezählt werden (also 64 1 × 1-Quadrate, 16 2 × 2-Quadrate, vier 4 × 4 Quadrate und ein 8 × 8-Quadrat). Es gibt 92 Quadrate für den Fall, dass es Quadrate jeder Größe von 1 × 1 bis 8 × 8 gibt, die einander nicht überlappen dürfen (also 64 1 × 1-Quadrate, 16 2 × 2-Quadrate, vier 4 × 4-Quadrate und je ein 5 × 5-, 6 × 6-, 7 × 7- und 8 × 8-Quadrat).

- *Lösung (c) – Betrachtung von unterschiedlich großen Quadraten mit Überlappung:* Werden Quadrate jeder Größe von 1 × 1 bis 8 × 8 gezählt, die einander überlappen dürfen, dann ergeben sich 204 Quadrate (64 1 × 1-Quadrate, 49 2 × 2-Quadrate, 36 3 × 3-Quadrate, 25 4 × 4-Quadrate, 16 5 × 5-Quadrate, neun 6 × 6-Quadrate, vier 7 × 7-Quadrate und ein 8 × 8-Quadrat).

Lösung (a) kann als ein erster Zugang zum eigentlichen Problem verstanden werden. Bei Lösungen (b) und (c) ist es eine Frage der Definition. Als verstanden und richtig gelöst, gilt die Aufgabe, wenn Lösung (c) genannt wird.

Kognitive Anforderungen und mögliche Schwierigkeiten: Die wesentliche Schwierigkeit dieser Aufgabe liegt darin, auf die Idee zu kommen, dass es auch größere Quadrate gibt als die 1 × 1-Quadrate (ebd., S. 149). Ohne diese Einsicht kann nur Lösung (a) generiert werden.

Mögliche Lösungsstrategien: Zur Bearbeitung der Schachbrett-Aufgabe gibt es verschiedene potentiell hilfreiche Lösungsstrategien. Eine ausführliche Auflistung kann Rott (2013, S. 150 f.) entnommen werden (siehe auch Lange 2009). In der vorliegenden Arbeit werden ausgewählte Lösungsstrategien aufgelistet, nämlich die, die bei Dritt- und Viertklässlern potentiell vorkommen können:

- Skizze anfertigen: Es ist in der Aufgabenstellung bereits die Abbildung eines Schachbretts vorhanden. Sollte dieses nicht ausreichen, können auch weitere gezeichnet werden. Weitere Schachbretter können beim Verstehen der Aufgabe und beim Zählen der Quadrate unterstützend wirken (Rott 2013, S. 150 f.).
- Systematisches Probieren: Die Anzahl der Quadrate kann ermittelt werden, indem die Größe der Quadrate systematisch verändert wird.
- Tabelle oder Liste: Das systematische Probieren kann beispielsweise durch eine Liste oder eine Tabelle schriftlich festgehalten werden. Dadurch kann sichergestellt werden, dass alle Quadratgrößen gefunden wurden. Auch Muster werden so ggf. schneller sichtbar.
- Hilfselemente: Einzelne Quadrate können durch Hilfslinien umrahmt oder mit verschiedenen Farben gekennzeichnet und so leichter abzählbar werden.

Hilfreiche Strategieschlüssel: Um die potentiell hilfreichen Lösungsstrategien bei den Schülerinnen und Schülern hervorzurufen, können beispielsweise diese Strategieschlüssel unterstützen: „Verwende verschiedene Farben", „Male ein Bild" oder „Erstelle eine Tabelle".

13.3.5 Zusammenfassung

Durch die Analyse dieser sechs Aufgaben wird deutlich, was sich mathematisch-inhaltlich hinter den Aufgaben verbirgt, welche Hürden bei den einzelnen Aufgaben zu bewältigen sind und welche Lösungsstrategien bzw. Strategieschlüssel zur Überwindung der Hürden hilfreich sein könnten.

Insgesamt ist zu erwarten, dass die Aufgaben für Dritt- und Viertklässler problemhaltig sind und dass die vorgegebenen Strategieschlüssel helfen könnten, um aufgabenspezifische Herausforderungen zu meistern. In jeder Aufgabe sind immer mehrere und ggf. auch andere Strategieschlüssel denkbar als die angegebenen – insbesondere, falls die Kinder einzelne Strategieschlüssel anders verstehen als intendiert.

Bei allen Aufgaben kann der Strategieschlüssel „Lies die Aufgabe noch einmal" eingesetzt werden, um das Verstehen der Aufgabe ggf. weiter voran zu bringen. An dieser Stelle sei darauf hingewiesen, dass hier jeweils lediglich die von der Autorin intendierten Strategieschlüssel aufgeführt wurden. Diese Auflistung muss nicht unbedingt deckungsgleich mit der tatsächlichen Verwendung der Strategieschlüssel durch die Schülerinnen und Schüler sein. Einen aufgabenspezifischen Vergleich zwischen den intendierten und den tatsächlich eingesetzten Strategieschlüsseln wird im Verlauf der Arbeit nicht angestrebt.

Datenaufbereitung 14

Als Datenmenge entstanden für die vorliegende Arbeit 41 videografierte Problembearbeitungsprozesse und die dazugehörigen Schüleraufzeichnungen. Mit Blick auf die übergeordnete Forschungsfrage werden die Daten hinsichtlich vier verschiedener Aspekte kodiert. Dabei handelt es sich um eine Kombination aus prozess- und produktbezogenen Kodierungen. So soll deutlich werden, wie erfolgreich einzelne Schülerinnen und Schüler waren, aber eben auch wie die jeweils zugehörigen Problembearbeitungsprozesse verlaufen. Es soll so ein umfangreicher Eindruck über jeden einzelnen Problembearbeitungsprozess gelingen und gleichzeitig eine Vergleichbarkeit zwischen den einzelnen Prozessen ermöglicht werden.

Mit den Kodierungen der *Phasen im Problembearbeitungsprozess* (siehe Abschnitt 14.1), *Heurismen im Problembearbeitungsprozess* (siehe Abschnitt 14.2) und der *externen Impulse im Problembearbeitungsprozess* (siehe Abschnitt 14.3) steht der Problembearbeitungsprozess und damit der tatsächliche Prozessverlauf im Mittelpunkt.

Mit der Kodierung der *Schülerlösung* (siehe Abschnitt 14.4) wird das Ergebnis und damit der Erfolg des jeweiligen Problembearbeitungsprozesses eingestuft. So wird auch das Produkt des Problembearbeitungsprozesses betrachtet und fließt in den Gesamteindruck eines jeden Problembearbeitungsprozesses ein.

Schließlich werden mit Hilfe dieser umfangreichen Kodierung Aussagen über das Vorgehen der einzelnen Schülerinnen und Schüler möglich. Damit dies übersichtlich erfolgen kann, werden die vier Kodierweisen in einem weiteren Schritt

Elektronisches Zusatzmaterial Die elektronische Version dieses Kapitels enthält Zusatzmaterial, das berechtigten Benutzern zur Verfügung steht
https://doi.org/10.1007/978-3-658-32292-2_14.

zusammengeführt und in einer übersichtlichen Graphik dargestellt (siehe
Abschnitt 14.5).

14.1 Kodierung der Phasen im Problembearbeitungsprozess

14.1.1 Bestehende Phaseneinteilungen und Kodierweisen

Im Kapitel 8 wurden für die vorliegende Arbeit relevante Konzepte zur Einteilung
von Phasen in Problembearbeitungsprozessen vorgestellt. Mithilfe von konkretem
Videomaterial identifizierte Schoenfeld (1985) in seinen Untersuchungen mit Studierenden insgesamt sechs Episodentypen in Problembearbeitungsprozessen. Ein
Episodentyp meint dabei eine charakteristische Phase innerhalb eines Problembearbeitungsprozesses.

> [...] we could agree on parsing a protocol into macroscopic chunks or episodes (infor-
> mally defined as "periods of time during which the problem solvers are essentially
> doing the same thing"), and that the episodes fell rather naturally into one of six
> categories:
>
> (1) Reading or rereading the problem.
> (2) Analyzing the problem (in a coherent and structured way).
> (3) Exploring aspects of the problem (in a much less structured in Analysis).
> (4) Planning all or part of a solution.
> (5) Implementing a plan.
> (6) Verifying a solution. (Schoenfeld 1992b, S. 189 f.)

Rott (2013) nutzte diese Episodeneinteilungen von Schoenfeld (1985; 1992b) als
Grundlage für die Entwicklung seiner Kodierweise. Er operationalisierte die Episodeneinteilungen in Form eines Kodiermanuals und ergänzte die sechs Episodentypen
um vier weitere. An dieser Stelle werden die Operationalisierungen der insgesamt
zehn Episodentypen aufgelistet.

- *Reading (Lesen)* – Episoden, in denen die Aufgabenstellung gelesen wird. Sie enthalten die Zeit, in der die Problemlöser die Bedingungen der Aufgabe aufnehmen
  sowie die Zeit der Stille nach dem Lesen. Das „Lesen" steht meist zu Beginn
  eines Problemlöseprozesses, durch erneutes Lesen (von Teilen) der Aufgabenstellung kann es im Verlauf eines Prozesses aber zu weiteren Episoden dieses Typs
  kommen.
- *Analysis (Analyse)* – Wenn nach dem Lesen der Problemstellung kein offensicht-
  licher Weg zur Lösung vorliegt, folgt normalerweise eine Analyse. Versuche, das

Problem vollständig zu verstehen, gehören ebenso dazu, wie die Auswahl bestimmter Perspektiven und Umformulierungen des Problems.

- *Exploration (Erkundung)* – In dieser Phase wird mit den Gegebenheiten der Problemstellung experimentiert. Die Erforschung verläuft dabei meist chaotischer und weiter weg vom Problem als die Analyse. Es ist zumeist die Phase der Erkundung, in der heuristische Strategien Anwendung finden.
- *Planning-Implementation (Planung und Implementation)* – Gezieltes Vorgehen, dem ein Plan zugrunde liegt, wird auf diese Weise kodiert. Teilweise wird ein Plan explizit formuliert, teilweise muss auf die Existenz eines implizit vorhandenen Planes geschlossen werden. Beide Episoden können gemeinsam oder getrennt voneinander auftreten.
- *Verification (Rückschau)* – Rückschauhalten und Überprüfen von Lösungen.
- *Abschweifung* – Zeitspannen, in denen die Probanden kein aufgabenbezogenes Verhalten zeigen. Hier gibt es zwei Ausprägungen: (a) Bearbeitung/Diskussion einer anderen Aufgabe (mit mathematischem Inhalt) und (b) Rumalbern bzw. Unterhalten über komplett aufgabenfernes wie den Schulalltag, Fernsehserien, etc.
- *Organisation* – Episoden, in denen organisatorische Tätigkeiten ausgeführt werden, die direkt oder indirekt mit der Bearbeitung der Aufgabe zu tun haben. Auch hier lassen sich zwei Ausprägungen unterscheiden: (a) Handlungen, die direkt mit der Bearbeitung in Beziehung stehen, beispielsweise das Anfertigen von aufwändigen Zeichnungen oder Tabellen, und (b) Handlungen, die die Bearbeitung vor- oder nachbereiten wie das Aufkleben und Abheften von Aufgabenzetteln.
- *Schreiben* – Phasen, in denen die Probanden ihre (bisherigen) Erkenntnisse zusammenfassen, ohne inhaltlich weiter zu arbeiten.
- *Sonstiges* – Verhalten, das keinem anderen Episodentyp (sinnvoll) zugeordnet werden kann. (Rott 2013, S. 186–187 bzw. S. 198, Hervorhebungen im Original)

Diese insgesamt zehn verschiedenen Episodentypen unterscheidet Rott (ebd.) in inhaltliche und nicht-inhaltliche Episoden. Als *inhaltliche Episoden* versteht er die Phasen im Problembearbeitungsprozess, die direkt mit dem Inhalt der Aufgabenbearbeitung zu tun haben – also die Episodentypen *Analyse, Exploration, Planung, Implementation* und *Verifikation*. Als *nicht-inhaltliche Episoden* bezeichnet er die Episodentypen, die sich „auf Verhaltensweisen beziehen, die nicht direkt mit dem Inhalt der Aufgabenbearbeitung zu tun haben" (ebd., S. 198). Das trifft auf die Episodentypen *Lesen, Abschweifung, Organisation, Schreiben* und *Sonstiges* zu.

14.1.2 Vorgehensweise beim Kodieren der vorliegenden Daten

Als Grundlage zur Kodierung der vorliegenden Daten werden die eben beschriebenen, insgesamt zehn Episodentypen verwendet. Für die konkrete Umsetzung wird zunächst festgelegt, wann ein Problembearbeitungsprozess anfängt und beendet ist:

Der Prozess *beginnt* in dem Moment, in dem die Probanden die Aufgabe bewusst wahrnehmen, also z. B. das Aufgabenblatt aufschlagen bzw. ausgehändigt bekommen und sich damit beschäftigen; normalerweise beginnen die Problemlöser mit dem Lesen der Aufgabenstellung. Er *endet*, wenn sich die Probanden darauf einigen, fertig zu sein (und nicht kurz darauf weiterarbeiten), oder der Beobachter den Prozess abbricht. Mit diesen Grenzen wird die Dauer des Prozesses festgelegt. (ebd., Anhang, A2, Hervorhebungen im Original)

Dabei diesem Vorgehen ganze Zeitabschnitte identifiziert und benannt werden, handelt es sich hierbei um ein *Time-Sampling* Verfahren (ebd.). Insgesamt gehen die einzelnen Episoden innerhalb eines Problembearbeitungsprozesses fließend ineinander über. Deswegen wird letztlich jeder Zeitpunkt eines Problembearbeitungsprozesses mindestens einem Episodentyp zugeordnet. Doppelkodierungen sind grundsätzlich denkbar. So liegen beispielsweise die Episoden *Planung* und *Analyse* eng beieinander und könnten nahezu zeitgleich ablaufen.

Grundsätzlich wurden einzelne Episoden erst dann kodiert, wenn sie im Sinne der „macroscopic chunks" (Schoenfeld 1992b, S. 189) mindestens 30 Sekunden lang waren. Lediglich bei den Episodentypen *Planung*, *Analyse* und *Verifikation* wurde diese zeitliche Beschränkung auf 10 Sekunden reduziert. Diese drei Episodentypen können sehr kurz sein, wenn beispielsweise in ein oder zwei Sätzen zuerst etwas Relevantes in der Aufgabenstellung analysiert und dann eine erste Idee geäußert wird. Damit insbesondere diese drei verhältnismäßig kurzen Phasen im Gesamtverlauf dennoch erkennbar sind, wurde das Kodiermanual entsprechend angepasst.

Neben der Kodierung mit Hilfe der vorhandenen Episodentypen von Schoenfeld (ebd.) und Rott (2013), wurden in Anpassung für das vorliegende Projekt zwei weitere Episodentypen hinzugefügt: *Vorbereitung* und *Interview*. Damit werden die Phasen vor dem Lesen der Aufgabe und nach Beendigung der Aufgabenbearbeitung in die Gesamtkodierung mit aufgenommen. Diese Phasen tragen inhaltlich nicht zum Geschehen der Problembearbeitung bei, können aber möglicherweise Hinweise zur Verwendung der Strategieschlüssel preisgeben und erlauben eine vollständige Abbildung des jeweiligen Gesamtprozesses.

Insgesamt ergeben sich so zwölf Episodentypen – vor, während und nach dem Problembearbeitungsprozess–, die kodiert werden, falls sie im Videomaterial auftreten. Eine zusammenfassende Übersicht der möglichen Episodentypen wird in Tabelle 14.1 angeboten. Diese Tabelle dient gemeinsam mit den allgemeinen Informationen aus dem Kodiermanual von Rott (ebd.) als Kodiergrundlage. Die Videodaten wurden mit Fertigstellung des Kodiermanuals und nach einer einführenden Schulung von zwei unabhängigen Ratern kodiert. Bei der Schulung wurden etwa drei Problembearbeitungsprozesse gemeinsam mit Hilfe des vorliegenden Kodiermanuals kodiert. Die Kodierungen der unabhängigen Rater wurden schließlich mit-

Tabelle 14.1 Überblick über die Kodes zur Kodierung der Episodentypen im Problembearbeitungsprozess, [1]Schoenfeld (1985), [2]Rott (2013, Anhang A2), [3]adaptiert für die hiesigen Zwecke

Inhaltliche bzw. inhaltstragende Episodentypen		Nicht-inhaltliche bzw. nicht-inhaltstragende Episodentypen	
Analysis (Analyse)[1]	Verstehen der Situation	Vorbereitung[3]	Kennenlernen, Arbeitsblatt übergeben, Strategieschlüssel vorlesen
Exploration (Erkundung)[1]	Generieren von Ideen, Erarbeitung von Lösungsansätzen	Reading (Lesen)[1]	Lesen der Aufgabenstellung
Planning (Planung)[1]	Aufstellen eines Plans zur Aufgabenlösung		
Implementation (Ausführung)[1]	Abarbeiten des Plans		
Verification (Verifikation)[1]	Überprüfen des Ansatzes, Rückschau halten	Schreiben[2]	Aufschreiben von Antwortsätzen und schriftliches Zusammenfassen
		Organisation[2]	Phasen, in denen aufgabenbezogen, aber nicht inhaltlich gearbeitet wird (z. B. Anlegen von Tabellen)
		Abschweifung[2]	aufgabenferne Tätigkeiten
		Sonstiges[2]	Phasen, die eigene Episoden bilden, aber keinem anderen Typ zugeordnet werden können
		Interview[3]	Phase nach Beendigung der Aufgabe, Gespräch zwischen Interviewerin und Schülerin bzw. Schüler

einander verglichen und an nicht übereinstimmenden Stellen konsensuell validiert. In den Tabellen 14.2 und 14.3 sind die Kodierungen der zwei Rater aufgeführt.

Im Problembearbeitungsprozess von Richard (siehe Tabelle 14.2) stimmten alle Episodenbezeichnungen und mit minimaler Abweichung auch die zeitliche Einteilung überein. Bei Simons Bearbeitung der Bauernhof-Aufgabe kodierte der zweite Rater *MP* zusätzlich die Episode Verifikation, während Rater *RH* hier eine durchgehende Implementationsphase kodierte. Zur Berechnung der Interraterreliabilität wird genauso vorgegangen wie bei Rott (2013, S. 230) (nähere Ausführungen auch in Döring und Bortz 2016, S. 566). Zunächst wird die Anzahl der Grenzsetzungen bestimmt. Bei der Kodierung von Richards Problembearbeitungsprozess wurden insgesamt sieben Grenzen identifiziert. Bei der Kodierung von Simons Problembearbeitungsprozess identifizierte Rater *RH* sechs Grenzen, Rater *MP* hingegen sieben Grenzen. Sechs dieser Grenzen stimmen überein, eine Grenze weicht ab (01:32).

Tabelle 14.2 Episodeneinteilung von Richards Bearbeitung der Bauernhof-Aufgabe

Rater 1: RH		Rater 2: MP	
Beginn	**Episode**	**Beginn**	**Episode**
00:00	Vorbereitung	00:00	Vorbereitung
00:31	Lesen	00:31	Lesen
00:50	Exploration	00:49	Exploration
02:33	Verifikation	02:32	Verifikation
03:06	Exploration	03:06	Exploration
06:21	Organisation	03:15	Organisation
07:11	Implementation	07:11	Implementation
09:14	ENDE	09:15	ENDE

Die berechnete Übereinstimmung ist in Richards Fall mit $P_A = 8/(8+0) = 1,0$ perfekt, in Simons Fall mit $P_A = 6/(6+1) = 0,86$ sehr gut (Bortz und Döring 2006, S. 277). Von den insgesamt 41 Problembearbeitungsprozessen wurden 15 % unabhängig voneinander kodiert und Übereinstimmungen zwischen 83 % und 100 % erzielt. Bei der TIMSS-Videostudie wurde „[d]er Minimalwert der Reliabilität [. . .] auf 85 % festgelegt" (Hugener 2006, S. 57; Rott 2013, S. 230). Die Interraterübereinstimmung der vorliegenden Studie erfüllt also weitestgehend die Standards und kann damit als valide und objektiv eingestuft werden.

Tabelle 14.3 Episodeneinteilung von Simons Bearbeitung der Bauernhof-Aufgabe

Rater 1: RH		Rater 2: MP	
Beginn	Episode	Beginn	Episode
00:00	Vorbereitung	00:00	Vorbereitung
00:11	Lesen	00:13	Lesen
00:39	Analyse	00:39	Analyse
01:00	Implementation	00:58	Implementation
		01:32	Verifikation
02:23	Schreiben	02:23	Schreiben
03:03	ENDE	03:03	ENDE

14.2 Kodierung der Heurismen im Problembearbeitungsprozess

14.2.1 Bestehende Kodierweisen

Basierend auf den Arbeiten von Koichu, Berman und Moore (2007), Kilpatrick (1967), Collet (2009) und Bruder (2000) entwickelte Rott (2013) (siehe auch Rott 2018) ein Kodiermanual für Heurismen. Dabei ging er zunächst induktiv vor.

> In einem ersten Schritt zur empiriegestützten Entwicklung der Heurismen-Kategorien wurden zunächst alle Stellen im Produkt bzw. im Prozess (die unabhängig voneinander betrachtet wurden) markiert und herausgeschrieben, die mit beweglichem Denken, Kreativität, Ideengenerierung, Problemlöse-„Techniken" etc. zu tun haben könnten. Dabei wurde sehr großzügig vorgegangen und möglichst viel notiert. (Rott 2013, S. 204)

Die dadurch identifizierten „Stellen" wurden anschließend dahingehend geprüft, „ob es sich um einen Heurismus handelt und wenn ja, um welchen" (ebd., S. 204). In einem dritten Schritt führte er eine stoffdidaktische Analyse der in seiner Studie verwendeten Aufgaben durch. Dabei richtet er den „Blick auf theoretisch mögliche Bearbeitungsweisen und Heurismen" (ebd., S. 205, deduktives Vorgehen). Die Erkenntnisse aus der stoffdidaktischen Analyse wurden mit den zuvor identifizierten „Stellen" abgeglichen. So wurden auf induktive Art und Weise manche Kodes nochmals verändert, angepasst und ggf. hinzugefügt.

Im Gegensatz zur Kodierung der Phasen im Problembearbeitungsprozess (siehe
Abschnitt 14.1) handelt es sich hierbei um ein *Event-Sampling* Verfahren.

> Bei einigen Tätigkeiten, wie z. B. dem „Anlegen [einer] Tabelle" oder dem „Messen"
> einer Streckenlänge, ließe sich die zugehörige Dauer, die vermutlich im Minutenbe-
> reich liegt, bestimmen; ein Heurismus wie „Rückwärtsarbeiten" kann sich über einen
> ganzen Prozess hinziehen, ohne dass ein konkretes Ende bestimmbar wäre; das Einset-
> zen eines „Extremwerts" in eine Gleichung könnte schon nach Sekunden beendet sein
> (und Minuten später könnte darauf verwiesen werden). Die Dauer eines Heurismus'
> ist dementsprechend nicht immer (genau) feststellbar und oft wenig aussagekräftig.
> Heurismen sollen deswegen als Impulse gedeutet werden, als Anstoß für die entspre-
> chende Tätigkeit, so dass nur ein Zeitpunkt (und nicht ein Start- und ein Endpunkt) zu
> ermitteln ist. (ebd., S. 206)

Insgesamt konnte Rott (2013; 2018) mit seinem induktiv-deduktiven Vorgehen und
innerhalb seiner Datenmenge 24 verschiedene Heurismen benennen. In seinem
umfangreichen Kodiermanual werden diese Heurismen tabellarisch aufgeführt, allgemein beschrieben und mit aufgabenbezogenen Beispielen operationalisiert (Rott
2013, Anhang).

14.2.2 Vorgehensweise beim Kodieren der vorliegenden Daten

Für die vorliegende Arbeit dient das Kodiermanual zur Identifizierung von Heurismen in Problembearbeitungsprozessen nach Rott (2013; 2018) als Grundlage. Da
es sich in der vorliegenden Arbeit aber um eine andere Probandengruppen und um
andere Aufgaben handelt, muss das Kodiermanual entsprechend angepasst werden.
   Diese Adaption wurde methodisch in Anlehnung an Rott (2013) ebenfalls mit
einem induktiv-deduktiven Vorgehen nach Mayring (2010) gestaltet. Die Erkenntnisse aus den stoffdidaktischen Analysen der sechs Aufgaben (siehe Abschnitt 13.3)
und der Identifizierung von Heurismen am Datenmaterial (u. a. mit Hilfe der unver-
öffentlichten Examensarbeit von Buschmann 2015) wurden zusammengeführt. Daraus ergaben sich andere aufgabenbezogene Beispiele und zuvor nicht operationalisierte Heurismen, wie beispielsweise das *Approximationsprinzip*, die *Routineaufgabe* und *Gegeben und Gesucht* (siehe dazu die Heurismen ohne * in den Tabellen 14.5a, 14.5b, 14.5c, 14.5d und 14.5e).
   Beispielsweise versuchten manche Schülerinnen und Schüler, das mathematische Problem so zu vereinfachen, dass es zu einer Routineaufgabe wurde. In diesem
Fall wurde dies als der Heurismus *Routineaufgabe* kodiert. Üblicherweise würde

eine Routineaufgabe nicht als Problem verstanden werden (siehe Kapitel 8). In den Worten von Greeno (1980, S. 13) werden hier also auch routinierte Aktivitäten kodiert, die für das Problemlösen legitim sind. Die Kinder versuchen Strategien, die ihnen aus dem Umgang mit Textaufgaben bekannt sind, zu verwenden. So versuchen manche Kinder möglichst viele Zahlen aus der Aufgabe in scheinbar zufälliger Art und Weise durch ihnen bekannte Rechenoperationen miteinander zu verbinden (Stern 1992). Dieses Vorgehen ist Kindern aus dem Schulunterricht bekannt und führt beim Umgang mit Textaufgaben häufig zum Ziel (Stern 1992; Prediger und Krägeloh 2015; Rasch 2009).

Ähnlich verhält es sich mit dem Kode *Gegeben und Gesucht*. Dieser wurde angewandt, wenn das Gegebene und Gesuchte der Aufgabe beim lauten Denken thematisiert wurde. Dieser Schritt sei notwendig, um sich eine Aufgabe zu erschließen und sie gänzlich zu durchdringen (Pólya 1964). Er wird auch in Pólyas Fragenkatalog aufgeführt – „Was ist gegeben? Was ist gesucht" (Pólya 1949, S. xvi–xvii) und wird deswegen in der vorliegenden Arbeit als Heurismus interpretiert.

Sind Strategien nicht vollständig ausgeprägt, sondern nur teilweise erkennbar, wurden die entsprechenden Heurismenkodes, so wie auch bei Rott (2013), mit dem Zusatz „Keim" als Strategiekeim gekennzeichnet. Unter einem Strategiekeim versteht Stein (1995) folgendes:

> Die Suche nach den Bausteinen der Problemlösekompetenz wird als Suche nach auffälligen Mustern im Lösungsverhalten der Schüler durchgeführt. Diese Muster werden dabei als **Strategiekeime** verstanden. Mit diesem Begriff soll deutlich gemacht werden, daß zwar nicht unterstellt werden kann, daß bestimmten auffälligen Handlungsmustern und -abläufen bereits eine „strategische Absicht" zugrundeliegt, daß jedoch
>
> • das Eingreifen des Lehrers oder – in unserem Fall – der Interviewerin, oder auch
> • der Fortgang der Interaktion mit dem Mitschüler
>   den Schüler dazu bringen kann,
> • sein früheres Verhalten in die „strategische Absicht" weiter zu entwickeln, auf diesem Wege das Problem zu lösen, oder
> • sein früheres Verhalten im Sinne bewußt strategischen Vorgehens zu „reinterpretieren". (ebd., S. 60, Hervorhebungen im Original)

Die Markierung als Strategiekeim trat insbesondere im Zusammenhang mit dem Heurismus *Muster* auf.

Mit Hilfe eines adaptierten Manuals wurden analog zum Vorgehen von Rott (2013) in jedem Schülerbearbeitungsprozess zunächst die Zeitpunkte identifiziert, in denen Heurismen auftraten und anschließend die Heurismen benannt. Dieser Kodierungsprozess wurde nach einer Schulung zunächst für die Bauernhof- und die

Sieben Tore-Aufgaben von zwei unabhängigen Ratern durchgeführt. In Tabelle 14.4 wird exemplarisch veranschaulicht, inwiefern beide Rater in der Kodierung übereinstimmten. Die Identifizierung einer Aktion im Video als Heurismus gilt dann als übereinstimmend, wenn von beiden Ratern dieselbe Benennung erfolgt (d. h. dieselbe Kategorie aus dem Manual gewählt wurde) und wenn beide Kodierungen zeitlich höchstens zehn Sekunden voneinander abweichen.

Tabelle 14.4 Heurismenkodierung von Anja bei der Bauernhof-Aufgabe, durchgeführt von zwei unabhängigen Ratern, H: Hühner, K: Kaninchen, B: Beine

	Rater 1: NB	Rater 2: RH
1	6:35: Spezialfall (nur Hühner)	6:30: Spezialfall (20H, 40B und 70B, 35H)
2		(9:45: Schlüssel: Beginne mit einer kleinen Zahl.)
3		(10:18: Schlüssel: Erstelle eine Tabelle.)
4	10:56: Tabelle	10:54: Tabelle
5	15:32: Spezialfall	15:25: Spezialfall (20H, 40B)
6	18:05: Systematisches Probieren	
7	20:43: Ungerichtetes Probieren (15H, 10K)	
8		22:31: Beispiel (15H, 10K)
9	24:20: Systematisches Probieren	24:19: Systematisches Probieren (8K, 19H)
10	26:26: Muster (Keim)	
11	27:13: Systematisches Probieren	27:14: Systematisches Probieren (14K, 6H)
12	27:50: Systematisches Probieren	27:50: Approximationsprinzip (12K, 8H)
13	28:48: Systematisches Probieren	
14	29:34: Systematisches Probieren	

In Tabelle 14.4 wurden Heurismen in der gleichen Zeile notiert, wenn die Zeiten bis auf höchstens zehn Sekunden Unterschied übereinstimmen. Abweichungen gibt es im hier diskutierten Prozess z. B. nach dem ersten Spezialfall. Danach probiert das Kind offensichtlich verschiedene Heurismen aus. Bis das Beispiel letztlich vollständig ist (Zeilen 7 und 8) und kodiert werden kann, scheint es unter den Ratern verschiedene Ansichten zu geben. Am Ende des Prozesses findet das Kind verschiedene Beispiele und geht dabei systematisch vor. Rater 1 kodiert dabei jedes einzelne systematisch erarbeitete Beispiel als systematisches Probieren. Der Heurismus sollte nach den Vorgaben des Kodiermanuals an dieser Stelle allerdings nur einmal kodiert werden. Das Kind verändert seine Aktionen nicht grundlegend, sondern nutzt diesen Heurismus lediglich mehrere Male direkt hintereinander. Rater 2 hat hingegen in den Aktionen des Kindes eine Systematik gesehen: Das Kind tastet sich langsam an das richtige Ergebnis von beiden Richtungen an, weswegen das selten vorkommende *Approximationsprinzip* kodiert wurde. Stimmten die Rater maßgeblich nicht überein, wurde im Anschluss darüber gesprochen und konsensuell validiert (Bortz und Döring 2006, S. 326).

Nach einer leichten Überarbeitung des Kodiermanuals, einer Einweisung in die Kodierung und Gesprächen zur konsensuellen Validierung wurden die Videos der Smarties- und Legosteine-Aufgaben ebenfalls von zwei unabhängigen (anderen) Ratern kodiert. Bei dieser zweiten Kodierung wurde mit Cohen's $\kappa = 0{,}61$ ein guter Wert für die Interraterreliabilität erlangt (ebd., S. 277). Die Kodierung des Datenmaterials im Hinblick auf die Heurismen kann also objektiv angenommen werden. Eine zusammenfassende Übersicht über die verwendeten Kodes zur Identifizierung von Heurismen kann den Tabellen 14.5a, 14.5b, 14.5c, 14.5d und 14.5e entnommen werden.

14.2.3 Grenzen der Kodierung

Trotz des angepassten und überarbeiteten Kodiermanuals sowie der durchgeführten konsensuellen Validierung kam es zu verbleibenden Unstimmigkeiten zwischen den Ratern. Diese entstehen durch die Grenzen der Heurismenkodierung, die am Beispiel von Christin und Simon verdeutlicht werden. Kursiv werden jeweils die kodierten Heurismen darstellt.

Abbildung 14.1 Christin (Schachbrett-Aufgabe): Arbeitsblatt

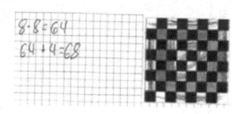

Christin liest sich die Schachbrett-Aufgabe durch und rechnet $8 \cdot 8$ (siehe Abbildung 14.1). Gleichzeitig verkündet sie, dass sie sich schon ganz sicher sei, dass sie noch weitere Quadrate finden würde. Dazu möchte sie immer kleinere Quadrate bilden, indem sie jeweils die äußeren Quadratreihen abzieht und sich so vom Äußeren zum Inneren des 8×8-Quadrats bewegt. Sie rechnet zu den 64 Quadraten also noch ein 8×8, ein 6×6, ein 4×4 und ein 2×2 Quadrat dazu. Damit beträgt ihre Endlösung 68 Quadrate. Da Christin schon zu Beginn wusste, dass es sich nicht nur

Tabelle 14.5a Übersicht zur Identifizierung von Heurismen am Beispiel verschiedener Aufgaben: [1] Bauernhof, [2] Sieben Tore, [3] Smarties, [4] Kleingeld, [5] Legosteine, [6] Schachbrett; mit * markiert sind die von Rott (2013; 2018) übernommenen Heurismen

Kürzel	Kode	Beschreibung	Beispiele
ApP	Approximationsprinzip	Beispiele werden so systematisch ausgewählt, dass sich einer Lösung von zwei Seiten genähert wird.	[1] Dialog zwischen der Interviewerin und Anja (Beginn bei 00:27:06): Anja: 14 Kaninchen sind (...) 52 Beine. Und 6 Hühner sind 12 Beine. Aber dann wären es 64. Und bei 12 Kaninchen sind es 48 Beine und 8 Hühner sind 16 Beine. Aber das würd auch nicht gehen. I: Sind wir jetzt näher dran oder weiter weg? Anja: Weiter weg. I: Also in welche Richtung müssen wir gehen? Anja: Nach vorne. 16 Kaninchen haben 64 Beine. Und 4 Hühner haben 8 Beine, aber das wär dann zu viel. Und 15 Kaninchen sind 60 Beine und 5 Hühner sind noch 10. Das würde passen.
Bez*	Bezeichnung einführen	Elemente des gegebenen Problems bezeichnen oder benennen (z. B. Variablen vergeben oder geometrische Objekte benennen) oder auf andere Art kennzeichnen.	[6] Simon benennt die Spalten im Schachbrett mit Zahlen und die Zeilen mit Buchstaben.
Bsp	Beispiel	Generieren, Nennen oder Fixieren eines Beispiels. Wird das gleiche Beispiel genannt und dann fixiert, wird der Kode nur einmal vergeben.	[2] Dialog zwischen der Interviewerin und Julius (Beginn bei 00:02:56): I: Was überlegst du? (flüstert) Julius: Eigentlich nur, wie viele der am ersten Tor noch hatte. I: Und wie überlegst du das? Julius: Zum Beispiel 14 geteilt durch 7. Das sind 2. Aber 2 minus 7 geht nicht. Sonst müsste man 14 geteilt durch 8 rechnen. Das geht nicht. Oder 16 Äpfel hatte er gepflückt. Wenn er 16 hatte, dann würde das gehen. Weil 16 geht durch 8. Das sind 2. Weil an jedem Tor verlangt ja einer mindestens die Hälfte und einen Apfel mehr. Hm. Aber die Zahl ist zu niedrig. [4] Richard (00:02:29): Ah. Ich hab schon eine Idee. (notiert das Beispiel 2x10ct, 1x5ct, 2x2ct)

Tabelle 14.5b Fortsetzung: Übersicht zur Identifizierung von Heurismen am Beispiel verschiedener Aufgaben: [1] Bauernhof, [2] Sieben Tore, [3] Smarties, [4] Kleingeld, [5] Legosteine, [6] Schachbrett; mit * markiert sind die von Rott (2013; 2018) übernommenen Heurismen

Kürzel	Kode	Beschreibung	Beispiele
Geg/ Ges	Gegeben & Gesucht	Überprüfen, welche Informationen in der Aufgabe enthalten sind und was herausgefunden werden soll.	[1] Nennen oder Aufschreiben von Gegebenem (hier am Beispiel von Christin). [3] Anja (00:00:27): Am ersten Tag ist die Hälfte. Und dann noch einen. Am zweiten Tag nochmal die Hälfte und noch einen. Dann waren noch 6 übrig. (S überlegt) Ist damit nur so eine Packung gemeint oder eine ganze Tüte voller Packungen?
HiE*	Hilfselement	Einfügen von Hilfselementen, die in der Aufgabenstellung nicht erwähnt wurden, beispielsweise das Zeichnen von Hilfslinien.	[5] Einzeichnen von Hilfslinien, um einzelne Steine zu kennzeichnen (hier am Beispiel von Markus). [6] Umranden von Quadraten auf dem Schachbrett, um eine Zählung zu unterstützen, z. B. durch verschiedene Farben (hier an den Beispielen von Christin (links) und Laura (rechts)).
InF*	informative Figur	Das Anfertigen einer Skizze, eines Diagramms oder eines Graphen.	[5] Das Zeichnen eigener Legosteine (siehe Fabians Zeichnung): [6] Das Zeichnen eigener (evtl. kleinerer) Schachbretter.
Le	erneut Lesen	Nochmaliges Lesen der Aufgabe. Dieser Kode wird auch vergeben, wenn nur Teile der Aufgabe noch einmal gelesen werden.	[1] Am Ende der Bearbeitung wird die Fragestellung erneut nachgeschaut, damit die Frage richtig beantwortet werden kann. [3] Während der Bearbeitung wird überprüft, ob die Aufgabe richtig verstanden wurde und die Rechenoperationen richtig gewählt wurden.
Mus*	Suche nach Mustern	Die Suche nach und das (vermeintliche) Erkennen von mathematischen Regelmäßigkeiten (geometrische Figuren, Zahlenfolgen) im Aufgabenkontext.	[1] Erkennen, dass beim Wegnehmen eines Huhns und Hinzunehmen eines Kaninchens zwei Beine dazukommen. [4] Erkennen, dass die 5-Cent Münze eine tragende Rolle hat und nur damit die ungerade 31 generiert werden kann.

Tabelle 14.5c Fortsetzung: Übersicht zur Identifizierung von Heurismen am Beispiel verschiedener Aufgaben: [1] Bauernhof, [2] Sieben Tore, [3] Smarties, [4] Kleingeld, [5] Legosteine, [6] Schachbrett; mit * markiert sind die von Rott (2013; 2018) übernommenen Heurismen

Kürzel	Kode	Beschreibung	Beispiele	
RoA	Routineaufgabe	Vereinfachung des Problems auf eine Rechenaufgabe; (ggf. sinnfreier) Einsatz möglichst vieler gegebener Werte.	[1] Vicky: Zusammenführen aller gegebener Angaben in eine Rechnung	[6] Collin: Die Schachbrett-Aufgabe wird auf die Aufgabe 8 · 8 reduziert.
RwA*	Rückwärtsarbeiten	Betrachtung des Zielzustands/ des Gesuchten; davon ausgehend (evtl. durch Zerlegung des Problems in Teilprobleme) zum Anfangszustand zu gelangen. Teilweise müssen dazu vorgegebene Operationen umgekehrt werden.	[2]|[3] Umkehrung der Rechenoperationen (:2 o −1) zu (+1 o 2), um die Anzahl an Äpfeln vor einem Tor bzw. die Anzahl der Smarties am Anfang bestimmen zu können.	
SpF*	Spezialfall	Betrachten von besonderen Fällen oder Beispielen, die angenommen werden können.	[1] Betrachten von 20 Tieren und/oder 70 Beinen: Prisha betrachtet beispielsweise 20 Tiere und ermittelt mit dem Teilen durch 2 die Anzahl der Hühner.	
SyH*	Systematisierungshilfe	Das Einführen ordnender Elemente, die bei der Ausführung und Überwachung einer Tätigkeit/eines Planes helfen.	[2] Das Kennzeichnen (durch Bildchen oder Zahlen) von sieben „Toren", mit deren Hilfe die Rechenschritte systematisiert werden (hier am Beispiel von Richard).	[4] Das Nutzen verschiedener Farben, um den Überblick zu behalten (hier am Beispiel von Simon).

Tabelle 14.5d Fortsetzung: Übersicht zur Identifizierung von Heurismen am Beispiel verschiedener Aufgaben: [1] Bauernhof, [2] Sieben Tore, [3] Smarties, [4] Kleingeld, [5] Legosteine, [6] Schachbrett; mit * markiert sind die von Rott (2013; 2018) übernommenen Heurismen

Kürzel	Kode	Beschreibung	Beispiele
SyP*	systematisches Probieren	Testen von mehreren Elementen (Einsetzen von Werten/Betrachten von Fällen), mit dem Ziel sich der Lösung anzunähern. Systematisch wird es durch Techniken, die helfen, möglichst alle Elemente zu berücksichtigen (Auflistung aller möglichen Werte bzw. Fallunterscheidung).	[1] Hannes hält die Anzahl der Tiere konstant, variiert deren Zusammensetzung, um daran die Veränderung bzgl. der Anzahl der Beine zu erkennen. [2] „Durchspielen" der Rechenoperationen (:2 o −1) mit unterschiedlichen Apfel-Startzahlen mit dem Ziel, das Ergebnis zu ermitteln (nicht zur Probe anders bestimmter Apfelzahlen). [5] Anke (00:08:27) hat bereits die Mauer 1x3er, 1x4er und 2x6er gefunden. Dann generiert sie das Beispiel 5x3er und 1x4er, indem sie jeden 6er Stein systematisch durch 3er Steine ersetzt.
Tab*	Tabelle oder Liste	Anlegen einer Tabelle, um gegebene Werte zu ordnen und um evtl. vorhandene Zusammenhänge sichtbar zu machen. Es genügt schon die Erstellung von Wertepaaren für die Kodierung dieses Heurismus, es müssen z. B. keine Linien gezeichnet werden. Oft verwendet als Hilfsmittel bei der Suche nach Mustern oder beim Systematischen Probieren.	[1] Einsatz einer Tabelle als Hilfe zum systematischen Probieren (hier am Beispiel von Richard) [2] Darstellung der sieben Tore mit Hilfe einer Tabelle (hier am Beispiel von Christin)

Tabelle 14.5e Fortsetzung: Übersicht zur Identifizierung von Heurismen am Beispiel verschiedener Aufgaben: [1] Bauernhof, [2] Sieben Tore, [3] Smarties, [4] Kleingeld, [5] Legosteine, [6] Schachbrett; mit * markiert sind die von Rott (2013; 2018) übernommenen Heurismen

Kürzel	Kode	Beschreibung	Beispiele
VRA*	Kombination aus Vorwärts- und Rückwärtsarbeiten	Kombination von Vorwärts- und Rückwärtsarbeiten: Teilweise wird vom Ausgangs- und teilweise vom Zielzustand ausgegangen und aufeinander zugearbeitet.	[2] Richard (00:09:12): Ich hab ne Idee. Die Hälfte von 6 wär ja, 3 und einer mehr. Dann hätte man. Ja, die Hälfte von 6 müsste es sein. 3, einer mehr, also 4. Nee. Dann wären's 2. Die Hälfte von 5 geht nicht.
VwA*	Vorwärtsarbeiten	„Drauf los"-Arbeiten vom Anfangszustand; das Gegebene wird verwendet, um zum Zielzustand zu gelangen.	[2] Julius (00:06:11): Ich versuche mir die Zahl zu denken, indem ich immer die Hälfte. Zum Beispiel. Von 32 die Hälfte. Nee, von 24 die Hälfte sind 12. Da hat man noch 11 Äpfel, weil der ja noch ein Äpfel nimmt. I: mhm. S: Also 11. Das wären. Aber 11 durch 2 geht nicht. Da gibt es eigentlich nur. 5. Dann hat er noch 5. Da sind das noch 2.
ZeP*	Zerlegungsprinzip	Zerlegung der Aufgabe in (leichter zu lösende) Teilaufgaben. Dies können einzelne Aufgabenschritte sein oder tatsächliche (geometrische) Teilfiguren.	[1] Die Zerlegung in einzelne Zahlen, hier die Zerlegung von 70 Beinen in 30 und 40 Beine.

um 64 Quadrate handelt und sie auch schon eine Idee hatte, wie sie das umsetzen kann – nämlich mit farbigen Markierungen (*Hilfselement*) – wird an dieser Stelle keine Routineaufgabe für das 8 · 8-Rechnen kodiert.

Abbildung 14.2 Simon (Schachbrett-Aufgabe): Arbeitsblatt

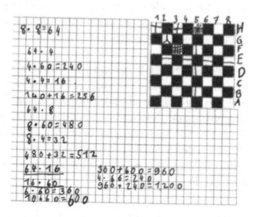

Simon bearbeitet die gleiche Aufgabe. Er kennt die Bezeichnungen eines Schachbretts und notiert sie an der Abbildung – erst spaltenweise und dann zeilenweise (1 bis 8 und A bis E) (*Bezeichnung einführen*) (vgl. Abbildung 14.2). Anschließend rechnet er 8 · 8 und ist sich sicher, dass das die Lösung ist (*Routineaufgabe*). Durch die Nachfrage der Interviewerin, wie er sich die Äußerung des Mädchens erklärt, sagt er, dass man jedes Quadrat ja auch unterteilen könnte. Dazu zeichnet er Linien in einzelne Quadrate ein und viertelt sie (*Hilfselement*). Bei Simon handelt es sich anders als bei Christin um eine Uminterpretation der Aufgabe. Er macht eine andere Aufgabe daraus und kommt dadurch nicht zur gewünschten Lösung. Er rechnet dann für 4, 8 und 16 Unterteilungen der kleinen Quadrate die jeweilige Anzahl an Quadraten aus. Er könnte das auch noch weiterführen, aber an dieser Stelle wird die Bearbeitung unterbrochen.

Der Einsatz des Hilfselements ist in beiden Fällen ähnlich. Beide nutzen das Hilfselement, um weitere Quadrate deutlich zu machen. Allerdings bearbeitet Christin damit die eigentliche Aufgabe und Simon schafft sich eine neue Aufgabe. Die Kodierung des Heurismus *Hilfselement* gibt uns also keinen Aufschluss darüber, welcher Weg begangen wird. Das wird erst bei näherer Betrachtung und in Ergänzung mit den anderen Kodierungen deutlich.

Die Kodierung des Heurismus *Routineaufgabe* ist insofern schwierig, als es sich hier schon um eine erste Interpretation handelt. Reduzieren Schülerinnen und Schüler das eigentliche Problem auf eine leichte Rechenaufgabe, deren Komponenten sie der Aufgabenstellung entnehmen können, so sprechen wir von einer Routineaufgabe. Wir unterstellen den Schülerinnen und Schülern damit auch, dass sie davon ausgehen, dass sie das zu einer Lösung bringt – so wie in Simons Fall. Christin hingegen macht schon zu Beginn deutlich, dass sie weitere Quadrate entdecken wird, weswegen es sich in ihrem Fall nicht um die Reduktion des Problems auf eine Routineaufgabe handelt, sondern vielmehr um einen notwendigen Schritt zur Gesamtlösung.

Mit diesen beiden Beispielen soll deutlich werden, dass die Kodierung und die Abgrenzung zwischen verschiedenen Fällen nicht immer eindeutig ist. Dadurch entsteht letztlich auch die fehlende Übereinstimmung zwischen den Ratern. Außerdem verdeutlichen die Beispiele, dass wir durch die Kodierung einen Schwerpunkt setzen und damit viele andere Informationen ausblenden. Im Sinne des explorativen Charakters dieser Studie ermöglicht uns die Heurismenkodierung insgesamt Aufschluss darüber, über welche Heurismen Dritt- und Viertklässler möglicherweise bereits verfügen.

14.3 Kodierung der externen Impulse im Problembearbeitungsprozess

Mit dieser dritten, prozessbegleitenden Kodierung werden externe Impulse kodiert. Gemeint sind damit Impulse, die innerhalb der Interviewsituation auf die Problembearbeitung der Schülerin bzw. des Schülers wirken – verursacht durch die Strategieschlüssel oder die interviewende Person. Zur Entwicklung einer Kodierung wurde ein deduktiv-induktives Vorgehen gewählt. Es werden deswegen zunächst deduktiv mögliche Kategorien und Kodes zur Kodierung von Impulsen in der Literatur identifiziert. Induktiv wird im Sinne einer qualitativen Inhaltsanalyse nach Kuckartz (2014) nah am Datenmaterial gearbeitet. In einem weiteren Schritt werden die deduktiv mit den induktiv gewonnenen Kategorien abgeglichen und zusammengeführt.

14.3.1 Deduktive Vorgehensweise zur Kategorienbildung

Zur Kategorisierung der Impulse wurde zunächst nach möglichen Kategorien und Kodes in der Literatur gesucht. Dabei wurden drei potentielle Ansätze gefunden.

Erstens können Äußerungen der interviewenden Person den einzelnen Hilfen nach Zech (2002) zugeordnet werden (siehe dazu Kapitel 8). So könnten innerhalb des Interviews beispielsweise Motivations- oder Rückmeldungshilfen eine Rolle spielen. Gleichzeitig können die Strategieschlüssel in die Taxonomie der Hilfen eingeordnet werden. So finden sich beispielsweise allgemein-strategische Hilfen wie „Lies die Aufgabe genau durch" (ebd., S. 319). Für die hiesige Studie könnten aus den fünf Hilfen nach Zech (ebd.) also drei relevant sein: Motivations-, Rückmeldungshilfen und allgemein-strategische Hilfen.

Zweitens untersuchte Mertzman (2008) die Art und Weise, wie vier Grundschullehrkräfte im Unterricht das Leseverständnis von Schülerinnen und Schülern durch Unterbrechungen im Sinne von Scaffolding unterstützten. Insgesamt identifizierte sie acht Kategorien für Unterbrechungen:

(1) Student or teacher model: Teacher initiated a model
(2) Scold: Teacher reprimanded student
(3) Praise: Teacher praised student
(4) Repeat answer: Teacher repeated comments of students
(5) Explain right answer: Teacher explained the process behind the correct answer
(6) Focus on meaning: Teacher cued semantics or comprehension
(7) Focus on word recognition and sounding out: Teacher cued the use of text or phonics
(8) Convergent questions: Teacher asked questions with one answer focus (ebd., S. 191)

Da diese Kategorien bei der Analyse von Unterrichtssituationen entstanden, unterscheiden sie sich vermutlich von den Unterbrechungen innerhalb einer Interviewsituation. Dennoch bestehen Parallelen aufgrund der Interaktion zwischen einer wissenden Person (hier die interviewende Person) und einem Lernenden. Für die vorliegende Untersuchung kann deswegen auf die Kategorien 3., 4. und 8. zurückgegriffen werden. Es ist möglich, dass die interviewende Person das Kind lobt, eine Antwort wiederholt oder im Sinne des Trichtermusters (Krummheuer und Voigt 1991) zunehmend verengende Fragen stellt. Letzteres ist in keinem Fall erwünscht. Im Interviewleitfaden wird mit Hilfe verschiedener Fragen versucht, diesem Interaktionsmuster vorzubeugen, z. B. indem Erklärungen eingefordert und offene Fragen gestellt werden (siehe dazu Kapitel 13).

Ein dritter Ansatz zur Kodierung von externen Impulsen bietet die Arbeit von Lena Wessel (2015). Sie gestaltete eine Scaffolding-Fördereinheit zum Thema Anteilbegriff. Sie untersuchte u. a. die sogenannten Mikro-Scaffolding-Impulse der lehrenden Person und identifizierte vier verschiedene Arten von Mikro-Impulsen:

(1) Impulse, die zum Vernetzen, Zusammenfassen und Wiederholen auf metakognitiver und metalinguistischer Ebene anregen;

(2) Impulse, durch die Lernendenäußerungen durch Sprachangebote angepasst und überformt werden;

(3) Impulse, die zum Verlängern der Lernendenäußerungen durch Aufforderung zur Spezifizierung oder Explizierung des Gesagten anregen und

(4) Impulse, die sich aus Design-Prinzipien bei der Aufgabenkonstruktion ergeben (ebd., S. 329–330).

Für die vorliegende Untersuchung erscheinen die Impulse der Art (2) besonders relevant. Darunter versteht Wessel (ebd., S. 330) drei Kodes: (a) Auffordern zur Erklärung der Vorgehensweise oder der eigenen Lösung, (b) Auffordern zur Begründung und (c) Auffordern zur Kommunikation und gegenseitigen Erklärung unter den Lernenden. Der letzte Kode spielt im Rahmen der vorliegenden Untersuchung keine Rolle, weil es nur einen Lernenden gibt. Die Kodes (a) und (b) könnten auch im hiesigen Setting auftreten und werden deswegen berücksichtigt.

Insgesamt ergeben sich aufgrund dieses deduktiven Vorgehens die sieben folgenden Kategorien: Die interviewende Person

- ... lobt die Schülerin bzw. den Schüler *(Lob)*.
- ... wiederholt die Antwort der Schülerin bzw. des Schülers *(Wiederholung)*.
- ... gibt der Schülerin bzw. dem Schüler Rückmeldung zum bisher Geschehenen *(Rückmeldung)*.
- ... gibt der Schülerin bzw. dem Schüler Hinweise zum weiteren Vorgehen und bietet strategische Vorgehensweisen an *(Strategische Hinweise)*.
- ... fordert die Schülerin bzw. den Schüler auf, das eigene Vorgehen oder die eigene Lösung zu erklären *(Aufforderung zur Erklärung)*.
- ... fordert die Schülerin bzw. den Schüler zur Begründung auf *(Aufforderung zur Begründung)*.
- ... stellt der Schülerin bzw. dem Schüler verengende Fragen *(Trichtermuster)*.

Diese Kategorien stellen eine deduktiv generierte Vorauswahl möglicher Kategorien dar. Im weiteren Verlauf werden sie mit den induktiv erschlossenen Kategorien abgeglichen und erst dann für die Kodierung der vorliegenden Daten final festgelegt. Mit Blick auf die Forschungsfragen werden bewusst übergeordnete Kategorien gewählt. Eine Unterteilung der strategischen Hinweise beispielsweise in allgemeine und spezifische Hinweise wäre für die hiesige Studie wenig aussagekräftig. Deswegen wird darauf verzichtet.

14.3.2 Induktive Vorgehensweise zur Kategorienbildung

Die qualitative Inhaltsanalyse wird als ein induktives, mehrschrittiges und zirkulä-res Vorgehen mit Iterations- und Feedback-Schritten beschrieben, in dem die For-schungsfrage als zentrale Stellschraube fungiert (Kuckartz 2014). Jede Kategorien-bildung, Kodierung und Analyse muss stets mit der Forschungsfrage in Einklang gebracht werden. Dieser Zusammenhang soll mit Abbildung 14.3 veranschaulicht werden. Nachfolgend werden die einzelnen, im Rahmen der vorliegenden Studie durchlaufenen Schritte zur Entwicklung eines Kodiermanuals beschrieben.

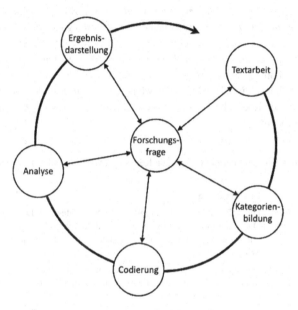

Abbildung 14.3 Übersicht über den generellen Ablauf einer qualitativen Inhaltsanalyse (Kuckartz 2014, S. 50)

Als erstes wurden alle Stellen identifiziert, in denen externe Impulse auftraten (Text- bzw. Videoarbeit). Damit sind Impulse durch die interviewende Person und Impulse in Form von Strategieschlüsselinteraktionen gemeint.

Unter einer *Strategieschlüsselinteraktion* werden alle Situationen verstanden, in denen die Schülerinnen und Schüler oder die interviewende Person mit den Strategieschlüs-seln arbeiten, darüber sprechen, sie lesen oder sie anschauen.

In einem zweiten Schritt (Kategorienbildung) wurden diese identifizierten Stellen geclustert und zu Kategorien zusammengefasst. So entstanden bzgl. der Impulse durch Strategieschlüssel zunächst sieben verschiedene Kategorien: Strategieschlüssel erstmals präsentieren, lesen, Strategieschlüssel anschauen, anfassen, wählen, auf einen Strategieschlüssel zeigen und das Einsetzen von einem spezifischen Strategieschlüssel.

Im dritten Schritt (Kodierung) wurden diese Kategorien dann im Rahmen einer Masterarbeit probeweise kodiert und getestet (Bayrak 2017). Die Schritte 2 und 3 – Kategorienbildung und Kodierung – wurden mehrfach durchlaufen, bis die Kategorien voneinander trennscharf beschrieben werden konnten. Kategorien wie das *Anschauen von Strategieschlüsseln* oder *Anfassen von Strategieschlüsseln* gingen häufig einher mit dem *Lesen* oder *Nennen einzelner Strategieschlüssel* und konnten so diesen Kategorien untergeordnet werden. Die Kategorie *Strategieschlüssel wählen* konnte hingegen nicht eindeutig beschrieben werden, weil nicht immer deutlich war, wann und ob ein Schüler bzw. eine Schülerin einen Strategieschlüssel wählte. Falls ein Strategieschlüssel tatsächlich gewählt wurde, wurde er dann auch benannt. So konnte dieser Kode ebenfalls dem Kode *Nennen einzelner Strategieschlüssel* subsummiert werden.

Tabelle 14.6 Übersicht über die vergebenen Kodes für externe Impulse durch die Strategieschlüssel

Kode	Beschreibung
Strategieschlüssel lesen	Die Schülerin bzw. der Schüler liest die Strategieschlüssel durch. Dabei wird nicht berücksichtigt, ob sie laut vorgelesen werden oder durch die Augenbewegung erkennbar ist, dass die Strategieschlüssel gelesen werden.
Strategieschlüssel als Checkliste	Die Schülerin bzw. der Schüler schaut die einzelnen Strategieschlüssel der Reihe nach durch und überprüft, was schon erledigt wurde und was noch helfen könnte.
Nennen einzelner Strategieschlüssel	Die Schülerin bzw. der Schüler macht deutlich, welchen Strategieschlüssel sie/er wählt, indem sie/er darauf tippt und/oder einen Strategieschlüssel nennt.

Am Ende dieses Prozesses konnten drei, voneinander unterscheidbare Kategorien bestimmt werden: *Strategieschlüssel lesen*, *Strategieschlüssel als Checkliste* und *Nennen einzelner Strategieschlüssel* (siehe Tabelle 14.6).

Ähnlich verhielt es sich mit den Impulsen durch die interviewende Person. Bayrak (ebd.) entwickelte in ihrer Masterarbeit neun Kategorien zur Identifizierung solcher Impulse. Dabei unterschied sie beispielsweise die Kodes *Hinweis auf wichtige Aufgabeninformationen* und *Aufgabenbezogene Zusatzinformation*. Nach einer Probekodierung konnten diese beiden Kodes im Kode *Hinweis zur Aufgabe* zusammengelegt werden, weil sie nicht trennscharf bestimmbar und damit nicht objektiv kodierbar waren. Die einzelnen Kodes wurden dann gruppiert und zu drei Oberkategorien zusammengefasst: Verlängern der Lernendenäußerungen, Überwinden von Hürden und Thematisierung der bisherigen Ergebnisse. Insgesamt konnten so acht verschiedene Kodes für die Impulse durch die interviewende Person identifiziert und trennscharf beschrieben werden (siehe dazu die Tabelle 14.7 für eine Übersicht).

Innerhalb der induktiv-generierten Kategorien lassen sich verschiedene Ähnlichkeiten zu den deduktiv-generierten Kategorien finden.

Bei den Impulsen durch die Strategieschlüssel können beispielsweise die Kodes *Strategieschlüssel lesen* und *Strategieschlüssel als Checkliste* als allgemeinstrategische Hilfen nach Zech (2002) verstanden werden. Dadurch entstehen Parallelen zwischen den deduktiv und induktiv generierten Kodes. Ein tatsächlicher Mehrwert für die weitere Datenaufbereitung entsteht aus dieser Zuordnung nicht. Deswegen wird dies nicht weiter verfolgt.

Bei den Impulsen durch die interviewende Person konnten alle drei Kodes der Kategorie *Verlängern der Lernendenäußerungen* nach Wessel (2015) identifiziert werden – also die Aufforderung zur Kommunikation, zur Erklärung und zur Begründung. Da in der vorliegenden Arbeit kein Fokus auf Erklärungen oder Begründungen liegt, wird hier keine Unterscheidung vorgenommen. Die bei Wessel (ebd.) im Rahmen einer Scaffolding-Maßnahme entstandenen Kategorien konnten also in einem anderen Setting bestätigt werden. An dieser Stelle sei allerdings darauf hingewiesen, dass beide Settings der Forschung dienen und deswegen u. U. eine besondere Form der Interaktion mit sich bringen. Die *Aufforderung zur Kommunikation* erfolgt im hiesigen Setting nicht unter zwei Lernenden, sondern zwischen der interviewenden Person und der Schülerin bzw. dem Schüler. In der Kategorie *Thematisierung der bisherigen Ergebnisse* konnte der Kode *Rückmeldung* der Rückmeldungshilfe von Zech (2002) zugeordnet werden.

Auf Kodes, in denen die Schülerin oder der Schüler gelobt wurde (so wie bei Mertzman (2008)), wurde im Rahmen der vorliegenden Arbeit verzichtet, weil diese Äußerungen für die Forschungsfragen dieser Arbeit nicht von Bedeutung sind.

Zur Überprüfung der Kodierung der externen Impulse (siehe dazu Tabellen 14.6 und 14.7) auf Objektivität wurde anhand von zwei unabhängigen Ratern und bei uneinheitlicher Kodierung nach einer konsensuellen Validierung eine perfekte Übereinstimmung von 100 % und damit ein Cohen's $\kappa = 1$ erreicht.

Tabelle 14.7 Übersicht über die vergebenen Kodes für externe Impulse durch die interviewende Person

Kode	Beschreibung	Beispiele
Verlängern der Lernendenäußerungen (Wessel 2015, S. 330)		
Aufforderung zur Kommunikation	Der Interviewende fordert die Schülerin bzw. den Schüler auf, seine Gedanken oder Ideen zu äußern.	Was machst du gerade? (z. B. Markus (Legosteine): 00:13:25)
Aufforderung zur Erklärung bzw. Begründung	Der Interviewende fordert die Schülerin bzw. den Schüler auf, ihr/sein Vorgehen oder ihr/sein Ergebnis zu erklären oder zu begründen.	Was hast du jetzt gemacht? (z. B. Fabian (Legosteine): 00:13:16)
Verstehen der Aufgabe und Überwinden von Hürden		
Hinweis auf Strategieschlüssel	Der Interviewende schlägt der Schülerin bzw. dem Schüler vor, die Strategieschlüssel anzuschauen.	Sollen wir die Schlüssel mal angucken? (z. B. Laura (Bauernhof): 00:15:36)
Aufforderung zum Lesen	Der Interviewende fordert die Schülerin bzw. den Schüler auf, die Aufgabe oder Aufgabenteile noch einmal zu lesen.	Jetzt lesen wir die Aufgabe noch mal. (z. B. Richard (Bauernhof): 00:04:26)
Hinweis zur Aufgabe	Der Interviewende gibt der Schülerin bzw. dem Schüler Hinweise zur Aufgabe. Das können Hinweise zur Aufgabenbearbeitung, zu Inhalten in der Aufgabenstellung oder Hinweise zu Informationen in der Aufgabenstellung sein. Dieser Code wird auch vergeben, wenn der Interviewende Teile der Aufgabenformulierung besonders hervorhebt oder betont.	Wie viele Beine hat ein Hase? (z. B. Hannes (Bauernhof): 00:14:15)

(Fortsetzung)

Tabelle 14.7 (Fortsetzung)

Kode	Beschreibung	Beispiele
Thematisierung der bisherigen Ergebnisse		
Aufforderung zum Aufschreiben	Der Interviewende bittet oder fordert die Schülerin bzw. den Schüler auf, etwas aufzuschreiben. Das kann eine Rechnung sein oder Gedanken, die zuvor geäußert wurden.	Okay. Dann schreib mir deine Lösung hin. (z. B. Felix (Schachbrett): 00:28:57)
Fokussierung auf das Ergebnis	Der Interviewende fragt die Schülerin bzw. den Schüler etwas zu seinem Ergebnis oder fasst etwas zum Ergebnis zusammen, was die Schülerin bzw. den Schüler kurz vorher selbst gesagt hat. Ziel des Interviewenden ist hier immer, die Schülerin bzw. den Schüler mit ihrer/seiner Aufmerksamkeit auf das Ergebnis zu lenken.	Wie können wir jetzt alle Möglichkeiten finden? (z. B. Anke (Legosteine): 00:16:21)
Rückmeldung (Zech 2002)	Der Interviewende gibt der Schülerin bzw. dem Schüler Rückmeldung zum bisherigen Ergebnis oder zum bisherigen Bearbeitungsprozess. Dieser Kode wird auch vergeben, wenn der Interviewende die Schülerin bzw. den Schüler indirekt auffordert, das Ergebnis wegen eines Fehlers zu überprüfen.	Wie viel sind zwei mal drei? (z. B. Felix (Legosteine): 00:13:36)

14.4 Kodierung der Schülerlösung

Beim Problemlösen im Mathematikunterricht steht ebenso wie bei anderen Aufgabenbearbeitungen schnell die Frage im Raum, ob eine Bearbeitung erfolgreich abgeschlossen wurde. Zur Beurteilung des Erfolgs können verschiedene Maßstäbe herangezogen werden, mit denen jeweils unterschiedliche Foki gesetzt und die Arbeitsergebnisse verglichen werden. So können beispielsweise verlaufsorientierte Vergleiche bei Längsschnitt- und Interventionsstudien eingesetzt werden, um „Ergebnisse derselben Probanden zu unterschiedlichen Zeitpunkten" (Rott 2013, S. 179) miteinander in Beziehung zu setzen.

Für die vorliegende Arbeit wird ein kriteriumsorientierter Vergleich eingesetzt. Dazu werden im Vorfeld inhaltliche Kriterien zur Bewertung festgelegt (ebd.,

Tabelle 14.8 Übersicht über die operationalisierten Kategorien zur Bewertung der Schülerlösungen bei den Aufgaben Bauernhof, Sieben Tore und Smarties

Lösungs-ansatz / Aufgabe	Kein Lösungsansatz (0)	Einfacher Lösungsansatz (1)	Erweiterter Lösungsansatz (2)	Korrekter Lösungsansatz (3)
Bauernhof	*Kein Beispiel oder Routineaufgabe:* Der Lernende hat keine Lösung gefunden oder gibt eine Routineaufgabe (z. B. 70 : 20) an. Im zweiten Fall wurde die Problemstellung nicht erfasst.	*Einzelne Beispiele:* Der Lernende schreibt einzelne Beispiele auf, beachtet dabei entweder die Anzahl der Beine oder die Anzahl der Tiere, nicht aber beides gleichzeitig.	*Mehrere Beispiele und Verrechnen:* Der Lernende beachtet beide Variablen (Anzahl der Beine und Anzahl der Tiere), verrechnet sich aber.	*Richtige Lösung:* Der Lernende generiert das richtige Ergebnis (5 Hühner und 15 Kaninchen).
Sieben Tore und Smarties	*Keine Lösung oder Routineaufgabe:* Der Lernende hat keine Lösung gefunden oder eine Routineaufgabe generiert (z. B. 7 · 7 + 7 oder 6 · 2).	*Beachtung einer Rechenoperation:* Der Lernende betrachtet eine Rechenoperation zur Lösung, also Addition oder Verdoppeln. Diese Kategorie wird auch vergeben, wenn der Lernende zwar beide Variablen zur Lösung betrachtet, dies aber nacheinander tut – also verdoppelt und dann noch 7 Äpfel bzw. 3 Smarties addiert.	*Beachtung beider Rechenoperationen und umgekehrte Reihenfolge:* Der Lernende beachtet beide Komponenten zur Lösung – Addition und Verdopplung –, vertauscht aber die Reihenfolge der Operationen (255 Äpfel bzw. 27 Smarties).	*Beachtung beider Rechenoperationen und richtige Reihenfolge:* Der Lernende beachtet beide Komponenten – Addition und Verdopplung – und gleichzeitig die Reihenfolge der Operationen und gelangt so zum richtigen Ergebnis (382 Äpfel bzw. 30 Smarties).

Tabelle 14.9 Übersicht über die operationalisierten Kategorien zur Bewertung der Schülerlösungen bei den Aufgaben Kleingeld, Legosteine und Schachbrett

Lösungsansatz / Aufgabe	Kein Lösungsansatz (0)	Einfacher Lösungsansatz (1)	Erweiterter Lösungsansatz (2)	Korrekter Lösungsansatz (3)
Kleingeld und Legosteine	*Kein oder ein Beispiel:* Der Lernende hat keine Lösung gefunden oder gibt dabei genau ein Beispiel an. Im zweiten Fall wurde die Problemstellung nicht erfasst.	*Mehrere Beispiele:* Der Lernende schreibt einzelne Beispiele auf, geht dabei aber unsystematisch vor und findet dadurch nicht alle Lösungen.	*Mehrere Beispiele und erkennbare Strategie:* Der Lernende schreibt Beispiele auf und geht dabei systematisch vor. Dennoch wurden nicht alle Lösungen gefunden.	*Richtige Lösung, ohne Berücksichtigung der Reihenfolge:* Der Lernende findet die vollständige Anzahl von Lösungen (Kleingeld: 6; Legosteine: 4). *Richtige Lösung, mit Berücksichtigung der Reihenfolge:* Es ergeben sich 43 Möglichkeiten bei der Legosteine- und 525 Möglichkeiten bei der Kleingeld-Aufgabe.
Schachbrett	*Keine Lösung oder Routineaufgabe:* Der Lernende hat keine Lösung gefunden oder generiert eine Routineaufgabe (z. B. 8 · 8).	*Beachtung verschiedener Quadratgrößen:* Der Lernende zieht neben den 64 Quadraten noch weitere Quadrate in Betracht. Hier werden aber nicht alle Quadrate gefunden.	*Beachtung aller Quadratgrößen und Verzählen:* Der Lernende betrachtet zwar alle Quadrate, aber aufgrund einer unkorrekten Zählung kommt sie/er nicht auf das richtige Ergebnis.	*Richtige Lösung:* Der Lernende gelangt zur richtigen Lösung (Quadrate ohne Überlappung: 85, Quadrate mit Überlappung: 204).

S. 179), anhand derer die Schülerlösungen dann kategorisiert und letztlich untereinander vergleichbar werden (siehe dazu Kapitel 8). Es handelt sich im Gegensatz
zu den bisherigen Kodierungen nun um eine produktorientierte Kodierung.

Auch hierfür wurden die einzelnen Kodes beschrieben. Dabei stellte sich zunächst
die Frage danach, ob das Ergebnis der Problemlösung richtig oder falsch ist. Diese
dichotome Unterscheidung schien allerdings nicht differenziert genug. Denn für
die vorliegende Untersuchung steht vor allem der Prozess und damit der Lösungsweg und die verwendeten Strategien und Vorgehensweisen im Zentrum. Es wurde
dementsprechend eine feinere Unterteilung vorgenommen.

Für die vorliegende Arbeit wird deswegen auf die von Rott (ebd.) vorgeschlagene,
vierstufige und intensiv diskutierte Bewertung zurückgegriffen:

- *Kein Ansatz* – die Aufgabe wurde nicht sinnvoll bearbeitet und/oder es wurde keine
  Lösung gegeben.
- *Einfacher Ansatz* – das Problem wurde zu Teilen korrekt bearbeitet, dabei zeigen
  sich aber deutliche Mängel [. . .].
- *Erweiterter Ansatz* – das Problem wurde zu großen Teilen korrekt bearbeitet [. . .].
- *Korrekter Ansatz* – das Problem wurde korrekt gelöst [. . .]. (Rott 2013, S. 185)

Die Operationalisierung dieser allgemeinen Kategorien erfolgt aufgabenspezifisch
für die in dieser Studie verwendeten Aufgaben (siehe dazu die Tabellen 14.8 und
14.9). Mit Hilfe dieser Operationalisierung kann jede Schülerlösung einem Lösungsansatz zugeordnet werden.

14.5   Zusammenlegung der Kodierungen

Nach der Durchführung der einzelnen Kodierungen werden in einem letzten Schritt
die vier prozessorientierten Kodierungen gewissermaßen „übereinandergelegt" und
graphisch dargestellt. Konkret sieht diese Zusammenführung der Kodierungen so
aus wie in den Beispielen von Richard und Vicky (siehe Abbildungen 14.4 und 14.5).
Beide Prozesse werden nun beschrieben und miteinander verglichen, um deutlich
zu machen, welchen Mehrwert dieses aufwändige Vorgehen hat.[1]

Auf der ersten Kodierschiene von Richards Problembearbeitungsprozess ist die
Kodierung der Episodentypen abgebildet (siehe Abbildung 14.4). Richard liest nach
einer kurzen Vorbereitungszeit zunächst die Aufgabe und erkundet sie dann im Rahmen einer Explorationsphase. Nach etwa drei Minuten überprüft er sein bisheriges

---

[1] Ein detaillierter Einblick in den Entwicklungsprozess dieser Kodierung kann Herold-Blasius
& Rott (2017) entnommen werden.

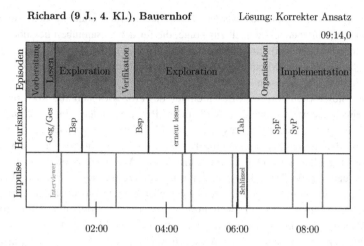

Abbildung 14.4 Richards Bearbeitungsprozess der Bauernhofaufgabe (verwendete Abkürzungen: Geg/Ges: Gegeben und Gesucht, Bsp: Beispiel, Tab: Tabelle, SpF: Spezialfall, SyP: Systematisches Probieren)

Vorgehen in einer Verifikationsphase und wechselt zurück in eine Explorationsphase. Nach knapp sieben Minuten folgt eine Organisationsphase, die in eine Implementation mündet. Nach 9 Minuten und 14 Sekunden endet der Bearbeitungsprozess mit einem korrekten Lösungsansatz.

Auf der zweiten Kodierschiene sind verschiedene Heurismen gekennzeichnet, die Richard in seinem Problembearbeitungsprozess verwendet hat. Es konnten insgesamt sieben Heurismen, darunter sechs verschiedene, identifiziert werden. Er überlegt erst, was in der Aufgabe gegeben und gesucht ist und generiert dann zwei Beispiele. Nach knapp fünf Minuten liest er die Aufgabe noch einmal. Nach etwas mehr als sechs Minuten erstellt er eine Tabelle. Kurz danach generiert Richard einen Spezialfall, mit dem er dann systematisch weiter probiert. Das führt ihn möglicherweise zum richtigen Ergebnis.

Auf der dritten Kodierschiene sind die externen Impulse dargestellt – grau markiert die Äußerungen der Interviewerin, grün markiert die Impulse durch die Strategieschlüssel. Die meisten Äußerungen der Interviewerin liegen kurz nach einem Heurismus von Richard. Es handelt sich hierbei vorwiegend um Impulse, die den Schüler auffordern, die bisherige Vorgehensweise zu erklären oder das bisher Erarbeitete zu notieren. Details zu den einzelnen Äußerungen können der Abbildung allerdings nicht entnommen werden. Diese detaillierte Abbildung der externen Impulse hat Unübersichtlichkeit zur Folge, die für den Gesamtüberblick über den einzelnen Problembearbeitungsprozess wenig hilfreich und stattdessen eher störend ist.[2] Nach etwa sechs Minuten greift Richard nach einem Impuls der Interviewerin zu den Strategieschlüsseln.

Mit dieser kleinschrittigen Beschreibung des Prozesses sind alle Kodierungen nacheinander betrachtet wurden. Wird nun die Passage mit den Strategieschlüsseln näher analysiert, wird Folgendes sichtbar. Richard erstellt kurz nach der Interaktion mit den Strategieschlüsseln eine Tabelle und wechselt in eine Organisationsphase. Möglicherweise entsteht der Impuls für diese Veränderung auf der Ebene der Heurismen und der Episodentypen durch die Strategieschlüssel. Ein detaillierter Einblick in die Analyse von Richards Problembearbeitungsprozess kann hier nicht erfolgen. An dieser Stelle soll vor allem deutlich werden, wie viel Information in dieser Abbildung steckt und wie umfassend dadurch ein Problembearbeitungsprozess beschrieben werden kann. Nähere Analysen zu Richards Problembearbeitungsprozess erfolgen in Abschnitt 17.4.6.

Als Kontrast zu Richards Problembearbeitungsprozess wird nun die Bearbeitung von Vicky beschrieben (siehe dazu Abbildung 14.5). Die erste Kodierschiene zeigt, dass sie die Aufgabe zunächst liest, sie dann kurz analysiert und anschließend in eine als Explorationsphase kodierte Episode übergeht. Auf der zweiten Kodierschiene wurden drei Heurismen identifiziert: Gegeben und Gesucht, Routineaufgabe und erneutes Lesen. Auf der dritten Kodierschiene ist nach sieben Minuten eine Äußerung der Interviewerin markiert. Vicky bearbeitet die Aufgabe insgesamt fast zehn Minuten lang und kommt zu einer Lösung, für die der Code „kein Lösungsansatz" vergeben wurde.

Die Problembearbeitungsprozesse von Richard und Vicky unterscheiden sich wesentlich auf den drei Kodierschienen und beim erzielten Lösungsansatz. Bei beiden wurden zwar ähnliche Episodentypen und Heurismen kodiert, allerdings zeigt Richard darüber hinaus auch noch andere Heurismen und durchläuft mehr unterschiedliche Episodentypen. Sein Prozess ist insgesamt nicht nur erfolgreicher, sondern auch fortgeschrittener.

Dieser Vergleich zwischen diesen beiden Problembearbeitungsprozessen zeigt, dass mit dem entwickelten, methodischen Vorgehen Gemeinsamkeiten und Unterschiede und damit mögliche Muster zwischen den Problembearbeitungsprozessen herausgearbeitet werden können. Gleichzeitig ist es damit möglich, interessante Passagen objektiv zu identifizieren – so beispielsweise die Passage nach etwa sechs

---

[2]Eine intensive Diskussion zur schematischen Darstellung der Problembearbeitungsprozesse kann Herold-Blasius und Rott (ebd.) entnommen werden.

Vicky (8 J., 3. Kl.), Bauernhof Lösung: Kein Ansatz

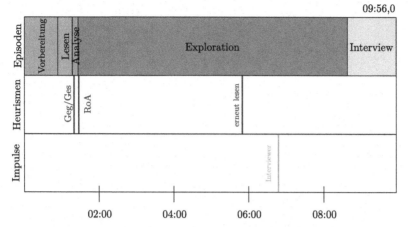

Abbildung 14.5 Vickys Bearbeitungsprozess der Bauernhofaufgabe (verwendete Abkürzungen: Geg/Ges: Gegeben und Gesucht, RoA: Routineaufgabe)

Minuten in Richards Problembearbeitungsprozess. Darüber hinaus erlaubt die übersichtliche Darstellungsweise der vier Kodierungen, mögliche Zusammenhänge zwischen einzelnen Kodierschienen herauszuarbeiten. Insbesondere der mögliche Einfluss der Strategieschlüssel auf die Problembearbeitungsprozesse wird so sichtbar. Insgesamt soll durch dieses Vorgehen der einzelne Problembearbeitungsprozess möglichst vollständig abgebildet und gleichzeitig auf das Wesentliche reduziert sein.

Datenauswertung 15

Die vorliegende Studie ist explorativ angelegt. Zur Auswertung der Daten werden zur Beantwortung der Forschungsfragen passende Methoden ausgewählt, die nachfolgend beschrieben werden. Grundlage der Untersuchung bildet zunächst qualitatives Datenmaterial – Videomaterial, Transkriptauszüge der Problembearbeitungsprozesse und Schülerlösungen. Durch die in Kapitel 14 beschriebene Vorgehensweise der Datenaufbereitung stehen für die Datenauswertung nun außerdem Darstellungen zu den einzelnen Problembearbeitungsprozessen zur Verfügung. Alle erhobenen und aufbereiteten Daten werden für eine umfassende, explorative Analyse zu unterschiedlichen Zeitpunkten herangezogen und mit Hilfe eines Mixed-Method-Designs vielfältig untersucht (siehe Kapitel 16 und 17).

Zur quantitativen Analyse der Daten werden Methoden der deskriptiven Statistik eingesetzt. Für einen ersten Überblick über die Daten werden zunächst Lage- und Streuungsparameter wie das arithmetische Mittel, der Median oder die Standardabweichung verwendet. Für die Bestimmung von Zusammenhängen zwischen nominalskalierten Daten werden hier zwei- und dreidimensionale χ^2-Unabhängigkeitstests verwendet (siehe Abschnitt 15.1). Aufgrund der verhältnismäßig kleinen Stichprobe wird auf den Einsatz weiterer statistischer Verfahren verzichtet.

Für die qualitative Analyse werden ausgewählte Problembearbeitungsprozesse und prägnante Passagen beschrieben. Die einzelnen Problembearbeitungsprozesse werden dann gruppiert, um so mögliche Muster zu identifizieren (siehe

---

Elektronisches Zusatzmaterial Die elektronische Version dieses Kapitels enthält Zusatzmaterial, das berechtigten Benutzern zur Verfügung steht https://doi.org/10.1007/978-3-658-32292-2_15.

Abschnitt 15.2). Genutzt werden damit Elemente der Typenbildung (Kuckartz 2014; Kelle und Kluge 2010).

In dem hier beschriebenen Sinne werden im Rahmen der vorliegenden Arbeit quantitative und qualitative Forschungsmethoden ergänzend miteinander verwoben. Dadurch soll das Datenmaterial möglichst umfassend beschrieben und gemäß des explorativen Studiendesigns vielfältig analysiert werden.

15.1   Quantitative Datenauswertung

15.1.1 Lage- und Streuungsparameter

Um einen Überblick über die zählbaren und damit metrischen Daten der vorliegenden Studie zu erhalten, werden verschiedene statistische Verfahren zur Beschreibung der Daten genutzt. Hier wird insbesondere auf Mittelwerte, wie das arithmetische Mittel oder den Median, die Varianz und die Standardabweichung eingegangen. Die Mittelwerte erlauben dabei einen Einblick in die Lage der Daten. Für einen Überblick darüber, wie sehr die Daten streuen, und damit weitere Informationen über die quantitativen Daten zu sammeln, wird zusätzlich v. a. der Streuungsparameter Standardabweichung berechnet.

Im weiteren Verlauf dieses Abschnitts werden nachfolgend sowohl verschiedene Mittelwerte vorgestellt als auch die Begriff Varianz und Standardabweichung erklärt.

15.1.1.1 Mittelwerte

In der deskriptiven Statistik gibt es verschiedene Mittelwerte. Für die nachfolgenden Analysen sind insbesondere das arithmetische Mittel und der Median relevant.

Das *arithmetische Mittel* $\bar{x}$ oder M (umgangssprachlich auch Mittelwert oder Durchschnitt genannt) beschreibt einen „Lageparameter der Verteilung eines quantitativen Merkmals" (Toutenburg und Heumann 2008, S. 59). So wird eine Einschätzung darüber möglich, wie groß eine Anzahl von Werten „im Mittel" ist (Behrends 2013, S. 274). Dieser Lageparameter ist im Zusammenhang mit metrisch skalierten Merkmalen sinnvoll zu verwenden. Berechnet wird das arithmetische Mittel $\bar{x}$, indem alle Werte x_i addiert und dann durch ihre Anzahl n geteilt werden (z. B. Henze 2018, S. 31). Allerdings ist das arithmetische Mittel „bei extrem schiefen Verteilungen […] empfindlich gegenüber Ausreißern und Extremwerten" (Toutenburg und Heumann 2008, S. 60).

Damit die Beschreibung der vorliegenden Daten weniger durch Ausreißer beeinflusst wird, wird zusätzlich zum arithmetischen Mittel auch der Median als Mittelwert verwendet. Er ist gegenüber Ausreißern unempfindlich. Der *Median* x̃ ist ebenfalls ein Maß zur Bestimmung des Mittelwerts. Er teilt eine Datenmenge in zwei gleich große Hälften und halbiert damit die Anzahl der Merkmalswerte (z. B. Kosfeld, Eckey und Türck 2016, S. 72). Gebildet wird der Median, indem alle Merkmalswerte der Größe nach geordnet notiert werden. Der Median ist der Wert in der Mitte (Benninghaus 2007, S. 40).

Toutenburg und Heumann (2008, S. 72–73) merken an, dass mit dem Lagemaß – egal, ob arithmetisches Mittel oder Median – die Verteilung quantitativer Daten nur unzureichend charakterisiert wird. Sie empfehlen die Angabe von Streuungsmaßen, um eine Verteilung vollständig zu charakterisieren und damit aussagekräftig zu machen.

15.1.1.2 Varianz und Standardabweichung

Ein mögliches Streuungsmaß besteht in der Angabe des *Streubereichs einer Häufigkeitsverteilung*. Damit ist „der Bereich [gemeint], in dem die Merkmalsausprägungen liegen. Die Angabe des kleinsten und des größten Wertes beschreibt ihn vollständig" (ebd., S. 73). Berechnung von Spannweiten und Quartilsabständen sind für die vorliegende Untersuchung aufgrund der verhältnismäßig kleinen Datenmenge nicht sinnvoll.

Mit der Varianz s^2 (auch empirische Varianz oder Stichprobenvarianz, engl.: *sample variance*; Henze 2018, S. 31) wird „die mittlere quadratische Abweichung vom arithmetischen Mittel x̄" gemessen (Toutenburg und Heumann 2008, S. 75). Durch diese „Quadrierung wird gewährleistet, dass sich positive und negative Abweichungen nicht kompensieren, sondern negative und positive Abweichungen gleichermaßen das Ausmaß der Streuung prägen" (Kosfeld, Eckey und Türck 2016, S. 120).

Die Interpretation der Varianz wird durch die Quadrierung erschwert (ebd., S. 120). Deswegen wird häufig die Standardabweichung SD (auch empirische Standardabweichung oder Stichprobenstandardabweichung, engl.: *sample standard deviation*; Henze 2018, S. 31) angegeben, „die sich als Quadratwurzel der Varianz berechnet" (Kosfeld, Eckey und Türck 2016, S. 120). Damit hat die Standardabweichung auch dieselbe Einheit wie die ursprünglichen Daten. Inhaltlich weist die Standardabweichung „eine durchschnittliche Abweichung der Merkmalswerte vom arithmetischen Mittel aus" (ebd., S. 120). Für den Fall, dass konkrete Einzelwerte vorliegen, schlagen Türck (ebd., S. 120) vor, die folgende Formel zur Berechnung der Varianz bzw. Standardabweichung zu verwenden:

$$s := \sqrt{s^2} = \sqrt{\frac{1}{n} \sum_{j=1}^{n} (x_j - \bar{x})^2}$$

Da im Rahmen der vorliegenden Studie vor allem mit konkreten Einzelwerten innerhalb einer geschlossenen Stichprobe gearbeitet wird, wird diese Formel zur Berechnung der Standardabweichung verwendet – auch wenn in der Literatur durchaus auch andere Formeln genannt werden.

15.1.2 Der χ^2-Unabhängigkeitstest

χ^2-Verfahren werden zur Analyse von Häufigkeiten bei nominalskalierten Daten eingesetzt (Rasch et al. 2010, S. 171).

> Aussagen über ein mehr oder weniger einer bestimmten Eigenschaft (wie bei Ordinaldaten) oder sogar die Größe der Unterschiede (wie bei intervallskalierten Daten) erlauben sie nicht. Die Versuchspersonen werden anhand ihrer Zugehörigkeit zu einer bestimmten Kategorie, z. B. „Raucher" oder „Nichtraucher" klassifiziert. Aufgrund dieser bloßen Zuordnung können keine Aussagen über die Rangfolge (Person A raucht stärker als Person B), geschweige denn die tatsächliche Ausprägung des Merkmals (Person A raucht 25 Zigaretten pro Tag) gemacht werden. Es kann lediglich etwas darüber gesagt werden, wie viele Versuchspersonen aus der untersuchten Stichprobe in die jeweiligen Kategorien fallen. (ebd., S. 171)

Mithilfe eines χ^2-Verfahrens kann schließlich die Häufigkeitsverteilung analysiert werden, „die aus der Einteilung der Versuchsobjekte in verschiedene Kategorien entstanden ist" (ebd., S. 172). Die Anwendung eines χ^2-Unabhängigkeitstests (auch Kontingenzanalyse genannt) bietet sich dann an, wenn der Zusammenhang zwischen einer nominalskalierten Kategorie und einer ebenfalls nominal- oder anders skalierten Kategorie untersucht werden soll (vgl. Bortz und Schuster 2010, S. 137, Döring und Bortz 2016, S. 559; Holling und Gediga 2016). Dargestellt wird der Unabhängigkeitstest in einer Kreuz- bzw. Kontingenztabelle (Kosfeld, Eckey und Türck 2016; Rasch et al. 2010, S. 191). „Per Konvention steht in den Zeilen das Merkmal A mit k Stufen, in den Spalten das Merkmal B mit l Stufen. Der zweidimensionale χ^2-Test heißt deshalb auch $k \times l$ χ^2-Test." (Rasch et al. 2010, S. 185) (Tabelle 15.1).

Tabelle 15.1 Kreuztabelle eines allgemeinen $k \times l$ χ^2-Tests

	B_1	B_2	...	B_j	$\sum$
A_1	n_{11}	n_{12}	...	n_{1j}	$n_{1.}$
A_2	n_{21}	n_{22}	...	n_{2j}	$n_{2.}$
...	...	...	...	...	...
A_i	n_{i1}	n_{i2}	...	n_{ij}	$n_{i.}$
$\sum$	$n_{.1}$	$n_{.2}$	...	$n_{.j}$	N

Mit dem χ^2-Unabhängigkeitstest wird die Nullhypothese H_0 unterstellt. Sie „postuliert die stochastische Unabhängigkeit der beiden Merkmale [A und B]" (ebd., S. 186). Trifft die Nullhypothese zu, bestünde kein Zusammenhang zwischen den Merkmalen A und B (vgl. Bortz und Schuster 2010; Holling und Gediga 2016).

Die unter dieser Nullhypothese erwarteten Häufigkeiten werden mit den empirisch beobachteten Häufigkeiten verglichen. Dies geschieht mittels des χ^2-Kennwertes. Ist der empirische χ^2-Wert unter der angenommenen Nullhypothese hinreichend unwahrscheinlich, so kann die Nullhypothese verworfen und die Alternativhypothese angenommen werden. (Rasch et al. 2010, S. 172)

Die Alternativhypothese würde dann „einen irgendwie gearteten Zusammenhang zwischen den Stufen des einen Merkmals und den Stufen des anderen [fordern]" (ebd., S. 186). Wurde der Wert berechnet, stellt sich nun die Frage, wie das Ergebnis interpretiert werden kann:

Um die Nullhypothese beurteilen zu können, werden Häufigkeiten berechnet, welche bei Gültigkeit der Nullhypothese zu erwarten gewesen wären. Wenn es zu erheblichen Differenzen zwischen diesen erwarteten Häufigkeiten und den tatsächlich beobachteten Häufigkeiten kommt, so spricht dies gegen die Nullhypothese. (Bortz und Schuster 2010, S. 138)

Es ist also notwendig, auch erwartete Häufigkeiten m_{ij} zu berücksichtigen. Diese berechnen sich in der Regel durch:

Zeilensumme $n_{i.}\cdot$ Spaltensumme $n_{.j}/$ Stichprobenumfang n (Rasch et al. 2010, S. 189; Bortz und Schuster 2010, S. 139). Allgemein wird χ^2 wie folgt berechnet (ebd., S. 140):

$$\chi^2 = \sum_{i=1}^{k} \sum_{j=1}^{l} \frac{(n_{ij} - m_{ij})^2}{m_{ij}}$$

k : Anzahl der Kategorien des Merkmals A

l : Anzahl der Kategorien des Merkmals B

n_{ij} : beobachtete Häufigkeit der Merkmalskombination i,j

m_{ij} : erwartete Häufigkeit der Merkmalskombination i,j

Als Ergebnis entstehen so Werte von Null bis Unendlich. Null ergibt sich nur dann, wenn die „beiden Merkmale [...] vollständig voneinander unabhängig [sind]" (Rasch et al. 2010, S. 190). In diesem Fall stimmen die erwarteten und beobachteten Häufigkeiten überein. „Je größer die Diskrepanz zwischen beobachteten und erwarteten Häufigkeiten, desto größer wird der χ^2-Wert." (ebd., S. 190) Wird diese Hypothese als signifikant bestätigt (p-Wert = 0,05: signifikantes Ergebnis; p-Wert = 0,01: sehr signifikantes Ergebnis), sind die beiden Merkmale abhängig voneinander.

Inhaltlich bedeutet ein signifikantes Ergebnis beim χ^2-Test auf Unabhängigkeit, dass die beiden untersuchten Merkmale A und B miteinander in Beziehung stehen. Die Ausprägung auf dem einen Merkmal sagt etwas über die Ausprägung auf dem anderen Merkmal aus. (ebd., S. 192)

Mit dem Test sind keine Aussagen darüber möglich, „welche Zellen der Kontingenztabelle für die Abweichung von der Unabhängigkeit verantwortlich sein könnten" (Holling und Gediga 2016, S. 140).

Die Schwäche des Testes liegt darin, dass auch ein signifikantes Ergebnis keine Aussagen über die Häufigkeitsunterschiede in den einzelnen Stufen oder über die inhaltliche Relevanz geben kann. Die einzig korrekte Aussage ist die, ob ein Zusammenhang zwischen zwei Merkmalen existiert oder nicht. (Rott 2013, S. 175)

Die Unklarheit kann mithilfe qualitativer Analysen untersucht werden und so zu tiefergehenden Aussagen führen (ebd., S. 175).

Um zu schätzen, wie groß ein Zusammenhang ist, wird die Effektstärke w^2 ermittelt.

Die Effektstärke ist ein standardisiertes Maß für die Größe des systematischen Unterschieds zwischen der festgelegten Null- und einer bestimmten Alternativhypothese. (Rasch et al. 2010, S. 181)

Berechnet wird die Effektstärke w^2 folgendermaßen:

$$w^2 = \frac{\chi^2}{N}$$

Man spricht von einem kleinen Effekt, wenn $w^2 = 0,01$; von einem mittleren Effekt, wenn $w^2 = 0,09$ und von einem großen Effekt, wenn $w^2 = 0,25$ ergibt. Wird aus w^2 die Wurzel gezogen, ergibt sich der Phi-Koeffizient (auch Cramers Index genannt) (Bortz und Schuster 2010; Rasch et al. 2010; Rott 2013, S. 142). „Er darf direkt als Korrelationsmaß zweier nominalskalierter Variablen interpretiert werden. [...] Sein Wertebereich liegt zwischen Null und Eins, wobei Null die stochastische Unabhängigkeit und Eins den perfekten Zusammenhang ausdrückt." (Rasch et al. 2010, S. 193)

> Der Phi-Koeffizient gibt den Zusammenhang zwischen zwei dichotomen Merkmalen an. Positive (negative) Werte zeigen an, dass statistische Einheiten relativ häufig (selten) bei beiden Merkmalen die mit der gleichen Zahl kodierte Ausprägung aufweisen. Werte nahe ± 1 (nahe null) belegen einen starken (keinen) Zusammenhang. (Kosfeld, Eckey und Türck 2016, S. 191)

Konkret bedeutet das: $\phi = 0,1$ kann als kleiner Effekt; $\phi = 0,3$ als mittlerer Effekt und $\phi = 0,5$ als großer Effekt interpretiert werden (Bortz und Schuster 2010, S. 142).

Für die hier zugrundeliegenden Daten ist insbesondere der Vierfelder χ^2- Test von Interesse. In diesem Fall „weisen beide Merkmale A und B [...] genau zwei Merkmalsstufen auf, sie sind also dichotom" (Rasch et al. 2010, S. 196). Die beobachteten Häufigkeiten werden als a, b, c und d folgendermaßen in die Vierfeldertafel eingetragen:

	B_1	B_2
A_1	a	b
A_2	c	d

Für diesen Spezialfall kann die nachfolgende Berechnungsvorschrift angewandt werden:

$$\chi^2 = \frac{N \cdot (a \cdot d - b \cdot c)^2}{(a+b) \cdot (c+d) \cdot (a+c) \cdot (b+d)}$$

Als Effektstärkenmaße werden auch hier w^2 und der Phi-Koeffizienten angeführt (ebd., S. 197):

$$\phi = \sqrt{w^2} = \sqrt{\frac{\chi^2}{N}} = \frac{a \cdot d - b \cdot c}{\sqrt{(a+b) \cdot (c+d) \cdot (a+c) \cdot (b+d)}}$$

Hier schließt sich der Kreis zwischen der Korrelation und dem χ^2-Test. Die Korrelation ist das Effektstärkenmaß des Tests und gibt den Grad der Abhängigkeit der beiden dichotomen Merkmale an. Der χ^2-Wert erlaubt die Prüfung dieser Korrelation auf Signifikanz. Damit bedeutet ein signifikantes Ergebnis beim χ^2-Test auf Unabhängigkeit gleichzeitig eine signifikant von Null verschiedene Korrelation der untersuchten Merkmale. (Rasch et al. 2010, S. 197)

„Der Vierfelder χ^2-Test kann somit als Signifikanztest für eine Korrelation zweier nominalskalierter Merkmale zum Einsatz kommen." (ebd., S. 199) Für den korrekten Einsatz des Verfahrens müssen allerdings drei Bedingungen erfüllt sein:

(1) Es muss eine Unabhängigkeit der Beobachtungen gegeben sein.
(2) Alle beobachtbaren Einheiten müssen eindeutig kategorisierbar sein.
(3) In 80 % aller Zellen des Versuchsplans muss eine erwartete Häufigkeit von 5 oder größer gegeben sein. (ebd., S. 199)

Da es sich bei der vorliegenden Arbeit um eine explorative Studie handelt, werden χ^2-Unabhängigkeitstests zwischen verschiedenen Merkmalen durchgeführt, um statistische Zusammenhänge zu überprüfen. Das Durchführen zahlreicher χ^2-Unabhängigkeitstests birgt allerdings die Gefahr, dass es sich bei gefundenen um zufällige Zusammenhänge handelt. Damit dies weitestgehend ausgeschlossen werden kann, wird deswegen zusätzlich eine sogenannte *Bonferroni-Korrektur* vorgenommen. Dadurch wird ein anderes Signifikanzniveau zugrundegelegt, um den Zusammenhang auf Signifikanz zu prüfen. Berechnet wird dieses Signifikanzniveau so (Bortz und Schuster 2010, S. 232): $\alpha' = \alpha/(m)$ (α: Signifikanzniveau, m: Anzahl der durchgeführten χ^2-Unabhängigkeitstests). Liegt der ermittelte p-Wert des χ^2-Unabhängigkeitstests unter dem ermittelten α', dann kann davon ausgegangen werden, dass der statistische Zusammenhang tatsächlich besteht und nicht zufällig auftritt.

15.1.3 2 × 2 × 2-Kontingenzwürfel

Der χ^2-Unabhängigkeitstest lässt sich auch auf mehr als zwei Merkmale ausweiten. So kann der Zusammenhang zwischen drei Merkmalen beispielsweise innerhalb eines 2 × 2 × 2-Kontingenzwürfels überprüft werden.

Mehrdimensionale Kontingenztafeln bieten die Möglichkeit, Beziehungen und Zusammenhänge zwischen mehreren in der Kontingenztafel verknüpften kategorialen Merkmalen (Variablen) zu erkunden. Diese Merkmale sind meist qualitativer Art; es können aber auch klassierte quantitative Merkmale sein. (Sachs 1990, S. 155)

In diesem Fall wird jede Dimension des Würfels als Zweifeldertafel abgebildet. Es kann also zu jeweils zwei der Ebenen eine Vierfeldertafel erstellt werden. Werden die drei Ebenen gleichzeitig in Beziehung gesetzt, dann ergeben sich insgesamt acht Teilwürfel (siehe Abbildung 15.1).

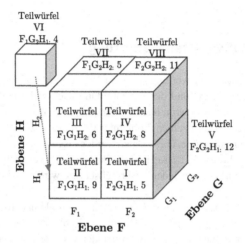

Abbildung 15.1 $2 \times 2 \times 2$-Kontingenzwürfel mit den Ebenen F, G und H und konkretem Zahlenmaterial in absoluten Werten

Sachs (ebd., S. 155) beschreibt die Vorgehensweise zunächst theoretisch:

Für die $2 \times 2 \times 2$-Kontingenztafel [...] bildet man die Summe n aller 8 Besetzungszahlen B sowie die acht sich aus ihnen ergebenden Summen und berechnet hieraus zunächst die acht Erwartungshäufigkeiten E, die bei Gültigkeit der Nullhypothese: „stochastische Unabhängigkeit dreier Merkmale" zu erwarten wären [...]

An einem Beispiel wird diese Beschreibung konkretisiert: Zuerst werden die absoluten Häufigkeiten für jeden Teilwürfel (siehe Abbildung 15.1) ermittelt und anschließend die Erwartungswerte errechnet. Das bedeutet für die absoluten Häufigkeiten:

$F_1 : 9 + 4 + 6 + 5 = 24$, $F_2 : 5 + 12 + 8 + 11 = 36$, $G_1 : 9 + 5 + 6 + 8 = 28$, $G_2 : 4 + 12 + 5 + 11 = 32$, $H_1 : 9 + 4 + 5 + 12 = 30$, $H_2 : 6 + 5 + 8 + 11 = 30$. Die Berechnung der Erwartungshäufigkeiten bei Gültigkeit der Nullhypothese wird errechnet als „Quotienten des Produktes dreier entsprechender Summen und der quadrierten Summe der Besetzungszahlen" (ebd., S. 157). Für den Teilwürfel II (Abbildung 15.1) heißt das $F_1 G_1 H_1 : E_{111} = \frac{(24 \cdot 28 \cdot 30)}{60^2} = 5,6$. Die Erwartungshäufigkeiten werden dann pro Teilwürfel ermittelt und für den χ^2-Unabhängigkeitstest genutzt. Dieser Wert wird schließlich so berechnet: $\chi^2 = \sum (B - 3)^2 / E$. Der dann erhaltene χ^2-Wert kann schließlich in einer χ^2-Verteilungstabelle einem p-Wert zugeordnet werden.

15.2 Qualitative Datenauswertung

Für die qualitative Datenauswertung werden Elemente der qualitativen Inhaltsanalyse nach Kuckartz (2014) und der Typenbildung nach Kelle und Kluge (2010) miteinander kombiniert. Als Grundlage für die qualitative Datenauswertung dienen die Kodierschemata jedes einzelnen Problembearbeitungsprozesses[1], die Schülerlösungen und Transkriptauszüge. Diese Daten werden insgesamt in fünf Schritten analysiert: Prozessbeschreibung, Passagenidentifikation, Passagenanalyse, Zusammenfassung, Musteridentifikation. Jeder dieser Teilschritte wird nachfolgend beschrieben.

Schritt 1: Prozessbeschreibung: Die einzelnen Problembearbeitungsprozesse werden in diesem Schritt beschrieben. Damit die Problembearbeitungsprozesse so dargestellt werden können, dass sie untereinander vergleichbar sind und mit ähnlichen Foki beschrieben werden, dient jeweils die Darstellung der vier Kodierungen als Grundlage. Es wird folglich erklärt, was auf jeder einzelnen Kodierschiene erkennbar ist.

Schritt 2: Passagenidentifikation: Mit Hilfe dieser Prozessbeschreibungen können in einem nächsten Schritt relevante Passagen identifiziert werden (Kuckartz 2014, S. 100). Mit Blick auf die Forschungsfragen der vorliegenden Arbeit ist eine Passage dann relevant, wenn sie durch mindestens eines dieser zwei Kriterien gekennzeichnet ist: (1) Auftreten einer oder mehrerer Schlüsselinteraktionen bzw. (2) Auftreten von Episodenwechseln. Bei letzterem werden insbesondere die Episodenwechsel untersucht, die einen potentiellen wild-goose-chase Prozess unterbrechen. Besonders spannend sind dabei Episodenwechsel, bei denen (a) Übergänge

---

[1]Ähnliche Verlaufsschemata verwendete auch Burchartz (2003, S. 102) für ihre Analysen. Sie nannte sie Handlungsprofile. Eine ähnliche Rolle erfüllen auch die hier verwendeten Kodierschemata.

zwischen inhaltstragenden Episodentypen ausgehend von der *Exploration* (z. B. Exploration mit Übergang zur Planung oder Exploration mit Übergang zur Implementation oder Exploration mit Übergang zur Verifikation) bzw. (b) Übergänge von einer inhaltstragenden Episode, in eine nicht-inhaltstragende zurück zu einer inhaltstragenden Episode (Exploration mit Übergang zur Organisation und dann zur Implementation oder Exploration mit Übergang zum Schreiben und dann zur Implementation) vorkommen. Die Übergänge (b) sind deswegen spannend, weil sie ebenfalls wild-goose-chase Prozesse unterbrechen könnten, nur über einen Umweg – nämlich einen nicht-inhaltstragenden Episodentyp.

Schritt 3: Passagenanalyse: Die identifizierten Passagen werden im Anschluss an die Prozessbeschreibungen umfassend analysiert. Dazu werden das Transkript der Passage sowie das erarbeitete Schülerdokument herangezogen. Auf Basis der tiefgehenden Beschreibung wird der eventuelle Einfluss der Strategieschlüssel identifiziert und benannt.

Schritt 4: Zusammenfassung und Interpretation: Die Zusammenfassung der Passagenanalyse erfolgt nicht in allen Fällen, sondern nur dann, wenn innerhalb eines Problembearbeitungsprozesses mehrere Passagen analysiert werden oder die Prozessbeschreibung zusammen mit der Passagenanalyse besonders reichhaltig ausfällt.

Eine Interpretation findet bei allen Problembearbeitungsprozessen statt. Bei Problembearbeitungsprozessen ohne Schlüsselinteraktion fällt diese i. d. R. kurz aus. Bei diesem Schritt wird nämlich insbesondere die Schlüsselinteraktion in den Fokus gerückt. Sie wird interpretiert im Hinblick darauf, welchen Zweck die Schlüsselinteraktion für den Fortgang des Problembearbeitungsprozesses erfüllt (siehe Abschnitt 15.2.1) sowie ob und in welchem Maße es zu selbstregulatorischer Tätigkeit der Schülerin bzw. des Schülers kommt (siehe Abschnitt 15.2.2). Damit beides objektiv und über alle Problembearbeitungsprozesse hinweg einheitlich interpretiert wird, werden die Interpretationsmöglichkeiten in den nächsten Abschnitten näher erläutert und gewissermaßen operationalisiert.

Schritt 5: Musteridentifikation: Nachdem die vorherigen Schritte durchgeführt und beschrieben sind, können die Problembearbeitungsprozesse gruppiert und auf Regelmäßigkeiten untersucht werden. In dieser Arbeit erfolgt die Gruppierung letztlich auf zwei Ebenen. Auf einer allgemeinen Ebene werden die Problembearbeitungsprozesse in vier Gruppen sortiert: Problembearbeitungsprozesse (a) ohne Schlüsselinteraktion, (b) mit Schlüsselinteraktion und ohne sichtbaren Einfluss, (c) mit Schlüsselinteraktion und mit Einfluss auf die Heurismen sowie (d) mit Schlüsselinteraktion und mit Einfluss auf die Heurismen und die Episodenwechsel. Theoretisch denkbar wären auch Problembearbeitungsprozesse, in denen eine Schlüsselinteraktion auftritt, kein Einfluss auf die Heurismen, aber ein Einfluss auf der Ebene der Episodenwechsel erfolgt. Dieser Fall ist aber nicht aufgetreten. Die Gruppen (a) bis (d) dienen zur Strukturierung des Kapitels 17 und werden darin auf empirische Regelmäßigkeiten untersucht. So wird die Homogenität innerhalb einer Gruppe überprüft (Kelle und Kluge 2010, S. 91–92). Abgeschlossen wird die qualitative Datenauswertung mit einer übergreifenden Musterbeschreibung, in die jeder einzelne Problembearbeitungsprozess einsortiert werden kann.

In Abschnitt 15.2.3 werden zwei Problembearbeitungsprozesse exemplarisch mit Hilfe der fünf Schritte beschrieben, sodass das methodische Vorgehen für alle Problembearbeitungsprozesse nachvollziehbar wird.

15.2.1 Interpretation relevanter Passagen mit Fokus auf Schlüsselnutzweisen

Wenn es zu Schlüsselinteraktionen kommt, stellt sich schnell die Frage, wie die Kinder eigentlich mit den Strategieschlüsseln arbeiten und zu welchem Zweck sie die Schlüssel verwenden. Zur Beantwortung dieser Fragen wurden in früheren Untersuchungen (siehe Herold-Blasius, Rott und Leuders 2017) bereits fünf verschiedene Nutzweisen von Strategieschlüsseln identifiziert. Diese werden nachfolgend beschrieben und mit jeweils einem Beispiel konkretisiert. Die gleichen Daten, die bei Herold-Blasius, Rott und Leuders 2017 genutzt wurden, werden für die vorliegende Arbeit mit einer umfassenderen Kodierung (siehe Kapitel 14) erneut analysiert.

Strategiegenerierung
Hat eine Schülerin bzw. ein Schüler vor der Schlüsselinteraktion noch keinen Heurismus gezeigt, zeigt aber nach der Schlüsselinteraktion eine erste Idee, dann wird von einer Strategiegenerierung gesprochen. Essentiell für diese Kategorie ist, dass davor noch oder schon länger kein anderer Heurismus identifiziert werden konnte.

Konkretisierung am Beispiel von Collin (Bauernhof):
Collins Bearbeitung der Bauernhof-Aufgabe dauert insgesamt 13:30 Minuten (siehe Anhang). Er liest zuerst die Aufgabe, analysiert sie, geht dann in eine zehnminütige Phase über, die als Exploration kodiert wurde. Er schließt seinen Problembearbeitungsprozess mit einer Schreibphase ab. Collin verwendet acht Heurismen insgesamt, darunter sechs verschiedene. Er nutzt z. B. die Heurismen *Beispiele* finden, das Erstellen einer *Liste* oder *Routineaufgabe*. Dabei wurden sechs Heurismen innerhalb der ersten drei Minuten kodiert. Zwischen der dritten und der neunten Minute geschieht in dem Problembearbeitungsprozess nichts, was durch die Kodiermanuale erfasst werden kann. Collin scheint nachzudenken.

Nach etwa neun Minuten interagiert Collin mit dem Strategieschlüssel „Arbeite von hinten". Er erklärt, dass man mit der 70 anfangen müsse – also mit der Anzahl der Beine. Zuvor hat er sich auf die Anzahl der Tiere konzentriert (siehe Abbildung 15.2(a), links oben).

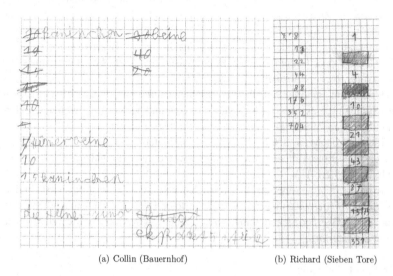

(a) Collin (Bauernhof)   (b) Richard (Sieben Tore)

Abbildung 15.2 Collin (Bauernhof-Aufgabe) und Richard (Sieben Tore-Aufgabe): Arbeitsblätter

Er nutzt nun die Anzahl der Beine zur Systematisierung und generiert eine *Routineaufgabe*, indem er versucht, 70 Beine durch vier zu teilen. Er verändert diesen Ansatz kurz danach und generiert dann das Beispiel 10 Hühnerbeine bzw. fünf Hühner und 15 Kaninchen mit 60 Beinen.

Collin verwendet den Strategieschlüssel in einer nicht intendierten Art und Weise. Er interpretiert den Schlüssel „Arbeite von hinten" nicht als *Rückwärtsarbeiten* in Pólyas (1949) Sinne, sondern eher als einen Perspektivwechsel, durch den er zunächst den „hinteren Teil" und damit die Beine der Tiere in den Fokus rückt. Unabhängig von der Richtigkeit dieser Assoziation hilft ihm der Strategieschlüssel an dieser Stelle, eine neue Idee zu generieren (*Strategiegenerierung*) und so zur richtigen Lösung zu finden.

Strategieänderung
Eine Schülerin bzw. ein Schüler hat bereits einen Heurismus verwendet, bleibt dann aber im Problembearbeitungsprozess stecken und interagiert mit den Strate-

gieschlüsseln. Zeigt das Kind anschließend einen bisher noch nicht identifizierten Heurismus, wird dies als Strategieänderung interpretiert.

Konkretisierung am Beispiel von Richard (Sieben Tore):
In Richards Problembearbeitungsprozess wurden die Episodentypen *Lesen, Exploration, Organisation, Implementation* und *Verifikation* kodiert (siehe Abschnitt 17.4.8). Richard verwendet zur Aufgabenbearbeitung insgesamt neun, darunter sechs verschiedene Heurismen. Zunächst setzt er Heurismen wie *Gegeben und Gesucht* oder *erneut Lesen* ein. Er nutzt nach etwa sechs Minuten erstmals den Heurismus *Rückwärtsarbeiten*.

Richard interagiert innerhalb seines Problembearbeitungsprozesses zweimal mit den Strategieschlüsseln – nach ca. fünf Minuten und nach etwa 10 Minuten. Innerhalb der ersten Passage kommt es zu einer Strategieänderung.

Er wählt dann den Schlüssel „Arbeite von hinten" und generiert anschließend ein *Beispiel*. Eine Minute später *arbeitet* Richard dann erstmals *rückwärts* (siehe Abbildung 15.2(b)).

In dieser Passage generiert Richard nach der Schlüsselinteraktion zuerst ein *Beispiel* und *arbeitet* anschließend *rückwärts*. Beide Heurismen stehen zeitlich nacheinander und werden nicht miteinander kombiniert. Also vollzieht Richard hier eine *Strategieänderung*.

Strategiebeibehalten

Wenn eine Schülerin bzw. ein Schüler einen Heurismus verwendet, nicht weiter kommt, dann mit den Strategieschlüsseln interagiert und anschließend den gleichen Heurismus weiter verwendet, dann wird die Strategie beibehalten.

Konkretisierung am Beispiel von Anne (Bauernhof):
Anne bearbeitet die Bauernhof-Aufgabe in etwa neun Minuten. Sie liest erst die Aufgabe, analysiert sie und geht dann in eine Explorationsphase über. Sie verwendet sechs Heurismen, darunter vier verschiedene: *Routineaufgabe, Gegeben und Gesucht, erneut lesen* und *Zerlegungsprinzip*.

Nach drei Minuten interagiert Anne mit den Strategieschlüsseln, indem sie sie liest. Nach zwölf Sekunden entscheidet sie sich für den Strategieschlüssel „Beginne mit einer kleinen Zahl" und erklärt, dass sie mit der 20, also der Anzahl der Tiere, beginnen möchte.

Nach der Schlüsselinteraktion kann bei Anne ein Heurismus identifiziert werden, nämlich die *Routineaufgabe*. Sie hat den gleichen Heurismus zuvor bereits verwendet, verändert ihr Verhalten also nicht. Es handelt sich hierbei also um eine *Strategiebeibehaltung*.

Strategieverfeinerung

Eine Schülerin bzw. ein Schüler verwendet einen Heurismus, interagiert mit den Strategieschlüsseln und entscheidet sich für einen Schlüssel. Den darauf vorgeschlagenen Heurismus nutzt das Kind, indem es ihn mit dem davor verwendeten Heurismus verbindet, kombiniert und damit gewissermaßen weiterentwickelt.

Konkretisierung am Beispiel von Julius (Kleingeld):

Julius arbeitet insgesamt etwa 20 Minuten an der Kleingeld-Aufgabe (siehe Anhang). In seinem Problembearbeitungsprozess wurden die Episodentypen Lesen, Exploration und Schreiben kodiert. Zwischen der Exploration und dem Schreiben wechselt er mehrfach. Julius verwendet in seinem Problembearbeitungsprozess die Heurismen *Beispiel, systematisches Probieren* und *Systematisierungshilfe*.

Er interagiert nach etwa acht Minuten mit den Strategieschlüsseln. Nach einer Weile entscheidet er sich für den Schlüssel „Beginne mit einer kleinen Zahl". Im Anschluss an diese Schlüsselinteraktion lässt er ein paar freie Zeilen auf seinem Arbeitsblatt und beginnt erneut, Beispiele zu generieren. Diesmal schreibt er Beispiele nicht einfach auf, sondern geht systematisch vor, indem er erst Beispiele mit 2-Cent und dann mit 5-Cent Münzen sucht (siehe Abbildung 15.3).

Julius verbindet seinen Heurismus, *Beispiele* zu generieren, mit den Heurismen *Systematisierunghilfe* und *systematisches Probieren*. Er nutzt also einen zuvor verwendeten Heurismus und entwickelt diesen mit Hilfe anderer Heurismen weiter. In diesem Sinne nutzt er den Strategieschlüssel zur *Strategieverfeinerung*.

Strategiebenennung

Eine Schülerin bzw. ein Schüler nutzt einen Heurismus und interagiert anschließend mit den Strategieschlüsseln und wählt einen davon aus. Diesen setzt das Kind ein, um die zuvor verwendete Problemlösestrategie zu verbalisieren und in diesem Sinne zu benennen.

Konkretisierung am Beispiel von Christin (Sieben Tore): Christins Aufgabenbearbeitung dauert knapp 16 Minuten (siehe Abschnitt 17.4.3). Sie liest die Aufgabe und geht in eine Analysephase über. Sie probiert dann innerhalb einer Explorationsphase etwas aus, schreibt ihre Erkenntnisse nieder und geht zurück in eine Exploration. Sie beendet ihren Problembearbeitungsprozess mit einer Schreibphase. Christin verwendet eine Vielzahl von Heurismen: *erneut Lesen, Vorwärtsarbeiten, Gegeben und Gesucht, Informative Figur, Tabelle* und zum Schluss *Rückwärtsarbeiten*.

Sie interagiert insgesamt dreimal mit den Strategieschlüsseln, das erste Mal nach etwa drei Minuten. Sie liest die Strategieschlüssel der Reihe nach laut vor und prüft,

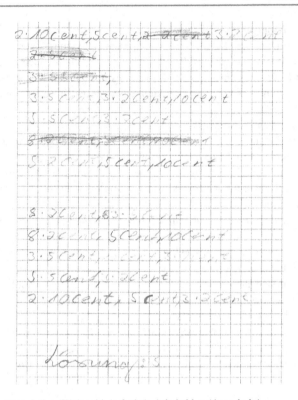

Abbildung 15.3 Julius (Kleingeld-Aufgabe): Arbeitsblatt (Ausschnitt)

welcher Strategieschlüssel für sie in Frage kommen könnte. Als sie den Schlüssel „Beginne mit einer kleinen Zahl" durchliest, macht sie durch ihre Gestik und Mimik deutlich, dass sie eine Idee hat. Direkt im Anschluss sagt Christin „Ein Beispiel hab ich ja schon gefunden".

Beim Strategieschlüssel „Finde ein Beispiel" referiert sie indirekt auf einen Schlüssel. Sie nutzt ihn, um einen zuvor verwendeten Heurismus – hier konkret das *Vorwärtsarbeiten* – zu benennen. Sie erklärt damit, was sie aus ihrer Sicht vorher erarbeitet hat, nämlich ein Beispiel. Der Strategieschlüssel erfüllt damit die Funktion der *Strategiebenennung*.

Für die vorliegende Arbeit werden diese fünf, von der Autorin in Vorarbeiten entwickelten Nutzweisen der Strategieschlüssel verwendet (siehe dazu Herold-Blasius, Rott und Leuders 2017). Gleichzeitig wird das Datenmaterial auf induktive Art und Weise dahingehend überprüft, ob es noch weitere solcher Nutzweisen gibt.

15.2.2 Interpretation relevanter Passagen mit Fokus auf selbstregulatorische Tätigkeiten

Unter einer *selbstregulatorischen Tätigkeit* wird in der vorliegenden Arbeit jede metakognitive, motivationale oder kognitive Handlung innerhalb eines Problembearbeitungsprozesses verstanden, die einen selbstregulatorischen Hintergrund haben könnte. Dabei spielt es keine Rolle, wie erfolgreich diese selbstregulatorische Tätigkeit für den Gesamtbearbeitungsprozess ist.

Selbstregulatorische Tätigkeiten sind in allen Problembearbeitungsprozessen gleichermaßen zu interpretieren. Dazu werden nachfolgend mögliche beobachtbare Handlungen innerhalb der Problembearbeitungsprozesse beschrieben. Diese Handlungen sollen schließlich Aufschluss darüber geben, ob Selbstregulation auftritt oder eben nicht.

Insgesamt werden vier Anzeichen für selbstregulatorische Tätigkeiten unterschieden. Dabei sei schon hier darauf hingewiesen, dass keines dieser Anzeichen automatisch auch Selbstregulation bedeutet. Es handelt sich vielmehr um eine Sammlung von Indizien.

Schlüsselinteraktion: Die selbstinduzierte Interaktion mit den Strategieschlüsseln wird als ein Indiz für selbstregulatorische Tätigkeiten interpretiert (ebd.). Beispielsweise könnte eine Schülerin bzw. ein Schüler feststellen, dass sie bzw. er im Bearbeitungsprozess nicht weiter weiß und steckengeblieben ist. Greift das Kind dann zu einem Strategieschlüssel stellt es von sich aus fest, dass es sein bisheriges Vorgehen verändern sollte und nutzt eine gegebene Hilfestellung.

Nutzweisen: Zusätzlich werden die fünf Nutzweisen der Strategieschlüssel (siehe Abschnitt 15.2.1) als Indiz für Selbstregulation verstanden (ebd.). So erfolgt beispielsweise erst die Schlüsselinteraktion und anschließend eine *Strategiegenerierung*. Im Zyklus der Selbstregulation würde das der prä-aktionalen Phase[2] entsprechen. Nutzt eine Schülerin bzw. ein Schüler erst einen Heurismus und interagiert danach mit den Strategieschlüsseln, z. B. für eine nachträgliche *Strategiebenennung*, dann würde das der post-aktionalen Phase entsprechen. Da alle bisher bekannten Nutzweisen den Phasen der Selbstregulation zugeordnet werden können, werden die Nutzweisen als Anzeichen für selbstregulatorische Tätigkeiten interpretiert.

Wechsel zwischen Episodentypen: Wechseln Schülerinnen und Schüler zwischen inhaltstragenden Episodentypen kann dies ein Anzeichen für selbstregula-

---

[2]Mehr Informationen zur Selbstregulation können Kapitel 10 entnommen werden.

torische Tätigkeit sein (Schoenfeld 1985; Rott 2013). Bleibt eine Schülerin bzw. ein Schüler z. B. im Bearbeitungsprozess stecken und ist dann in der Lage, in eine andere Episode zu wechseln, z. b. in eine Analysephase, um die Aufgabe besser zu verstehen, dann könnte das für eine selbstregulatorische Tätigkeit sprechen.

Steuerung von Heurismen: Die Fähigkeit, Heurismen auszuwählen, gezielt einzusetzen und ggf. anzupassen oder zu verändern, kann auch als „Steuerungsverhalten" oder „Steuerungsfähigkeit" bezeichnet werden (Heinrich 1999). Damit meint Heinrich (ebd.) auch „das Verhalten von SchülerInnen, einen eingeschlagenen Bearbeitungsweg abzubrechen und einen neuen einzuschlagen" (Rott 2013, S. 93–94).

Innerhalb der vorliegenden Studie wird zwar nicht erfasst, wie die Kinder Heurismen steuern, allerdings wurden die Heurismen kodiert, die von den Kindern verwendet wurden. Werden Wechsel oder Anpassungen aufgrund der vorherigen Schlüsselinteraktion vorgenommen, dann wird dies als selbstregulatorische Tätigkeit verstanden.

Diese vier Anzeichen für selbstregulatorische Tätigkeiten werden genutzt, um bei jedem Problembearbeitungsprozess entscheiden zu können, ob solche Tätigkeiten von den Kindern ausgeführt wurden.

15.2.3 Exemplarische Beschreibung zweier Problembearbeitungsprozesse

In diesem Abschnitt werden exemplarisch zwei Problembearbeitungsprozesse entsprechend der zuvor festgelegten fünf Schritte der qualitativen Analysen beschrieben. So soll deutlich werden, wie der Ablauf der Analyse erfolgt und welche Interpretation pro Prozess möglich ist.

15.2.3.1 Laura (Kleingeld-Aufgabe)

Schritt 1: Prozessbeschreibung
Lauras Problembearbeitungsprozess (siehe Anhang) wird in diesem Schritt überblickgebend beschrieben. Dazu werden alle verfügbaren Materialien genutzt – in ihrem Fall sind das ihr Aufgabenblatt und das Kodierschema (siehe Abbildung 15.4).

Laura bearbeitet die Kleingeld-Aufgabe knapp sieben Minuten und gelangt zu einem Ergebnis, dass als erweiterter Lösungsansatz kodiert wurde (siehe Abbildung 15.4(b)). Sie liest zunächst die Aufgabenstellung und zeigt dann für etwa fünf Minuten ein Verhalten, das als Exploration kodiert wurde (siehe Abbildung 15.4(a)). Bei ihr schließt daran das Interview an. Als einzige Schülerin schreibt sie nach dem

Interview noch etwas auf. Auf der zweiten Kodierschiene konnten bei Laura die Heurismen *Beispiel finden* und *systematisches Probieren* identifiziert werden. Zu keinem Zeitpunkt interagiert Laura mit den Strategieschlüsseln.

Schritte 2 und 3: Passagenidentifikation und -analyse
In der Prozessbeschreibung wurde festgestellt, dass Laura nicht mit den Strategieschüsseln interagiert. Deswegen gibt es in ihrem Problembearbeitungsprozess keine Passage, die näher betrachtet wird. Diese beiden Schritte werden in Lauras Fall übersprungen.

Schritt 4: Zusammenfassung und Interpretation
In diesem Schritt wird das bisher Beschriebene zusammengefasst, abstrahiert und interpretiert. Dabei werden auch die Nutzweisen der Strategieschlüssel und/oder potentielle selbstregulatorische Tätigkeiten interpretiert.

Lauras Problembearbeitungsprozess entspricht einem wild-goose-chase Prozessprofil. Sie generiert verschiedene Beispiele, sogar systematisch. Am Ende findet sie mit ihrer Systematik allerdings nicht alle Möglichkeiten. Mit ihrer Vorgehensweise trifft sie keine Hürde an, sodass die Interaktion mit den Strategieschlüsseln in ihrem Problembearbeitungsprozess keine Notwendigkeit ist. Sie wechselt, abgesehen vom *Lesen* zur *Exploration* auch nicht zwischen Episodentypen. Auf eine gezielte Steuerung von Heurismen gibt es keinen Hinweis. Selbstregulatorische Tätigkeiten können demnach bei Lauras Aufgabenbearbeitung nicht identifiziert werden.

Schritt 5: Musteridentifikation
Dieser Schritt wird erst vollzogen, sobald alle Problembearbeitungsprozesse beschrieben, analysiert und interpretiert wurden. Erst dann ist es möglich, Gruppierungen festzulegen, die eine Sortierung der 41 Problembearbeitungsprozesse sinnvoll erlauben.

An dieser Stelle wird Lauras Problembearbeitungsprozess der Gruppe *Problembearbeitungsprozesse ohne Schlüsselinteraktion* zugeordnet. Die anderen möglichen Gruppen werden in Schritt 5 zu Beginn von Abschnitt 15.2 benannt.

15.2.3.2 Simon (Kleingeld-Aufgabe)

Schritt 1: Prozessbeschreibung
Auch Simons Problembearbeitungsprozess (siehe Anhang) wird überblicksartig beschrieben. Dazu werden das Kodierschema, das Aufgabenblatt und ein Transkriptauszug genutzt.

(a) Kodierschema

(b) Arbeitsblatt

Abbildung 15.4 Laura (Kleingeld-Aufgabe): Kodierschema und Arbeitsblatt

Simon bearbeitet die Kleingeld-Aufgabe als zweite von vier Aufgaben. Für diesen Problembearbeitungsprozess benötigt er etwa 15:30 Minuten und kommt zu einer Lösung, die als einfacher Lösungsansatz kodiert wurde (siehe Abbildung 15.5).

Simon liest die Aufgabenstellung, analysiert die Aufgabe und geht dann in eine etwa 14-minütige Arbeitsphase über, die als Exploration kodiert wurde. Er schließt seinen Problembearbeitungsprozess mit einer Schreibphase ab.

Auf der zweiten Kodierschiene sind zunächst *Beispiele* kodiert worden. Nach ca. fünf Minuten nutzt Simon darüber hinaus auch Heurismen wie die *Systematisierungshilfe* oder das *systematische Probieren*. Als Systematisierungshilfe setzt

Simon verschiedene Farben ein (siehe Abbildung 15.6): rot für die 10-Cent Münzen, blau für die 5-Cent Münzen und schwarz für die 2-Cent Münzen.

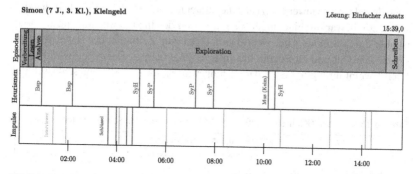

Abbildung 15.5 Simon (Kleingeld-Aufgabe): Kodierschema

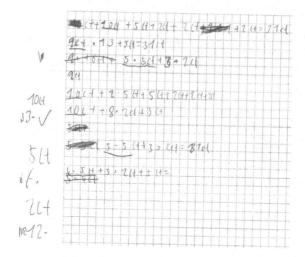

Abbildung 15.6 Simon (Kleingeld-Aufgabe): Arbeitsblatt

Schritte 2 und 3: Passagenidentifikation und -analyse

Im zweiten Schritt werden Passagen identifiziert, in denen es z. B. zu Schlüsselinteraktionen kommt. Diese werden mit einem Transkriptauszug detailliert beschrieben und ggf. zusammen mit dem Schülerdokument analysiert.

In Simons konkretem Fall kam es nach etwa 03:30 Minuten zu einer Schlüsselinteraktion. Die Interaktion beginnt, indem die Interviewerin ihm vorschlägt, die Schlüssel anzuschauen (Zeile 1 in Tabelle 15.2). Anders als bei den anderen Interviews legt die Interviewerin jetzt erst die Strategieschlüssel auf den Tisch. Es handelt sich hierbei zwar um eine ungünstige Variation der Interviewbedingungen. Diese ist aber durch Simons Alter zu erklären. Er ist zum Zeitpunkt der Datenerhebung sieben Jahre alt und zu Beginn des Interviews aufgeregt. Deswegen wird bei der Intervieweinführung lediglich darauf hingewiesen, dass es Strategieschlüssel gibt

Tabelle 15.2 Simon (Kleingeld-Aufgabe): Transkriptauszug der Schlüsselinteraktion

	00:03:18–00:05:00 (Exploration) Originale Videostelle: 00:13:14–00:14:56
1	I: Sollen wir mal einen Schlüssel angucken?
2	(S nickt.)
3	I: Ja? Ich leg die dir einfach hin und du guckst mal, ob dir einer davon hilft und wenn dir einer eine Idee gibt, sagst du mir bitte welcher. Okay?
4	(S nickt.)
5	(I legt Schlüssel nacheinander hin.)
6	(S liest die Schlüssel flüsternd nacheinander durch.)
7	S: Der hilft mir. (S nimmt den Schlüssel „Suche nach einer Regel" zu sich.)
8	I: Meinst du?
9	(S nickt.)
10	I: Suche nach einer Regel könnte dir helfen? Ich leg mal noch alle anderen hin. Den legen wir schon so ein Stück zur Seite. (I legt den Schlüssel sichtbar neben die anderen.)
11	(S nickt.)
12	I: Du guckst mal, ob noch einer dabei ist. Machen wir einfach mal weiter.
13	(S liest die restlichen Schlüssel flüsternd nacheinander durch.)
14	S: Und der. (S zeigt auf den Schlüssel „Beginne mit einer kleinen Zahl".)
15	I: Okay. (S legt den Schlüssel sichtbar neben die anderen zu dem bereits ausgewählten Strategieschlüssel.)
16	S: Gut, dann beginne ich mit 2-Cent. (S beginnt zu schreiben und richtet nach ca. 3 Sekunden den Blick wieder auf die Schlüssel.) Das. Der geht auch. (S greift zum Schlüssel „Verwende verschiedene Farben".)
17	I: Verschiedene Farben?
18	S: Ja.
19	I: Willst du noch eine andere Farbe? (I reicht S andersfarbige Stifte.)
20	S: Gut. Gleich. Mit 10-Cent. (S markiert in den vorher generierten Beispielen die Münzen mit rot, blau und schwarz.)

für den Fall, dass er im Bearbeitungsprozess stecken bleibt. Auf die konkrete Ausführung der Strategieschlüssel wurde in diesem Fall zunächst verzichtet, damit sich Simon leichter auf die Gesamtsituation einlassen kann.

Nachdem Simon die Strategieschlüssel vorliegen, liest er jeden einzelnen Schlüssel flüsternd durch (Zeile 6). Nach wenigen Sekunden sagt er, dass ihm der Schlüssel „Suche nach einer Regel" helfen könnte (Zeile 7). Er deutet etwas später auf den Schlüssel „Beginne mit einer kleinen Zahl" (Zeile 14) und beginnt ein Beispiel aufzuschreiben, das mit 2-Cent Münzen beginnt (Zeile 16). Nach drei Sekunden wendet er seinen Blick dann wieder auf die Schlüssel und möchte zusätzlich noch den Schlüssel „Verwende verschiedene Farben" nutzen. Simon beginnt, die 10-Cent Münzen in den zuvor generierten Beispielen rot zu markieren, was als *Systematisierungshilfe* kodiert wurde.

Schritt 4: Zusammenfassung und Interpretation
Die Zusammenfassung dient dazu, mehrere Passagenausschnitte zu komprimieren. In Simons Fall ist das nicht nötig, weil es nur eine Passage mit Schlüsselinteraktion gibt. Eine Interpretation der Schlüsselinteraktion und bzgl. der selbstregulatorischen Tätigkeit erfolgt aber.

Simon generiert zu Beginn seines Problembearbeitungsprozesses zwei Beispiele. Mit Hilfe der drei von ihm gewählten Strategieschlüssel legt er für sich ein Systematisierungskriterium fest – nämlich die 2-Cent Münzen. In Verbindung mit der farbigen Markierung geht er so zunehmend systematisch vor, bis er nach zehn Minuten sogar eine Regelhaftigkeit erkennt und formuliert. In der beschriebenen Passage nutzt Simon die Strategieschlüssel zur *Strategieverfeinerung*, weil er seinen vorher verwendeten Heurismus *Beispiel* kombiniert mit den Farben und den 2-Cent Münzen, um so schließlich systematisch Beispiele zu generieren.

Bei Simon können verschiedene selbstregulatorische Tätigkeiten beobachtet werden. So wird zwar zunächst die Schlüsselinteraktion nicht von ihm initiiert. Allerdings nutzt er die Schlüsselinteraktion zur Strategieverfeinerung und steuert damit seinen Heurismeneinsatz. Episodenwechsel kamen im Zusammenhang mit der Schlüsselinteraktion nicht vor.

Schritt 5: Musteridentifikation
Ähnlich wie bei Lauras Beispiel ergibt eine Musteridentifikation anhand eines einzelnen Problembearbeitungsprozesses auch in Simons Fall keinen Sinn. Das wird erst bei einer Vielzahl von Problembearbeitungsprozessen möglich.

Allerdings kann der Problembearbeitungsprozess von Simon aufgrund von Schritt 4 der Gruppe *Problembearbeitungsprozesse mit Schlüsselinteraktion und mit Einfluss auf die Heurismen* zugeordnet werden.

Für den weiteren Verlauf dieser Arbeit werden nun die hier vorgestellten quantitativen und qualitativen Verfahren genutzt, um aus den Daten Ergebnisse zur Beantwortung der Forschungsfragen zu generieren.

Teil IV
Empirische Studie – Analyse und Ergebnisse

Im Rahmen dieser explorativen Studie werden zunächst quantitative Analysen vorgenommen. Dadurch werden neben quantitativen Verteilungen auch statistische Zusammenhänge überprüft. Durch die daran anschließenden qualitativen Analysen werden einzelne, typische Problembearbeitungsprozesse beschrieben und mit Blick auf die Forschungsfragen hin analysiert.

Zu allererst wird ein Gesamtüberblick über die Datenmenge gegeben. In Tabelle 16.1 sind die 16 Kinder und die von ihnen bearbeiteten Aufgaben aufgelistet. Der Tabelle lassen sich die Anzahl der bearbeiteten Aufgaben sowie die entsprechende Bearbeitungszeit jeweils pro Kind und pro Aufgabe entnehmen. Für die Berechnung der Bearbeitungszeiten wurde die allgemeine Einführung in die Interviewsituation nicht mit betrachtet, weil diese Zeit nicht zur Bearbeitung der Aufgabe beiträgt und deswegen die reale Bearbeitungsdauer eher verfälschen würde. Die allgemeine Intervieweinführung, d. h. Informationen zum allgemeinen Ablauf des Interviews, wurden deswegen bei allen Prozessen vernachlässigt.

16 Schülerinnen und Schüler haben jeweils ein bis vier der sechs verschiedenen Aufgaben bearbeitet; insgesamt ergeben sich so 41 Problembearbeitungsprozesse. Die Bauernhof-Aufgabe wurde mit 12 Bearbeitungen am häufigsten bearbeitet, die Legosteine- und Smarties-Aufgabe[1] mit je fünf Bearbeitungen am seltensten (siehe Tabelle 16.1). In ihrem Aufbau sind die Kleingeld- und Legosteine-Aufgabe sowie die Sieben Tore- und Smarties-Aufgabe einander strukturgleich (siehe Abschnitte 12.3.3 und 12.3.2). Werden die strukturgleichen Aufgaben betrachtet, sind die Aufgaben weitestgehend ausgeglichen verteilt (Bauernhof-Aufgabe: 12 Bearbeitungen, Legosteine- bzw. Kleingeld-Aufgabe: 12 Bearbeitungen, Sieben Tore- bzw. Smarties-Aufgabe: 11 Bearbeitungen). Lediglich die Schachbrett-Aufgabe ist mit sechs Bearbeitungen weniger bearbeitet worden, weil sie von den Kindern seltener ausgewählt wurde.

---

[1]Informationen zu den einzelnen Aufgaben dieser Untersuchung können Kapitel 12 entnommen werden.

Die Bearbeitungszeit der einzelnen Aufgaben schwankt zwischen 3:03 Minuten (Simon, Bauernhof-Aufgabe) und 40:24 Minuten (Julius, Sieben Tore-Aufgabe). Durchschnittlich hat die Bearbeitung einer Aufgabe 13:34 Minuten gedauert. Am kürzesten beschäftigten sich die Schülerinnen und Schüler mit der Schachbrett-Aufgabe (durchschnittlich 7:50 Minuten); am längsten mit der Bauernhof-Aufgabe (durchschnittlich knapp 16:00 Minuten). Der Median dazu ist bei allen Aufgaben ähnlich.

Prozentual ausgedrückt arbeiteten die Kinder etwa ein Drittel der gesamten Videodauer an der Bauernhof-Aufgabe, aber nur 7 % bei der Smarties bzw. 8 % bei der Schachbrett-Aufgabe.

Insgesamt ergibt sich eine breite empirische Datengrundlage mit 9,75 Stunden Videomaterial. Dieses Material wird im Sinne eines Mixed-Method Designs nachfolgend erst quantitativ und dann qualitativ analysiert und dargestellt.

Quantitative Datenanalyse

16

In diesem Kapitel werden die Daten auf quantitative Art und Weise analysiert. Dazu
werden v. a. Verfahren der deskriptiven Statistik verwendet (siehe Kapitel 15). Für
einen allgemeinen Überblick über die Daten werden zunächst die vier Kodierungen – Episoden im Problembearbeitungsprozess, Heurismen, Lösungserfolg und
externe Impulse (siehe Kapitel 14) – nacheinander betrachtet. Dabei wird erst die
produktorientierte Kodierung (Lösungserfolg) analysiert. So wird untersucht, wie
erfolgreich die Schülerinnen und Schüler in ihren Problembearbeitungsprozessen
waren. Anschließend werden die prozessorientierten Kodierungen (Episoden, Heurismen und externe Impulse) analysiert. Im weiteren Verlauf des Kapitels werden
dann im Sinne einer explorativen Studie statistische Zusammenhänge zwischen den
verschiedenen Kodierungen betrachtet.

16.1 Analyse der Lösungskategorien

In diesem Abschnitt werden die kodierten Lösungskategorien analysiert, also das
Produkt der Problembearbeitungsprozesse. Dabei wird untersucht, wie erfolgreich
die Schüler und Schülerinnen bei ihren Bearbeitungen der sechs mathematischen
Problemaufgaben waren. Dazu werden sowohl die Kinder und ihr individueller
Erfolg (siehe Tabelle 16.2) betrachtet als auch die Lösungskategorien pro Aufgabe
(Tabelle 16.3(b)).

Elektronisches Zusatzmaterial Die elektronische Version dieses Kapitels enthält
Zusatzmaterial, das berechtigten Benutzern zur Verfügung steht
https://doi.org/10.1007/978-3-658-32292-2_16.

Am erfolgreichsten sind die Kinder mit Lösungskategorie (3), am wenigsten erfolgreich diejenigen mit Lösungskategorie (0)[1]. Unter den 16 Kindern gibt es drei Kinder (siehe Tabelle 16.2), die bei der Bearbeitung der mathematischen Probleme mit Ergebnissen der Lösungskategorie (3) erfolgreich sind, auch über mehrere Aufgaben hinweg – Anja, Anne und Hannes. Richard erreichte bei drei Aufgabenbearbeitungen Lösungen mit den Lösungskategorien (2) und (3). Auch er ist damit unter den erfolgreichen Problemlösern.

Es gibt auch sechs Schülerinnen und Schüler, die am Ende ihrer Problembearbeitungsprozesse Lösungen produziert haben, die ausschließlich mit keinem oder einem einfachen Lösungsansatz kodiert wurden und damit wenig erfolgreich waren – Anke, Fabian, Markus, Prisha, Til und Vicky.

Die meisten Kinder (sechs von 16) zeigen ein gemischtes Bild – Christin, Collin, Felix, Julius, Laura und Simon. Bei diesen Kindern scheint der Lösungserfolg mit der Aufgabe zusammenzuhängen. Abhängig von der Aufgabe haben sie mal weniger erfolgreiche und mal erfolgreichere Lösungen erarbeitet.

In Tabelle 16.2 wird aufgelistet, welche Lösungskategorien bei welchen Aufgaben kodiert wurden. Die Lösungskategorie (0) verteilt sich mit vier Schülerlösungen über vier Aufgaben (Bauernhof, Sieben-Tore, Smarties und Schachbrett) und kommt damit am seltensten vor. Lösungskategorie (1) wurde über alle Aufgaben hinweg insgesamt 17-mal kodiert. Lösungskategorie (2) trat insgesamt 10-mal bei vier Aufgaben (Kleingeld, Sieben-Tore, Smarties und Schachbrett) auf. Ein korrekter Ansatz (Lösungskategorie (3)) kam insgesamt zehn Mal vor und wurde mit acht Schülerlösungen zumeist bei der Bauernhof-Aufgabe erzielt. Bei der Legosteine- und Smarties-Aufgabe trat diese Lösungskategorie jeweils einmal auf. Insgesamt sind damit alle Lösungskategorien vertreten. Eine Häufung tritt lediglich bei den korrekten Lösungsansätzen der Bauernhof-Aufgabe auf. Hier sei aber darauf hingewiesen, dass diese Aufgabe auch am häufigsten bearbeitet wurde (siehe dazu Tabelle 16.1).

Durch diese Analysen wird deutlich, dass keine der sechs, für die vorliegende Studie ausgewählten Aufgaben zu leicht oder zu schwierig war. Vielmehr gibt es einzelne Schülerinnen und Schüler, denen die Bearbeitung der Aufgaben leichter fällt als anderen Kindern. Es kann deswegen davon ausgegangen werden, dass alle gewählten Aufgaben für die hier vorliegende Stichprobe einen mathematischen Problemcharakter aufweisen.

Es bleibt zu untersuchen, inwiefern die Lösungskategorien mit den anderen Kodierungen in Verbindung stehen. Mit Blick auf das Erkenntnisinteresse der vorliegenden Arbeit wird aber auch analysiert, ob ein statistischer Zusammenhang

---

[1]Details zur Kodierung der Lösungskategorien können Kapitel 14 entnommen werden.

Tabelle 16.1 Übersicht über die Aufgabenbearbeitungen je Schülerin bzw. Schüler

Aufgabe / Schüler*in	Bauernhof	Kleingeld	Legosteine	7 Tore	Smarties	Schachbrett	Gesamtbearbeitungszeit pro Kind	Anzahl der bearbeiteten Aufgaben pro Kind
Anja	00:27:23				00:08:59		00:36:22	2
Anke	00:26:25		00:19:14				00:45:39	2
Anne	00:11:58						00:11:58	1
Christin	00:18:55			00:15:41		00:05:57	00:40:33	3
Collin	00:13:34	00:07:10		00:05:27		00:07:01	00:33:12	4
Fabian			00:20:04				00:20:04	1
Felix			00:20:32		00:07:51	00:06:43	00:35:06	3
Hannes	00:27:27						00:27:27	1
Julius		00:20:11		00:40:24			01:00:35	2
Laura	00:13:04	00:06:43			00:04:19	00:14:20	00:38:26	4
Markus			00:15:13		00:04:58		00:20:11	2
Richard	00:09:14	00:13:37		00:16:30			00:39:21	3
Simon	00:03:03	00:15:39		00:03:59		00:07:55	00:30:36	4
Til	00:18:24	00:24:33					00:42:57	2
Prisha	00:12:28	00:20:01		00:07:33		00:05:04	00:45:06	4
Vicky	00:09:56		00:16:07		00:14:03		00:40:06	3
Gesamt: Bearbeitungsdauer	03:11:51	01:47:54	01:31:10	01:29:34	00:40:10	00:47:00	09:27:39	–
Arith. Mittel M	00:15:59	00:15:25	00:18:14	00:14:56	00:08:02	00:07:50	00:13:51	–
Median	00:13:19	00:15:39	00:19:14	00:11:37	00:07:51	00:06:52	00:13:34	–
Gesamt: Aufgaben	12	7	5	6	5	6	–	41
Anteil an Gesamt-videodauer in %	33,79%	19%	16,06%	15,78%	7,08%	8,28%	–	–

Tabelle 16.2 Lösungskategorien pro Kind

Kind	Aufgabe	Erfolg
Anja	Bauernhof	3
	Smarties	3
Anke	Bauernhof	1
	Lego	1
Anne	Bauernhof	3
Christin	Bauernhof	3
	Schachbrett	1
	7 Tore	2
Collin	Bauernhof	3
	Kleingeld	2
	Schachbrett	1
	7 Tore	1
Fabian	Lego	1
Felix	Lego	3
	Schachbrett	1
	Smarties	2
Hannes	Bauernhof	3
Julius	Kleingeld	2
	7 Tore	1
Laura	Bauernhof	3
	Kleingeld	2
	Schachbrett	1
	Smarties	2
Markus	Legosteine	1
	Smarties	1
Prisha	Bauernhof	1
	Kleingeld	1
	Schachbrett	0
	7 Tore	0
Richard	Kleingeld	2
	Bauernhof	3
	7 Tore	2
Simon	Bauernhof	3
	Kleingeld	1
	Schachbrett	0
	7 Tore	2
Til	Bauernhof	1
	Kleingeld	1
Vicky	Bauernhof	0
	Lego	1
	Smarties	0

zwischen den Lösungskategorien und der Interaktion mit den Strategieschlüsseln besteht (siehe dazu Abschnitt 16.5).

16.2 Analyse der Episodentypen im Problembearbeitungsprozess

In diesem Abschnitt werden Analysen dargestellt, die zur ersten Kodierschiene – also den Episodentypen im Problembearbeitungsprozess – gehören.

16.2.1 Übersicht über die Datenmenge mit Blick auf die Episodentypen

Für einen genaueren Einblick in die Datenmenge wird in Tabelle 16.3(a) die kumulierte Dauer der einzelnen Episodentypen über alle 41 Problembearbeitungsprozesse hinweg dargestellt. Es ist auffällig, dass der Episodentyp *Exploration* knapp 6,5 Stunden der insgesamt 9,75 Videostunden einnimmt. Das entspricht 66 % und damit etwa zwei Drittel der gesamten Datenmenge. Dieser große Anteil war aufgrund der Vorarbeiten von Schoenfeld (1985) und Rott (2013) zu erwarten. Dennoch ist der Anteil hier höher, als in den anderen beiden Untersuchungen (siehe dazu Abschnitt 16.2.5).

Die Episodentypen *Vorbereitung* und *Interview* kamen in ihrer Summe am nächst häufigsten vor (Vorbereitung: knapp 43 Minuten (7,4 %); Interview: 51 Minuten (8,8 %)). Diese beiden Episodentypen wurden kodiert, um die Problembearbeitungsprozesse von Beginn bis Ende vollständig abzubilden und so ggf. zusätzliche Informationen sammeln zu können. Aussagen zum konkreten Verlauf eines Problembearbeitungsprozesses können mit diesen beiden Episodentypen allerdings nicht getroffen werden. Lediglich im Interview können Erklärungen durch die Schülerinnen und Schüler in die späteren qualitativen Analysen einfließen. Darum wird der Episodentyp *Vorbereitung* in den Analysen der nachfolgenden Abschnitte nicht berücksichtigt.

In Tabelle 16.3(a) wurde die Dauer jedes Episodentyps pro Aufgabe addiert. Das *Lesen* der Bauernhof-Aufgabe dauerte beispielsweise in der Summe der zwölf Bearbeitungen 5:05 Minuten und damit im Vergleich zu den anderen Aufgaben am längsten. Das liegt hier aber auch daran, dass die Bauernhof-Aufgabe häufiger bearbeitet wurde. Relativiert auf die zwölf Bearbeitungen dauert das Lesen der Bauernhof-Aufgabe durchschnittlich etwa 25 Sekunden.

Tabelle 16.3 Quantitative Auswertung der Lösungskategorien und Episodentypen

(a) Lösungskategorien pro Aufgabe; Grau hervorgehoben ist die auffällige Spalte der *Exploration*.

(b) Verteilung der einzelnen Episodentypen pro Aufgabe; angegeben in Stunden, Minuten und Sekunden.

Episodentyp / Aufgabe	Vorbereitung	Lesen	Analyse	Planung	Exploration	Implementation	Organisation	Schreiben	Verifikation	Interview	Summe
Bauernhof	00:07:24	00:05:05	00:11:23	00:00:29	02:12:36	00:06:26	00:06:07	00:02:26	00:00:33	00:19:20	3:11:49
Kleingeld	00:14:36	00:02:05	00:06:14	00:00:00	01:17:04	00:04:15	00:00:00	00:03:32	00:00:00	00:09:08	1:56:54
Legosteine	00:04:31	00:04:33	00:04:15	00:00:00	01:09:19	00:00:00	00:00:00	00:03:20	00:00:00	00:05:42	1:31:40
Sieben Tore	00:02:59	00:03:51	00:02:09	00:00:00	01:02:46	00:02:33	00:05:33	00:00:37	00:01:02	00:07:04	1:28:34
Smarties	00:07:58	00:02:19	00:01:36	00:00:25	00:19:13	00:02:23	00:00:00	00:05:41	00:00:00	00:04:17	0:43:52
Schachbrett	00:05:18	00:03:56	00:03:16	00:00:26	00:23:37	00:03:30	00:01:21	00:03:14	00:00:00	00:05:26	0:50:04
Summe	00:42:46	00:21:49	00:28:53	00:01:20	06:24:35	00:19:07	00:13:01	00:18:50	00:01:35	00:50:57	9:42:53
Anteil an Gesamtzeit in %	7,4 %	3,8 %	5 %	0,2 %	66 %	3,3 %	2,2 %	3,3 %	0,2 %	8,8 %	

Lösungskategorie / Aufgabe	Bauernhof	Kleingeld	Legosteine	7 Tore	Smarties	Schachbrett	Summe
(0) Kein Ansatz	1	0	0	1	1	1	4
(1) Einfacher Ansatz	3	3	4	2	1	4	17
(2) Erweiterter Ansatz	0	4	0	3	2	1	10
(3) Korrekter Ansatz	8	0	1	0	1	0	10
Summe	12	7	5	6	5	6	41

Insgesamt sind die Episodentypen *Planung* und *Verifikation* die kürzesten. Für das *Lesen*, die *Analyse*, die *Implementation*, die *Organisation* und das *Schreiben* wurden zwischen 13 Minuten und 28 Minuten identifiziert. Mit Abstand am längsten verweilten die Kinder in der *Exploration*.

Bei der Bauernhof-Aufgabe verbrachten die Kinder beispielsweise über zwei Stunden in Explorationsphasen und damit 69 % der Zeit, die sie für die Auseinandersetzung mit der Bauernhof-Aufgabe aufbrachten (also inkl. Vorbereitung und Interview). Bei den anderen Aufgaben liegen die Verhältnisse zwischen 60 % und 70 % (Kleingeld-Aufgabe: 66 %, Legosteine-Aufgabe: 75 %, Sieben Tore-Aufgabe: 70 %). Bei der Smarties- und der Schachbrett-Aufgabe liegen die Anteile hingegen mit 44 % und 46 % unter der 50 %-Marke.

In Tabelle 16.4 ist abgebildet, bei wie vielen Problembearbeitungsprozessen Explorationsphasen vorkommen. In 37 von 41 Problembearbeitungsprozessen wurden Explorationsphasen identifiziert. Das entspricht etwa 90 %. Andersherum ist in vier Problembearbeitungsprozessen keine Explorationsphase aufgetreten.

Tabelle 16.4 Problembearbeitungsprozesse mit und ohne Explorationsphasen pro Aufgabe

	Anzahl der Prozesse		
Aufgabe	**mit** *Exploration*	**ohne** *Exploration*	**Summe**
Bauernhof	11	1	12
Kleingeld	7	0	7
Legosteine	5	0	5
7 Tore	6	0	6
Smarties	3	2	5
Schachbrett	5	1	6
Summe	**37** (90,24 %)	**4** (9,76 %)	41

Der hohe Anteil des Episodentyps *Exploration* erlaubt die Vermutung, dass die Kinder insgesamt wenig zwischen den Episodentypen gewechselt haben und in diesem Sinne vermutlich Schwierigkeiten hatten, ihre Problembearbeitungsprozesse zu regulieren. Gleichzeitig gelang es Kindern bei der Smarties- und der Schachbrett-Aufgabe, verhältnismäßig wenig Zeit in Erkundungsphasen zu verbringen. Dies könnte ein Indiz dafür sein, dass es den Kindern bei diesen Aufgaben eher gelang, ihre Problembearbeitungsprozesse zu regulieren. Es wäre auch denkbar, dass die Kinder die Smarties- und Schachbrett-Aufgabe als leichter empfanden oder die Kinder die dahinterliegende Problemstellung nicht verstanden. Die Ursachen für den insgesamt sehr hohen Anteil von Explorationsphasen kann in dieser Arbeit

nicht geklärt werden. Stattdessen wird dieses Phänomen für die weiteren Analysen
genutzt und in den Fokus genommen. Die Problembearbeitungsprozesse werden
deswegen dahingehend geprüft, ob und in welchen Fällen wild-goose-chase Prozesse auftreten, denn sie sind durch lange Explorationsphasen gekennzeichnet (siehe
dazu Abschnitt 8.2).

16.2.2 Identifizierung von wild-goose-chase Prozessen

Ein wild-goose-chase Prozess ist gekennzeichnet durch eine langwierige Suche nach
einer Problemlösung (siehe Abschnitt 8.2). Diese Suche erfolgt in eine bestimmte
Richtung und dauert so lange, bis beispielsweise die Zeit abgelaufen ist — unabhängig davon, ob bis dahin eine sinnvolle Lösung erzielt wurde. Charakteristisch
für solche Problembearbeitungsprozesse sind Explorationsphasen, die ggf. in Verbindung mit Analysephasen auftreten. Andere Episodentypen gibt es in solchen
Prozessen nicht.

Zur Identifizierung von wild-goose-chase Prozessen betrachtet Rott (2013) die
fünf inhaltstragenden Episodentypen wie z. B. *Planung* oder *Exploration* (siehe
dazu die Abschnitte 8.2 und 14.1). Die nicht-inhaltstragenden Episodentypen wie
Schreiben oder *Organisation* werden hier zunächst ausgeklammert.

Zur besseren Vergleichbarkeit einer Vielzahl von Prozessen abstrahiert Rott
(2013, 2014a) die Verläufe der Episodentypen, indem er Fünftupel zu jedem Problembearbeitungsprozess erstellt – bestehend aus A für *Analyse*, E für *Exploration*,
P für *Planung*, I für *Implementation* und V für *Verifikation*. So wird jeder Problembearbeitungsprozess ausschließlich auf die Existenz einer dieser Phasen geprüft
und dann mit dem jeweiligen Buchstaben bei Vorhandensein oder einer Null bei
Nicht-Vorhandensein versehen. Die tatsächliche Reihenfolge der Phasen im Problembearbeitungsprozess wird hier vernachlässigt. Nachfolgend wird die Tupeldar-
stellung auch als Prozessprofil bezeichnet. Als wild-goose-chase Prozesse werden
nun entsprechend dieser Vorgehensweise alle Problembearbeitungsprozesse mit den
Prozessprofilen (A,E,0,0,0) und (0,E,0,0,0) verstanden.

In Tabelle 16.5 sind für die einzelnen Kinder die Prozessprofile (dargestellt als
Fünftupel) zu den von ihnen bearbeiteten Aufgaben gegeben. Insgesamt wurden
30 der 41 (ca. 75 %) Problembearbeitungsprozesse als wild-goose-chase Prozesse
identifiziert (grau hinterlegt), davon 17 mit dem Prozessprofil (A,E,0,0,0) und 13
mit dem Prozessprofil (0,E,0,0,0). Unter den restlichen elf Problembearbeitungsprozessen können wieder zwei Gruppen unterschieden werden:

Tabelle 16.5 Übersicht zur Identifizierung von wild-goose-chase Prozessen (grau markiert); Darstellung der Prozessprofile als Fünftupel

Schüler*in \ Aufgabe	Bauernhof	Kleingeld	Legosteine	7 Tore	Smarties	Schachbrett	wild-goose-chase Prozesse je Kind	andere Problembearbeitungsprozesse
Anja	(A,E,P,0,0)				(A,E,0,0,0)		1	1
Anke	(A,E,0,0,0)	(A,E,0,0,0)					2	-
Anne	(A,E,0,0,0)		(A,E,0,0,0)				1	-
Christin	(A,E,0,I,0)			(A,E,0,0,0)		(0,0,0,I,0)	1	2
Collin	(A,E,0,0,0)	(A,E,0,0,0)		(0,E,0,0,0)		(0,E,0,0,0)	4	-
Fabian			(0,E,0,0,0)				1	-
Felix			(0,E,0,0,0)		(0,0,P,I,0)	(0,E,0,0,0)	2	1
Hannes	(A,E,0,0,0)						1	-
Julius		(0,E,0,0,0)		(A,E,0,0,0)			2	-
Laura	(0,E,0,0,0)	(0,E,0,0,0)			(0,0,0,I,0)	(0,E,P,I,0)	2	2
Markus			(A,E,0,0,0)		(0,E,0,0,0)		2	-
Richard	(0,E,0,I,0)	(0,E,0,I,0)		(0,E,0,I,V)			-	3
Simon	(A,0,0,I,0)	(A,E,0,0,0)		(0,E,0,0,0)		(0,E,0,I,0)	2	2
Til	(A,E,0,0,0)	(A,E,0,0,0)					2	-
Prisha	(A,E,0,0,0)			(0,E,0,0,0)		(0,E,0,0,0)	4	-
Vicky	(A,E,0,0,0)		(A,E,0,0,0)		(0,E,0,0,0)		3	-
Anzahl der wild-goose-chase Prozesse	8	6	5	5	3	3	30	-
andere Problembearbeitungsprozesse	4	1	-	1	2	3	-	11
prozentualer Anteil an wild-goose-chase Prozessen	66,6%	86%	100%	83%	60%	50%		

(1) Prozessprofile mit unterschiedlichen Episodentypen, darunter auch mindestens
     der Episodentyp *Exploration*, gegebenenfalls auch *Analyse* – z. B. (A,E,0,I,0);
(2) Prozessprofile ohne Explorations- und sogar ohne Analysephase – z. B.
     (0,0,P,I,0).

Diese Unterteilung ist relevant, weil insbesondere die Problembearbeitungsprozesse
der ersten Gruppe (insgesamt sieben) zu Beginn wie ein wild-goose-chase Prozess
verlaufen, dann aber anders weitergehen. Diesem Phänomen wird an anderer Stelle
nachgegangen (siehe Kapitel 17).

Bei einer spaltenweisen Betrachtung der Tabelle 16.5 werden Aussagen über das
Verhältnis der wild-goose-chase Prozesse zu den anderen Prozessprofilen je Aufgabe möglich. Bei der Bauernhof-Aufgabe durchliefen beispielsweise acht Kinder
einen wild-goose-chase Prozess; vier zeigten ein anderes Prozessprofil. Ein ähnli-
ches Verhältnis ergibt sich bei der Smarties-Aufgabe (3 zu 2). Bei der Schachbrett-
Aufgabe ist das Verhältnis mit je drei Prozessen ausgeglichen. Die verhältnismäßig
meisten wild-goose-chase Prozesse treten bei der Legosteine-Aufgabe (5 zu 0), bei
der Kleingeld-Aufgabe (6 zu 1) und bei der Sieben Tore-Aufgabe (5 zu 1) auf.

Bei einer zeilenweisen Betrachtung von Tabelle 16.5 werden die Prozessprofile
der einzelnen Kinder in den Blick genommen. Hier gibt es nur einen einzigen Schüler, bei dem kein wild-goose-chase Prozess identifiziert wurde, nämlich Richard. Bei
fünf weiteren Schülerinnen und Schülern kam mindestens ein wild-goose-chase Prozess vor. Bei den restlichen zehn Kindern (entspricht 62,5 %) traten ausschließlich
wild-goose-chase Prozesse auf.

16.2.3 Episodenwechsel im Bearbeitungsprozess

Die abstrakte Darstellung der Problembearbeitungsprozesse als Tupel wird nun
weiter genutzt und durch die Information ergänzt, wie viele Episodenwechsel in
jedem Problembearbeitungsprozess auftraten. Die Bestimmung von Episodenwechseln dient hierbei als Operationalisierung von Selbstregulation und damit zur Identifizierung von selbstregulatorischen Tätigkeiten.

Mit Hilfe der Episodenwechsel wird schließlich der Frage nachgegangen, ob und
ggf. welcher Zusammenhang zwischen wild-goose-chase Prozessen und der Anzahl
der Episodenwechsel besteht – zunächst abhängig von den inhaltstragenden, später
in Verbindung mit den nicht-inhaltstragenden Episodentypen. Ein Episodenwechsel
findet dann statt, wenn die Schülerin bzw. der Schüler in seinem Problembearbeitungsprozess von einer Episode in eine andere Episode übergeht. Am konkreten
Beispiel sieht das so aus: Ein Kind liest erst die Aufgabenstellung und analysiert

dann das Gelesene. In diesem Fall würde ein Episodenwechsel auftreten zwischen *Lesen* und *Analyse*. Würde das Kind nach der Analyse- in eine Explorationsphase übergehen und inmitten dieser Phase in einer Organisationsphase eine aufwändige Tabelle zeichnen, hätte das Kind zusätzlich noch drei weitere Episodenwechsel durchlaufen – nämlich *Analyse, Exploration, Organisation* und *Exploration*.

Für die nachfolgenden Untersuchungen werden zuerst ausschließlich die inhalts-tragenden Episodentypen *Analyse, Exploration, Planung, Implementation* und *Veri-fikation* betrachtet. Danach werden zusätzlich die nicht-inhaltstragenden Episoden-typen *Lesen, Organisation* und *Schreiben* untersucht.

16.2.3.1 Analysen anhand der Fünftupel-Darstellung

Hier werden ausschließlich die inhaltstragenden Episodentypen im Problembearbei-tungsprozess betrachtet und als Fünftupel dargestellt (siehe dazu Abschnitt 16.2.2).

In den Tabellen 16.6a und 16.6b werden die 41 Problembearbeitungsprozesse als Fünftupel angegeben. Darunter ist jeweils die absolute Häufigkeit der Episo-denwechsel im gesamten Bearbeitungsprozess dargestellt. Grau markiert sind die zuvor als wild-goose-chase identifizierten Prozesse (siehe dazu Abschnitt 16.2.2) – also 30 der 41 Problembearbeitungsprozesse.

Insgesamt konnten über alle Kinder und Aufgaben hinweg 40 Episodenwech-sel bei den inhaltstragenden Episodentypen gezählt werden. Das entspricht durch-schnittlich etwa einem Episodenwechsel pro Problembearbeitungsprozess (M: 0,98; SD: 0,97; Median: 1)[2]. An dieser Stelle sei darauf hingewiesen, dass sich arithme-tisches Mittel und Median nur marginal voneinander unterscheiden.

Den Tabellen 16.6a und 16.6b kann spaltenweise entnommen werden, wie viele Episodenwechsel pro Aufgabe auftraten. Bei der Bauernhof-Aufgabe traten mit 22 Episodenwechseln dabei sowohl absolut als auch relativ die meisten Übergänge auf. Alle anderen Aufgaben liegen unter dem arithmetischen Mittel. In diesen Fällen kam also durchschnittlich deutlich weniger als ein Episodenwechsel vor.

Zeilenweise sind in den Tabellen 16.6a und 16.6b die Problembearbeitungspro-zesse der einzelnen Kinder abgebildet. Die absolute Häufigkeit der Episodenwechsel pro Kind variiert zwischen null bei Fabian und fünf bei Til. Die arithmetischen Mit-tel liegen hierbei zwischen null und 2,5 Episodenwechseln pro Kind. Sowohl der Problembearbeitungsprozess von Fabian mit null als auch die Problembearbeitungs-prozesse von Til mit 2,5 Episodenwechseln im Durchschnitt wurden als wild-goose-chase Prozesse identifiziert. Richard, der als einziger keinen wild-goose-chase Pro-zess durchlief, vollzog durchschnittlich zwei und absolut sechs Episodenwechsel.

---

[2]Für die nachfolgenden Analysen werden die folgenden Abkürzungen verwendet: H: absolute Häufigkeit; h: relative Häufigkeit; M: arithmetisches Mittel; SD: Standardabweichung.

Tabelle 16.6a Übersicht zur Analyse der Episodenwechsel auf Basis von Fünftupeln; H_E: absolute Häufigkeit der Episodenwechsel pro Kind oder Aufgabe, M_E: arithmetisches Mittel der Episodenwechsel pro Kind oder Aufgabe, SD: Standardabweichung

Aufgabe / Schüler*in	Bauernhof	Kleingeld	Legosteine	7 Tore	Smarties	Schachbrett	H_E	$M_{E/Kind}$	Median
Anja	(A,E,P,0,0) 3				(A,E,0,0,0) 1		4	2	2
Anke	(A,E,0,0,0) 3		(A,E,0,0,0) 1				4	2	2
Anne	(A,E,0,0,0) 1						1	1	1
Christin	(A,E,0,I,0) 2			(A,E,0,0,0) 1		(A,0,0,I,0) 1	4	1,33	1
Collin	(A,E,0,0,0) 1	(A,E,0,0,0) 1		(0,E,0,0,0) 0		(0,E,0,0,0) 0	2	0,5	0,5
Fabian			(0,E,0,0,0) 0				0	0	0
Felix			(0,E,0,0,0) 0		(0,0,P,I,0) 1	(0,E,0,0,0) 0	1	0,33	0
Hannes	(A,E,0,0,0) 1						1	1	1
Julius		(0,E,0,0,0) 0		(A,E,0,0,0) 1			1	0,5	0,5
Laura	(0,E,0,0,0) 0	(0,E,0,0,0) 0			(0,0,0,I,0) 0	(0,E,P,I,0) 2	2	0,5	0,5
Markus			(A,E,0,0,0) 1		(0,E,0,0,0) 0		1	0,5	0
Richard	(0,E,0,I,V) 3	(0,E,0,I,0) 1		(0,E,0,I,V) 2			6	2	2
Simon	(A,0,0,I,0) 1	(A,E,0,0,0) 1		(0,E,0,0,0) 0		(0,E,0,I,0) 1	3	0,75	1

Tabelle 16.6b Fortsetzung: Übersicht zur Analyse der Episodenwechsel auf Basis von Fünftupeln; H_E: absolute Häufigkeit der Episodenwechsel pro Kind oder Aufgabe, M_E: arithmetisches Mittel der Episodenwechsel pro Kind oder Aufgabe, SD: Standardabweichung

Aufgabe / Schüler*in	Bauernhof	Kleingeld	Legosteine	7 Tore	Smarties	Schachbrett	H_E	$M_{E/Kind}$	Median
Til	(A,E,0,0,0) 4	(A,E,0,0,0) 1					5	2,5	2,5
Prisha	(A,E,0,0,0) 2	(A,E,0,0,0) 1		(0,E,0,0,0) 0		(0,E,0,0,0) 0	3	0,75	0,5
Vicky	(A,E,0,0,0) 1		(A,E,0,0,0) 1		(0,E,0,0,0) 0		2	0,67	1
H_E	22	5	3	4	2	3	40	–	–
$M_{E/Aufgabe}$	1,83	0,71	0,6	0,67	0,4	0,67		0,98 (SD 0,97)	–
Median	1,5	1	1	0,5	0	0,5		–	1

16.2.3.2 Analysen anhand der Achttupel-Darstellung

Bisher wurden alle inhaltstragenden Episodentypen im Problembearbeitungsprozess betrachtet. Nun werden auch die nicht-inhaltstragenden Episodentypen – *Lesen, Organisation* und *Schreiben* – thematisiert. Entsprechend des oben beschriebenen Vorgehens werden die Problembearbeitungsprozesse nun aber nicht als Fünftupel, sondern als Achttupel dargestellt. Es ergibt sich die folgende Tupel-Reihenfolge: L für *Lesen*, A für *Analyse*, E für *Exploration*, P für *Planung*, I für *Implementation*, V für *Verifikation*, O für *Organisation* und S für *Schreiben*. Auch hier gilt: Tritt eine Episode mindestens einmal auf, wird sie durch den jeweiligen Buchstaben gekennzeichnet. Tritt die Episode nicht auf, wird ihr eine Null zugeordnet.

In den Tabellen 16.7a und 16.7b werden die 41 Problembearbeitungsprozesse als Achttupel abgebildet. Darunter ist jeweils die absolute Häufigkeit H_E der Episodenwechsel während jedes Problembearbeitungsprozesses dargestellt. Grau markiert sind analog zu Tabelle 16.5 die in Abschnitt 16.2.2 identifizierten wild-goose-chase Prozesse. Dabei sind jene Prozesse dunkelgrau hervorgehoben, bei denen lediglich die anfängliche Lesephase hinzugekommen ist – das sind insgesamt 15 Problembearbeitungsprozesse. Diese entsprechen den Prozessprofilen (L,0,E,0,0,0,0,0) oder (L,A,E,0,0,0,0,0). Die anderen, ebenfalls 15, hellgrau hinterlegten Problembearbeitungsprozesse weisen neben dem Episodentyp *Lesen* noch zusätzliche Episodentypen wie *Schreiben* oder *Organisation* auf.

Den Tabellen 16.7a und 16.7b kann spaltenweise entnommen werden, wie viele Episodenwechsel pro Aufgabe vorkamen. Insgesamt konnten 114 Episodenwechsel gezählt werden. Durchschnittlich vollzogen die Kinder pro Problembearbeitungsprozess etwa drei Episodenwechsel (M: 2,78; SD: 1,35; Median: 3). Das bedeutet, dass mehr Episoden hinzu kommen als nur der Episodentyp *Lesen*.

Bei der Bauernhof-Aufgabe traten mit 40 Episodenwechseln sowohl absolut als auch relativ ($M_{E/Aufgabe} = 3,33$) die meisten Übergänge auf. Bei der Sieben Tore-Aufgabe wechselten die Kinder 18-mal zwischen Episodentypen ($M_{E/Aufgabe} = 3$), bei der Legosteine-Aufgabe 14-mal ($M_{E/Aufgabe} = 2,8$). Damit liegen die Bauernhof- und Sieben Tore-Aufgabe deutlich, die Legosteine-Aufgabe nur knapp über dem Gesamtdurchschnitt. Die anderen vier Aufgaben liegen mit 2 bis 2,57 Episodenwechseln pro Aufgabe etwas unter dem Gesamtdurchschnitt.

Zeilenweise sind in den Tabellen 16.7a und 16.7b die Problembearbeitungsprozesse der einzelnen Kinder abgebildet. Die absoluten Häufigkeiten der Episodenwechsel sind hier nur wenig aufschlussreich, weil jedes Kind unterschiedlich viele Aufgaben bearbeitet hat. Die Beschreibung, dass bei Anne beispielsweise zwei, bei Anke hingegen sechs Episodenwechsel auftraten, ist also nicht aussagekräftig. Deswegen werden neben den absoluten Häufigkeiten H_E auch die relativen Häufigkeiten h_E bzw. das arithmetische Mittel $M_{E/Kind}$ betrachtet.

Tabelle 16.7a Übersicht zur Analyse der Episodenwechsel auf Basis von Fünftupeln; H_E: absolute Häufigkeit der Episodenwechsel pro Kind oder Aufgabe, M_E: arithmetisches Mittel der Episodenwechsel pro Kind oder Aufgabe, SD: Standardabweichung; hellgrau hinterlegt: zuvor identifizierte wild-goose-chase Prozesse; dunkelgrau hinterlegt: wild-goose-chase Prozesse, bei denen ausschließlich eine Lesephase hinzugekommen ist

Aufgabe / Schüler*in	Bauernhof	Kleingeld	Legosteine	7 Tore	Smarties	Schachbrett	H_E	$M_{E/Kind}$	Median
Anja	(L,A,E,P,0,0, O,0) 5				(L,A,E,0,0,0, 0,S) 3		8	4	4
Anke	(L,A,E,0,0,0, 0,0) 4	(L,A,E,0,0,0, 0,0) 2					6	3	3
Anne	(L,A,E,0,0,0, 0,0) 2						2	2	2
Christin	(L,A,E,0,I,0, O,0) 5			(L,A,E,0,0,0, 0,S) 5		(L,A,0,0,I,0, O,0) 4	14	4,67	5
Collin	(L,A,E,0,0,0, 0,S) 3	(L,A,E,0,0,0, 0,0) 2		(L,0,E,0,0,0, 0,0) 1		(L,0,E,0,0,0, 0,0) 1	7	1,75	1,5
Fabian			(L,0,E,0,0,0, 0,S) 2				2	2	2
Felix			(L,0,E,0,0,0, 0,S) 2		(L,0,0,P,I,0, 0,S) 3	(L,0,E,0,0,0, 0,S) 2	7	2,3	2
Hannes	(L,A,E,0,0,0, 0,0) 2						2	2	2
Julius		(L,0,E,0,0,0, 0,S) 3		(L,A,E,0,0,0, O,0) 6			9	4,5	4,5

Tabelle 16.7b Fortsetzung: Übersicht zur Analyse der Episodenwechsel auf Basis von Fünftupeln; H_E: absolute Häufigkeit der Episodenwechsel pro Kind oder Aufgabe, M_E: arithmetisches Mittel der Episodenwechsel pro Kind oder Aufgabe, SD: Standardabweichung; hellgrau hinterlegt: zuvor identifizierte wild-goose-chase Prozesse; dunkelgrau hinterlegt: wild-goose-chase Prozesse, bei denen ausschließlich eine Lesephase hinzugekommen ist

Aufgabe / Schüler*in	Bauernhof	Kleingeld	Legosteine	7 Tore	Smarties	Schachbrett	H_E	$M_{E/Kind}$	Median
Laura	(L,0,E,0,0,0, 0,0) 1	(L,0,E,0,0,0, 0,S) 2			(L,0,0,0,I,0, 0,S) 2	(L,0,E,P,I,0, 0,0) 3	8	2	2
Markus			(L,A,E,0,0,0, 0,S) 3		(L,0,E,0,0,0, 0,S) 2		5	2,5	2,5
Richard	(L,0,E,0,I,0, O,0) 5	(L,0,E,0,I,0, 0,0) 2		(L,0,E,0,I,V, O,0) 4			11	3,67	4
Simon	(L,A,0,0,I,0, 0,S) 3	(L,A,E,0,0,0, 0,S) 3		(L,0,E,0,0,0, 0,0) 1		(L,0,E,0,I,0, 0,0) 2	9	2,25	2,5
Til	(L,A,E,0,0,0, 0,S) 5	(L,A,E,0,0,0, 0,S) 3					8	4	4
Prisha	(L,A,E,0,0,0, 0,0) 3	(L,A,E,0,0,0, 0,S) 3		(L,0,E,0,0,0, 0,0) 1		(L,0,E,0,0,0, 0,0) 1	8	2	2
Vicky	(L,A,E,0,0,0, 0,0) 2		(L,A,E,0,0,0, 0,S) 5		(L,0,E,0,0,0, 0,0) 1		8	2,67	2
H_E	40	18	14	18	11	12	114	–	–
$M_{E/Aufgabe}$	3,33	2,57	2,8	3	2,2	2	–	2,78 (SD 1,35)	–
Median	3	3	2	2,5	2	2	–	–	3

Die absolute Häufigkeit der Episodenwechsel pro Kind schwankt zwischen zwei und 14 Episodenwechseln; die durchschnittliche Anzahl der Episodenwechsel pro Kind schwankt zwischen 1,75 und 4,67. Dabei weisen Collin mit durchschnittlich 1,75 den niedrigsten und Christin mit durchschnittlich 4,67 Episodenwechseln den höchsten Wert auf. Collins Problembearbeitungsprozesse entsprechen alle dem wild-goose-chase Prozessprofil; bei Christin nur einer. Richard, der als einziger Schüler keinen wild-goose-chase Prozess durchlief, wechselte durchschnittlich 3,67-mal zwischen Episodentypen.

16.2.4 Strategieschlüsselinteraktionen pro Episodentyp

Mit Blick auf die übergeordnete Forschungsfrage wird in diesem Abschnitt die Interaktion der Schülerinnen und Schüler mit den Strategieschlüsseln im Zusammenhang mit den Prozessprofilen betrachtet. Eine *Interaktion mit einem Strategieschlüssel* (grüner Strich in der Kodierungsdarstellung) tritt dann auf, wenn eine Schülerin bzw. ein Schüler einen oder mehrere Strategieschlüssel liest, antippt, anschaut, darauf zeigt, auswählt, benennt oder ihn als Checkliste nutzt.[3] Hier wird nun untersucht, in welchen Episodentypen des Problembearbeitungsprozesses die Schülerinnen und Schüler mit den Strategieschlüsseln interagieren; in welchen Phasen also ein grüner Strich auftaucht. Damit diese Frage umfassend beantwortet werden kann, werden hier die Episodentypen betrachtet, in denen tatsächlich auch Schlüsselinteraktionen vorkamen. Das sind die inhaltstragenden Episodentypen, also die Fünftupel, und das *Interview*. Alle anderen Episodentypen werden hier deswegen vernachlässigt. Gezählt wird in den nachfolgenden Tabellen jeweils – ähnlich wie bei den Tupeln –, ob eine Schlüsselinteraktion vorkam oder nicht. Die tatsächlich Anzahl der Schlüsselinteraktionen wird erst zu einem späteren Zeitpunkt in dieser Arbeit berücksichtigt.

In den Tabellen 16.8a und 16.8b werden zunächst die Problembearbeitungsprozesse als Fünftupel zeilenweise pro Kind und spaltenweise pro Aufgabe abgebildet. Die Fünftupel-Darstellung wird ergänzt um den Hinweis *Interview* (abgekürzt *Int.*), falls während des Interviews eine Interaktion mit den Strategieschlüsseln auftauchte. Fett markiert und unterstrichen wurden jeweils die Episodentypen, in denen eine Interaktion mit den Strategieschlüsseln vorkam. Unter jedem Fünftupel wurde die absolute Häufigkeit von Interaktionen mit den Strategieschlüsseln angegeben. Grau hinterlegt sind wieder die zuvor identifizierten wild-goose-chase Prozesse.

---

[3]Detaillierte Informationen zur Kodierung der Impulse und zur Identifizierung von Schlüsselinteraktionen können Abschnitt 14.3 entnommen werden.

Tabelle 16.8a Übersicht über das Auftreten von Schlüsselinteraktionen pro Aufgabe und Kind; H_{SI}: absolute Häufigkeit der Schlüsselinteraktionen; M_{SI}: arithmetisches Mittel der Schlüsselinteraktionen pro Aufgabe und Kind; SD: Standardabweichung; Episoden mit Schlüsselinteraktionen sind fett markiert und unterstrichen

Aufgabe / Schüler*in	Bauernhof	Kleingeld	Lego-steine	7 Tore	Smarties	Schach-brett	Episoden mit SI	H_{SI}	M_{SI_Kind}	Median
Anja	(A,E,P,0,0) 5				(A,E,0,0,0) 1		E, P	6	3	3
Anke	(A,E,0,0,0)+ Int. 4	(A,E,0,0,0) -					E, Int.	4	2	2
Anne	(A,E,0,I,0) 2						E	2	2	2
Christin	(A,E,0,I,0)+ Int. 5			(A,E,0,0,0) +Int. 8		(A,0,0,I,0) +Int. 2	E, I, Int.	15	5	5
Collin	(A,E,0,0,0) 1	(A,E,0,0,0) +Int. 1		(0,E,0,0,0) +Int. 2		(0,E,0,0,0) +Int. 1	E, Int.	5	1,25	1
Fabian			(0,E,0,0,0) 3				E	3	3	3
Felix			(0,E,0,0,0) 3		(0,0,P,I,0) 1	(0,E,0,0,0) -	E, P	4	1,33	1
Hannes	(A,E,0,0,0) +Int. 8						A, E, Int.	8	8	8
Julius		(0,E,0,0,0) 3		(A,E,0,0,0) 1			E	4	2	2
Laura	(0,E,0,0,0) 1	(0,E,0,0,0) -			(0,0,0,I,0) -	(0,E,P,I,0) 1	E	2	0,5	0,5
Markus		(A,E,0,0,0) 1			(0,E,0,0,0) -		E	1	0,5	0,5

Tabelle 16.8b Übersicht über das Auftreten von Schlüsselinteraktionen (SI) pro Aufgabe und Kind; H_{SI}: absolute Häufigkeit der Schlüsselinteraktionen; M_{SI}: arithmetisches Mittel der Schlüsselinteraktionen pro Aufgabe und Kind; SD: Standardabweichung; Episoden mit Schlüsselinteraktionen sind fett markiert und unterstrichen

Aufgabe / Schüler*in	Bauernhof	Kleingeld	Legosteine	7 Tore	Smarties	Schachbrett	Episoden mit SI	H_{SI}	M_{SI_Kind}	Median
Richard	(0,**E**,0,I,0) 2	(0,**E**,0,I,0) 2		(0,**E**,0,I,V) 3			E	7	2,33	2
Simon	(A,0,0,I,0) -	(A,**E**,0,0,0) 4		(0,**E**,0,0,0) -		(0,E,0,I,0) -	E	4	1	0
Til	(A,**E**,0,0,0) 2	(A,**E**,0,0,0 +Int.) 6					A, E, Int.	8	4	4
Prisha	(A,**E**,0,0,0) 1	(A,**E**,0,0,0) 2		(0,E,0,0,0) -		(0,E,0,0,0) -	E	3	0,75	0,5
Vicky	(A,**E**,0,0,0)+ **Int.** 1		(A,**E**,0,0,0) 5		(0,**E**,0,0,0) 1		E, Int.	7	2,33	1
Episoden mit SI	A, E, P, Int.	A, E, Int.	E	E, Int.	E, P	E, I, Int.	A, E, I, P, Int.	-		-
$H_{SI\_Aufgabe}$	32	18	12	14	3	4		83		-
$M_{SI\_Aufgabe}$	2,67	2,57	2,40	2,33	0,60	0,67			2,02 (SD 2,09)	-
Median	2	2	3	1,5	1	0,5				1

Insgesamt wurden in den 41 Problembearbeitungsprozessen 83 Schlüsselinteraktionen gezählt. Damit traten durchschnittlich zwei Schlüsselinteraktionen pro Problembearbeitungsprozess auf (M: 2,02; SD: 2,09; Median: 1). Die absoluten Anzahlen der Schlüsselinteraktionen schwanken aufgabenabhängig zwischen null (z. B. Anke bei der Legosteine-Aufgabe) und acht (Christin bei der Sieben Tore-Aufgabe). Insgesamt hat jedes Kinder in mindestens einem seiner Bearbeitungsprozesse mindestens einmal mit einem Strategieschlüssel interagiert. Die meisten Schlüsselinteraktionen traten absolut wie relativ bei der Bauernhof-Aufgabe ($H_{SI} = 32$; $h_{SI} = 2,67$), die wenigsten bei der Smarties-Aufgabe ($H_{SI} = 3$; $h_{SI} = 0,60$) auf. Interaktionen mit den Strategieschlüsseln traten in 31 von 41 Problembearbeitungsprozessen (entspricht rund 75 %) auf und in den Episodentypen *Analyse, Exploration, Implementation* und *Planung* und im anschließenden *Interview*.[4] Insgesamt kommen Schlüsselinteraktionen – abgesehen vom *Interview* – also ausschließlich in inhaltstragenden Episodentypen des Problembearbeitungsprozesses vor. In welchen Kombinationen diese fünf Episoden wie häufig vorkommen, kann Tabelle 16.9 entnommen werden. Hier sind die einzelnen Episodentypen, in denen Schlüsselinteraktionen auftreten, zusammen mit den entsprechenden absoluten Häufigkeiten der Problembearbeitungsprozesse aufgelistet – jeweils unterschieden nach wild-goose-chase Prozessen und sonstigen Prozessprofilen.

Innerhalb der wild-goose-chase Prozesse gab es 23 Problembearbeitungsprozesse mit und sieben Problembearbeitungsprozesse ohne Schlüsselinteraktionen (siehe Tabelle 16.9). Die Schlüsselinteraktionen treten in fünf verschiedenen Episodentypen und deren Kombinationen auf: *Analyse* und *Exploration*; *Analyse, Exploration* und *Interview*; *Exploration*; *Exploration* und *Interview* sowie *Interview*. Am häufigsten treten Interaktionen mit den Strategieschlüsseln in der Explorationsphase auf – insgesamt 14-mal. In vier der fünf Kombinationen kommt der Episodentyp *Exploration* vor. Die Summe der Problembearbeitungsprozesse, in denen in mindestens einer Explorationsphase mindestens einmal eine Schlüsselinteraktion auftrat, beträgt 19 und entspricht damit 46 % aller Prozesse bzw. 61 % der wild-goose-chase Prozesse.

Innerhalb der wild-goose-chase Prozesse traten viermal Schlüsselinteraktionen in der Interviewphase auf (siehe Abschnitt 17.1). In vier wild-goose-chase Prozessen wurde also während des Problembearbeitungsprozesses nicht mit den Strategieschlüsseln interagiert, im anschließenden Interview aber schon. Dieses Phänomen wird innerhalb der qualitativen Analysen untersucht (siehe Kapitel 17 und Anhang).

---

[4]Diese Aussage würde so auch in der Achttupel-Darstellung bestehen bleiben. Auf die Achttupel-Darstellung wird deswegen an dieser Stelle verzichtet.

Tabelle 16.9 Übersicht über die Anzahl von Schlüsselinteraktionen sortiert nach Episoden im Problembearbeitungsprozess und nach Prozessprofilen

wild-goose-chase Prozesse		sonstige Prozessprofile	
Episodentypen im Problembearbeitungsprozess	Anzahl der Problembearbeitungsprozesse mit Schlüsselinteraktion	Episodentypen im Problembearbeitungsprozess	Anzahl der Problembearbeitungsprozesse mit Schlüsselinteraktion
Analyse & Exploration	1		
Analyse & Exploration & Interview	2		
		Planung & Exploration	1
Exploration	14	Exploration	4
Exploration & Interview	2	Exploration & Interview	1
		Planung	1
		Implementation & Interview	1
Interview	4		
ohne Schlüsselinteraktion	7	ohne Schlüsselinteraktion	3

Unter den elf sonstigen Prozessprofilen traten ebenfalls fünf verschiedene Kombinationen aus Episodentypen auf (siehe Tabelle 16.9): *Planung* und *Exploration*; *Exploration*; *Exploration* und *Interview*; *Planung* sowie *Implementation* und *Interview*. Abgesehen von der reinen *Exploration*, bei der in vier Problembearbeitungsprozessen mit den Strategieschlüsseln interagiert wurde, kamen alle anderen Kombinationen aus Episodentypen jeweils einmal vor. Werden auch hier die Problembearbeitungsprozesse addiert, in denen eine Explorationsphase vorkommt, ergibt das sechs. Das entspricht 15 % aller Prozesse bzw. 55 % der sonstigen Prozessprofile. In drei Problembearbeitungsprozessen mit einem anderen Prozessprofil fand keine Schlüsselinteraktion statt.

16.2.5 Zusammenfassung und Interpretation

Es gab Aufgabenbearbeitungen, bei denen verstärkt wild-goose-chase Prozesse auftraten. Dabei sind insbesondere die Aufgaben Legosteine, Kleingeld und Sieben Tore auffällig. Hier gab es vermehrt wild-goose-chase Prozesse, was an der Schwierigkeit der Aufgaben liegen könnte. Insgesamt kann davon ausgegangen werden, z. B. aufgrund der Bearbeitungsdauer und der unterschiedlichen Lösungskategorien, dass alle Aufgaben für die Kinder mathematische Problemaufgaben darstellten.

Die Auswertung ergab außerdem, dass in 90 % (37 von 41) der Problembearbeitungsprozesse eine Explorationsphase vorkam. Das entspricht einem deutlich höheren prozentualen Anteil als bei Rott (2013, S. 195). In seiner Untersuchung wurden 63 von 98 (64,29 %) Problembearbeitungsprozessen mit mindestens einer Explorationsphase kodiert. Möglicherweise gehen die Schülerinnen und Schüler der vorliegenden Studie weniger planvoll vor als die aus Rotts (2013) Untersuchung.

In den Daten der vorliegenden Studie konnten 30 von 41 Problembearbeitungsprozesse als wild-goose-chase Prozesse identifiziert werden (entspricht etwa 75 %). Sieben weitere Problembearbeitungsprozesse weisen zwar ein anderes Prozessprofil auf, durchliefen zunächst aber eine längere Explorationsphase. So liegt die Vermutung nahe, dass es sich bei diesen Problembearbeitungsprozessen ggf. um wild-goose-chase Prozesse handelt, die sich im Verlauf verändert haben – möglicherweise durch den Einfluss der Strategieschlüssel (siehe dazu Kapitel 17).

Bei Rott (ebd.) wurden insgesamt 110 Problembearbeitungsprozesse von Fünft- und Sechstklässlern analysiert. Bei den Probanden handelte es sich – so wie bei der vorliegenden Arbeit – um eine Positivauslese von Schülerinnen und Schülern. Unter den 110 Bearbeitungsprozessen wurden insgesamt 34 als wild-goose-chase Prozesse identifiziert – knapp 31 %. Es scheint also einen deutlichen Unterschied bei der Bearbeitung von mathematischen Problemen zwischen beiden Probandengruppen zu geben. Eine Erklärung könnte hierbei das Alter spielen. So verfügen Kindergartenkinder und Grundschülerinnen und -schüler zwar über selbstregulatorische Strategien (Kluwe und Schiebler 1984; Bjorklund 2015). Allerdings sind Schülerinnen und Schüler mit zunehmenden Alter eher in der Lage, ihre selbstregulatorischen Fähigkeiten auch gezielt einzusetzen (Gürtler et al. 2002). Eine andere Erklärung könnte im Grad der Erfahrenheit der Probanden liegen. Immerhin sind die Probanden aus der Studie von Rott (2013) erfahrener im Zusammenhang mit mathematischem Problemlösen, insbesondere diejenigen, die an der Förderung zum mathematischen Problemlösen teilnahmen.

Bei 10 von 16 Kindern (das entspricht 62,5 %) traten ausschließlich wild-goose-chase Prozesse auf und bei einem Schüler wurde kein einziger wild-goose-chase Prozess identifiziert. Bei den verbleibenden fünf Kindern kamen mal wild-goose-chase Prozesse vor und mal andere Prozessprofile. Es scheint also drei Gruppen von Kindern zu geben:

(1) Kinder, die kein wild-goose-chase Prozessprofil zeigen, ggf. weil sie ihren Problembearbeitungsprozess entsprechend regulieren.

(2) Kinder, die gemischte Prozessprofile zeigen und ggf. abhängig von der Aufgabe ihre selbstregulatorischen Fähigkeiten besser oder schlechter einsetzen können.

(3) Kinder, die ausschließlich ein wild-goose-chase Prozessprofil zeigen und deswegen vermutlich noch nicht in der Lage sind, ihre Problembearbeitungsprozesse zu regulieren.

An dieser Stelle sei darauf hingewiesen, dass einige der Kinder unabhängig von ihren Fähigkeiten zur Selbstregulation mit ihrem Vorgehen erfolgreich waren. Die Regulation war dann zumindest ausreichend (siehe Abschnitt 16.1 oder Kapitel 17). Möglicherweise hatten sie aber auch einfach nur Glück.

Durch die Analysen anhand der Fünftupel-Darstellung wurde gezeigt, dass die Schülerinnen und Schüler über alle Aufgaben hinweg im Durchschnitt etwa einen Episodenwechsel vollziehen. Die Analysen anhand der Achttupel-Darstellung zeigen, dass durchschnittlich etwa drei Episodenwechsel vollzogen wurden – also knapp zwei Episodenwechsel mehr als mit der Fünftupel-Darstellung. Es sind demnach mehr Episodentypen als nur das *Lesen* hinzugekommen. Bei 15 der 30 zuvor identifizierten wild-goose-chase Prozesse sind neben dem Episodentyp *Lesen* zusätzliche, nicht-inhaltstragende Episoden hinzugekommen. Möglicherweise können in diesen Problembearbeitungsprozessen selbstregulatorische Tätigkeiten beobachtet werden. Das werden die qualitativen Analysen (siehe Kapitel 17) zeigen.

Die Anzahl der Episodenwechsel scheint bei erster Betrachtung keinen Hinweis darauf zu geben, ob ein Problembearbeitungsprozess ein wild-goose-chase Prozess ist oder nicht. Dieses Ergebnis entspricht nicht der Erwartung der Autorin. Aus der Literatur lässt sich ableiten, dass die Anzahl der Episodenwechsel ein Indiz für die selbstregulatorischen Fähigkeiten der Schülerinnen und Schüler sein könnte (siehe dazu z. B. ebd.). Ein Kind, das seinen Problembearbeitungsprozess gut regulieren kann, würde in der Lage sein, zwischen Episodentypen im Problembearbeitungsprozess zu wechseln und so auf eine höhere Anzahl von Episodenwechseln zu kommen (Schoenfeld 1985). Hier bedarf es tiefgehender Analysen (siehe Kapitel 17).

Eine Interaktion mit Strategieschlüsseln kam in knapp drei Viertel der Problembearbeitungsprozesse vor. Außerdem interagierte jedes Kind mindestens in einer seiner Aufgabenbearbeitungen mit den Schlüsseln. Das ist eine rege Verwendung der Strategieschlüssel, die verschieden begründet werden kann. Erstens sind die Strategieschlüssel für die Kinder ein neues Material, das in den Kindern Neugier weckt und ggf. das Bedürfnis anregt, die Strategieschlüssel zumindest einmal genauer zu betrachten. Sie wollen die Schlüssel verwenden und ausprobieren. Zweitens liegt aufgrund der Interviewsituation der Verdacht nahe, dass die Kinder gemäß der sozialen Erwünschtheit handeln. Sie könnten erwarten, dass die Interviewerin den Einsatz der Strategieschlüssel wünscht und entsprechend reagieren. Das ist von der Interviewerin so natürlich nicht intendiert. Drittens führen sicherlich einzelne Äußerungen der Interviewerin dazu, dass Strategieschlüssel genutzt werden, obwohl dies nicht vom Kind ausging. Wir können aus diesen Gründen davon ausgehen, dass die Kinder in der vorliegenden Studie häufiger mit den Strategieschlüsseln interagiert haben, als sie es in einer regulären Unterrichtssituation möglicherweise tun würden. Dennoch geben uns alle Schlüsselinteraktionen Aufschluss darüber, wie sie Problembearbeitungsprozesse beeinflussen. Deswegen werden im weiteren Verlauf alle Schlüsselinteraktionen berücksichtigt.

Die wenigsten Schlüsselinteraktionen treten bei der Smarties- und der Schachbrett-Aufgabe auf, die meisten bei der Bauernhof-Aufgabe. Durchschnittlich interagieren die Kinder in den Aufgaben Bauernhof, Kleingeld, Legosteine und Sieben Tore etwa 2,5 mal pro Problembearbeitungsprozess mit den Strategieschlüsseln.

Insgesamt treten Schlüsselinteraktionen ausschließlich in fünf Episodentypen auf: *Analyse, Exploration, Planung, Implementation* und *Interview*. Dabei handelt es sich insbesondere um inhaltstragende Episodentypen, was zu deren Charakter passt. Immerhin erarbeiten die Kinder die Aufgaben innerhalb dieser Episodentypen oder planen ihr weiteres Vorgehen. Besonders häufig kamen Schlüsselinteraktionen im Zusammenhang mit Explorationsphasen vor. Diese Häufung überrascht insofern nicht als die Explorationsphase in ihrer Natur eine Phase des Ausprobierens ist. Hier suchen die Schülerinnen und Schüler nach neuen Anregungen, um Ideen zur Lösungsfindung zu generieren. Sich dafür von außen einen Impuls zu holen – z. B. in Form von Strategieschlüsseln –, scheint deswegen nachvollziehbar.

Die Schlüsselinteraktion während einer *Implementation* erscheint im Gegensatz weniger sinnvoll. Während der Ausführung eines Plans arbeiten die Kinder an diesem Plan und sind vermutlich nicht bereit, neue Impulse in den Bearbeitungsprozess zu integrieren bzw. sehen keine Notwendigkeit dafür. Die Interaktion mit Strategieschlüsseln während des *Interviews* eröffnet lediglich die Möglichkeit, retrospektiv über die Strategieschlüssel zu sprechen, nicht aber den Problembearbeitungsprozess noch zu beeinflussen.

Die bisherigen Ergebnisse deuten darauf hin, dass die mathematisch interessierten Dritt- und Viertklässler dieser Untersuchung über verschieden ausgeprägte, selbstregulatorische Fähigkeiten verfügen. Möglicherweise waren sie zum Zeitpunkt der Erhebung noch nicht darin erprobt, den eigenen Problembearbeitungsprozess gezielt zu steuern und zu regulieren. Ob und ggf. welche statistischen Zusammenhänge zwischen den Episodenwechseln, dem Prozessprofil und den anderen Kodierungen bestehen bleibt für weitere Analysen an dieser Stelle noch offen.

Aus der Untersuchung von Rott (2013) ist bekannt, dass Problembearbeitungsprozesse mit einem wild-goose-chase Prozessprofil im Gegensatz zu anderen Prozessprofilen kaum erfolgreich sind. Er konnte mit Fünft- und Sechstklässlern einen signifikanten statistischen Zusammenhang ($p = 0{,}0039$) dafür nachweisen (ebd., S. 304). Es wird also auch in der vorliegenden Arbeit überprüft, ob sich dieser Zusammenhang für jüngere Schülerinnen und Schüler bestätigen lässt.

Mit Blick auf das Erkenntnisinteresse der vorliegenden Arbeit wird zusätzlich auch untersucht, ob die Interaktion mit Strategieschlüsseln im Zusammenhang steht mit den Episodenwechseln und den Prozessprofilen (siehe Abschnitt 16.5).

16.3   Analyse der Heurismen im Problembearbeitungsprozess

In diesem Abschnitt werden Analysen durchgeführt, um den Zusammenhang mit der zweiten Kodierschiene und damit der Kodierung der Heurismen zu untersuchen[5].

16.3.1   Übersicht über die Datenmenge mit Blick auf die Heurismen

In den Tabellen 16.10a, 16.10b, 16.10c, 16.10d und 16.10e werden die absoluten Häufigkeiten der Heurismen (h_H) pro Aufgabe (spaltenweise) und pro Kind (zeilenweise) zusammen mit den Mittelwerten dargestellt[6]. Um die absoluten Häufigkeiten der Heurismen zu ermitteln, wurde auf drei Weisen gezählt:

Zählweise (1):   Es wurden alle identifizierten Heurismen gezählt. Mit dieser Zählweise können Aussagen darüber getroffen werden, wie häufig die Schülerinnen und Schüler letztlich auf Heurismen zurückgreifen. Diese Zählweise kann auch als Maß für kognitive Flexibilität verstanden werden (Collet 2009; Bruder und Collet 2011).

---

[5]Hinweise zur Kodierung der Heurismen können Kapitel 14 entnommen werden.
[6]Die Abkürzungen der einzelnen Heurismen können dem Kodiermanual in Abschnitt 14.2 auf Seite 157 oder Tabelle 16.11 entnommen werden.

Zählweise (2): Es wurden analog zum Vorgehen von Rott (2013; 2018) ausschließlich verschiedene Heurismen innerhalb eines Problembearbeitungsprozesses gezählt – alle doppelt vorkommenden Heurismen wurden
in den Tabellen 16.10a bis 16.10e grau markiert und bei dieser Zählweise nicht mitgezählt.

Zählweise (3): Es wurden aufgabenübergreifend nur die verschiedenen Heurismen
pro Kind gezählt. Dargestellt wird diese Zählung jeweils mit Gedankenstrichen vor und nach der absoluten Häufigkeit verschiedener
Heurismen. Mit dieser Zählung werden Aussagen über das Heurismenrepertoire der einzelnen Schülerinnen und Schüler möglich.

Die drei Zählweisen ergänzen sich zu einem Gesamtbild: Es kann beispielsweise
vorkommen, dass ein Kind bei der Kleingeld-Aufgabe mehrere Beispiele hintereinander generiert. Kodiert wurde dann jedes Mal der Heurismus *Beispiel*; mit Zählweise (1) wird das auch abgebildet. In diesem Beispiel tritt allerdings kein neuer
Heurismus auf. Es könnte durch Zählweise (1) der Anschein entstehen, dass dieses
Kind besonders viele, aber nicht „besonders viele verschiedene" Heurismen eingesetzt hat. Durch Zählweise (2) wird an dieser Stelle deutlich, dass dies nicht der Fall
ist und lediglich derselbe Heurismus mehrfach zum Einsatz kommt. Durch Zählweise (3) wird schließlich ersichtlich, welches Heurismenrepertoire jedes einzelne
Kind im Rahmen der hier verwendeten Aufgaben abrufen, aktivieren und anwenden
konnten.

Mit Hilfe der Zählweise (1) wurden über alle 41 Problembearbeitungsprozesse
hinweg insgesamt 229 Heurismen identifiziert. Durchschnittlich wurden pro Problembearbeitungsprozess fünf bis sechs Heurismen verwendet (M_H: 5,59; SD: 3,86;
Median: 5). Mit der Zählweise (2) wurden 132 Heurismen gezählt. Durchschnittlich
setzten die Kinder etwa drei verschiedene Heurismen pro Problembearbeitungsprozess ein ($M_H = 3,22$; SD: 1,70; Median: 3). Hier sei allerdings angemerkt,
dass mit dieser Zählweise über die verschiedenen Problembearbeitungsprozesse
jedes Kindes Heurismen auch mehrfach gezählt werden können. Wenn also bei der
Bauernhof- und der Kleingeld-Aufgabe Beispiele generiert wurden, würde der Heurismus *Beispiele* in diesem Fall zweimal in der Zählung vorkommen. Anders ist das
bei Zählweise (3). Hier wurden pro Kind nur die verschiedenen Heurismen gezählt.
Durchschnittlich verwendete jedes Kind über alle Aufgaben hinweg zwischen sechs
und sieben verschiedene Heurismen ($M_H = 6,63$; SD: 2,34; Median: 6).

16.3.1.1 Heurismeneinsatz je Kind

Bei einer zeilenweisen Betrachtung der Tabellen 16.10a bis 16.10e fallen starke
Schwankungen auf. So gibt es Kinder wie Christin oder Julius mit 25 bzw. 24

Tabelle 16.10a Überblick über die Anzahl der Heurismen je Aufgabe und je Kind gezählt nach den Zählweisen (1), (2) (dargestellt in Klammern) und (3) (umrahmt von Gedankenstrichen); H_H: absolute Häufigkeit der Heurismen pro Kind oder pro Aufgabe; M_H: arithmetisches Mittel der Heurismen pro Kind oder pro Aufgabe; SD: Standardabweichung

Aufgabe\Schüler*in	Bauernhof	Kleingeld	Legosteine	7 Tore	Smarties	Schachbrett	$H_{H/Kind}$	$M_{H/Kind}$	Median
Anja	8 (5) SpF – Tab – SpF – – Bsp – SyP – SyP – SyP, ApP				3 (3) Geg/Ges – – RwA – VwA		11 (8) - 8 -	5,5 (4) - 4 -	5,5 (4)
Anke	11 (6) Geg/Ges – RoA – Geg/Ges – SpF – – Bsp – ZeP – erneut lesen – Geg/Ges – erneut lesen – Tab – SpF		6 (3) erneut lesen – Bsp – SyP – Bsp – Bsp – Bsp				17 (9) - 8 -	8,5 (4,5) - 4 -	8,5 (5)
Anne	6 (4) Geg/Ges – RoA – RoA – Geg/Ges – ZeP – erneut lesen						6 (4) - 4 -	6 (4) - 4 -	6 (4)
Christin	11 (6) Geg/Ges – Bsp – Geg/Ges – SpF – Geg/Ges – Tab – SpF – SyP – Mus* – SyP – Bsp			12 (6) VwA – erneut lesen – VwA – Geg/Ges – erneut lesen – VwA – VwA – VwA – InF – VwA – Tab – RwA		2 (2) HiE – RoA	25 (14) - 12 -	8,33 (4,67) - 4 -	11 (6)

Tabelle 16.10b Fortsetzung: Überblick über die Anzahl der Heurismen je Aufgabe und je Kind gezählt nach den Zählweisen (1), (2) (dargestellt in Klammern) und (3) (umrahmt von Gedankenstrichen); H_H: absolute Häufigkeit der Heurismen pro Kind oder pro Aufgabe; M_H: arithmetisches Mittel der Heurismen pro Kind oder pro Aufgabe; SD: Standardabweichung

Aufgabe \ Schüler*in	Bauernhof	Kleingeld	Legosteine	7 Tore	Smarties	Schachbrett	$H_{H/Kind}$	$M_{H/Kind}$	Median
Collin	9 (6) Geg/Ges – Bsp – Bsp – SpF, Liste – SyP – SyP – RoA – Bsp	3 (2) Bsp – SyP – SyP		3 (3) VwA, RoA – erneut lesen		1 (1) RoA	16 (12) – 8 –	4 (3) – 2 –	3 (2,5)
Fabian			7 (4) Bsp – Bsp – Bsp – SyH – Bsp – InF – HiE				7 (4) – 4 –	7 (4) – 4 –	7 (4)
Felix			5 (2) Bsp – Bsp – SyP – Bsp – Bsp		2 (2) RwA – erneut lesen	1 (1) RoA	8 (5) – 5 –	2,67 (1,67) – 1,67 –	2 (2)
Hannes	10 (6) Geg/Ges – Geg/Ges – SpF – InF – erneut lesen – SpF – SyP – InF – Geg/Ges – VwA						10 (6) – 6 –	10 (6) – 6 –	10 (6)

Tabelle 16.10c Fortsetzung: Überblick über die Anzahl der Heurismen je Aufgabe und je Kind gezählt nach den Zählweisen (1), (2) (dargestellt in Klammern) und (3) (umrahmt von Gedankenstrichen); H_H: absolute Häufigkeit der Heurismen pro Kind oder pro Aufgabe; M_H: arithmetisches Mittel der Heurismen pro Kind oder pro Aufgabe; SD: Standardabweichung

Aufgabe / Schüler*in	Bauernhof	Kleingeld	Legosteine	7 Tore	Smarties	Schachbrett	$H_{H/Kind}$	$M_{H/Kind}$	Median
Julius	7 (5) Geg/Ges – RoA, SpF – Geg/Ges – Bsp – SyP – SyP	8 (3) Bsp – SyP – SyP – SyH – SyP – SyP – SyP – SyP		16 (5) Bsp – SyP – VwA – Tab – Bsp, VwA – erneut, lesen – SyP, VwA – Tab – Tab – Bsp, VwA – Bsp, VwA – Tab			24 (8) - 6 -	12 (4) - 3 -	12 (4)
Laura	3 (2) Bsp – SyP – SyP	3 (2) Bsp – SyP – SyP			1 (1) RwA	3 (3) RoA – HiE – Geg/Ges	14 (11) - 7 -	3,5 (2,75) - 1,75 -	3 (2,5)
Markus			6 (2) HiE – Bsp – Bsp – Bsp – Bsp – HiE		1 (1) RwA		7 (3) - 3 -	3,5 (1,5) - 1,5 -	3,5 (1,5)
Prisha	6 (4) RoA – Geg/Ges – RoA – RoA – SpF – erneut lesen	9 (2) Bsp – Bsp – Bsp, SyH – Bsp – Bsp – Bsp – Bsp – Bsp		2 (2) RoA – erneut lesen		1 (1) RoA	18 (9) - 6 -	4,5 (2,25) - 1,5 -	4,5 (2)

Tabelle 16.10d Fortsetzung: Überblick über die Anzahl der Heurismen je Aufgabe und je Kind gezählt nach den Zählweisen (1), (2) (dargestellt in Klammern) und (3) (umrahmt von Gedankenstrichen); H_H: absolute Häufigkeit der Heurismen pro Kind oder pro Aufgabe; M_H: arithmetisches Mittel der Heurismen pro Kind oder pro Aufgabe; SD: Standardabweichung

Aufgabe / Schüler*in	Bauernhof	Kleingeld	Legosteine	7 Tore	Smarties	Schachbrett	$H_{H/Kind}$	$M_{H/Kind}$	Median
Richard	7 (6) Geg/Ges – Bsp – Bsp – erneut lesen – Tab – SpF – SyP	5 (3) Bsp – Bsp – SyP – Mus – SyP –		9 (6) Geg/Ges – erneut lesen – Bsp – Geg/Ges – Bsp – RwA – SyH – VRA – RwA			21 (15) - 10 -	7 (5) - 3,33 -	7 (6)
Simon	2 (2) Geg/Ges – Bsp	8 (4) Bsp – Bsp – SyH – SyP		1 (1) RwA		3 (3) Bez. einführen – RoA – HiE	14 (10) - 9 -	3,5 (2,5) - 2,25 -	2,5 (2,5)
Til	6 (3) Geg/Ges – erneut lesen – Geg/Ges – Geg/Ges – Geg/Ges – RoA	15 (2) Bsp – Bsp – SyP – Bsp – SyP – Bsp – Bsp – Bsp – SyP – SyP – SyP – SyP – SyP					21 (5) - 5 -	10,5 (2,5) - 2,5 -	10,5 (2,5)

Tabelle 16.10e Fortsetzung: Überblick über die Anzahl der Heurismen je Aufgabe und je Kind gezählt nach den Zählweisen (1), (2) (dargestellt in Klammern) und (3) (umrahmt von Gedankenstrichen); H_H: absolute Häufigkeit der Heurismen pro Kind oder pro Aufgabe; M_H: arithmetisches Mittel der Heurismen pro Kind oder pro Aufgabe; SD: Standardabweichung

Aufgabe / Schüler*in	Bauernhof	Kleingeld	Legosteine	7 Tore	Smarties	Schachbrett	$H_{H/Kind}$	$M_{H/Kind}$	Median
Vicky	3 (3) Geg/Ges – RoA – erneut lesen		3 (2) RoA – Bsp – Bsp		4 (3) erneut lesen – VwA, RoA – RoA		10 (8) - 5 -	3,33 (2,67) - 1,67 -	3 (3)
$H_{H/Aufgabe}$	86 (57)	51 (18)	27 (13)	43 (23)	11 (10)	11 (11)	229 (132) - 106 -	–	–
$M_{H/Aufgabe}$	7,17 (4,75)	7,29 (2,57)	5,40 (2,60)	7,17 (3,83)	2,20 (2,00)	1,83 (1,83)	–	(1): 5,59 (SD 3,86) (2): 3,22 (SD 1,70) (3): 6,63 (SD 2,34)	–
Median	7	8	6	6	2	1,5	–	–	5 (3) - 6 -

Heurismen (Zählweise (1)). Sie liegen damit deutlich über dem Durchschnitt. Es tauchen aber auch Kinder wie Anne, Fabian oder Markus auf, bei denen sechs bzw. sieben Heurismen gezählt wurden. Die absoluten Häufigkeiten der von den Kindern verwendeten Heurismen (Zählweise (1)) schwanken demnach zwischen sechs und 25. Die Zählung gemäß der Zählweise (2) ergibt eine Spanne von 15 Heurismen bei Richard bis drei Heurismen bei Markus. Es handelt sich hier um andere Kinder als bei der ersten Zählweise. Kinder, die zunächst viele Heurismen verwenden, verwenden deswegen also nicht unbedingt auch verschiedene Heurismen. Durchschnittlich verwendeten die Kinder damit zwischen 2,67 und 12 Heurismen (Zählweise (1)) bzw. 1,5 und 6 Heurismen (Zählweise (2)) pro Aufgabe. Das Heurismenrepertoire – ermittelt mit Hilfe von Zählweise (3) –, das die Schülerinnen und Schüler innerhalb der vorgegebenen Aufgaben abrufen und aktivieren konnten, liegt zwischen drei Heurismen bei Markus und zwölf Heurismen bei Christin; durchschnittlich bei sechs bis sieben Heurismen pro Kind (M_H: 6,63; SD: 2,34; Median: 6).

Die größten Differenzen zwischen den Zählweisen (1) und (2) treten bei Christin, Julius und Til auf. Hier entsteht eine Differenz von 11 bis 16 Heurismen. Diese drei Kinder haben also besonders häufig Heurismen mehrfach verwendet. Bei Zählweise (3) wird bei diesen Kindern erkennbar, dass Christin etwa doppelt so viele verschiedene Heurismen verwendet wie die anderen beiden.

In den Tabellen 16.10a bis 16.10e sind, wie anfangs beschrieben, die identifizierten Heurismen pro Problembearbeitungsprozess aufgelistet. Dabei ist auffällig, dass die Heurismen *Gegeben und Gesucht*, *Beispiele finden*, *systematisches Probieren* und *Routineaufgabe* sehr häufig auftreten. Der Heurismus *Gegeben und Gesucht* wurde bei 13 der 16 Kinder identifiziert; der Heurismus *Beispiele finden* bei 14 von 16 Kindern; der Heurismus *systematisches Probieren* bei 12 von 16 Kindern und der Heurismus *Routineaufgabe* bei 11 von 16 Kindern. Diese vier Heurismen scheinen von den Dritt- und Viertklässlern dieser Erhebung besonders häufig beim Bearbeiten der vorliegenden mathematischen Probleme eingesetzt zu werden. Heurismen wie das *Einführen von Bezeichnungen* oder das Arbeiten mit dem *Approximationsprinzip* treten hingegen nur vereinzelt auf.

Bei einem Blick auf die Verwendung bestimmter Heurismen bei einzelnen Schülerinnen und Schülern scheint die Qualität der Heurismen interessant zu sein. So zeigt Markus (siehe Tabelle 16.10b) über zwei Aufgabenbearbeitungen hinweg die drei verschiedenen Heurismen *Hilfselement*, *Beispiel* und *Rückwärtsarbeiten*. Anne (siehe Tabelle 16.10a) zeigt innerhalb einer Aufgabenbearbeitung die folgenden vier Heurismen: *Gegeben und Gesucht*, *Routineaufgabe*, *Zerlegungsprinzip* und *erneut Lesen*. Anne zeigt also ähnlich viele Heurismen wie Markus, inhaltlich aber ganz andere. Das liegt an dieser Stelle sicher auch daran, dass verschiedene Aufgaben bearbeitet wurden und Heurismen stark aufgabenhängig eingesetzt werden (Bruder und Collet 2011; Rott 2013). Die tatsächliche Qualität der Ausführung von einzelnen Heurismen lässt sich an dieser Stelle und mit der verwendeten Kodierung also nur andeuten. An dieser Stelle sei aber darauf hingewiesen, dass es sich bei Heurismen wie *Gegeben und Gesucht* oder *Routineaufgabe* um grundlegende und damit basale Heurismen handelt. Heurismen wie *Hilfselement* und *Zerlegungsprinzip* wirken demgegenüber deutlich elaborierter.

Für die nachfolgenden Analysen werden zumeist die Zählweisen (1) und (2) betrachtet. Diese eignen sich, um alle identifizierten Heurismen zu zählen und mehrfach vorkommende herauszufiltern. Zählweise (3) ist insofern schwierig als Aussagen bzgl. einzelner Aufgaben damit nicht möglich sind. Sie wird also nur in Bezug auf die einzelnen Kinder genutzt.

16.3.1.2 Heurismeneinsatz je Aufgabe

In Tabelle 16.11 werden die kodierten Heurismen je Aufgabe abgebildet. Die absoluten Häufigkeiten werden dafür mit den oben beschriebenen Zählweisen (1) und (2) ermittelt. In Klammern angegeben wird jeweils Zählweise (2). Tabelle 16.11 kann entnommen werden, dass bei der Bauernhof-Aufgabe unabhängig von der Zählweise mit 86 (57) die meisten Heurismen auftreten. Das liegt auch daran, dass diese Aufgabe am häufigsten bearbeitet wurde. Durchschnittlich wurden bei der Bauernhof-Aufgabe 7,17 (4,75) Heurismen verwendet. Mit diesem Mittelwert wird nun eine Vergleichbarkeit mit den anderen Aufgaben möglich. Denn bei der Kleingeld- und Sieben Tore-Aufgabe wurden durchschnittlich ähnlich viele Heurismen eingesetzt (Kleingeld: 7,17 (3,83), Sieben Tore: 7,29 (2,57)). Bei den Aufgaben Smarties und Schachbrett wurden mit 11 (11) gezählten und durchschnittlich 2,20 (2,00) bzw. 1,83 (1,83) Heurismen insgesamt am wenigsten Heurismen eingesetzt. Der Median liegt bei allen Aufgaben eher in der Nähe von Zählweise (2).

Werden die Aufgaben entsprechend der Anzahl der identifizierten bzw. gezählten Heurismen in eine Rangfolge gebracht, ergibt sich für die beiden Zählweisen diese Rangfolge:

- Zählweise (1): Bauernhof, Kleingeld, Sieben Tore, Legosteine sowie Smarties/Schachbrett;
- Zählweise (2): Bauernhof, Sieben Tore, Kleingeld, Legosteine, Smarties sowie Schachbrett.

Kleingeld- und Sieben Tore-Aufgabe tauschen also die Plätze in der Rangfolge. Das liegt daran, dass bei der Kleingeld-Aufgabe besonders viele Heurismen mehrfach verwendet wurden und deswegen in der Zählweise (2) nicht mitgezählt werden. Konkret wurden die Heurismen *Beispiel* und *systematisches Probieren* mit Zähl-

Tabelle 16.11 Übersicht über die Anzahl der Heurismen je Aufgabe, gezählt nach den Zählweisen (1) und (2) (in Klammern angegeben)

Heurismus	Bauernhof	Kleingeld	Legosteine	7 Tore	Smarties	Schachbrett	Summe
Approximationsprinzip (ApP)	1 (1)						1 (1)
Beispiel (Bsp)	11 (7)	21 (7)	18 (5)	6 (2)			56 (21)
Bezeichnung einführen (Bez. einführen)						1 (1)	1 (1)
Erneut lesen	8 (7)		1 (1)	6 (5)		1 (1)	17 (15)
Gegeben & Gesucht (Geg/Ges)	22 (11)		3 (2)	3 (2)	2 (2)	3 (3)	27 (15)
Hilfselement (HiE)	2 (1)		1 (1)	1 (1)	1 (1)		6 (5)
Informative Figur (InF)	1 (1)			1 (1)			4 (3)
Liste	1* (1)*						1 (1)
Muster (Mus)		2* (2)*	1 (1)				3 (3)**
Routineaufgabe (RoA)	10 (7)	1 (1)		2 (2)	2 (1)	6 (6)	21 (17)
Rückwärtsarbeiten (RwA)				4 (3)	4 (4)		8 (7)
Spezialfall (SpF)	12 (8)						12 (8)
Systematisches Probieren (SyP)	11 (6)	24 (6)	2 (2)	2 (1)			39 (15)
Systematisierungshilfe (SyH)		4 (3)	1 (1)	1 (1)			6 (5)
Tabelle (Tab)	4 (4)			5 (2)			9 (6)
Vorwärtsarbeiten (VwA)	1 (1)			12 (3)	2 (2)		15 (6)
Vorwärts- und Rückwärtsarbeiten (VRA)				1 (1)			1 (1)
Zerlegungsprinzip (ZeP)	2 (2)						2 (2)
Summe	86 (57)	51 (18)	27 (13)	43 (23)	11 (10)	11 (11)	229 (132)
Arithmetisches Mittel (M_H)	7,17 (4,75)	7,29 (2,57)	5,40 (2,60)	7,17 (3,83)	2,2 (2,00)	1,83 (1,83)	(1): 5,18 (SD 2,33) (2): 2,93 (SD 1,03)
Median	4 (4)	12,5 (4,5)	1 (1)	3 (2)	2 (2)	2 (2)	2 (2)

* Jede Kennzeichnung steht für je einen Heurismus, der als Strategiekeim kodiert wurde.

weise (1) 21- bzw. 24-mal identifiziert; mit Zählweise (2) hingegen nur 7- bzw. 6-mal. Das bedeutet auch, dass die beiden Heurismen in sieben bzw. sechs Problembearbeitungsprozessen besonders häufig vorkamen.

Bei einer zeilenweisen Betrachtung der Tabelle 16.11 wird erkennbar, dass manche Heurismen besonders häufig auftreten. Der Heurismus *Beispiel* wurde über alle Aufgaben hinweg 56-mal identifiziert und kam gemäß Zählweise (2) in 21 Problembearbeitungsprozessen vor – also in rund der Hälfte aller Prozesse. Die Heurismen *Gegeben und Gesucht, erneut lesen, Routineaufgabe* und *systematisches Probieren* treten in 15 bis 17 Problembearbeitungsprozessen 17- bis 39-mal auf. Diese insgesamt fünf verschiedenen Heurismen scheinen innerhalb der hier gegebenen Probandengruppe verbreitet zu sein und möglicherweise gut zu den Aufgaben zu passen.

Über die Aufgaben hinweg konnten auch andere Heurismen identifiziert werden, so beispielsweise der *Spezialfall*, die *Tabelle*, das *Vorwärtsarbeiten*, die *Systematisierungshilfe*, das *Hilfselement* und das *Rückwärtsarbeiten*. Diese Heurismen wurden in fünf bis acht Problembearbeitungsprozessen insgesamt 6- bis 15-mal kodiert. Alle anderen Heurismen, wie das *Approximationsprinzip*, das Erkennen von *Mustern* oder das Erstellen einer *informativen Figur*, tauchten nur vereinzelt auf.

Betrachtet man nun die strukturgleichen Aufgaben Kleingeld und Legosteine sowie Sieben Tore und Smarties, zeigt sich ein überraschendes Bild. In der Aufgabenanalyse (siehe Abschnitt 13.3) wurden jeweils ähnliche Heurismen zur Bearbeitung der Aufgaben herausgearbeitet. In Tabelle 16.11 wird deutlich, dass trotz Strukturgleichheit auch unterschiedliche Heurismen verwendet wurden. Bei der Kleingeld- und Legosteine-Aufgabe wurde etwa das Generieren von *Beispielen* häufig eingesetzt. Das *systematische Probieren* und die *Systematisierungshilfe* wurden zwar bei beiden Aufgaben verwendet, aber unterschiedlich häufig. Es konnten also bei den Aufgaben Kleingeld und Legosteine drei Heurismen identifiziert werden, die bei beiden Aufgaben zum Einsatz kamen. Zusätzlich wurden fünf andere Heurismen identifiziert, die nur bei der Kleingeld- oder nur bei der Legosteine-Aufgabe genutzt wurden – nämlich *Approximationsprinzip, Hilfselement, Muster, Routineaufgabe, Spezialfall*. Die Vielfalt an Heurismen ist bei der Legosteine-Aufgabe ausgeprägter.

Bei den Aufgaben Sieben Tore und Smarties zeichnet sich diese Tendenz noch stärker ab. Hier wurden fünf gleiche Heurismen verwendet, wenn auch stets häufiger bei der Sieben Tore-Aufgabe – nämlich *erneut Lesen, Gegeben und Gesucht, Routineaufgabe, Rückwärtsarbeiten* und *Vorwärtsarbeiten*. Sechs weitere Heurismen wurden bei der Sieben Tore-Aufgabe, nicht aber bei der Smarties-Aufgabe, identifiziert: *Beispiel, Tabelle, informative Figur, systematisches Probieren, Sys-*

tematisierungshilfe sowie die Kombination aus *Vorwärts- und Rückwärtsarbeiten*. Bei dieser Aufgabe nutzten die Kinder also mehr verschiedene Heurismen.

16.3.2 Heurismen und ihr Auftreten in bestimmten Episodentypen

In Tabelle 16.12 sind die 18 verschiedenen, innerhalb der hier vorliegenden Stichprobe aufgetretenen Heurismen (Zählweise (1)) zeilenweise aufgelistet. In den Tabellenspalten sind die einzelnen Episodentypen angegeben. So wird untersucht, in welchen Episodentypen Schülerinnen und Schüler auf Heurismen zurückgreifen. Es ist erkennbar, dass 185 der insgesamt 229 und damit über 80 % der identifizierten Heurismen (Zählweise (1)) innerhalb von Explorationsphasen auftreten. In der Analyse- und Implementationsphase werden Heurismen genutzt, allerdings in deutlich geringerem Maß mit 20 bzw. 15 Heurismen. Nur vereinzelt werden Heurismen innerhalb der Episodentypen *Lesen*, *Planung* und *Organisation* eingesetzt. Innerhalb der Episodentypen *Verifikation* und *Schreiben* wurden keine Heurismen identifiziert. Nachfolgend wird diese Verteilung mit dem Charakter der jeweiligen Episodentypen und den damit einhergehenden typischen Handlungen erklärt.

Beim *Lesen* beispielsweise beschäftigen sich die Schülerinnen und Schüler mit dem Text der Aufgabenstellung. Hier denken sie noch nicht über ihren Lösungsweg nach. Sie versuchen erst, die konkrete Aufgabenstellung nachzuvollziehen. Heurismen wie das *erneute Lesen* oder *Gegeben und Gesucht* treten hier nur auf, wenn die Schülerinnen und Schüler ihren Leseprozess beispielsweise kurz unterbrechen und danach weiter lesen. Aufgrund der Kodierregeln (siehe dazu Abschnitt 14.2) kommen in dieser Episode nur äußerst selten Heurismen vor. Im Normalfall lesen die Kinder erst die vollständige Aufgabenstellung und überlegen dann innerhalb eines anderen Episodentyps weiter. Innerhalb der 41 Problembearbeitungsprozesse wurden insgesamt drei der 229 Heurismen (entspricht 1,3 %) während des Episodentyps *Lesen* identifiziert.

Innerhalb des Episodentyps *Analyse* versuchen die Schülerinnen und Schüler zu verstehen, was in der Aufgabe von ihnen verlangt wird. Dafür lesen sie ggf. Teile der Aufgabenstellung noch einmal (*erneut Lesen*) und versuchen gesuchte und gegebene Größen zu identifizieren (*Gegeben und Gesucht*). Vereinzelt wird auch schon ein *Beispiel* oder *Spezialfall* generiert, um die Aufgabe noch besser zu verstehen. In diesem Episodentyp steht nicht das Bearbeiten, sondern zunächst das Verstehen der Aufgaben im Vordergrund. Insgesamt treten 20 von 229 kodierten Heurismen (entspricht ca. 9 %) während der *Analyse* auf; zehn davon *Gegeben und Gesucht* und drei davon *erneut Lesen*. Zur Erinnerung: Der Episodentyp *Analyse*

Tabelle 16.12 Identifizierte Heurismen (Zählweise (1)) pro Episodentyp

Episodentyp / Heurismus	Lesen	Analyse	Exploration	Planung	Implementation	Verifikation	Organisation	Schreiben	Summe
Approximationsprinzip (ApP)			1						1
Beispiel (Bsp)		2	52		2				56
Bezeichnung einführen (Bez. einführen)					1				1
Erneut lesen	1	3	12		1				17
Gegeben & Gesucht (Geg/Ges)	2	10	14		1				27
Hilfeelement (HiE)			5		1				6
Informative Figur (InF)		1	3						4
Liste			1						1
Muster			2		1				3
Routineaufgabe (RoA)			19		2				21
Rückwärtsarbeiten (RwA)			5	1	2				8
Spezialfall (SpF)		2	9		1				12
Systematisches Probieren (SyP)			37		2				39
Systematisierungshilfe (SyH)			6						6
Tabelle (Tab)			4				5		9
Vorwärtsarbeiten (VwA)		2	13						15
Vorwärts- und Rückwärtsarbeiten (VRA)					1				1
Zerlegungsprinzip (ZeP)			2						2
Summe	3	20	185	1	15	-	5	-	229
Anteil in %	1,31 %	8,73 %	80,79 %	0,44 %	6,55 %	0 %	2,18 %	0 %	

wurde selten kodiert und nimmt insgesamt nur knapp 29 Minuten und damit 5 % der gesamten Datenmenge ein (siehe Abschnitt 16.2.1 bzw. Tabelle 16.3(b)). Das bedeutet, dass etwa pro 1,5 Minuten ein Heurismus identifiziert werden konnte.

Auffällig ist das häufige Auftreten von Heurismen innerhalb des Episodentyps *Exploration*. Während dieses Episodentyps wird nach Lösungswegen gesucht, Verschiedenes ausprobiert und dafür ggf. auf Heurismen zurückgegriffen. 16 der 18 verschiedenen und insgesamt 185 der 229 identifizierten Heurismen (entspricht knapp 81 %) treten während dieses Episodentyps auf. Die Schülerinnen und Schüler setzen die meisten Heurismen also innerhalb einer Erkundungsphase ein. Besonders häufig nutzen die Kinder während dieses Episodentyps die Heurismen *Beispiel* und *systematisches Probieren*. Die Explorationsphase wurde insgesamt am häufigsten kodiert (ca. 6,5 Stunden des gesamten Videomaterials; siehe Abschnitt 16.2.1 bzw. Tabelle 16.3(b) auf Seite 214). Werden die 185 Heurismen auf diese Dauer verteilt, kommt alle zwei Minuten etwa ein Heurismus während einer Explorationsphase vor. Das ist seltener als während der Analysephase, auch wenn es insgesamt viele Heurismen sind.

Innerhalb des Episodentyps *Planung* wurde einmal das Rückwärtsarbeiten genannt und anschließend ausgeführt (siehe Laura (Schachbrett), Abschnitt 17.3.5). Naturgemäß werden in diesem Episodentyp Ideen generiert und Vorgehensweisen geplant, nicht aber durchgeführt. Das Kodiermanual zur Identifikation von Heurismen (siehe Abschnitt 14.2) sieht die Kodierung von Heurismen genau dann vor, wenn Heurismen tatsächlich in einer Handlung erkennbar sind und damit ausgeführt werden. Werden Heurismen also nur genannt, anschließend aber nicht aktiv ausgeführt, findet keine Kodierung laut Kodiermanual statt. Mit dem hier angewandten Kodiermanual können deswegen im Episodentyp *Planung* nur selten Heurismen identifiziert werden. Erschwerend kommt hinzu, dass dieser Episodentyp in den Daten dieser Studie nur selten vorkam (siehe Abschnitt 16.2.1).

Bei der *Implementation* – und damit bei der zielorientierten Durchführung – konnten insgesamt 15, darunter elf verschiedene Heurismen identifiziert werden. In diesem Episodentyp gehen die Schülerinnen und Schüler zielgerichtet vor und probieren nicht aus. Sie wählen also im Regelfall eine Problemlösestrategie und ergänzen diese ggf. durch eine weitere. Sie wechseln die Heurismen aber nicht, weil ihre Vorgehensweise bereits feststeht.

In der *Organisation* wurden fünf Tabellen angefertigt. Es ist vorgekommen, dass der Heurismus *Tabelle* in einer vorherigen Episode identifiziert wurde und deswegen nicht alle gezeichneten Tabellen innerhalb von Organisationsphasen liegen. Der Beginn des Heurismus ist also nicht immer deckungsgleich mit dem Episodenwechsel. Nichtsdestotrotz geschieht per Definition des Episodentyps *Organisation* hier inhaltlich nichts Neues. Es erfolgt also keine neue Erarbeitung. Es werden zeitaufwändige organisatorische Aufgaben erledigt wie das Erstellen von Tabellen oder das Anfertigen von Skizzen. Es überrascht also nicht, dass innerhalb dieses Episodentyps nur eine geringe Anzahl von Heurismen und hier speziell der Heurismus *Tabelle* identifiziert wurde.

An dieser Stelle sei darauf hingewiesen, dass nicht jeder identifizierte Heurismus *Tabelle* während des Episodentyps *Organisation* vorkam. Wenn das Erstellen der *Tabelle* weniger Zeit einnimmt als die Mindestdauer zur Kodierung einer Episode oder während des Erstellens der Tabelle noch andere, inhaltstragenden Elemente auftreten (z. B. die Kombination mit anderen Heurismen), dann wurde entsprechend ein anderer Episodentyp, hier konkret die *Exploration*, kodiert.

In den Episodentypen *Verifikation* und *Schreiben* wurden keine Heurismen identifiziert. In beiden Episodentypen wird entweder auf bisher Geschehenes zurückgeblickt oder bereits Erarbeitetes festgehalten. Dazu scheint der Einsatz von Heurismen nicht nötig zu sein.

16.3.3 Zusammenfassung und Interpretation

Die 16 Dritt- und Viertklässler dieser Studie verwenden unterschiedlich viele Heurismen – manche besonders viele (z. B. Christin oder Julius), andere besonders wenige (z. B. Anne und Fabian). Insgesamt wurden in den Problembearbeitungsprozessen nicht nur viele ($n = 229$), sondern auch viele unterschiedliche ($n = 18$) Heurismen identifiziert. Auffällig war, dass mehrere Kinder immer wieder auf gleiche Heurismen zurückgreifen und diese innerhalb eines Problembearbeitungsprozesses mehrfach einsetzen. Das Heurismenrepertoire der Kinder (Zählweise (3)) liegt bei etwa sechs Heurismen pro Kind.

Die Schülerinnen und Schüler verwenden bestimmte Heurismen besonders häufig. Wir können an dieser Stelle davon ausgehen, dass die Schülerinnen und Schüler dieser Stichprobe die Heurismen *Gegeben und Gesucht, erneut Lesen, Routineaufgabe, Beispiel* und *systematisches Probieren* kennen und aktiv abrufen können. Es handelt sich dabei v. a. um basale Heurismen. Das *systematische Probieren* wird von den Kindern am Ende des vierten Schuljahres im Bildungsplan gefordert (Sekretariat der Ständigen Konferenz der Kultusminister der Länder in der Bundesrepublik Deutschland 2005b; Ministerium für Schule und Weiterbildung des Landes Nordrhein-Westfalen 2008) und ist damit für die Schule in besonderem Maße relevant (Heinrich, Bruder und Bauer 2015).

Manche Kindern scheinen auch schon weiterführende Heurismen wie die *Tabelle*, das *Vorwärtsarbeiten* oder die *Systematisierungshilfe* aktiv zu nutzen. Einzelne Kinder zeigten deutlich elaboriertere Problemlösestrategien wie das *Approximations-*

prinzip oder das Erkennen von *Mustern*. Innerhalb der Probandengruppe scheinen also auch Schülerinnen und Schüler zu sein, die möglicherweise bereits Erfahrung mit dem mathematischen Problemlösen haben. Diese Erkenntnis überrascht wenig aufgrund der Probandenauswahl (siehe Abschnitt 13.1).

Diese Ergebnisse verdeutlichen, dass alle Kinder der vorliegenden Stichprobe grundsätzlich über ein aktives Heurismenrepertoire verfügen, das sie auch abrufen können. Allerdings unterscheidet sich sowohl die Menge als auch die Qualität der Heurismen. So können Heurismen wie *erneut Lesen* oder die *Routineaufgabe* als weniger elaboriert eingestuft werden als beispielsweise das *systematische Probieren* oder das Erstellen einer *Tabelle*.

Die weiteren Analysen zeigten, dass über 80 % der identifizierten Heurismen (Zählweise (1)) während des Episodentyps *Exploration* auftreten. In den Episodentypen *Verifikation* und *Schreiben* wurden keine Heurismen identifiziert. In den restlichen Episodentypen kommen jeweils nur wenige (ein bis 20) Heurismen vor. Dieser prozentuale Anteil von Heurismen in Explorationsphasen ist sehr hoch. Bei der Untersuchung von Rott (2013, S. 355) waren es 50 % der Heurismen (96 von 192) Heurismen, die in Explorationsphasen identifiziert wurden. Wie zuvor beschrieben, ist das Auftreten des Episodentyps *Exploration* typisch für wild-goose-chase Prozesse (siehe Abschnitt 8.2). Mit dem vermehrten Auftreten von Heurismen innerhalb von Explorationsphasen liegt die Vermutung nahe, dass Heurismen insbesondere in wild-goose-chase Prozessen zum Einsatz kommen. Es stellt sich hier die Frage, ob es einen Zusammenhang zwischen dem Einsatz von Heurismen und dem Auftreten von wild-goose-chase Prozessen gibt. Theoretisch sind dazu mindestens zwei Hypothesen denkbar: Erstens, Schülerinnen und Schüler, die einen wild-goose-chase Prozess durchlaufen, verwenden kaum Heurismen. Immerhin haben sie eine Idee und verfolgen diese. Oder zweitens, sie verwenden viele Heurismen, weil sie immer wieder Probieren und keinen passenden Ansatz finden können. Es wäre zusätzlich möglich, dass Schülerinnen und Schüler, im wild-goose-chase Prozess verweilen, weil sie über ein mangelndes Heurismenrepertoire verfügen. Immerhin ist bekannt, dass Heurismen bei der Überwindung von Hürden im Problembearbeitungsprozess unterstützend wirken und ggf. mangelnde selbstregulatorische Fähigkeiten kompensieren können (Bruder 2000; Perels 2003).

Für die weiteren Untersuchungen wird auf die Zählweise (2) zurückgegriffen. Zählweise (1) erlaubt es, alle identifizierten Heurismen zu zählen. Dadurch werden aber viele Heurismen mehrfach gezählt. So sind nur Aussagen über die Menge, nicht aber über die Vielfalt der Heurismen pro Problembearbeitungsprozess möglich. Zählweise (3) erlaubt Aussagen über das Heurismenrepertoire jedes einzelnen Kindes. Mit dieser Zählweise kann allerdings nicht jeder einzelne Problembearbeitungsprozess mit einer Anzahl von Heurismen in Verbindung gebracht werden.

Stattdessen wäre damit nur eine Anzahl von Heurismen über alle vom Kind bearbeiteten Aufgaben hinweg möglich. Nur Zählweise (2) erlaubt es, doppelte Heurismen auszuklammern und gleichzeitig Aussagen zu den einzelnen Problembearbeitungsprozessen zu tätigen. Deswegen wird diese Zählweise, analog zum Vorgehen von Rott (2013), für die weiteren Analysen und die Überprüfung der statistischen Zusammenhänge verwendet.

Im weiteren Verlauf dieser Arbeit wird auch überprüft, ob die Heurismen (Zählweise (2)) mit anderen Kodierungen im Zusammenhang stehen. Rott (2013, S. 348) konnte beispielsweise einen statistischen Zusammenhang zwischen der Anzahl verwendeter Heurismen und dem Lösungserfolg ($p < 0,001$) nachweisen. Er merkt aber kritisch an, dass es „keine strikte ‚je mehr, desto besser'-Regel für den Einsatz von Heurismen" gäbe. Immerhin ist es möglich, auch mit wenigen, dafür aber zu den Aufgaben passenden Heurismen eine erfolgreiche Lösung zu produzieren. Das Gleiche ist auch durch den Einsatz vieler verschiedener Heurismen möglich. Für die vorliegende Untersuchung ist also von Interesse, ob sich dieser starke statistische Zusammenhang auch bei einer jüngeren Probandengruppe zeigt.

Mit Blick auf die Forschungsfragen (A) und (B) werden zu einem späteren Zeitpunkt in dieser Arbeit die statistischen Zusammenhänge zwischen der Anzahl von Heurismen und dem Lösungserfolg sowie der Anzahl von Schlüsselinteraktionen überprüft (siehe Abschnitt 16.5). Der erste Zusammenhang dient dazu, die Ergebnisse von Rott (ebd.) ggf. auf jüngere Schülerinnen und Schüler zu übertragen. Der zweite Zusammenhang soll Rückschlüsse darauf ermöglichen, ob die Strategieschlüssel tatsächlich Heurismen triggern.

16.4 Analyse der externen Impulse

Zur Analyse der externen Impulse wurden die Tabellen 16.13 und 16.14 erstellt. Hierin werden jeweils die externen Impulse durch die Interviewerin und die Strategieschlüssel aufgelistet[7]. Jede Impulsart wird außerdem nach den sechs verschiedenen Aufgaben aufgeschlüsselt.

Den Tabellen 16.13 und 16.14 kann zunächst entnommen werden, dass innerhalb der 41 Problembearbeitungsprozesse 258 Impulse durch die interviewende Person und 83 Impulse durch die Strategieschlüssel und damit insgesamt 341 externe Impulse kodiert wurden. Die Impulse durch die Strategieschlüssel entsprechen damit 25 % der externen Impulse. Durchschnittlich kam es pro Aufgabenbearbeitung zu

---

[7]Details zur Kodierung der externen Impulse können Abschnitt 14.3 entnommen werden.

Tabelle 16.13 Übersicht über absoluten Anzahlen der kodierten externen Impulse durch die Interviewerin; H: absolute Häufigkeit; h: relative Häufigkeit; M: arithmetisches Mittel

Aufgabe / Externer Impuls durch *Interviewer*in*	Bauernhof	Kleingeld	Legosteine	7 Tore	Smarties	Schachbrett	$H_{Impulse}$
- Aufforderung zur Kommunikation	15	12	8	4	3		**42**
- Aufforderung zur Erklärung bzw. Begründung	15	11	10	4	4	1	**45**
- Hinweis auf Strategieschlüssel	10	4	5	8	2	1	**30**
- Aufforderung zum Lesen	4			4	1		**9**
- Hinweis zur Aufgabe	12	5	9	2	5	3	**36**
- Aufforderung zum Aufschreiben	25	6	5	3	3	2	**44**
- Fokussierung auf das Ergebnis	17	8	7	2	1	3	**38**
- Rückmeldung	8	4	2				**14**
$H_{Impulse}$/Aufgabe	**106**	**50**	**46**	**27**	**19**	**10**	**258**
$h_{Impulse}$/Aufgabe	8,83	7,14	9,2	4,5	3,8	1,67	
$M_{Impulse}$/Aufgabe	13,25 (SD: 5,95)	7,14 (SD: 3,04)	6,57 (SD: 2,56)	3,86 (SD: 1,88)	2,71 (SD: 1,39)	2,00 (SD: 0,89)	6,29

Tabelle 16.14 Übersicht über absoluten Anzahlen der kodierten externen Impulse durch die Strategieschlüssel; H: absolute Häufigkeit; h: relative Häufigkeit; M: arithmetisches Mittel

Aufgabe Externer Impuls durch *Strategieschlüssel*	Bauernhof	Kleingeld	Legosteine	7 Tore	Smarties	Schach-brett	H_{Impulse}
- Lesen	12	8	5	4	3		**32**
- Checkliste				1			**2**
- Nennen einzelner Strategieschlüssel	19	10	6	9	1	4	**49**
Erstelle eine Tabelle	6			2			8
Male ein Bild	1		1	2			6
Arbeite von hinten	4		1	2			7
Finde ein Beispiel	2	3	2			2	8
Beginne mit einer kleinen Zahl	2	5		2	1		9
Lies die Aufgabe noch einmal	2	1	1	1			4
Suche nach einer Regel	2	1	1			1	5
Verwende verschiedene Farben						1	2
$H_{\text{ST/Aufgabe}}$	**31**	**18**	**12**	**14**	**4**	**4**	**83**
$h_{\text{ST/Aufgabe}}$	2,58	2,57	2,20	2,33	0,80	0,67	
$M_{\text{ST/Aufgabe}}$	15,50 (SD: 3,50)	9,00 (SD: 1,00)	4,00 (SD: 2,16)	3,00 (SD: 3,30)	2,00 (SD: 1,00)	4,00 (SD: 0)	2,02

6,29 Impulsen durch die interviewende Person und zu 2,02 Impulsen durch die Strategieschlüssel. Pro Problembearbeitungsprozess traten damit durchschnittlich etwas mehr als 8 externe Impulse auf (arithmetisches Mittel: 8,32). An dieser Stelle sei darauf hingewiesen, dass die große Anzahl von Impulsen durch die Interviewerin auch dadurch zustande kommen, dass gemäß eines aufgabenbasierten Interviews auch während der Bearbeitung Fragen gestellt wurden (siehe Kapitel 13).

Bei spaltenweiser Betrachtung der Tabellen 16.13 und 16.14 wird erkennbar, dass bei der Bauernhof-Aufgabe mit 106 Kodes am häufigsten Impulse durch die interviewende Person gegeben wurden. In Bezug zur Anzahl der bearbeiteten Aufgaben – bei der Bauernhof-Aufgabe also 12 – relativiert sich die absolute Anzahl allerdings. Pro Aufgabenbearbeitung wurden bei der Bauernhof-Aufgabe 8,83 – also rund 9 – Impulse durch die interviewende Person gegeben. Bei der Kleingeld- und Legosteine-Aufgabe wurden 50 bzw. 46 Kodes für die interviewende Person vergeben. Hier beträgt die relative Häufigkeit 7,14 bzw. 9,20 und bewegt sich damit in einer ähnlichen Größenordnung wie bei der Bauernhof-Aufgabe.

Bei den Aufgaben Sieben-Tore, Smarties und Schachbrett liegt die Anzahl der Impulse durch die interviewende Person bei 10 bis 27. Das entspricht einer relativen Häufigkeit von 1,67 bis 4,5 und liegt damit in allen drei Aufgaben deutlich unter den anderen. Möglicherweise sind die Schülerinnen und Schüler bei diesen Aufgaben weniger häufig stecken geblieben, weswegen weniger nachgefragt wurde.

Mit Blick auf die externen Impulse durch die Strategieschlüssel wird deutlich, dass auch hier die meisten Impulse bei der Bauernhof-Aufgabe, gefolgt von der Kleingeld- und Legosteine-Aufgabe, identifiziert wurden. Relativ betrachtet, kommt es hier zu 2,58, 2,57 und 2,20 Schlüsselinteraktionen pro Aufgabenbearbeitung. Mit etwas Abstand folgen auch hier die Aufgaben Sieben Tore, Smarties und Schachbrett.

Einen besonderen Einfluss auf die Problembearbeitungsprozesse könnten die Kodes *Hinweis auf Strategieschlüssel* und *Aufforderung zum Lesen* haben. Bei ersterem wird den Kindern vorgeschlagen, die Strategieschlüssel zu betrachten, z. B. mit Äußerung wie „Sollen wir uns mal die Schlüssel anschauen?". Dieser Hinweis ist im regulären Mathematikunterricht sicherlich ebenso denkbar. Im Zusammenhang mit der hier vorliegenden Studie könnte diese Äußerung zu mehr Schlüsselinteraktionen führen, als die Schülerinnen und Schüler naturgemäß von sich aus eingehen würden.

Die *Aufforderung zum Lesen* wird durch Äußerungen wie „Lass uns die Aufgabe nochmal gemeinsam lesen." initiiert. Hier findet letztlich ein ähnlicher Impuls statt wie mit dem Strategieschlüssel „Lies die Aufgabe noch einmal". Der Impuls wird hier durch die interviewende Person ausgewählt und explizit verbalisiert, was einen deutlich stärkeren Aufforderungscharakter mit sich bringt als dies durch das bloße Vorhandensein der Strategieschlüssel der Fall ist. Inwiefern insbesondere diese beiden Kodes externer Impulse einen tatsächlich nachweisbaren Einfluss auf die Problembearbeitungsprozesse hat, kann erst durch tiefgehende qualitative Analysen geklärt werden. Diese Frage steht aber nicht im Mittelpunkt der vorliegenden Untersuchung.

Bei der zeilenweisen Betrachtung fällt der Blick auf die einzelnen Kodes. Hier wird erkennbar, dass abgesehen von drei Kodes alle anderen acht Kodes ähnlich häufig vorkommen – nämlich 30- bis 49-mal. Die Kodes *Aufforderung zur Erklärung bzw. Begründung*, *Aufforderung zum Aufschreiben* und *Aufforderung zur Kommunikation* wurden dabei am häufigsten identifiziert. Die Anzahl der Kodes *Aufforderung zum Lesen*, *Rückmeldung* und *Strategieschlüssel als Checkliste* weicht hier stark ab, denn sie wurden nur 2- bis 14-mal kodiert.

Tabelle 16.15 Schlüsselinteraktionen pro Kind und Aufgabe

Aufgabe / Schüler*in	Bauern-hof	Klein-geld	Lego-steine	7 Tore	Smar-ties	Schach-brett	$H_{SI/Kind}$	$M_{SI/Kind}$
Anja	5				1		6	3
Anke	4	0					4	2
Anne	2						2	2
Christin	5		8			2	15	5
Collin	1	1	2		1		5	1,25
Fabian		3					3	3
Felix		3		1		0	4	1,33
Hannes	8						8	8
Julius		3	1				4	2
Laura	1	0		0		1	2	0,5
Markus		1		0			1	0,5
Richard	2	2	3				7	2,33
Simon	0	4	0		0		4	1
Til	2	6					8	4
Prisha	1	2	0		0		3	0,75
Vicky	0		5	2			7	2,33
$h_{SI/Aufgabe}$	31	18	12	14	4	4	83	2,44 (SD 1,87)
$M_{SI/Aufgabe}$	2,58	2,57	2,4	2,33	0,8	0,67	1,89 (SD 0,73)	-

Von allen Kodes wurde der Impuls *Nennen einzelner Strategieschlüssel* am häufigsten vergeben. Es wurde also 49-mal explizit auf einen Strategieschlüssel verwiesen. Dieser Kode wurde detailliert abgebildet, indem jeder einzelne Strategieschlüssel aufgeführt ist. Es wird erkennbar, dass jeder der angebotenen acht Strategieschlüssel verwendet wurde. Dabei gab es zwei Strategieschlüssel – *Finde ein Beispiel* und *Beginne mit einer kleinen Zahl*, die jeweils 9-mal und damit am häufigsten benannt wurden. Der Strategieschlüssel *Verwende verschiedene Farben* wurde mit zweimaliger Kodierung am seltensten von den Schülerinnen und Schülern benannt. An dieser Stelle sei darauf hingewiesen, dass jeder der zur Verfügung gestellten Strategieschlüssel auch tatsächlich verwendet wurde. Es kann deswegen davon ausgegangen werden, dass die ausgewählten Strategieschlüssel für die Aufgaben dieser Untersuchung geeignet waren.

In Tabelle 16.15 werden die Impulse durch die Strategieschlüssel und damit die Schlüsselinteraktionen pro Kind (zeilenweise) und pro Aufgabe (spaltenweise) abgebildet. Es wird erkennbar, dass alle Kinder innerhalb ihrer Problembearbeitungsprozesse mindestens einmal mit den Strategieschlüsseln interagiert haben. Laura und Markus haben mit durchschnittlich 0,5 Schlüsselinteraktionen am seltensten auf die Strategieschlüssel zurückgegriffen. Christin mit insgesamt 15 Schlüsselinteraktionen (durchschnittlich fünf pro Aufgabenbearbeitung) interagierte mit Abstand am häufigsten mit den Strategieschlüsseln. Aber auch Hannes, Til, Richard und Vicky griffen häufiger auf die Strategieschlüssel zurück (jeweils 7- bis 8-mal).

Spaltenweise wird erkennbar, dass bei den Aufgaben Bauernhof, Kleingeld, Legosteine und Sieben Tore relativ betrachtet ähnlich häufig mit den Strategieschlüsseln interagiert wurde (etwa 2,5 Mal pro Problembearbeitungsprozess). In den Aufgaben Smarties und Schachbrett kam es mit Abstand am seltensten zu Schlüsselinteraktionen.

16.5   Statistische Zusammenhänge zwischen den vier Kodierungen

In diesem Abschnitt werden die Daten auf statistische Zusammenhänge überprüft. Dazu werden die vier Kodierungen untereinander und mit den bisher gefundenen Auffälligkeiten, z. B. das häufige Vorkommen von wild-goose-chase Prozessprofilen, in Beziehung gesetzt. Bei der Überprüfung von Zusammenhängen wird stets auf das Erkenntnisinteresse dieser Arbeit fokussiert. Es werden deswegen ausgewählte Zusammenhänge überprüft, um die vorliegende Studie z. B. besser mit anderen Studien in Zusammenhang zu bringen.

Zur Überprüfung der statistischen Zusammenhänge werden nachfolgend Kontingenzanalysen mit Hilfe von χ^2-Unabhängigkeitstests durchgeführt.[8] Dazu wer-

---

[8]Nähere Informationen zu diesem Verfahren können Abschnitt 15.1 entnommen werden.

Tabelle 16.16 Übersicht über die Merkmale und Merkmalsausprägungen zur Kontingenzanalyse

Merkmal	Merkmals-ausprägung	Beschreibung
Lösungs-kategorie	kaum erfolgreich	Alle Problembearbeitungsprozesse, deren Lösung mit den Kategorien (0) kein Ansatz und (1) Einfacher Ansatz bewertet wurden, gelten als kaum erfolgreich.
	erfolgreich	Alle Problembearbeitungsprozesse, deren Lösung mit den Kategorien (3) Erweiterter Ansatz und (4) Korrekter Ansatz bewertet wurden, gelten als erfolgreich.
Prozessprofil	wild-goose-chase Prozessprofil	Hierunter zählen Prozessprofile der Art (A,E,0,0,0) und (0,E,0,0,0).
	sonstige Prozessprofile	Hierunter werden alle Prozessprofile verstanden, die nicht dem wild-goose-chase Muster zugeordnet wurden, also z. B. (0,0,0,I,0) oder (A,E,P,0,0).
Heurismen (Zählweise (1))	wenig (≤ 3)	Die Anzahl der Heurismen (Zählweise (2)) wird gemäß des Medians pro Kind festgelegt (Median: 3). Wenige Heurismen sind also 0 bis 3 und viele entsprechend mehr als 3.
	viel (>3)	
Episoden-wechsel (Fünftupel bzw. Achttupel)	wenig (≤ 1 bzw. ≤ 3)	Die Anzahl der Episodenwechsel wird bestimmt, indem die Wechsel zwischen Episodentypen im Problembearbeitungsprozess gezählt werden. Die Einstufung, ob es sich dabei um viele oder wenige Episodenwechsel handelt, erfolgt in Orientierung am Median. Bei der Fünftupel-Darstellung entspricht das einem Episodenwechsel (M_E: 0,98; Median: 1); bei der Achttupel-Darstellung drei Episodenwechseln (M_E: 2,78; Median: 3) pro Problembearbeitungsprozess. Liegt die Anzahl der Episodenwechsel also bei 1 bzw. 3 wird ein Problembearbeitungsprozess der Merkmalsausprägung „viel" zugeordnet; liegt ein Problembearbeitungsprozess darunter erfolgt die Einstufung in die Merkmalsausprägung „wenig".
	viel (>1 bzw. >3)	
Schlüssel-interaktion	wenig (≤ 1)	Unter Verwendung des Medians werden Schlüsselinteraktionen als wenig kategorisiert, wenn sie null oder einmal vorkommen. Kommen Schlüsselinteraktionen mehr als einmal vor, werden sie als viel gedeutet.
	viel (>1)	

den die vier Kodierungen genutzt, um Merkmale festzulegen. Jedes Merkmal wird mit Hilfe der bisherigen quantitativen Analysen zu dichotomen Merkmalsausprägungen gruppiert. So ergeben sich die Merkmale Lösungskategorie, Prozessprofil, Episodenwechsel, Heurismen und Schlüsselinteraktion. In Tabelle 16.16 werden die Merkmale und ihre jeweiligen Merkmalsausprägungen aufgeführt und beschrieben.

Für eine Teilung der einzelnen Merkmale in die Ausprägungen viel und wenig wird jeweils der Median verwendet.

Die einzelnen Merkmale werden gezielt ausgewählt. So werden beispielsweise nur die Heurismen nach Zählweise (2) berücksichtigt. Mehrfach kodierte Heurismen werden folglich nicht mitgezählt und es wird ein Fokus auf die Verschiedenheit der Heurismen gelegt.

Das Merkmal der Episodenwechsel wird mit der Achttupel-Darstellung[9] gezählt. Denn es sollen alle Episodentypen berücksichtigt werden, nicht nur die inhaltstragenden.

Im Sinne einer explorativen Studie werden im weiteren Verlauf des Abschnitts verschiedene Kontingenzanalysen durchgeführt. Das dafür zugrundeliegende Signifikanzniveau wird auf 5 % festgelegt. Damit bei den Tests keine zufälligen statistischen Zusammenhänge entstehen, wird mit Hilfe der Bonferroni-Korrektur ein Signifikanzniveau von $p = 0,0125$[10] festgelegt. Insgesamt werden für die nachfolgenden Analysen vier χ^2-Unabhängigkeitstests durchgeführt: Episodenwechsel und Prozessprofil (Abschnitt 16.5.1), Lösungskategorie und Prozessprofil (Abschnitt 16.5.2) sowie Lösungskategorie und Schlüsselinteraktion (Abschnitt 16.5.3). Der vierte Test wird mit den drei Merkmalen Heurismen, Episodenwechsel und Schlüsselinteraktion in Form eines $2 \times 2 \times 2$-Kontingenzwürfels durchgeführt. Diese drei Merkmale werden dann mit Hilfe von Post-hoc-Tests auf statistische Signifikanz überprüft[11].

16.5.1 Episodenwechsel (Fünftupel) und Prozessprofil

Die vorliegenden Daten werden auch dahingehend überprüft werden, ob Ergebnisse anderer Studien auf diese Stichprobe übertragbar sind. Rott (2013, S. 399) konnte in seiner Studie auf qualitative Art herausarbeiten, dass es starke Zusammenhänge zwischen dem Auftreten von Episodenwechseln und metakognitiven Aktivitäten gibt. Gehen wir nun davon aus, dass Episodenwechsel ein Anzeichen für selbstregulatorische Tätigkeiten sind. Dann würden in Problembearbeitungsprozessen mit einem wild-goose-chase Prozessprofil naturgemäß wenige Episodenwechsel erfol-

---

[9]Hinweise zur Fünf- und Achttupel-Darstellung können Abschnitt 16.2 entnommen werden.

[10]Berechnet wurde die Bonferroni-Korrektur hier folgendermaßen: $\alpha = \frac{p-Wert}{N} = \frac{0,05}{4} = 0,0125$; N ist dabei die Anzahl der χ^2-Unabhängigkeitstests.

[11]Methodische Details zur Erstellung eines Kontingenzwürfels können Abschnitt 16.5.4 entnommen werden.

gen. Es wäre entsprechend ein positiver statistischer Zusammenhang zwischen der Anzahl der Episodenwechsel und des Prozessprofils zu erwarten.

In Tabelle 16.17 sind die Merkmale Episodenwechsel und Prozessprofil mit ihren jeweiligen Ausprägungen abzulesen. Für diesen χ^2-Unabhängigkeitstest wird die Fünftupel-Darstellung genutzt, weil der Wechsel in inhaltstragende Episodentypen bzw. vielmehr der Nicht-Wechsel in andere Episodentypen charakteristisch ist für wild-goose-chase Prozesse. Der χ^2-Unabhängigkeitstest ergibt einen hoch signifikanten, positiven Zusammenhang ($p = 0,005145$) und ist auch nach der Bonferroni-Korrektur signifikant. Je weniger Schülerinnen und Schüler innerhalb ihres Problembearbeitungsprozesses zwischen inhaltstragenden Episodentypen wechseln, desto wahrscheinlicher ist, dass sie einen wild-goose-chase Prozess durchlaufen.

Tabelle 16.17 χ^2-Unabhängigkeitstest für die Anzahl der Episodenwechsel und das Prozessprofil

Episodenwechsel (5-Tupel) Prozessprofil	wenige (≤ 1)	viele (>1)	Summe
wild-goose-chase	28 (24,95)	3 (6,05)	31
sonstige	5 (8,05)	5 (1,95)	10
Summe	33	8	41
χ^2-Wert = 7,8278	p-Wert = 0,005145: **hoch signifikant**, $\phi = 0,4369$: mittlerer Effekt Nach Bonferroni-Korrektur **signifikant**.		

16.5.2 Lösungskategorie und Prozessprofil

In Tabelle 16.18 werden die Lösungskategorien auf ihren Zusammenhang mit den Prozessprofilen überprüft. Aufgrund von Ergebnissen anderer Studien ist ein positiver, statistischer Zusammenhang zu erwarten. So zeichnete sich beispielsweise in den Daten von Rott (2013, S. 307) folgendes Bild ab: 27 von 88 Problembearbeitungsprozessen (entspricht 30,68 %) wurden als wild-goose-chase Prozesse identifiziert und den kaum erfolgreichen Lösungskategorien (0) und (1) zugeordnet. Nur fünf wild-goose-chase Prozesse (entspricht 5,68 %) wurden als erfolgreich eingestuft. Von den anderen Prozessprofilen wurden 40 Problembearbeitungsprozesse (entspricht 45,46 %) den Lösungskategorien (2) und (3) zugeordnet und damit als erfolgreich eingestuft. Ähnliche Tendenzen zeichnen sich auch in den Daten der vorliegenden Untersuchung ab (siehe Tabelle 16.18).

Zeilenweise sind die Prozessprofile abgetragen und werden unterteilt in wild-goose-chase Prozesse und sonstige Prozessprofile. Spaltenweise die Lösungskategorien dichotom angegeben, d. h. die Lösungskategorien (0) und (1) werden als kaum erfolgreich, die Lösungskategorien (2) und (3) als erfolgreich gewertet.

Tabelle 16.18 χ^2-Unabhängigkeitstest für die Lösungskategorien und die Prozessprofile „wild-goose-chase" und „sonstige"

Lösungskategorie Prozessprofil	kaum erfolgreich	erfolgreich	Summe
wild-goose-chase	19 (16,10)	11 (13,9)	30
sonstige	2 (5,9)	9 (5,1)	11
Summe	21	20	41
χ^2-Wert = 4,2091	p-Wert = 0,04021: **signifikant**, ϕ = 0,3204: mittlerer Effekt Nach Bonferroni-Korrektur nicht signifikant.		

Tabelle 16.18 kann nun entnommen werden, dass 19 von 41 (entspricht 46,34 %) Problembearbeitungsprozessen einem wild-goose-chase Prozessprofil entsprechen und kaum erfolgreich waren. Die anderen 11 wild-goose-chase Prozesse (26,83 % der Gesamtprozesse) erreichten eine Lösung, die als Lösungskategorien (2) und (3) kodiert wurden und damit erfolgreich waren. Es sind also erwartungskonform mehr wild-goose-chase Prozesse kaum erfolgreich als erfolgreich. Bei den sonstigen Prozessprofilen verhält es sich umgekehrt. Nur zwei Problembearbeitungsprozesse wurden der Lösungskategorie (1) und damit als kaum erfolgreich kodiert. Neun Problembearbeitungsprozesse sind mit den Lösungskategorien (2) und (3) erfolgreich. Der χ^2-Unabhängigkeitstest zwischen den Merkmalen Lösungskategorie und Prozessprofil ergibt einen positiven, signifikanten Zusammenhang ($p = 0,04$), der nach der Bonferroni-Korrektur nicht mehr signifikant ist. Die Tendenz bleibt aber:. Schülerinnen und Schüler, die einen wild-goose-chase Prozess durchlaufen, erarbeiten tendenzielle eine kaum erfolgreiche Lösung. Andersherum erarbeiten Schülerinnen und Schüler mit einem anderen Prozessprofil eher erfolgreiche Lösungen.

Insgesamt scheinen Problembearbeitungsprozesse, die keinem wild-goose-chase Prozessprofil entsprechen, erfolgreicher zu verlaufen. Innerhalb der wild-goose-chase Prozesse treten deutlich mehr Problembearbeitungsprozesse auf, in denen eine kaum erfolgreiche Lösung erzielt wurde. Es zeichnen sich in den vorliegenden Daten also ähnliche Tendenzen ab, wie bei Rott (2013), nur weniger stark und statistisch nicht signifikant. Das könnte z. B. an der Altersgruppe der Dritt- und Viertklässler oder an der Aufgabenauswahl liegen.

16.5.3 Lösungskategorie und Schlüsselinteraktion

Zur Überprüfung des Zusammenhangs zwischen der Lösungskategorie und der Schlüsselinteraktion werden zunächst theoretische Überlegungen angeführt. Wir stellen uns folgendes ideales Szenario der Schlüsselinteraktion vor[12]: Ein Kind bleibt im Problembearbeitungsprozess stecken, interagiert mit den Strategieschlüsseln, nutzt einen neuen Heurismus, wechselt in einen anderen Episodentyp und kommt zum richtigen Ergebnis. Dieser Idealfall wird mit der Schlüsselnutzung zwar angestrebt, allerdings ist es kaum zu erwarten, dass die Kinder ohne vorheriges Training zu solch positiven Prozessverläufen kommen. Für einen Einfluss auf der Ebene der Lösungskategorie muss vermutlich zuerst eine Veränderung auf der Ebene der Heurismen und der Episodentypen erfolgen. Das ist bei den Dritt- und Viertklässlern, die erstmals Kontakt mit den Strategieschlüsseln haben, kaum zu erwarten. Es ist deswegen kein statistischer Zusammenhang zu erwarten.

In Tabelle 16.19 sind die Merkmale Schlüsselinteraktion und Lösungskategorie mit ihren jeweiligen Merkmalsausprägungen viel und wenig bzw. kaum erfolgreich und erfolgreich eingetragen. Es gibt demnach elf Problembearbeitungsprozesse, in denen mit den Strategieschlüsseln interagiert und eine kaum erfolgreiche Lösung erzielt wurde. In zehn Problembearbeitungsprozessen interagierten die Kinder viel mit den Strategieschlüsseln und kamen zu einer erfolgreichen Lösung. Klare Tendenzen sind anhand der Tabelle nicht auszumachen.

Tabelle 16.19 χ^2-Unabhängigkeitstest für die Lösungskategorien und die Schlüsselinteraktion

Lösungskate- gorie Schlüsselinteraktion	kaum erfolgreich	erfolgreich	Summe
wenig ($\leq$ 1)	13 (11,8)	9 (10,2)	22
viel (>1)	9 (10,2)	10 (8,8)	19
Summe	22	19	41
χ^2-Wert = 0,5634	p-Wert = 0,45289: nicht signifikant, ϕ = 0,1172: kein Effekt		
	Nach Bonferroni-Korrektur nicht signifikant.		

Der χ^2-Unabhängigkeitstest ergibt erwartungskonform keinen statistischen Zusammenhang zwischen der Schlüsselinteraktion und den Lösungskategorien. Die

---

[12]Eine detaillierte Beschreibung des Idealverlaufs einer Schlüsselinteraktion kann Kapitel 17 entnommen werden.

Strategieschlüssel stehen nicht im Zusammenhang mit dem Lösungserfolg, zumindest in keinem statistisch nachweisbaren.

Innerhalb einer größer angelegten Interventionsstudie müsste dieser Zusammenhang erneut überprüft werden. Immerhin wäre es denkbar, dass nach einem erfolgten Training durchaus ein nachweisbarer Zusammenhang besteht.

16.5.4 2 × 2 × 2-Kontingenzanalyse

Es besteht erwartungskonform kein statistischer Zusammenhang zwischen der Schlüsselinteraktion und der Lösungskategorie (siehe Abschnitt 16.5.3). Es ist allerdings zu erhoffen, dass die Schlüsselinteraktion in einem positiven, statistischen Zusammenhang mit der Anzahl der Heurismen (Zählweise (2)) und der Anzahl der Episodenwechsel (Achttupel) steht. Immerhin sollen die Strategieschlüssel gemäß des Idealprozesses (siehe Kapitel 17) genau diese Ebenen beeinflussen.

Zur Überprüfung eines statischen Zusammenhangs zwischen den drei Merkmalen Heurismen, Episodenwechsel und Schlüsselinteraktion wird der χ^2-Unabhängigkeitstest erweitert[13]. Dabei werden die einzelnen Dimensionen als Zweifeldertafeln abgebildet. Für eine leichtere Referenzierung im Verlauf dieses Abschnitts wird hier der Kontingenzwürfel dargestellt (siehe Abbildung 16.1(a)). An den Achsen des Würfels sind die Merkmale abgetragen, jeweils mit den zwei Merkmalsausprägungen *wenig* und *viel*: auf der x-Achse die Anzahl der Heurismen (Zählweise (2)), auf der y-Achse die Anzahl der Episodenwechsel (Achttupel) und auf der z-Achse die Anzahl der Schlüsselinteraktionen. So ergeben sich schließlich acht Teilwürfel.

Die Erstellung der Zweifeldertafeln für jede Ebene des Würfels sowie die jeweilige Prüfung auf statistischen Zusammenhang erfolgt in den nachfolgenden Abschnitten.

16.5.4.1 Heurismen und Episodenwechsel (Achttupel)

Betrachtet man die Ebene mit der Anzahl der Heurismen und der Anzahl der Episodenwechsel als Zweifeldertafel, dann ergibt sich Tabelle 16.20. Jedem Feld wurden die entsprechenden Anzahlen von Problembearbeitungsprozessen zugeordnet, die durch die jeweiligen Merkmalsausprägungen charakterisiert sind, z. B. durch wenige Heurismen und viele Episodenwechsel.

---

[13]Details hierzu können Abschnitt 15.1.3 entnommen werden.

Tabelle 16.20 χ^2-Unabhängigkeitstest für die Anzahl der Heurismen und die Episoden-wechsel (Achttupel)

Episodenwechsel (8-Tupel) Heurismen	wenige (≤ 3)	viele (> 3)	Summe
wenig (≤ 3)	24 (21,07)	3 (5,93)	27
viel (>3)	8 (10,93)	6 (3,07)	14
Summe	32	9	41
χ^2-Wert = 5,4233	*p*-Wert = 0,01987: **signifikant**, ϕ = 0,3637: mittlerer Effekt Nach Bonferroni-Korrektur nicht signifikant.		

Es gibt insgesamt 24 Problembearbeitungsprozesse, in denen die Kinder wenige Heurismen verwenden und wenige Episodenwechsel vollziehen. In acht Problem-bearbeitungsprozessen werden viele Heurismen eingesetzt, aber wenige Episoden-wechsel vollzogen. In drei Fällen werden wenige Heurismen verwendet und viele Episodenwechsel vollzogen und in sechs Problembearbeitungsprozessen viele Heu-rismen eingesetzt und viele Episodenwechsel durchgeführt.

Der χ^2-Unabhängigkeitstest (siehe Tabelle 16.20) ergibt ein statistisch signifi-kantes Ergebnis, allerdings nicht mehr nach der Bonferroni-Korrektur. Das heißt, der Einsatz von wenigen, verschiedenen Heurismen bringt auch wenige Episoden-wechsel mit sich oder andersherum. Über eine Richtung des Zusammenhangs kann an dieser Stelle keine Aussage getroffen werden. Gleichzeitig bedeutet der Ein-satz von mehr verschiedenen Heurismen auch mehr Episodenwechsel bei inhalts-tragenden und nicht-inhaltstragenden Episodentypen. Möglicherweise beeinflusst eine Schlüsselinteraktion insbesondere den Wechsel in nicht-inhaltstragende Epi-sodentypen. Dazu werden die qualitativen Analysen mehr Aufschluss geben (siehe Kapitel 17).

16.5.4.2 Heurismen und Schlüsselinteraktion

Die zweite Ebene des Kontingenzwürfels (siehe Abbildung 16.1(a)) wird durch die Merkmale Heurismen und Schlüsselinteraktion aufgespannt. In Tabelle 16.21 wer-den 41 Problembearbeitungsprozesse diesen Merkmalsausprägungen zugeordnet und entsprechend in die Zellen eingetragen.

18 der 41 Problembearbeitungsprozesse sind charakterisiert durch den Einsatz weniger Heurismen und wenige Schlüsselinteraktionen. Demgegenüber stehen zehn Problembearbeitungsprozesse, die durch viele Heurismen und viele Schlüsselinter-aktionen gekennzeichnet sind. Vier Problembearbeitungsprozesse zeigen die Merk-malsausprägungen viele Heurismen und wenige Schlüsselinteraktionen. In neun

Problembearbeitungsprozessen verwendeten die Kinder zwar wenige Heurismen, interagierten aber viel mit den Strategieschlüsseln.

Tabelle 16.21 χ^2-Unabhängigkeitstest für die Anzahl der Heurismen und die Anzahl der Schlüsselinteraktionen

Schlüsselinter- aktion Heurismen	wenig (≤ 1)	viel (>1)	Summe
wenig (≤ 3)	18 (16,1)	9 (13,9)	27
viel (>3)	4 (5,9)	10 (5,1)	14
Summe	22	19	41
χ^2-Wert $= 5{,}3807$	*p*-Wert $= 0{,}02036$: **signifikant**, $\phi = 0{,}3623$: mittlerer Effekt Nach Bonferroni-Korrektur nicht signifikant.		

Der χ^2-Unabhängigkeitstest (siehe Tabelle 16.21) ergibt einen positiven, statistisch signifikanten Zusammenhang ($p = 0{,}02036$) mit einem mittleren Effekt, allerdings auch hier nicht nach der Bonferroni-Korrektur.

Es könnte hier einen Zusammenhang geben: Je weniger mit Strategieschlüsseln interagiert wird, desto weniger Heurismen werden verwendet. Andersherum werden in den Problembearbeitungsprozessen, in denen viele, verschiedene Heurismen eingesetzt werden, auch viele Schlüsselinteraktionen vollzogen. Über eine Richtung – also ob die Heurismen die Strategieschlüsselinteraktion beeinflussen oder andersherum – kann an dieser Stelle keine Aussage getroffen werden.

An dieser Stelle wird festgehalten, dass zwar kein statistisch nachweisbarer Zusammenhang, aber eine Tendenz zwischen der Anzahl der Heurismen und der Anzahl der Schlüsselinteraktionen besteht. Möglicherweise fungieren die Strategieschlüssel also tatsächlich als Strategie-Aktivatoren (Reigeluth und Stein 1983) und triggern Problemlösestrategien.

16.5.4.3 Episodenwechsel (Achttupel) und Schlüsselinteraktion

Die dritte Ebene des Kontingenzwürfels (siehe Abbildung 16.1(a)) wird durch die Merkmale Episodenwechsel und Schlüsselinteraktion aufgespannt. In Tabelle 16.22 sind die beiden Merkmale abgetragen und die Problembearbeitungsprozesse den entsprechenden Zellen zugeordnet.

Tabelle 16.22 kann entnommen werden, dass es 21 Problembearbeitungsprozesse gibt, in denen wenig mit den Strategieschlüsseln interagiert wird und wenige Episodenwechsel vollzogen werden. In elf Problembearbeitungsprozessen werden viele Schlüsselinteraktionen und gleichzeitig wenige Episodenwechsel durchgeführt. In nur einem Problembearbeitungsprozess wird wenig mit den Strategieschlüsseln

Tabelle 16.22 χ^2-Unabhängigkeitstest für die Anzahl der Episodenwechsel und die Anzahl der Schlüsselinteraktionen

Episodenwechsel (8-Tupel) Schlüsselinteraktion	wenige (≤ 3)	viele (> 3)	Summe
wenig (≤ 1)	21 (17,17)	1 (4,83)	22
viel (>1)	11 (14,83)	8 (4,17)	19
Summe	32	9	41
χ^2-Wert = 8,3949	p-Wert = 0,0037: **hoch signifikant**, ϕ = 0,4525: mittlerer Effekt Nach Bonferroni-Korrektur **signifikant**.		

interagiert und viel zwischen Episodentypen gewechselt. In acht Problembearbeitungsprozessen interagieren die Kinder viel mit den Strategieschlüsseln und vollziehen viele Episodenwechsel.

Der χ^2-Unabhängigkeitstest ergibt einen hoch signifikanten, positiven, statistischen Zusammenhang ($p = 0,0037$) mit mittlerem Effekt, der auch nach der Bonferroni-Korrektur signifikant bleibt. Die Schlüsselinteraktionen scheinen also Episodenwechsel von inhaltstragenden und nicht-inhaltstragenden Episodentypen anzuregen und damit vermutlich einen Einfluss auf die selbstregulatorischen Tätigkeiten der Kinder zu haben.

16.5.4.4 Zusammenführung der drei Merkmale

Werden nun die drei dichotomen Merkmale Heurismen, Episodenwechsel und Schlüsselinteraktion zu einem Würfel zusammengeführt, ergeben sich acht Teilwürfel (siehe Abbildung 16.1). Die Merkmale kommen jeweils in zwei Merkmalsausprägungen vor: *viel* und *wenig*. Zur leichteren Beschreibung und Referenzierung werden die einzelnen Teilwürfel wie in Abbildung 16.1(a) nummeriert. Die 41 Problembearbeitungsprozesse wurden nach den drei Merkmalen sortiert und den einzelnen Teilwürfeln zugeordnet. So ergibt sich die Verteilung wie in Abbildung 16.1(b).

Zur Überprüfung eines statischen Zusammenhangs zwischen den drei Merkmalen Heurismen, Episodenwechsel und Schlüsselinteraktion kann der χ^2-Unabhängigkeitstest von zwei auf drei Dimensionen erweitert werden[14]. Dabei werden die einzelnen Dimensionen als Zweifeldertafeln abgebildet (siehe Tabellen 16.20, 16.21 und 16.22). Hier sind insbesondere die jeweiligen Randsummen von Interesse.

---

[14]Details hierzu können Abschnitt 15.1.3 entnommen werden.

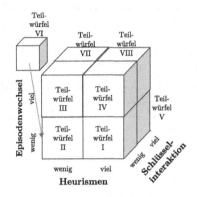

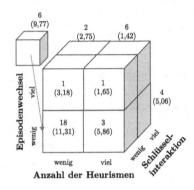

(a) Nummerierung der acht Teilwürfel   (b) Häufigkeiten und erwartete Häufigkeiten in den acht
                                              Teilwürfeln

Abbildung 16.1 Kontingenzanalyse mit den Merkmalen Heurismen (Zählweise (2)), Episodenwechsel (Achttupel) und Schlüsselinteraktion

Für den dreidimensionalen Test wird die Erwartungshäufigkeit innerhalb der einzelnen Teilwürfel berechnet, indem aus dem Produkt der drei Summen (hier die Randsummen in den oben erstellten Tabellen 16.20 bis 16.22) und der quadrierten Summe der Besetzungszahlen (hier die Gesamtanzahl der Problembearbeitungsprozesse) der Quotient gebildet wird. Für jeden einzelnen Teilwürfel werden nachfolgend die Erwartungshäufigkeiten berechnet:

- Teilwürfel I: $\frac{14 \cdot 32 \cdot 22}{41^2} = 5,86$
- Teilwürfel II: $\frac{27 \cdot 32 \cdot 22}{41^2} = 11,31$
- Teilwürfel III: $\frac{27 \cdot 9 \cdot 22}{41^2} = 3,18$
- Teilwürfel IV: $\frac{14 \cdot 9 \cdot 22}{41^2} = 1,65$
- Teilwürfel V: $\frac{14 \cdot 32 \cdot 19}{41^2} = 5,06$
- Teilwürfel VI: $\frac{27 \cdot 32 \cdot 19}{41^2} = 9,77$
- Teilwürfel VII: $\frac{27 \cdot 9 \cdot 19}{41^2} = 2,75$
- Teilwürfel VIII: $\frac{14 \cdot 9 \cdot 19}{41^2} = 1,42$

In Abbildung 16.1(b) werden die erwarteten und tatsächlichen Werte in jedem Teilwürfel abgebildet. So wird die Berechnung des χ^2-Wertes nachvollziehbarer. Ausgehend von den Werten in Abbildung 16.1(b) wird χ^2 nun folgendermaßen berechnet: $\chi^2 = \frac{(4-5,86)^2}{5,86} + \frac{(18-11,31)^2}{11,31} + \frac{(0-3,18)^2}{3,18} + \frac{(1-1,65)^2}{1,65} + \frac{(4-5,06)^2}{5,06} + \frac{(6-9,77)^2}{9,77} + \frac{(2-2,75)^2}{2,75} + \frac{(6-1,42)^2}{1,42} = 24,64$. Das Ablesen in einer χ^2-Verteilungstabelle ergab einen p-Wert von 0,001 und damit einen hoch signifikanten, positiven, statistischen Zusammenhang.

Das bedeutet, dass die Nullhypothese — nämlich dass kein Zusammenhang besteht — abgelehnt werden kann. Es besteht also ein hoch signifikanter Zusammenhang zwischen den drei Merkmalen Anzahl der (verschiedenen) Heurismen, Anzahl der Episodenwechsel (Achttupel) und Anzahl der Schlüsselinteraktionen.

16.5.4.5 Muster innerhalb einzelner Teilwürfel

In Abbildung 16.1(b) wird zunächst deutlich, dass jedem der acht Teilwürfel mindestens ein Problembearbeitungsprozess zugeordnet wurde. Jede Kombination der Merkmale mit ihren Merkmalsausprägungen kommt also vor. Es gibt demnach keine rein theoretische Kategorie (Kuckartz 2014). Die einzelnen Teilwürfel werden nachfolgend dahingehend untersucht, ob sich Muster in Verbindung mit den restlichen zwei Merkmalen *Lösungskategorie* und *Prozessprofil* zeigen. Dazu werden die Teilwürfel nacheinander näher betrachtet. In allen Tabellen sind jeweils die Namen der Kinder und deren bearbeitete Aufgaben grau hinterlegt, wenn es sich bei dem Problembearbeitungsprozess um einen wild-goose-chase Prozess handelt. In der Spalte der Lösungskategorie sind die erfolgreichen – also Lösungsansätze (2) und (3) – grün hinterlegt.

Teilwürfel I

Problembearbeitungsprozesse in Teilwürfel I (Abbildung 16.1) sind charakterisiert durch die Identifizierung vieler Heurismen, wenige Episodenwechsel und wenige Interaktionen mit den Strategieschlüsseln. Diesem Teilwürfel wurden drei Problembearbeitungsprozesse der Bauernhof-Aufgabe zugeordnet (siehe Tabelle 16.23).

Tabelle 16.23 Liste über Problembearbeitungsprozesse aus Teilwürfel I; grau: wild-goose-chase Prozessprofil; grün: erfolgreiche Lösungskategorien (2) und (3)

Kind	Aufgabe	Heurismen	Episoden-wechsel	Schlüssel-interaktion	Lösungs-kategorie
Collin	Bauernhof	6	3	1	3
Laura	Bauernhof	5	1	1	3
Prisha	Bauernhof	4	3	1	1

In Teilwürfel I gibt es pro Kind einen Problembearbeitungsprozess – Collin, Laura und Prisha jeweils mit der Bauernhof-Aufgabe (siehe Tabelle 16.23). Die drei nutzen drei bis sechs verschiedene Heurismen, wechseln ein- bis dreimal zwischen Episodentypen und interagieren alle einmal mit den Strategieschlüsseln. Collin und Laura kommen zum korrekten Lösungsansatz, Prisha zu einem einfachen Lösungsansatz.

Auffällig ist an dieser Stelle, dass alle drei Problembearbeitungsprozesse einem wild-goose-chase Prozessprofil entsprechen. Sie wechseln also insgesamt wenig zwischen Episodentypen. Collin und Prisha haben innerhalb ihres wild-goose-chase Prozessprofils eine Analysephase durchlaufen[15], weswegen bei ihnen mehr Episodenwechsel gezählt wurden. Anhand der verschiedenen Heurismen wird erkennbar, dass die Kinder verschiedene Strategien angewandt haben.

Teilwürfel II
Die Problembearbeitungsprozesse in Teilwürfel II sind charakterisiert durch die Verwendung wenig verschiedener Heurismen, durch wenige Episodenwechsel und wenig Interaktion mit den Strategieschlüsseln (siehe Abbildung 16.1). Diesem Teilwürfel wurden insgesamt 18 der 41 Problembearbeitungsprozesse zugeordnet (siehe Tabelle 16.24) und damit die meisten.

In Teilwürfel II kommen mehrere Kinder mehrfach vor, z. B. Collin, Laura oder Simon. Außerdem wurden diesem Teilwürfel Problembearbeitungsprozesse aller sechs in dieser Studie verwendeten Aufgaben zugeordnet. Die Kinder nutzten zwischen ein bis drei verschiedene Heurismen und wechselten ein bis dreimal zwischen Episodentypen. Zehn der Kinder interagierten nicht mit den Strategieschlüsseln, acht interagierten einmal damit. Sieben der 18 Problembearbeitungsprozesse führten zu einem erfolgreichen, die anderen zu einem kaum erfolgreichen Lösungsansatz.

Auffällig ist, dass unter den 18 Problembearbeitungsprozessen insgesamt 13 einem wild-goose-chase Prozessprofil entsprechen. Diesem Teilwürfel sind also 13 der insgesamt 30 identifizierten wild-goose-chase Prozesse[16] zugeordnet; das entspricht fast der Hälfte. Die Schlüsselinteraktion scheint innerhalb dieser Problembearbeitungsprozesse nur eine marginale Rolle gespielt zu haben. Nähere Analysen dazu folgen in Kapitel 17 und im Anhang.

---

[15]Details zu den einzelnen Problembearbeitungsprozessen können den Beschreibungen in Abschnitt 17.2.1 und im Anhang nachgelesen werden.

[16]Die genauen Analysen zur Identifizierung von wild-goose-chase Prozessen können in Abschnitt 16.2 nachgelesen werden.

Tabelle 16.24 Liste über Problembearbeitungsprozesse aus Teilwürfel II; grau: wild-goose-chase Prozessprofil; grün: erfolgreiche Lösungskategorien (2) und (3)

Kind	Aufgabe	Heurismen	Episoden-wechsel	Schlüssel-interaktion	Lösungs-kategorie
Anja	Smarties	3	3	1	3
Anke	Legosteine	3	2	0	1
Collin	Kleingeld	2	2	1	2
Collin	Schachbrett	1	1	1	1
Felix	Schachbrett	1	2	0	1
Felix	Smarties	2	3	1	2
Laura	Kleingeld	2	2	0	2
Laura	Schachbrett	3	3	1	1
Laura	Smarties	1	2	0	2
Markus	Legosteine	2	3	1	1
Markus	Smarties	1	2	0	1
Prisha	Schachbrett	1	1	0	0
Prisha	7 Tore	2	1	0	0
Simon	Bauernhof	2	3	0	3
Simon	Schachbrett	3	2	0	0
Simon	7 Tore	1	1	0	2
Vicky	Bauernhof	3	2	1	0
Vicky	Smarties	3	1	1	0

Es ist außerdem spannend, dass drei der vier Problembearbeitungsprozesse – nämlich die von Felix (Smarties), Laura (Smarties) und Simon (Bauernhof) – keinem wild-goose-chase Prozessprofil entsprechen und einen erfolgreichen Lösungsansatz realisierten.

Insgesamt sind die Problembearbeitungsprozesse in diesem Teilwürfel zwar durch die gleichen drei Merkmalsausprägungen (jeweils wenige Heurismen, Episodenwechsel und Schlüsselinteraktionen) charakterisiert. Werden allerdings alle fünf Merkmale – also zusätzlich die Lösungskategorie und das Prozessprofil – betrachtet, ergibt sich ein gemischtes Bild. Die Problembearbeitungsprozesse, die kein wild-goose-chase Prozessprofil aufweisen und hier insbesondere die erfolgreichen, scheinen sich von den anderen zu unterscheiden. Worin genau sie sich unterscheiden, kann nicht durch die Darstellung als Würfel, sondern vielmehr durch qualitative Analysen untersucht werden (siehe Kapitel 17).

Teilwürfel III und IV
Den Teilwürfeln III und IV ist jeweils nur ein Problembearbeitungsprozess zugeordnet (siehe Tabelle 16.25). Innerhalb dieser beiden Teilwürfel können deswegen keine Muster analysiert werden.

Tabelle 16.25 Liste über Problembearbeitungsprozesse aus den Teilwürfeln III und IV; grau: wild-goose-chase Prozessprofil; grün: erfolgreiche Lösungskategorien (2) und (3)

Teilwürfel	Kind	Aufgabe	Heurismen	Episoden-wechsel	Schlüssel-interaktion	Lösungs-kategorie
III	Simon	Kleingeld	4	3	4	1
IV	Julius	7 Tore	5	6	1	1

Simons Bearbeitung der Kleingeld-Aufgabe wurde dem Teilwürfel III zugeordnet. Sein Problembearbeitungsprozess ist gekennzeichnet durch die Verwendung vieler, verschiedener Heurismen, wenige Episodenwechsel und viele Schlüsselinteraktionen. Er durchlief einen wild-goose-chase Prozess und erreichte einen einfachen Lösungsansatz.

Julius Bearbeitung der Sieben Tore-Aufgabe wurde Teilwürfel IV zugeordnet. Sein Problembearbeitungsprozess ist charakterisiert durch den Einsatz vieler verschiedener Heurismen, viele Episodenwechsel und wenige Schlüsselinteraktionen. Auch er durchläuft einen wild-goose-chase Prozess und kommt zu einem einfachen Lösungsansatz.

Über Regelmäßigkeiten oder Auffälligkeiten können aufgrund der Fallzahl mit jeweils nur einem Problembearbeitungsprozess keine Aussagen getroffen werden.

Teilwürfel V
Die Problembearbeitungsprozesse in Teilwürfel V sind charakterisiert durch viele Heurismen, wenige Episodenwechsel und viel Interaktion mit den Strategieschlüsseln (siehe Abbildung 16.1). Diesem Teilwürfel wurden vier Problembearbeitungsprozesse zugeordnet (siehe Tabelle 16.26).

In Teilwürfel V gibt es pro Kind einen Problembearbeitungsprozess, dreimal mit der Bauernhof-Aufgabe und einmal mit der Legosteine-Aufgabe. Die Kinder verwendeten vier oder sechs Heurismen in ihren Problembearbeitungsprozessen, wechselten zwei- oder dreimal zwischen Episodentypen und interagierten zwei-, drei- oder achtmal mit den Strategieschlüsseln. Die Problembearbeitungsprozesse von Anne, Fabian und Hannes wurden als wild-goose-chase Prozesse identifiziert.

Tabelle 16.26 Liste über Problembearbeitungsprozesse aus Teilwürfel V; grau: wild-goose-chase Prozessprofil; grün: erfolgreiche Lösungskategorien (2) und (3)

Kind	Aufgabe	Heurismen	Episoden-wechsel	Schlüssel-interaktion	Lösungs-kategorie
Anne	Bauernhof	4	2	2	3
Fabian	Legosteine	4	2	3	1
Hannes	Bauernhof	6	2	8	3
Richard	Bauernhof	6	3	2	3

Die Prozesse von Anne, Hannes und Richard führten zu einem korrekten Lösungs-ansatz.

Die Problembearbeitungsprozesse in Teilwürfel V verlaufen tendenziell als wild-goose-chase Prozesse und eher mit einem erfolgreichen Lösungsansatz. Allerdings kann bei vier Problembearbeitungsprozessen noch nicht von einem Muster gespro-chen werden. Hierfür würden größere Fallzahlen benötigt.

Teilwürfel VI

Die Problembearbeitungsprozesse in Teilwürfel VI sind durch wenige Heurismen, wenige Episodenwechsel und viele Schlüsselinteraktionen gekennzeichnet (siehe Abbildung 16.1). Diesem Teilwürfel wurden sechs Problembearbeitungsprozesse zugeordnet (siehe Tabelle 16.27).

Tabelle 16.27 Liste über Problembearbeitungsprozesse aus Teilwürfel VI; grau: wild-goose-chase Prozessprofil; grün: erfolgreiche Lösungskategorien (2) und (3)

Kind	Aufgabe	Heurismen	Episoden-wechsel	Schlüssel-interaktion	Lösungs-kategorie
Collin	7 Tore	3	1	2	1
Felix	Legosteine	2	2	3	3
Julius	Kleingeld	3	3	3	2
Prisha	Kleingeld	2	3	2	1
Richard	Kleingeld	3	2	2	2
Til	Kleingeld	2	3	6	1

In diesem Teilwürfel kommt jedes Kind einmal vor, vorwiegend mit der Kleingeld-Aufgabe, aber auch mit der Legosteine- und der Sieben Tore-Aufgabe. Die Kinder verwendeten zwei bis drei Heurismen, wechselten ein- bis dreimal die

Episodentypen und interagierten zwei-, drei- oder sechsmal mit den Strategieschlüsseln. Drei der sechs Problembearbeitungsprozesse führten zu einer erfolgreichen Lösung.

Auffällig ist in diesem Teilwürfel, dass fünf der sechs Problembearbeitungsprozesse einem wild-goose-chase Prozessprofil entsprechen. Die zahlreichen Schlüsselinteraktionen scheinen in diesen Fällen die Ebene der Episodentypen nur begrenzt zu beeinflussen.

Teilwürfel VII

Teilwürfel VII und die drei sich darin befindenden Problembearbeitungsprozesse sind durch wenige Heurismen, viele Episodenwechsel und viele Interaktionen mit den Strategieschlüsseln charakterisiert (siehe Abbildung 16.1 und Tabelle 16.28).

Tabelle 16.28 Liste über Problembearbeitungsprozesse aus Teilwürfel VII; grau: wild-goose-chase Prozessprofil;

Kind	Aufgabe	Heurismen	Episoden-wechsel	Schlüssel-interaktion	Lösungs-kategorie
Christin	Schachbrett	2	4	2	1
Til	Bauernhof	3	5	2	1
Vicky	Legosteine	2	5	5	1

Christin und Vicky verwenden jeweils zwei Heurismen, Til drei. Die Kinder wechseln vier- bis fünfmal zwischen Episodentypen. Christin und Til interagieren zweimal mit den Strategieschlüsseln und Vicky fünfmal. Alle drei kommen zu einem Ergebnis, das als einfacher Lösungsansatz kodiert wurde. Vicky und Til durchlaufen einen wild-goose-chase Prozess, Christin nicht.

In diesem Teilwürfel ist auffällig, dass alle drei einen einfachen Lösungsansatz erreichten. Damit ist Teilwürfel VII der einzige, in dem kein Kind einen erfolgreichen Lösungsansatz generierte. Die drei Problembearbeitungsprozesse in diesem Teilwürfel scheinen in Bezug auf den Lösungserfolg also nicht besonders vielversprechend. Diese Aussage ist allerdings nicht allgemein gültig aufgrund der geringen Fallzahl.

Teilwürfel VIII

Die Problembearbeitungsprozesse in Teilwürfel VIII sind durch viele Heurismen, viele Episodenwechsel und viele Schlüsselinteraktionen charakterisiert (siehe

Abbildung 16.1). Diesem Teilwürfel wurden fünf Problembearbeitungsprozesse zugeordnet (siehe Tabelle 16.29).

Tabelle 16.29 Liste über Problembearbeitungsprozesse aus Teilwürfel VIII; grau: wild-goose-chase Prozessprofil; grün: erfolgreiche Lösungskategorien (2) und (3)

Kind	Aufgabe	Heurismen	Episoden-wechsel	Schlüssel-interaktion	Lösungs-kategorie
Anja	Bauernhof	5	5	5	3
Anke	Bauernhof	6	4	4	1
Christin	Bauernhof	6	5	5	3
Christin	7 Tore	6	5	8	2
Richard	7 Tore	6	4	3	2

Abgesehen von Christin kommen alle anderen Kinder einmal in diesem Teilwürfel vor und zwar entweder mit der Bauernhof- oder der Sieben Tore-Aufgabe. Die Kinder verwendeten fünf bis sechs Heurismen. Zwei der Problembearbeitungsprozesse entsprechen dem wild-goose-chase Prozessprofil und vier kommen zu einer erfolgreichen Lösung.

Dieser Teilwürfel ist insbesondere im Gegensatz zu Teilwürfel VII in Bezug auf den Lösungserfolg vielversprechender. Getreu dem Motto „Viel hilft viel" verlaufen die meisten Problembearbeitungsprozesse in diesem Teilwürfel erfolgreich. Diese Aussage ist allerdings aufgrund der geringen Fallzahl nicht allgemein gültig.

An dieser Stelle wird festgehalten, dass – abgesehen von Teilwürfel VII – in allen Teilwürfeln, erfolgreiche und kaum erfolgreiche Problembearbeitungsprozesse mit oder ohne einem wild-goose-chase Prozessprofil vorkommen. Keines der bisher zur Beschreibung verwendeten Merkmale scheint zuverlässig und eindeutig einen Erfolg oder Misserfolg bzw. das Prozessprofil vorherzusagen.

Allerdings gibt es Teilwürfel, bei denen häufiger erfolgreiche Problembearbeitungsprozesse auftreten als in anderen – so z. B. in Teilwürfel V oder VIII. Auch wild-goose-chase Prozesse kommen vorwiegend in den vier Teilwürfeln der unteren Ebene vor – also die Teilwürfel I, II, V und VI. Möglicherweise hängt der Verlauf von wild-goose-chase Prozessen einzig von der Anzahl der Episodenwechsel ab, nicht aber von der Anzahl der Heurismen, der Schlüsselinteraktionen oder der Lösungskategorie.

Insgesamt ergibt sich ein gemischtes Bild innerhalb von jedem einzelnen Teilwürfel – zumindest dann, wenn mehr als ein Problembearbeitungsprozess zugeordnet wurde. Die Teilwürfel sind also trotz der zuvor festgelegten Merkmale in sich nicht homogen (Kuckartz 2014). Deswegen ist es unbedingt notwendig, qualitative Tiefenanalysen an die quantitativen Analysen anzuschließen (siehe dazu Kapitel 17).

16.5.5 Zusammenfassung und Interpretation

In diesem Abschnitt wurden die vier Kodierungen auf statistische Zusammenhänge untersucht. Es wurden gezielt die Zusammenhänge überprüft, die entweder aufgrund anderer Studien naheliegend gewesen wären oder in enger Verbindung zum Erkenntnisinteresse der vorliegenden Arbeit stehen.

Methodisch wurden zunächst die Merkmale und ihre Ausprägungen festgelegt, anhand derer die 41 Problembearbeitungsprozesse dann charakterisiert wurden. So konnten alle Problembearbeitungsprozesse dichotom für χ^2-Unabhängigkeitstests im zwei- und dreidimensionalen Raum aufgearbeitet werden. Von den vier durchgeführten Tests waren zwei auch nach der Bonferroni-Korrektur statistisch signifikant.

Der χ^2-Unabhängigkeitstest für die Merkmale Episodenwechsel (Fünftupel) und Prozessprofil ergab einen hoch signifikanten, positiven statistischen Zusammenhang ($p = 0{,}005145$) mit mittlerem Effekt (siehe Abschnitt 16.5.1). Dieser statistische Zusammenhang passt zu der Tatsache, dass wild-goose-chase Prozesse vorwiegend von Explorationsphasen geprägt sind und darin kaum Episodenwechsel auftreten. Denn je weniger Episodenwechsel zwischen inhaltstragenden Episodentypen die Kinder vollziehen, desto wahrscheinlicher ist, dass sie einen wild-goose-chase Prozess durchlaufen. Damit ist auch für mathematisch interessierte Dritt- und Viertklässler nachgewiesen, dass die Anzahl der Episodenwechsel das Prozessprofil beeinflusst. So können die Ergebnisse von Rott (2013) bestätigt und auf eine andere Probandengruppe übertragen werden.

Der χ^2-Unabhängigkeitstest für die Merkmale Prozessprofil und Lösungkategorie ist zwar signifikant (p-Wert = 0,04021) mit einem mittleren Effekt; nach der Bonferroni-Korrektur zeigt sich allerdings keine Signifikanz mehr. Dieser statistische Zusammenhang ist zwar aus der Forschung bekannt (z. B. bei ebd., S. 307), konnte aber in der vorliegenden Studie nicht repliziert werden.

Der χ^2-Unabhängigkeitstest für die Merkmale Lösungkategorie und Schlüsselinteraktion ergab erwartungskonform keinen statistischen Zusammenhang. Es wäre es spannend, diesen Zusammenhang in einer langfristig angelegten Studie erneut zu überprüfen.

Bei der $2 \times 2 \times 2$-Kontingenzanalyse ergab sich zwischen den Merkmalen Episodenwechsel (Achttupel), Heurismen und Schlüsselinteraktion ein hoch signifikanter, positiver statistischer Zusammenhang ($p < 0{,}001$). Über die Richtung des Zusammenhangs kann an dieser Stelle keine Aussage getroffen werden. Es lässt sich aber vermuten, dass die Schlüsselinteraktion einen statistisch nachweisbaren Einfluss auf die Merkmale Heurismen und Episodenwechsel hat. Dieses Ergebnis wird für die qualitativen Analysen insofern genutzt, als in ihnen der Einfluss auf eben diese beiden Merkmale beschrieben wird (siehe Kapitel 17).

16.6 Zwischenfazit

In diesem Kapitel wurden die Daten auf quantitative Weise mit Hilfe von Verfahren der deskriptiven Statistik (siehe Kapitel 15) analysiert.

Bei den Analysen der Lösungskategorien (siehe Abschnitt 16.1) zeigte sich, dass zunächst alle Lösungskategorien vergeben wurden. Einzelne Kinder waren kaum; andere über mehrere der von ihnen bearbeiteten Aufgaben hinweg erfolgreich. Die meisten Kinder zeigten einen aufgabenabhängigen Lösungserfolg, d. h. je nach Aufgabe waren sie entweder erfolgreich oder nicht. Darüber hinaus wurde deutlich, dass keine der Aufgaben zu leicht war und deswegen bei allen sechs in dieser Untersuchung verwendeten Aufgaben davon ausgegangen werden kann, dass es sich jeweils um ein mathematisches Problem handelt.

Durch die Analyse der Episodentypen (siehe Abschnitt 16.2) konnte gezeigt werden, dass der Episodentyp *Exploration* besonders häufig kodiert wurde. Diese Beobachtung veranlasste die Untersuchung der 41 Problembearbeitungsprozesse danach, ob auch verstärkt wild-goose-chase Prozesse auftreten. Es wurden insgesamt 30 wild-goose-chase Prozesse identifiziert (siehe Abschnitt 16.2.2). Das ist ein vergleichsweise hoher Anteil und liegt deutlich über dem von anderen Studien (z. B. ebd.). Bei der Probandenauswahl handelt es sich um mathematisch interessierte Kinder – also eine Positivauslese. Dennoch sind die Kinder noch sehr jung. Ihr Alter könnte hier eine Rolle spielen, denn metakognitive und damit auch selbstregulatorische Fähigkeiten werden u. a. mit zunehmendem Alter ausgebildet (z. B. Hembree 1992; Rott 2013). Die häufig identifizierten wild-goose-chase Prozessprofile könnten also ein Indiz für mangelnde selbstregulatorische Fähigkeiten der Kinder sein.

Während der Problembearbeitungsprozesse wechselten die Kinder durchschnittlich einmal zwischen inhaltstragenden Episodentypen (Fünftupel) und rund dreimal zwischen inhalts- und nicht-inhaltstragenden Episodentypen (Achttupel). Damit liegt die Differenz zwischen der Fünf- und der Achttupel-Darstellung bei mehr als einem Episodenwechsel. Die Schülerinnen und Schüler durchliefen bei der Achttupel-Darstellung also mehr zusätzliche Episodenwechsel als nur das *Lesen*.

Hier könnten die Episodentypen *Schreiben* und *Organisation* eine Rolle spielen. Innerhalb der qualitativen Analysen wird dies genauer untersucht (siehe Kapitel 17).

Die Analysen der Heurismen (siehe Abschnitt 16.3) ergaben, dass die Schülerinnen und Schüler insgesamt 229, darunter 18 verschiedene Heurismen nutzten. Einzelne Heurismen, wie *Gegeben und Gesucht, erneut Lesen, Routineaufgabe, Beispiele* und *systematisches Probieren* traten besonders häufig auf. Diese scheinen viele Kinder häufig abrufen und aktivieren zu können. Andere Heurismen wurden hingegen selten identifiziert, kamen aber vor – so beispielsweise das *Approximationsprinzip* oder das Entdecken von *Mustern*. Es scheint also Kinder zu geben – auch schon in der dritten und vierten Klasse –, die nicht nur über basale, sondern auch über elaborierte Problemlösestrategien verfügen. Es ist an dieser Stelle erfreulich zu sehen, dass das *systematische Probieren* so häufig identifiziert werden konnte. Immerhin wird dieser Heurismus sogar im Bildungsplan (Sekretariat der Ständigen Konferenz der Kultusminister der Länder in der Bundesrepublik Deutschland 2005b) und damit auch in den Lehrplänen (z. B. Ministerium für Schule und Weiterbildung des Landes Nordrhein-Westfalen 2008) gefordert und ist deswegen für die Schule besonders relevant (Heinrich, Bruder und Bauer 2015).

Mit Blick auf die Heurismen pro Aufgabe wurde erkennbar, dass bei allen Aufgaben Heurismen zum Einsatz kamen, aber unterschiedlich viele. So verwendeten die Kinder bei der Schachbrett-Aufgabe am wenigsten und bei den Aufgaben Bauernhof, Kleingeld und Sieben Tore am meisten Heurismen. Überraschenderweise nutzten die Schülerinnen und Schüler bei strukturgleichen Aufgaben deutlich mehr unterschiedliche Heurismen als erwartet.

Es konnte weiter herausgearbeitet werden, dass die meisten Heurismen (insgesamt 185 der 229) innerhalb des Episodentyps *Exploration* aufgetreten sind. Dabei wurden am häufigsten *Beispiele* generiert. In den Episodentypen *Analyse* und *Implementation* traten 20 bzw. 15 Heurismen auf, also deutlich weniger als in der *Exploration*. Trotzdem war die Dichte der Heurismen bei der Explorationsphase niedriger als beispielsweise bei der Analysephase. Während der *Exploration* wurde etwa pro zwei Minuten ein Heurismus identifiziert, während der *Analyse* pro 1,5 Minuten.

Die Analyse der externen Impulse ergab, dass in den 41 Problembearbeitungsprozessen insgesamt 258 Mal ein Impuls durch die Interviewerin und damit etwas mehr als sechs Impulse pro Bearbeitungsprozess kodiert wurden. Das spiegelt an dieser Stelle vor allem das methodische Vorgehen und hier im Speziellen die aufgabenbasierten Interviews wider. Innerhalb dieser Interviewart ist es üblich, während einer Aufgabenbearbeitung Zwischenfragen zu stellen, zum lauten Denken aufzufordern und Erklärungen einzufordern.

Impulse durch die Interaktion mit Strategieschlüsseln wurden 83 Mal kodiert. Dabei interagierte jedes Kind mindestens einmal mit den Schlüsseln. Bei den Aufgaben Bauernhof, Kleingeld, Legosteine und Sieben Tore kam es etwa 2,5 Mal; bei den Aufgaben Smarties und Schachbrett weniger als einmal pro Problembearbeitungsprozess zu Schlüsselinteraktionen. Jeder einzelne Schlüssel wurde über die sechs Aufgaben hinweg mindestens einmal verwendet. Die Auswahl der Strategieschlüssel scheint also für die in dieser Studie verwendeten Aufgaben geeignet. Insgesamt kam es in ungefähr 75 % der Problembearbeitungsprozesse zu Schlüsselinteraktionen. Das liegt vermutlich teilweise an dem zuvor unbekannten Material, das die Kinder aufgrund ihrer kindlichen Neugier gerne ausprobieren wollten; teilweise aber auch an der Interviewsituation. Es ist in einem realen Kontext davon auszugehen, dass die Schülerinnen und Schüler seltener mit den Strategieschlüsseln interagieren. Kinder, die einen wild-goose-chase Prozess durchliefen, griffen eher zu den Strategieschlüsseln. Mit Blick auf das Forschungsinteresse werden bei den qualitativen Analysen insbesondere die Schlüsselinteraktionen und weniger die Impulse durch die Interviewerin betrachtet (siehe Kapitel 17).

Die Überprüfung statistischer Zusammenhänge ergab auch nach Bonferroni-Korrektur signifikante Testergebnisse zwischen den Merkmalen

(1) Episodenwechsel (Fünftupel) und Prozessprofil ($p = 0,005145$),
(2) Schlüsselinteraktion, Episodenwechsel (Achttupel) und Heurismen ($p < 0,001$).

Mit dem Zusammenhang (1) konnten Ergebnisse der Studie von Rott (2013) repliziert und für eine jüngere Probandengruppe bestätigt werden. Zusammenhang (2) bekräftigt die Grundannahme dieser Arbeit, nämlich dass die Strategieschlüssel einen Einfluss auf die Heurismen und die Episodenwechsel haben. In den qualitativen Analysen wird dieser Zusammenhang in besonderem Maße berücksichtigt werden, indem Beziehungen zwischen den einzelnen Kodierschienen aufgezeigt werden.

Mit Blick auf die übergeordnete Forschungsfrage wird festgehalten, dass die Strategieschlüssel einen Einfluss auf die Problembearbeitungsprozesse haben und zwar auf die Anzahl der verwendeten Heurismen und die Anzahl der Episodenwechsel zwischen inhaltstragenden und nicht-inhaltstragenden Episodentypen. Die Strategieschlüssel triggern also den Einsatz von Problemlösestrategien und fungieren damit als Strategie-Aktivatoren (Reigeluth und Stein 1983). Sie erreichen die Schülerinnen und Schüler so tatsächlich an der intendierten Stelle. Durch den Einfluss auf die Anzahl der Episodenwechsel (Achttupel) wäre es an dieser Stelle denkbar, dass die Strategieschlüssel also zunächst die Heurismen beeinflussen und sich das dann auf die Anzahl der Episodenwechsel auswirkt. Wie genau dieses Zusammenspiel tatsächlich verläuft, wird im nächsten Kapitel genauer untersucht.

Qualitative Datenanalyse

Die Strategieschlüssel wurden als potentielle Hilfe für den Problembearbeitungsprozess entwickelt. Wir stellen uns folgendes Szenario vor: Eine Schülerin bzw. ein Schüler bearbeitet ein mathematisches Problem, bleibt stecken und kommt nicht weiter. Wenn eine Schülerin bzw. ein Schüler in diesem Sinne eine „Barriere" erlebt, könnte sie bzw. er idealerweise zum Schlüsselbund greifen. Sie bzw. er könnte die Strategieschlüssel der Reihe nach durchblättern und jeden einzelnen Strategieschlüssel auf sein Potential zur Überwindung der Barriere prüfen. Im Idealfall würde sich das Kind für ein oder zwei Strategieschlüssel entscheiden und ausführen, was darauf geschrieben ist. So würde sie bzw. er neue Heurismen anwenden. Diese münden in ein nicht mehr zielloses, sondern stattdessen ein geplantes Vorgehen und führen zu einer korrekten Lösung des mathematischen Problems.

Dieses idealisierte Szenario soll für die nachfolgenden Schülerbeispiele als Referenz dienen, denn die einzelnen Problembearbeitungsprozesse werden beschrieben und analysiert, um dann mit dem Idealfall in Beziehung gesetzt zu werden. Daraus wird schließlich deutlich, auf welche Art und Weise die Strategieschlüssel Problembearbeitungsprozesse beeinflussen können.

Für eine übersichtliche Darstellung der Analyse werden die Schülerbeispiele in vier Gruppen sortiert:

(1) Problembearbeitungsprozesse ohne Schlüsselinteraktion (siehe Abschnitt 17.1),
(2) Problembearbeitungsprozesse mit Schlüsselinteraktion und ohne sichtbaren Einfluss auf die Heurismen oder Episodenwechsel (siehe Abschnitt 17.2),
(3) Problembearbeitungsprozesse mit Schlüsselinteraktion und einem Einfluss auf die Heurismen, aber ohne sichtbaren Einfluss auf die Episodenwechsel (siehe Abschnitt 17.3) und
(4) Problembearbeitungsprozesse mit Schlüsselinteraktion und einem Einfluss auf die Heurismen sowie die Episodenwechsel (siehe Abschnitt 17.4).

© Der/die Autor(en), exklusiv lizenziert durch Springer Fachmedien Wiesbaden GmbH, ein Teil von Springer Nature 2021
R. Herold-Blasius, *Problemlösen mit Strategieschlüsseln*, Essener Beiträge zur Mathematikdidaktik, https://doi.org/10.1007/978-3-658-32292-2_17

Es gibt noch eine weitere, theoretisch mögliche Gruppe – nämlich Problembearbeitungsprozesse mit Schlüsselinteraktion, ohne sichtbaren Einfluss auf die Heurismen, aber mit Einfluss auf die Episodenwechsel. Dieser Fall ist innerhalb der zugrundeliegenden Datenmenge nicht aufgetreten. Es wäre aber spannend, zu überprüfen, ob diese Gruppe in einer größer angelegten Studie auftritt.

17.1 Problembearbeitungsprozesse ohne Schlüsselinteraktion

Dieser Gruppe wurden insgesamt 14 Problembearbeitungsprozesse zugeordnet – nämlich alle, in denen die Kinder keine Schlüsselinteraktion während des Problembearbeitungsprozesses vollziehen oder erst im Interview über die Strategieschlüssel sprechen.

13 der 14 Problembearbeitungsprozesse entstammen dem Teilwürfel II (siehe Abbildung 16.1). Diese sind charakterisiert durch wenige Episodenwechsel, wenige Heurismen und wenige bzw. keine Schlüsselinteraktionen. Der Problembearbeitungsprozess von Collin (Sieben Tore-Aufgabe) wurde Teilwürfel VI (siehe Abbildung 16.1) zugeordnet. Nachfolgend werden drei repräsentative Beispiele der Problembearbeitungsprozesse ohne Schlüsselinteraktion dargestellt. Die anderen elf Problembearbeitungsprozesse sind im Anhang beschrieben.

17.1.1 Collin (Schachbrett-Aufgabe)

Collins reine Bearbeitungszeit der Schachbrett-Aufgabe dauert etwa drei Minuten, zusammen mit der Vorbereitungs- und Interviewzeit ergibt sich eine Gesamtdauer von sechs Minuten (siehe Abbildung 17.1(a)). Am Ende seines Problembearbeitungsprozesses kommt er zu einem Ergebnis, das als einfacher Lösungsansatz kodiert wurde.

Collin liest zuerst die Aufgabe und geht dann in eine Explorationsphase über. Es schließt eine knapp drei minütige Interviewphase an.

Auf der zweiten Kodierschiene wurde nach knapp zwei Minuten der Heurismus *Routineaufgabe* kodiert. Collins Aufzeichnungen (siehe Abbildung 17.1(b)) zeigen deutlich, wie er den Heurismus umgesetzt hat – nämlich durch die Aufgabe $8 \cdot 8 = 64$.

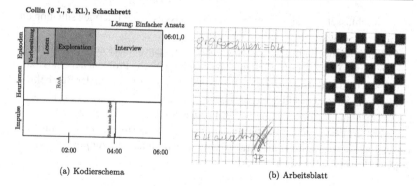

Abbildung 17.1 Collin (Schachbrett-Aufgabe): Kodierschema und Arbeitsblatt

Tabelle 17.1 Collin (Schachbrett): Transkriptauszug aus dem Interview

Ergänzung aus dem Interview (Collin, Schachbrett)

	00:03:41-00:04:08 (Exploration)
	Originale Videostelle: 00:35:00–00:35:27
1	I: Und da brauchtest du jetzt keinen Schlüssel für?
2	S: Nö.
3	I: Okay.
4	S: Nö. Oder ich les mir die Schlüssel mal durch. Vielleicht hab ich da doch noch was. *(S liest die Schlüssel leise durch.)* Doch ich hab einen genommen. Suche nach einer Regel.
5	I: Mhm.
6	S: Nämlich ich hab die Malregel genommen.
7	I: Ah, okay.

Auf der dritten Kodierschiene wurde im anschließenden Interview ein Kode vergeben. Collin gibt hier an, dass er auf den Strategieschlüssel „Suche nach einer Regel" (Zeile 4, Tabelle 17.1) zurückgegriffen habe. Er hätte „die Malregel genommen" (Zeile 6).

Für den Fortschritt des Problembearbeitungsprozesses nutzte Collin den genannten Strategieschlüssel nicht. Collin scheint den Strategieschlüssel vielmehr dafür zu nutzen, über seinen beendeten Problembearbeitungsprozess zu sprechen. Im besten Fall könnte dies als *post-aktionale Strategiebenennung* gedeutet werden. Alternativ könnte hier auch angenommen werden, dass Collin der Interviewerin zuliebe einen

Strategieschlüssel auswählt. Immerhin weiß er, dass es in der Interviewsituation um die Strategieschlüssel geht und sie ihm helfen sollen.

Collin stößt innerhalb seines Problembearbeitungsprozesses auf keine Barriere. Für ihn ist die Aufgabe lösbar, indem er das mathematische Problem auf eine Routineaufgabe reduziert. Insofern ist nachvollziehbar, dass er während der Bearbeitung nicht auf die Strategieschlüssel zurückgreift. Umso überraschender ist es, dass Collin im Nachhinein eine Strategie mit Hilfe eines Strategieschlüssels benennt.

In Collins Problembearbeitungsprozess kann eine selbstregulatorische Tätigkeit verzeichnet werden, weil er die Strategieschlüssel im Interview zur *post-aktionalen Strategiebenennung* einsetzt.

17.1.2 Simon (Bauernhof-Aufgabe)

Simons Problembearbeitungsprozess der Bauernhof-Aufgabe ist der kürzeste von allen 41 Prozessen. Er bearbeitet die Aufgabe innerhalb von drei Minuten und kommt zum richtigen Ergebnis (siehe Abbildung 17.2(a)).

Simon liest die Aufgabe, geht in eine Analysephase über, die in eine Implementationsphase mündet. Er schließt seinen Problembearbeitungsprozess mit einer Schreibphase ab.

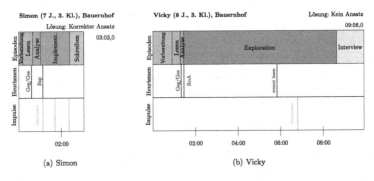

Abbildung 17.2 Simon und Vicky (Bauernhof-Aufgabe): Kodierschemata

In der Analysephase stellt Simon zunächst fest, dass es 20 Tiere gibt, die 70 Beine haben. Dabei haben Kaninchen vier Beine. Diese Fragen wurden als der Heurismus

Gegeben und Gesucht kodiert. Er überlegt ca. 10 Sekunden und kommt zu dem Ergebnis, dass es fünf Hühner sein müssen – kodiert als *Beispiel*. Die Interviewerin fragt mehrmals nach, was er gedacht habe und wie er zu dem Ergebnis gekommen sei. Simon erwidert aber nur: „Das erzähl ich dir gleich". Beschrieben hat er dann seine Rechnung. Den Gedankengang bis dahin gab er nicht wieder.

Simon bearbeitet die Aufgabe, ohne darüber zu sprechen. Er scheint zu wissen, was er macht und möchte das erst beenden, bevor er darüber spricht. Die Strategieschlüssel beachtet er nicht. Er findet ohne sie zur Lösung. Eine Barriere konnte in Simons Problembearbeitungsprozess nicht beobachtet werden. Selbstregulatorische Tätigkeiten können nicht identifiziert werden.

17.1.3 Vicky (Bauernhof-Aufgabe)

Vicky bearbeitet die Bauernhof-Aufgabe innerhalb von knapp zehn Minuten und kommt zu einem Ergebnis, das als kein Lösungsansatz kodiert wurde (siehe Abbildung 17.2(b)).

Sie liest erst die Aufgabe, analysiert sie kurz und geht dann in eine mehr als siebenminütige Explorationsphase über.

Auf der zweiten Kodierschiene ist erkennbar, dass Vicky drei verschiedene Heurismen verwendet: *Gegeben und Gesucht*, *Routineaufgabe* und *erneut Lesen*.

Vicky bearbeitet die Aufgabe, indem sie die gegebenen Zahlen miteinander in Beziehung setzt. So möchte sie beispielsweise 70 Beine durch zwei teilen (siehe Abbildung 17.3). Dazu ist sie mathematisch allerdings noch nicht in der Lage. Deswegen greift sie auf eine schrittweise Subtraktion zurück. Sie rechnet die Divisionsaufgabe richtig aus. Ihr gelingt es dann aber nicht, die Zahlen sinnvoll zu interpretieren und zu erklären. Am Ende kommt sie zu dem Ergebnis, dass es 35 Hühner und 20 Kaninchen, also insgesamt 55 Tiere, sein müssten.

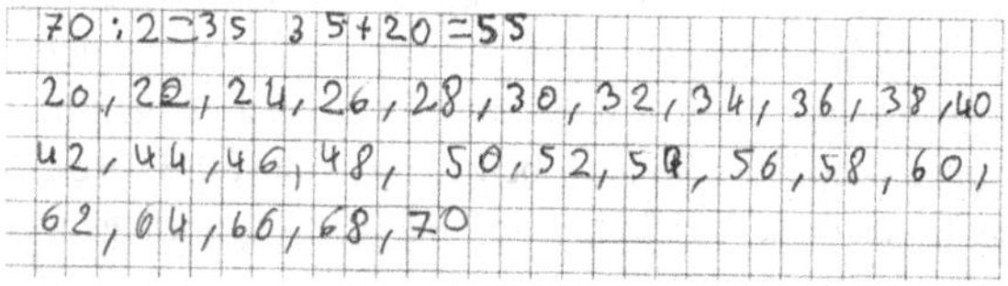

Abbildung 17.3 Vicky (Bauernhof-Aufgabe): Arbeitsblatt

Vicky scheint das Problem der Aufgabe zwar zu verstehen, dann aber doch auf das gegebene Zahlenmaterial zurückzugreifen – also die Zahlen 70, 20 und indirekt auch zwei. Sie bearbeitet die Aufgabe in ihrer Komplexität reduziert und macht aus ihr eine Routineaufgabe. Eine Interaktion mit den Strategieschlüsseln findet nicht statt. Selbstregulatorische Tätigkeiten werden nicht identifiziert.

17.1.4 Zusammenfassung

Die Problembearbeitungsprozesse in dieser Gruppe ohne Schlüsselinteraktionen sind nicht homogen. Sie unterscheiden sich.

Es gibt z. B. Problembearbeitungsprozesse, in denen die Schülerinnen und Schüler einen wild-goose-chase Prozess durchlaufen und keine Barriere antreffen. Collin (Schachbrett, Abschnitt 17.1.1) versteht beispielsweise die Aufgabe nicht richtig und sieht deswegen gar kein Problem in der Aufgabe. Er reduziert das mathematische Problem auf eine Routineaufgabe. Vermutlich greift Collin im Interview aufgrund von sozialer Erwünschtheit auf die Strategieschlüssel zurück. So benennt er letztlich seinen genutzten Heurismus im Nachhinein, also post-aktional.

Vicky (Bauernhof-Aufgabe, Abschnitt 17.1.3) geht ähnlich vor. Auch sie durchläuft eine längere Explorationsphase. Sie beschäftigt sich vorher allerdings innerhalb einer Analysephase intensiver mit der Aufgabenstellung.

In diesen beiden Beispielen wird deutlich, dass die Schülerinnen und Schüler kein mathematisches Problem wahrnehmen. Sie sehen deswegen gar nicht die Notwendigkeit, auf die Strategieschlüssel zurückzugreifen oder selbstregulatorisch tätig zu werden.

Es gibt aber auch Problembearbeitungsprozesse wie den von Simon (Bauernhof-Aufgabe, Abschnitt 17.1.2). Er liest die Aufgabe, analysiert sie, hat eine Idee, führt sie aus und kommt damit zur richtigen Lösung. Er trifft zumindest bei dieser Aufgabe keine unüberwindbare Barriere an. Er hat keine Notwendigkeit auf die Strategieschlüssel zurückzugreifen. Schülerinnen und Schüler, die bereits mathematische Probleme lösen können, greifen also erwartungskonform nicht auf die Strategieschlüssel zurück. Für diese Gruppe von Kindern wären die Strategieschlüssel höchstens zur post-aktionalen Strategiebenennung sinnvoll. Diese Art der Schlüsselnutzung konnte von dieser Schülergruppe innerhalb der vorliegenden Daten nicht beobachtet werden.

Zusammenfassend gibt es unter den Problembearbeitungsprozessen ohne Schlüsselinteraktion, die bei denen die Strategieschlüssel potentiell hilfreich wären, aber nicht zum Einsatz kommen. Das betrifft insgesamt zehn Prozesse. Es gibt aber auch Problembearbeitungsprozesse, in denen die Kinder ohne die Strategieschlüssel einen sehr guten Lösungsansatz entwickeln – insgesamt vier Prozesse. In beiden Fällen besteht keine Notwendigkeit, auf die Strategieschlüssel zurückzugreifen. Selbstregulatorische Tätigkeiten werden in beiden Fällen kaum beobachtet. Alle 14 Problembearbeitungsprozesse ohne Schlüsselinteraktion können diesen beiden Fällen zugeordnet werden. Eine detaillierte Übersicht darüber, welche Problembearbeitungsprozesse welchem Muster zugeordnet wurden, kann Abschnitt 17.5 entnommen werden. Es bleibt die Frage offen, wie die Kinder, für die die Schlüssel potentiell hilfreich wären, erreicht werden können.

17.2   Problembearbeitungsprozesse mit Schlüsselinteraktion und ohne sichtbaren Einfluss auf Heurismen oder Episodenwechsel

Unter den 41 Problembearbeitungsprozessen wurden neun identifiziert, bei denen zwar mit den Strategieschlüsseln interagiert wurde, aber kein Einfluss erkennbar war – weder auf der Ebene der Heurismen noch der Ebene der Episodenwechsel: Prisha, Til, Anke und Laura bei der Bauernhof-Aufgabe; Vicky, Felix und Markus bei der Legosteine-Aufgabe sowie Vicky und Anja bei der Smarties-Aufgabe.

Alle hier zugeordneten Problembearbeitungsprozesse entsprechen dem wild-goose-chase Prozessprofil. In sieben von neun Prozessen wurden neben einer langen Explorationsphase auch Analyse- und/oder Schreibphasen kodiert. Alle Schlüsselinteraktionen finden während den Explorationsphasen statt.

Auffällig ist, dass sechs der neun Problembearbeitungsprozesse zu einem Ergebnis führen, dass als kein oder einfacher Lösungsansatz kodiert wurde. Diese Gruppe ist also im Vergleich zu den anderen Gruppen insgesamt wenig erfolgreich.

Die neun Problembearbeitungsprozesse verteilen sich über die Teilwürfel I, II, VI, VII und VIII (siehe Abbildung 16.1, Seite 264) und sind damit bzgl. ihrer Schlüsselinteraktionen, Episodenwechsel und Heurismenauswahl recht vielfältig, obwohl sie alle wild-goose-chase Prozessprofile aufweisen. Es gibt folglich kein eindeutiges Verteilungsmuster.

Nachfolgend werden zwei repräsentative Problembearbeitungsprozesse für diese Gruppe beschrieben. Die restlichen sieben Problembearbeitungsprozesse dieser Gruppe können dem Anhang 19 entnommen und den Mustern der beiden hier geschilderten Fälle zugeordnet werden. Eine Übersicht darüber, welche Problembearbeitungsprozesse welchem Muster zugeordnet wurden, kann Abschnitt 17.5 entnommen werden.

17.2.1 Laura (Bauernhof-Aufgabe)

Lauras Bearbeitung der Bauernhof-Aufgabe dauert ca. 13 Minuten. Ihre Lösung wird mit einem korrekten Lösungsansatz kodiert (siehe Abbildung 17.4).

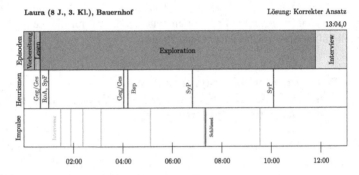

Abbildung 17.4 Laura (Bauernhof-Aufgabe): Kodierschema

Tabelle 17.2 Laura (Bauernhof-Aufgabe): Transkriptauszug der Schlüsselinteraktion

Passage 1 (Laura, Bauernhof)

00:07:13–00:08:04 (Exploration) Originale Videostelle: 00:15:33–00:16:24	
1	(S schaut auf die Schlüssel.)
2	I: Sollen wir die Schlüssel mal angucken und mal gucken, ob
3	S: Ja. (S nimmt die Schlüssel in die Hand.)
4	I: die eine Idee haben, dass wir nicht durcheinander kommen?
5	S: Lies die Aufgabe. Finde ein Beispiel. Suche nach einer Regel. Mach ich ja gerade nach einer Regel suchen. Verwende verschiedene Farben. Das hilft glaub ich nicht weiter. Beginne mit einer kleinen Zahl? Arbeite von hinten? (...) Nee, das hat bei den Smarties gut geholfen. Erstelle eine Tabelle. Ich komm nicht weiter. (S legt die Schlüssel wieder vor sich)

Laura liest zunächst die Aufgabe, durchläuft dann bis zum Ende der Problembearbeitung eine Explorationsphase. Ihr Bearbeitungsprozess entspricht damit – wie oben bereits angekündigt – dem wild-goose-chase Prozessprofil.

Auf der zweiten Kodierschiene wurden insgesamt sieben Heurismen, darunter fünf verschiedene identifiziert. Laura nutzt den Heurismus *Gegeben und Gesucht*, um die Aufgabe zu verstehen. Sie erstellt eine *Routineaufgabe*, die in ihrem Fall gleichzeitig als *Spezialfall* kodiert wurde. Sie generiert etwas später ein *Beispiel* und *probiert* nach etwa sieben Minuten *systematisch*.

Auf die dritte Kodierschiene ist nach 07:13 Minuten eine Interaktion mit den Strategieschlüsseln erkennbar. Laura richtet hier von sich aus den Blick auf die Strategieschlüssel (siehe Tabelle 17.2). Die Interviewerin verbalisiert diese Beobachtung mit der Frage: „Sollen wir die Schlüssel mal angucken?" (Zeile 2). Laura bejaht diesen Vorschlag (Zeile 3) und liest die einzelnen Strategieschlüssel der Reihe nach vor (Zeile 5). Sie scheint sie der Reihe nach auf ihre Nützlichkeit zu prüfen. Den Schlüssel „Verwende verschiedene Farben" befindet sie als nicht hilfreich (Zeile 5). Auch „Arbeite von hinten" wird für diese Aufgabe als nicht sinnvoll bewertet. Laura merkt aber an, dass dieser Schlüssel bei der Smarties-Aufgabe geholfen habe. Am Ende der Passage kommt sie zu der Einschätzung, dass ihr keiner der Schlüssel weiterhilft und sie nicht weiter kommt (Zeile 5).

Nach dieser Schlüsselinteraktion folgen kein Heurismus und kein Episodenwechsel. Allerdings schaut Laura von sich aus, also ohne Impuls durch die Interviewerin, auf die Strategieschlüssel. Die Interviewerin verbalisiert ihre Beobachtung lediglich (Zeile 2). Neben der Eigeninitiative, von sich aus auf die Strategieschlüssel zu schauen, beschäftigt sich Laura mit jedem einzelnen Strategieschlüssel und prüft, inwiefern diese hilfreich sind. Sie nutzt die Strategieschlüssel in diesem Sinne als *Checkliste*.

Laura zeigt also zwei selbstregulatorische Tätigkeiten, nämlich die selbstinduzierte Schlüsselinteraktion und die Nutzweise *Checkliste*. Trotzdem bleibt ein sichtbarer Einfluss der Schlüsselinteraktion aus. Laura zeigt im Anschluss an die Schlüsselinteraktion keinen neuen Heurismus und auch keinen Episodenwechsel. Für sie war wohl kein passender Strategieschlüssel dabei oder sie konnte die gegebenen Strategieschlüssel für diese Aufgabe für sich nicht sinnvoll interpretieren.

17.2.2 Vicky (Smarties-Aufgabe)

Vicky bearbeitet insgesamt drei Aufgaben, wobei die Smarties-Aufgabe ihre erste ist. Insgesamt beschäftigt sie sich 14 Minuten mit der Smarties-Aufgabe und kommt zu keinem Lösungsansatz (siehe Abbildung 17.5).

Sie liest die Aufgabenstellung und zeigt dann Verhalten, das als Explorationsphase kodiert wurde. Ihr Problembearbeitungsprozess entspricht damit einem wildgoose-chase Prozessprofil.

Innerhalb ihrer Problembearbeitung *liest* sie zunächst die Aufgabe *erneut*, erstellt zwei *Routineaufgaben* und *arbeitet vorwärts*.

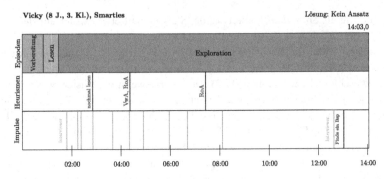

Abbildung 17.5 Vicky (Smarties-Aufgabe): Kodierschema

Tabelle 17.3 Vicky (Smarties-Aufgabe): Transkriptauszug der Schlüsselinteraktion
Passage 1 (Vicky, Smarties)

	00:12:36–00:13:37 (Exploration) Originale Videostelle: 00:17:36–00:18:37
1	I: Sollen wir noch mal einen Schlüssel angucken?
2	(S nickt.)
3	I: Vielleicht verrät dir doch noch einer was. Na dann gucken wir mal.
4	(S beugt sich über die Schlüssel und liest sie leise. Dauer: 10 Sekunden)
5	(S tippt auf den Schlüssel „Finde ein Beispiel".)
6	I: Mhm.
7	S: Finde ein Beispiel.
8	I: Mhm. (I legt den Schlüssel sichtbar neben die anderen.)
9	S: Hilft mir doch nicht so richtig weiter.
10	I: Warum nicht? (7 Sekunden) Warum hilft er dir nicht weiter? (5 Sekunden) Weißt du nicht?
11	(S schüttelt den Kopf.)

Nach knapp 13 Minuten interagiert sie mit den Strategieschlüsseln. Initiiert wird diese Schlüsselinteraktion durch die Interviewerin (siehe Zeile 1 in Tabelle 17.3). Vicky liest sich die Schlüssel leise durch (Zeile 4) und wählt den Schlüssel „Finde ein Beispiel" aus (Zeile 5). Kurz darauf erklärt sie, dass ihr dieser Strategieschlüssel doch nicht helfen würde (Zeile 9). Eine Minute später beendet sie die Problembearbeitung.

Nach der Schlüsselinteraktion sind keine Veränderungen in Bezug auf Episodenwechsel oder Heurismeneinsatz erkennbar. Vicky scheint den Schlüssel „Finde ein Beispiel" zwar für geeignet zu halten, findet dann aber keinen Weg, ihn in den bisherigen Problembearbeitungsprozess zu integrieren. Innerhalb von Vickys Problembearbeitungsprozess gibt es keinen Hinweis auf selbstregulatorische Tätigkeiten.

17.2.3 Zusammenfassung

Die Problembearbeitungsprozesse von Laura und Vicky stehen exemplarisch für zwei Schülergruppen, denen die neun Problembearbeitungsprozesse dieses Abschnitts zugeordnet werden können. Beiden gemein ist die Interaktion mit den Strategieschlüsseln und der danach ausbleibende, sichtbare Einfluss auf den Problembearbeitungsprozess. Allerdings unterscheiden sich die Gruppen auch:

So gibt es Kinder, die an einer Aufgabe arbeiten und vermeintlich nachdenken, bis die Zeit abgelaufen ist – trotz der Schlüsselinteraktion. In Vickys Beispiel ist erkennbar, dass sie basale Heurismen[1] verwenden und zu keiner Lösung findet. Die Interviewerin gibt den Impuls, auf die angebotenen Hilfen zurückzugreifen. Vicky schaut sich die Strategieschlüssel an, wählt einen aus und weiß dann nicht, wie sie diesen umsetzen soll. Ihr gelingt es nicht, die Strategieschlüssel sinnvoll in ihren Problembearbeitungsprozess zu integrieren. In Vickys Beispiel ist kein Ansatz von selbstregulatorischer Tätigkeit erkennbar.

Bei dieser Gruppe (insgesamt sieben Problembearbeitungsprozesse) könnte es möglicherweise am Vorwissen mangeln, das notwendig ist, um die Aufgabe zu verstehen, zu bearbeiten und Impulse wie die Strategieschlüssel sinnvoll in einen Arbeitsprozess zu integrieren (siehe Kapitel 4).

Die andere Gruppe von Kindern bemerkt, dass sie stecken geblieben ist und sucht sich bei den Strategieschlüsseln eigenständig Hilfe – insgesamt zwei Problembearbeitungsprozesse. In diesem Fall werden die Strategieschlüssel als *Checkliste* eingesetzt. So wird überprüft, was bisher schon erledigt wurde und was eventuell noch helfen könnte. In Lauras Beispiel führte das allerdings zu der Entscheidung, dass kein Strategieschlüssel sinnvoll ist. Es entstehen in dieser Situation kein neuer Gedanke und keine spontane Idee. Laura bleibt also ohne Plan und denkt weiter nach. Der wild-goose-chase Prozess konnte durch die Schlüsselinteraktion also nicht unterbrochen werden. Trotzdem sind vereinzelt selbstregulatorische Tätigkeiten erkennbar, wie die Initiative zu den Strategieschlüsseln zu greifen und sie als Checkliste zu nutzen.

---

[1]Die Unterscheidung zwischen basalen und elaborierten Heurismen kann Kapitel 9 entnommen werden.

17.3 Problembearbeitungsprozesse mit Schlüsselinteraktion und mit sichtbarem Einfluss auf Heurismen

Unter den 41 Problembearbeitungsprozessen konnten neun identifiziert werden, in denen mit den Strategieschlüsseln interagiert und ein beobachtbarer Einfluss auf die Heurismen verzeichnet wurde: Anne, Hannes und Collin bei der Bauernhof-Aufgabe; Julius, Simon und Prisha bei der Kleingeld-Aufgabe; Fabian bei der Legosteine-Aufgabe sowie Christin und Laura bei der Schachbrett-Aufgabe. In all diesen Prozessen erfolgte nach der Schlüsselinteraktion eine Veränderung auf der Ebene der Heurismen.

Sieben der neun Problembearbeitungsprozesse entsprechen einem wild-goose-chase Prozessprofil. Dabei wurden in diesen Prozessen immer auch Analyse- und/oder Schreibphasen kodiert.

Hinsichtlich des Lösungserfolgs konnten keine Muster identifiziert werden. Von den neun Problembearbeitungsprozessen wurden fünf mit einem einfachen Lösungsansatz und vier mit einem erweiterten oder korrekten Lösungsansatz kodiert.

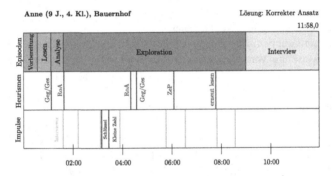

Abbildung 17.6 Anne (Bauernhof-Aufgabe): Kodierschema

Alle neun Problembearbeitungsprozesse verteilen sich über die Teilwürfel I, II, III und V, VI, VII (siehe Abbildung 16.1). Nachfolgend werden fünf der neun Problembearbeitungsprozesse beschrieben und analysiert. Sie repräsentieren diese Gruppe von Strategieschlüsselinteraktionen und zeigen ihre Vielfalt in den Nutz-weisen der Strategieschlüssel.

17.3.1 Anne (Bauernhof-Aufgabe)

Anne bearbeitet insgesamt nur die Bauernhof-Aufgabe. Dazu braucht sie ca. neun Minuten zur Bearbeitung und ca. drei Minuten für das Interview – insgesamt also etwa zwölf Minuten (siehe Abbildung 17.6). Am Ende ihrer Problembearbeitung gelangt sie zu einem korrekten Lösungsansatz.

Anne liest erst die Aufgabe, analysiert sie kurz und geht dann in ein Verhalten über, das als Exploration kodiert wurde. Ihr Problembearbeitungsprozess entspricht damit dem wild-goose-chase Prozessprofil.

Auf der zweiten Kodierschiene ist erkennbar, dass Anne sechs Heurismen, darunter vier verschiedene verwendet. Sie nutzt beispielsweise den Heurismus *Routineaufgabe*, versucht die Aufgabe besser zu verstehen, indem sie nach dem *Gegebenen und Gesuchten* sucht und die Aufgabe oder Teile davon *erneut liest*. Nach etwa sechs Minuten setzt sie den Heurismus *Zerlegungsprinzip* ein. Anne verfügt demnach nicht nur über basale, sondern auch über fortgeschrittene Heurismen[2].

Nach drei Minuten interagiert Anne erstmals mit den Strategieschlüsseln. Der Impuls dazu geht von der Interviewerin aus (siehe Zeile 1 in Tabelle 17.4, oben). Anne stimmt zu (Zeile 2) und liest die Strategieschlüssel. Nach zwölf Sekunden entscheidet sie sich für den Strategieschlüssel „Beginne mit einer kleinen Zahl" und erklärt, dass sie mit der 20, also der Anzahl der Tiere, beginnen möchte. Im Interview beschreibt sie, dass sie sich zweimal für die kleinere Zahl entschieden habe – für die 20 im Gegensatz zur 70 (Zeile 4.I in Tabelle 17.4, unten) und für die Zwei im Gegensatz zur Vier (Zeile 12 im Interview).

Kurz nach der Schlüsselinteraktion konnte bei Anne ein Heurismus identifiziert werden, nämlich die *Routineaufgabe*. Sie hat den gleichen Heurismus zuvor bereits verwendet, weswegen sie den Strategieschlüssel hier zur *Strategiebeibehaltung* einsetzt. Es sind demnach keine Änderungen auf den beiden Kodierschienen zu erkennen.

Die Initiative zur Schlüsselinteraktion ging von der Interviewerin aus. Anne konnte die Strategieschlüssel dann aber zumindest für das *Strategiebeibehalten* nutzen. Episodenwechsel oder eine Heurismensteuerung sind nicht erkennbar. Demnach kann bei Anne eine selbstregulatorische Tätigkeit identifiziert werden.

---

[2]Eine Erklärung dazu, welche Heurismen als grundlegend und damit basal und welche als fortgeschritten angesehen werden, kann Kapitel 9 entnommen werden.

Tabelle 17.4 Anne (Bauernhof-Aufgabe): Transkriptauszug der Schlüsselinteraktion und Ergänzungen aus dem Interview[a]

Passage 1 (Anne, Bauernhof)

	00:03:04–00:03:45 (Exploration) Originale Videostelle: 00:09:04–00:09:45
1	I: Sollen wir direkt mal einen Schlüssel angucken?
2	S: Mhm. *(S nickt zustimmend.)*
3	*(S liest die Schlüssel. Dauer: 12 Sekunden)*
4	S: Ich will mit <u>den</u> [sic!] Schlüssel anfangen. *(S zeigt auf den Schlüssel „Beginne mit einer kleinen Zahl".)*
5	I: Den? *(I zeigt ebenfalls auf den Schlüssel.)*
6	S: „Beginne mit einer kleinen Zahl."
7	I: Mhm.
8	S: Und dann möchte ich 20 nehmen.
9	I: Mhm.

Ergänzung durch das Interview

	00:09:03–00:10:11 (Interview) Originale Videostelle: 00:15:03–00:16:11
1.I	I: Wie hat dir denn jetzt der Schlüssel geholfen?
2.I	S: Ähm. Mit den kleinen Zahlen also anfangen.
3.I	I: Mhm.
4.I	S: Und die kleinere Zahl von 70 und 20 ist ja 20.
5.I	I: Mhm.
6.I	S: Und deshalb hab ich mit der 20 angefangen. Deshalb hab ich auch 20 geteilt durch 4 gerechnet.
7.I	I: Aber das hat ja irgendwie nicht so richtig was gebracht.
8.I	S: Ja eben.
9.I	I: Hat dir denn dann jetzt der Schlüssel geholfen oder eher nicht?
10.I	S: Hm. Mittel.
11.I	I: Mittel? Mhm. Wie hat er dir denn doch ein bisschen geholfen?
12.I	S: Ähm also mit der 4 und der 2. Also wegen den Beinen.
13.I	I: Ah du bist durch das mit der kleinen Zahl auf die Anzahl mit den Beinen gekommen weil das noch kleiner ist als 20?
14.I	S: Ja.
15.I	I: Ah okay. Dann war's aber doch gut. Weil an die Beine hast du vorher gar nicht gedacht.
16.I	S: Mhm.
17.I	I: Okay.

[a]Da jeweils nur Ausschnitte aus den Interviews transkribiert wurden, beginnt die Nummerierung mit jeder Passage wieder bei 1. Zur besseren Unterscheidbarkeit wird deswegen mit 1 bis 3 bzw. I markiert, zu welchem Transkriptauszug die Zeile gehört. Das gilt für alle Interviews, in denen mehr als ein Transkriptauszug analysiert wird.

17.3.2 Christin (Schachbrett-Aufgabe)

Die Schachbrett-Aufgabe ist Christins dritte Aufgabenbearbeitung. Sie ist zu diesem Zeitpunkt bereits mit den Strategieschlüsseln vertraut, weil sie sie bei den vorherigen Aufgaben intensiv genutzt hat (siehe hierzu die Abschnitte 17.4.2 und 17.4.3). Sie bearbeitet das mathematische Problem knapp sechs Minuten lang und kommt zu einem einfachen Lösungsansatz (siehe Abbildung 17.7(a)).

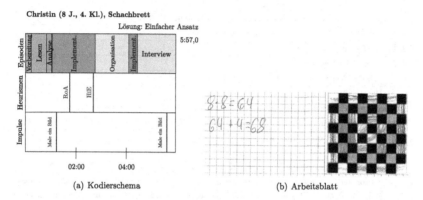

(a) Kodierschema   (b) Arbeitsblatt

Abbildung 17.7 Christin (Schachbrett-Aufgabe): Kodierschema und Arbeitsblatt

Christin liest erst die Aufgabenstellung und analysiert sie dann kurz. Anschließend geht sie in eine Implementationsphase über. Nach etwa drei Minuten wechselt Christin in ein Verhalten, das als Organisationsphase kodiert wurde und schließt daran wieder eine kurze Implementation an.

Nach ungefähr einer Minute interagiert sie mit den Strategieschlüsseln (siehe Tabelle 17.5). Dabei richtet sie für einen kurzen Moment ihren Blick auf die Strategieschlüssel (Zeile 1) und fragt dann, ob sie das Schachbrett auch anmalen darf (Zeile 2). Sie wählt hier gezielt aus und beschäftigt sich nicht mit jedem Strategieschlüssel einzeln. Die Vermutung liegt nahe, dass sie auf mindestens einen der Strategieschlüssel „Verwende verschiedene Farben" oder „Male ein Bild" geschaut hat. Diese Vermutung wird dadurch bestätigt, dass sie den Strategieschlüssel „Male ein Bild" näher zu sich zieht (Zeile 4). Dieser Strategieschlüssel scheint sie an eine Aufgabe zu erinnern, die sie im Nachmittagsangebot *Mathe für schlaue Füchse*[3]

---

[3]Informationen zu diesem Angebot können Kapitel 2 dieser Arbeit oder Böttinger (2016) entnommen werden.

bearbeitet hat (Zeile 6). Bei dieser Aufgabe wurden verschiedene Quadrate farbig markiert. Diese Vorgehensweise möchte Christin nun bei der Schachbrett-Aufgabe einsetzen (Zeile 8).

Tabelle 17.5 Christin (Schachbrett-Aufgabe): Transkriptauszug der Schlüsselinteraktion

Passage 1 (Christin, Schachbrett)

	00:01:01-00:01:51 (Implementation) Originale Videostelle: 00:24:04–00:24:54
1	*S richtet ihren Blick weniger als eine Sekunde auf die Strategieschlüssel.*
2	S: Darf ich das Ding anmalen?
3	I: Mhm. *(zustimmend)*
4	*S zieht ihr Federmäppchen näher zu sich und greift zum Schlüssel „Male ein Bild".*
5	I: Hat der dich auf die Idee gebracht zum Anmalen?
6	S: Ja. Male ein Bild. Da hab ich mir. Wir ham mal letzte Mal bei schlaue Füchse ham wa auch irgendwas mit nem Schachbrett gemacht. Auch mit so Quadraten. Ich komm jetzt nur nicht mehr auf das Ergebnis. Sonst könnt ich so hinschreiben.
7	I: mhm...
8	S: Und dann hatten wir das halt angemalt und konnten gucken, wie viele Quadrate das sind. Und dann konnten wir uns auf diese ganz kleinen Quadrate irgendwann einfinden. Weil die kleinen kann man ja leicht zählen. Eins, zwei, drei, vier, fünf, sechs, sieben, acht. *(S tippt jeweils auf die kleinen Quadrate von unten nach oben)* Acht mal acht. Sind?

Sie generiert im Anschluss an die Schlüsselinteraktion zunächst eine *Routineaufgabe* und markiert dann die Außenränder von vier weiteren Quadraten farbig (siehe Abbildung 17.7(b)). Das Ausmalen der Außenquadrate wurde als *Hilfselement* kodiert.

Christin greift auf einen Strategieschlüssel zurück, bevor sie ihre Aufgabenbearbeitung inhaltlich beginnt. Sie erklärt, was sie als nächstes vor hat. Ähnlich wie Felix (siehe Abschnitt 17.4.4) nutzt sie den Strategieschlüssel „Male ein Bild" zur Benennung der zukünftigen Vorgehensweise und in diesem Sinne als *prä-aktionale Strategiebenennung.*

In Christins Problembearbeitungsprozess können verschiedene selbstregulatorische Tätigkeiten identifiziert werden. So geht zunächst die Initiative für die Schlüsselinteraktion von ihr aus. Sie nutzt die Schlüssel zur *prä-aktionalen Strategiebenennung.* Sie erklärt also vorher, was sie vor hat und steuert in diesem Sinne auch ihren Heurismeneinsatz. Ein Wechsel auf der Ebene der Episodentypen ist nicht erkennbar. Insgesamt vollzieht Christin damit drei selbstregulatorische Tätigkeiten.

17.3.3 Fabian (Legosteine-Aufgabe)

Noch in der Vorbereitungszeit merkt Fabian an, wie er die Schlüsselmetapher verstanden hat: „Ich glaub ich kann mir das jetzt ein bisschen erklären, weil äh ohne Schlüssel kommt man ja auch nicht ins Haus rein". Er bearbeitet die Legosteine-Aufgabe 20 Minuten lang und findet eine Lösung, die als einfacher Lösungsansatz kodiert wurde (siehe Abbildung 17.8(a)).

Fabian liest zuerst die Aufgabe, wechselt dann in eine fast 18-minütige Exploration und beendet seinen Problembearbeitungsprozess mit einer Schreibphase. Fabians Bearbeitungsprozess entspricht damit einem wild-goose-chase Prozessprofil.

Auf der zweiten Kodierschiene wurden das Finden von *Beispielen*, *Systematisierungshilfe*, *informative Figur* und *Hilfselement* kodiert. Dabei ist ersteres mehrfach vorgekommen.

Nach etwa elf Minuten interagiert Fabian mit den Strategieschlüsseln. Der Impuls dafür geht von der Interviewerin aus (Zeile 1 in Tabelle 17.6). Er entscheidet sich für den Schlüssel „Male ein Bild" (Zeile 3) und beginnt auf der Rückseite seines Arbeitsblattes einen 19-Punkte Legostein zu zeichnen (*informative Figur*). Diesen nutzt er, um anschließend die einzelnen Steine darin zu markieren (*Hilfselement*). Allerdings stellt er nun fest, dass er diese Steinzusammensetzung vorher bereits gefunden hatte (Zeile 6) und weiß deswegen nicht, wie er weiter vorgehen soll. Nach erneutem Nachfragen der Interviewerin (Zeile 10) prüft Fabian jeden noch vor ihm liegenden Strategieschlüssel, kommt aber zu dem Ergebnis, dass ihm keiner der Schlüssel weiterhilft (Zeile 13.)

Fabian zeigt nach der Schlüsselinteraktion zwei neue Heurismen in seinem Problembearbeitungsprozess: die *informative Figur* und das *Hilfselement*. Er verwendet den Strategieschlüssel „Male ein Bild" also, um neue, zuvor noch nicht verwendete Heurismen einzusetzen. Er generiert so eine neue Idee, verwendet den Strategieschlüssel hier also zur *Strategiegenerierung*. Etwas später prüft er jeden einzelnen Schlüssel auf sein Potential, findet aber keinen weiteren passenden (Zeile 13 in Tabelle 17.6). Er nutzt den gesamten Schlüsselbund in der Funktion als *Checkliste* und versucht so herauszuarbeiten, was er noch machen könnte.

In Fabians Problembearbeitungsprozess können zwei selbstregulatorische Tätigkeiten identifiziert werden. Die Initiative zur Schlüsselinteraktion geht zwar von der Interviewerin aus, Fabian nutzt die Strategieschlüssel dann aber zur *Strategiegenerierung*. Er erkennt also, dass die zuvor verwendeten Heurismen nicht zielführend waren und verändert sein bisheriges Vorgehen. Damit steuert er seinen Heurismeneinsatz. Eine Veränderung auf der Ebene der Episodentypen ist nicht erkennbar.

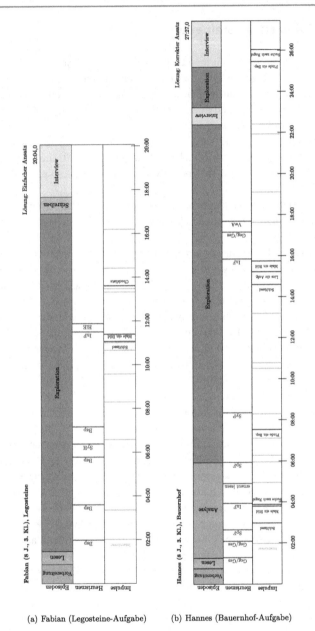

(a) Fabian (Legosteine-Aufgabe)   (b) Hannes (Bauernhof-Aufgabe)

Abbildung 17.8 Fabian (Legosteine-Aufgabe) und Hannes (Bauernhof-Aufgabe): Kodier-schemata

Tabelle 17.6 Fabian (Kleingeld-Aufgabe): Transkriptauszug der Schlüsselinteraktion

Passage 1 (Fabian, Legosteine)

	00:05:11–00:08:08 (Exploration) Originale Videostelle: 00:15:57–00:19:18
1	I: Sollen wir mal gucken, ob dir ein Schlüssel vielleicht ne Idee gibt?
2	*(S richtet seinen Blick auf die Schlüssel. Dauer: 18 Sekunden)*
3	S: Ich glaub Male ein Bild, wär gut, oder?
4	*(I legt den Schlüssel sichtbar neben die anderen.)*
5	*(S zeichnet einen Legostein auf die Rückseite des Blattes und markiert dann einzelne Legosteine durch Hilfslinien. Dauer: 50 Sekunden)*
6	S: Nee. Das hatte ich schon mal. *(S streicht das zuvor Gezeichnete wieder durch und überlegt 22 Sekunden.)* Nee. *(S dreht das Arbeitsblatt wieder um.)* Mehr fällt mir eigentlich gar nicht ein.
7	I: Aber du überzeugst mich noch nicht so richtig, dass du dir sicher bist. Wie kannst du dir sicher sein?
8	*(S zieht die Schultern hoch.)*
9	S: Weiß nicht.
10	I: Gibt's noch einen anderen Schlüssel, der dir vielleicht hilft?
11	S: Also das *(S zeigt auf den Schlüssel „Beginne mit einer kleinen Zahl".)* kann mir jetzt nicht helfen.
12	I: Mhm.
13	S: Das *(S zeigt auf den Schlüssel „Arbeite von hinten".)* kann mir nicht helfen Das *(S zeigt auf den Schlüssel „Verwende verschiedene Farben".)* würde mir nicht helfen. Das *(S zeigt auf den Schlüssel „Erstelle eine Tabelle".)* auch nicht. Das *(S zeigt auf den Schlüssel „Lies die Aufgabe".)* auch nicht. Das auch nicht. Die *(S zeigt auf den Schlüssel „Suche nach einer Regel".)* auch nicht. *(S überlegt 5 Sekunden.)* Das *(S zeigt auf den Schlüssel „Finde ein Beispiel" und überlegt 6 Sekunden.)* auch nicht.
14	I: Okay. Keiner dabei.

17.3.4 Hannes (Bauernhof-Aufgabe)

Hannes bearbeitet ausschließlich die Bauernhof-Aufgabe, benötigt dafür mehr als 27 Minuten und kommt zu einem korrekten Lösungsansatz (siehe Abbildung 17.8(b)).

Hannes liest die Aufgabe zuerst, analysiert sie dann knapp fünf Minuten lang und geht schließlich in eine Explorationsphase über. Nach 22 Minuten scheint die Aufgabe beendet zu sein. Nachdem erste Interviewfragen gestellt wurden, geht er nochmals zurück in den Bearbeitungsprozess, was nur bei diesem Prozess passiert.

Auf der zweiten Kodierschiene konnten insgesamt zehn Heurismen identifiziert werden, darunter sieben verschiedene. Er nutzt u. a. zuerst Heurismen wie *Gegeben*

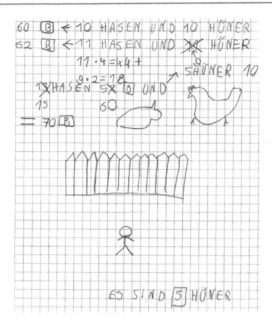

Abbildung 17.9 Hannes (Bauernhof-Aufgabe): Arbeitsblatt

und Gesucht und *erneut lesen*. Er zeichnet aber auch eine *informative Figur* und generiert dann den *Spezialfall* zehn Hühner und zehn Hasen (siehe Abbildung 17.9). Am Ende seines Problembearbeitungsprozesses nutzt Hannes den Heurismus *Vorwärtsarbeiten*, um der Gesamtanzahl der Beine schrittweise näher zu kommen, geht dabei aber nicht systematisch vor. Konkret füllt er auf. Er beginnt mit einem Hasen, addiert dann nach und nach erst ein Kaninchen und dann ein Huhn bis er letztlich 70 Beine und 20 Tiere erreicht.

Mit den Strategieschlüsseln interagiert Hannes zu verschiedenen Zeitpunkten während seines Problembearbeitungsprozesses. So beschäftigt er sich schon während der Analysephase nach drei Minuten mit den Schlüsseln. Während der Explorationsphase greift er nach etwa sieben Minuten und nach ca. 15 Minuten zu den Strategieschlüsseln. Nachfolgend werden diese drei Passagen näher beschrieben und mit dem Transkript aus dem anschließenden Interview ergänzt.

17.3.4.1 Hannes (Bauernhof-Aufgabe): Passage 1

Nach drei Minuten Bearbeitungszeit schaut Hannes von sich aus erstmals auf die Strategieschlüssel (Zeile 1.1 in Tabelle 17.7). Er beschäftigt sich 35 Sekunden lang mit den Schlüsseln, indem sein Blick immer wieder zwischen den Strategieschlüsseln und seinem Arbeitsblatt hin- und her schweift. Er beschließt dann, ein Bild zu malen (Zeile 6.1) und formuliert dies im Wortlaut des Schlüssels „Male ein Bild“. Es wird deswegen davon ausgegangen, dass er diesen Plan aufgrund des Schlüssels entwickelt hat. Kurz danach wählt er noch einen zweiten Strategieschlüssel (Zeile 8.1): „Suche nach einer Regel“. Seine übergeordnete Regel für den gesamten Problembearbeitungsprozess lautet „Gib nicht sofort auf“ (Zeile 10.1). Damit wählt er einen Strategieschlüssel, der eigentlich auf die Verwendung von Mustern und Strukturen abzielt (siehe Kapitel 2). Er verwendet den Schlüssel aber in einem ganz anderen, nicht mathematischen Sinn. Er setzt ihn eher ein, um sich zu motivieren und durchzuhalten. Im Interview beurteilt er diese „Regel“ als sehr hilfreich, weil er sonst ggf. früher aufgegeben hätte (Zeile 10.I bis 12.I im Interview, siehe Tabelle 17.8).

Tabelle 17.7 Hannes (Bauernhof-Aufgabe): Transkriptauszug der ersten Schlüsselinteraktion

Passage 1 (Hannes, Bauernhof)

00:02:57–00:04:05 (Analyse)	
Originale Videostelle: 00:10:57–00:12:05	
1.1	*(S schaut auf die Schlüssel.)*
2.1	I: Guckst du gerad auf die Schlüssel?
3.1	*(S nickt.)*
4.1	*S wechselt den Blick immer wieder zwischen den Schlüsseln und dem eigenen Blatt. (Dauer: 35 Sekunden) S schaut I an und nimmt den Stift wieder in die Hand.*
5.1	I: Welcher passt? Welchen Schlüssel hast du ausgesucht?
6.1	S: Ich mal ein Bild.
7.1	I: Mhm.
8.1	S: Und ne Regel hab ich.
9.1	I: Okay. *(I nimmt beide genannten Schlüssel und legt sie sichtbar neben die anderen.)*
10.1	S: Gib nicht sofort auf.
11.1	I: Ich hab gesagt schwierige Aufgaben. *(S nimmt die gewählten Schlüssel zur Seite.)*

Im Anschluss an diese Schlüsselinteraktion zeichnet Hannes tatsächlich eine *(informative) Figur*, indem er ein Kaninchen und ein Huhn zeichnet (siehe Abbildung 17.9). Allerdings zeichnet er das Unterscheidungsmerkmal der Beine nicht

Tabelle 17.8 Hannes (Bauernhof-Aufgabe): Transkriptauszug aus dem Interview

Ergänzung aus dem Interview (Hannes, Bauernhof)

00:25:12–00:27:45 (Analyse) Originale Videostelle: 00:33:12–00:35:45	
1.I	I: So [Hannes], und jetzt würde ich gerne wissen, wie dir die Schlüssel geholfen haben und welcher dir vielleicht am meisten geholfen hat.
2.I	S: Finde ein Beispiel.
3.I	I: Der hat dir am meisten geholfen?
4.I	S: Mhm. *(zustimmend)*
5.I	I: Warum?
6.I	S: Weil ich ja ganz viele Beispiele gefunden habe. Ganz viele.
7.I	I: Und eins davon war's dann.
8.I	S: Mhm. *(zustimmend)*
9.I	I: Das heißt, du hattest Glück?
10.I	S: Mhm. *(zustimmend)* Und Suche. Nee. Suche nach einer Regel. Gib nicht auf. Hab ich gefunden.
11.I	I: Weil sonst hättest du früher aufgegeben.
12.I	S: Ja. Das wär doof. Das hat mir sehr gut geholfen.
13.I	I: Wie hat dir denn Male ein Bild geholfen?
14.I	S: Eigentlich hat mir das nicht so viel geholfen. Ich hab ja einfach nur ein Bild gemalt.
15.I	I: Mhm. Das war also nicht so gut?
16.I	S: Nee. Eigentlich könnte ich den selbst wieder zurück packen. *(S legt den Schlüssel zurück zu den nicht verwendeten Schlüsseln.)* Weil das Bild, das war ja auch da schon fast. *(S zeigt auf das Arbeitsblatt.)*
17.I	I: Mmh. Du hast kurz zwischendurch Arbeite von hinten angeguckt.
18.I	S: Wieso?
19.I	I: Das weiß ich nicht. Aber das hast du gesagt, als du mal die Schlüssel angeguckt hast, hast du den nochmal vorgelesen. Hat der dir irgendeine Idee gegeben?
20.I	S: Mm. *(verneinend)* *(I schüttelt den Kopf.)*
21.I	I Nee?
15.I	S: Ich hab ja von vorne mich immer zur 70 gearbeitet und nicht von hinten.
16.I	I: Mhm.
17.I	S: Erstelle eine Tabelle. Das hab ich auch nicht gemacht.
18.I	I: Okay.
19.I	S: Lies die Aufgabe hat mir auch sehr gut geholfen.
20.I	I: Ja? Wie denn?
21.I	S: Ja. Ich hab die Aufgabe mir mal genau angeguckt.

konsequent ein, denn nur das Huhn bekommt zwei Beine. Damit zeichnet Hannes die Situation. Seinen mathematischen Gehalt darin stellt er aber nicht dar und kann deswegen der Zeichnung am Ende keine zusätzlichen Informationen entnehmen.

Im Interview erklärt er, dass ihm der Strategieschlüssel „Male ein Bild" wenig geholfen habe, weil er „ja einfach nur ein Bild gemalt [hat]" (Zeile 14.I im Interview, siehe Tabelle 17.8). Dennoch wählt Hannes an dieser Stelle einen Strategieschlüssel, zeigt im Anschluss einen neuen, zuvor nicht aufgetretenen Heurismus und ändert damit seine vorherige Vorgehensweise. In diesem Sinne verwendet er den Strategieschlüssel „Male ein Bild" zur *Strategieänderung.*

Innerhalb dieser Passage nutzt Hannes die Strategieschlüssel vorwiegend außermathematisch und damit in einer nicht intendierten Art und Weise. Er scheint sich so der Aufgabe zu nähern und sich selbst zu motivieren. Es wirkt so, als würde er mit der Zeichnung Zeit gewinnen, sich entspannen und abwarten, bis ihm eine Idee einfällt. So scheint Hannes Frustration aushalten, lange an einer Aufgabe arbeiten und vermeintliche Pausen gezielt einsetzen zu können. Dieses Verhalten kann als eine Form von Selbstregulation interpretiert werden.

17.3.4.2 Hannes (Bauernhof-Aufgabe): Passage 2

Die zweite Schlüsselinteraktion ist 30 Sekunden lang. Hannes kennt mittlerweile schon die Strategieschlüssel und greift hier ganz gezielt nach dem Schlüssel „Finde ein Beispiel" (Zeile 1.2 in Tabelle 17.9). Dabei ist allerdings nicht klar, ob er damit den zuvor generierten Spezialfall (siehe Abbildung 17.8) benennt oder plant, ab jetzt Beispiele zu generieren. Zu diesem Zeitpunkt hat er den *Spezialfall* zehn Hasen und

Tabelle 17.9 Hannes (Bauernhof-Aufgabe): Transkriptauszug der zweiten Schlüsselinteraktion

Passage 2 (Hannes, Bauernhof)

00:07:29–00:08:03 (Exploration)
Originale Videostelle: 00:15:29–00:16:03

1.2	*(S greift zum Schlüssel „Finde ein Beispiel" und versucht ihn zu den bereits herausgelegten Schlüsseln zu legen.)*
2.2	I: Mhm. So. *(I legt die Schlüssel wieder ordentlich hin, da sie durch Hannes Herausziehen verrutscht sind.)*
3.2	S: Arbeite von hinten? *(S überlegt 18 Sekunden.)* Dann würden es 60 Beine sein, wenn zehn Hasen und zehn Hühner da sind.
4.2	I: Mhm.

zehn Hühner aufgeschrieben (siehe Abbildung 17.9). Kurz danach geht er systematisch vor, indem er die Anzahl der Beine von elf Hasen und neun Hühnern berechnet. Im Interview erklärt Hannes, dass ihm der Schlüssel „Finde ein Beispiel" am meisten geholfen habe (Zeile 2.I im Interview, siehe Tabelle 17.8). Dadurch habe er „ganz viele Beispiele gefunden […]. Ganz viele" (Zeile 6.I im Interview).

Hannes nutzt den Strategieschlüssel „Finde ein Beispiel" zur *Strategieverfeinerung*. Das heißt, er nutzt bereits einen Heurismus und entwickelt diesen nach der Schlüsselinteraktion weiter, indem der erste Heurismus mit einem weiteren kombiniert wird. In Hannes' Fall dient der *Spezialfall* als Grundlage. Diesen Heurismus entwickelt Hannes weiter zum *systematischen Probieren*.

17.3.4.3 Hannes (Bauernhof-Aufgabe): Passage 3

Nach 14:30 Minuten scheint Hannes stecken zu bleiben und schaut wieder auf die Strategieschlüssel – erst auf die bereits benutzten Schlüssel, die links von ihm liegen, und dann auf die verbleibenden, die rechts von ihm liegen (Zeile 1.3 in Tabelle 17.10). Er fragt sich, wie er mit einer kleinen Zahl beginnen soll (Zeile 2.3). Diese Aussage wirkt so, als würde er die Strategieschlüssel als Handlungsaufforderung verstehen. Deswegen merkt die Interviewerin an, dass nicht immer jeder Schlüssel passe (Zeile 4.3). Nach ein paar motivierenden Worten der Interviewerin (Zeile 6.3), nimmt er den Schlüssel „Lies die Aufgabe" und erklärt, dass er das schon erledigt habe. Dieser Strategieschlüssel wird also zur *post-aktionalen Strategiebenennung* verwendet.

Hannes verweist erneut auf den Schlüssel „Suche nach einer Regel" (Zeile 9.3) und erinnert sich daran, dass er nicht aufgeben möchte (Zeile 11.3). Am Ende der Sequenz entscheidet er sich erneut für den Strategieschlüssel „Male ein Bild" und vervollständigt sein begonnenes Bild um den Zaun und den Bauer Jens (siehe Abbildung 17.9). Er führt an dieser Stelle also genau das aus, was auf dem Strategieschlüssel steht. Zu diesem Zeitpunkt sind bereits 22:30 Minuten vor der Kamera vergangen. Hannes scheint eine Pause zu brauchen. Vor laufender Kamera und mit der Interviewerin ist das allerdings schwierig zu realisieren. Der Strategieschlüssel legitimiert die Pause gewissermaßen. Durch das Malen eines Bilds bleibt er aktiv, kann sich aber kognitiv entspannen. Der Strategieschlüssel wird hier möglicherweise für eine *Denkpause* eingesetzt.

17.3.4.4 Hannes (Bauernhof-Aufgabe): Zusammenfassung

Hannes' Problembearbeitungsprozess zur Bauernhof-Aufgabe ist dadurch gekennzeichnet, dass er immer wieder Abstand von der Mathematik nimmt und sich stattdessen um seine Motivation oder um Pausen bemüht. Die Strategieschlüssel sind für ihn also die *Legitimation für eine Denkpause* und eine *Motivationshilfe*. Darüber

Tabelle 17.10 Hannes (Bauernhof-Aufgabe): Transkriptauszug der dritten Schlüsselinteraktion

Passage 3 (Hannes, Bauernhof)

	00:14:34-00:15:59 (Exploration) Originale Videostelle: 00:22:34–00:23:59
1.3	*(S schaut auf die bereits benutzten Schlüssel (Bild, Beispiel, Regel) und dann auf die verbleibenden fünf.)*
2.3	S: Wieso soll ich denn mit einer kleinen Zahl beginnen?
3.3	*(S schaut I fragend an.)*
4.3	I: Ich hab nicht gesagt, dass jeder Schlüssel immer passt. Guck doch nochmal alle an. Vielleicht passiert ja nochmal was.
5.3	S: Muss man jede Aufgabe lösen?
6.3	I: Mm. *(verneinend)* Aber du löst die noch. Da bin ich mir sicher. Du bist ganz nah dran.
7.3	S: Lies die Aufgabe hab ich auch gemacht. *(S schiebt den Schlüssel zu den bereits gewählten Schlüsseln.)*
8.3	I: Mhm. Das hast du gemacht. Was hast du schon gemacht? Und was könnte dir vielleicht noch helfen? Vielleicht kannst du auch von den, die du schon gemacht hast, nochmal eins benutzen. Das weiß ich ja nicht. Das musst du mir sagen.
9.3	S: Also die Regel, die hab ich ja schon.
10.3	I: Die hast du aber mir noch gar nicht erklärt die Regel. Wie is die denn die Regel?
11.3	S: Gib nicht einfach auf.
12.3	I: Das ist deine Regel?
13.3	*(S nickt.)*
14.3	I: Okay. Also, das ist die Regel. Nicht einfach aufgeben. Daran halten wir uns auch.
15.3	S: Ein Bild muss ich noch machen. *(S beginnt zu zeichnen.)*
16.3	I: Musst du nicht machen, nur wenn's dir hilft.

hinaus erfüllen die Strategieschlüssel für Hannes auch den Zweck der *Strategieänderung*, der *Strategieverfeinerung* und der *post-aktionalen Strategiebenennung*.

Hannes geht mehrfach von sich aus die Interaktion mit den Strategieschlüsseln ein. Er nutzt die Schlüssel dabei vielseitig (siehe oben). Eine Heurismensteuerung findet z. B. mit der *Strategieänderung* und der *Strategieverfeinerung* statt. Eine Veränderung auf der Ebene der Episodentypen ist nicht erkennbar. Insgesamt können bei Hannes demnach drei selbstregulatorische Tätigkeiten identifiziert werden.

17.3.5 Laura (Schachbrett-Aufgabe)

Die Schachbrett-Aufgabe ist Lauras vierte Aufgabenbearbeitung, sie ist also mit den Strategieschlüsseln vertraut. Nach insgesamt 14:20 Minuten gelangt sie zu einem einfachen Lösungsansatz (siehe Abbildung 17.10).

Sie liest zunächst die Aufgabe, plant ihr weiteres Vorgehen und führt ihren Plan aus. Nach knapp zwei Minuten wechselt sie in eine als Exploration kodierte Phase, die etwa 13 Minuten dauert.

Während ihres Problembearbeitungsprozesses verwendet sie drei verschiedene Heurismen: *Routineaufgabe, Gegeben und Gesucht* sowie *Hilfselement* – alle innerhalb der ersten zwei Minuten.

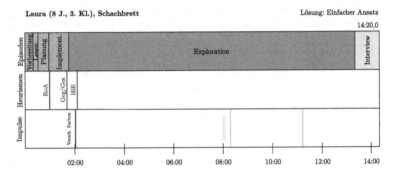

Abbildung 17.10 Laura (Schachbrett-Aufgabe): Kodierschema

Nach zwei Minuten interagiert Laura mit den Strategieschlüsseln (siehe Tabelle 17.11). Diese Passage beginnt bereits nach einer Minute mit der Planungsphase (siehe Abbildung 17.10). Laura erklärt, wie sie die Kästchen zählen muss (Zeile 1), um die *Routineaufgabe* „acht mal acht" zu berechnen (Zeile 3). Sie führt die Routineaufgabe aus und greift dann von sich aus zum Strategieschlüssel „Verwende verschiedene Farben" (Zeile 3). Im Interview gibt sie an, dass sie der Strategieschlüssel „auf die Idee gebracht [hat] […] zu markieren, wo denn jetzt ein Quadrat ist" (Zeile 4.I im Interview, siehe Tabelle 17.11, unten). Im Verlauf des Problembearbeitungsprozesses erkennt sie sogar, dass sich Quadrate überlappen können. Allerdings findet sie kein systematisches Vorgehen – abgesehen von den Farben –, das ihr erlaubt, systematisch und gleichzeitig übersichtlich vorzugehen.

Laura verwendet den Strategieschlüssel „Verwende verschiedene Farben", um eine ihr bereits bekannte Strategie abzurufen. Sie verknüpft die Verwendung von Farben mit zuvor eingesetzten Heurismen. Auf diese Art und Weise findet sie weitere Quadrate. In diesem Sinne nutzt sie den Strategieschlüssel zur *Strategieverfeinerung*.

Tabelle 17.11 Laura (Schachbrett-Aufgabe): Transkriptauszug der Schlüsselinteraktion und Auszug aus dem Interview

Passage 1 (Laura, Schachbrett)

	00:00:51–00:02:10 (Exploration) Originale Videostelle: 00:28:58–00:30:17
1	S: Ich zähl hier eine Reihe. Zähl wie viele da sind *(zeigt auf die Kästchen untereinander)* und dann rechne ich das mal und dann hab ich's.
2	I: Mhm.
3	S: *(S zählt leise die Kästchen.)* Acht mal acht ist vierundsechzig. So. Vierundsechzig Quadrate. Nee. Mh. Dann gucken wir noch mal. *(S überlegt 10 Sekunden.)* Erstmal schreib ich das hin. *(S schreibt 8 mal 8.)* Ach so, Quadrate. Also vierundsechzig Quadrate hier. Dann ist das noch ein Quadrat. So und jetzt hilft mir hier ein Schlüssel weiter. Verwende verschiedene Farben. *(S nimmt den genannten Schlüssel zu sich.)*
4	I: Okay.
5	*(S zeichnet verschiedene Hilfslinien ein.)*

Ergänzung durch das Interview

	00:13:35–00:14:15 (Interview) Originale Videostelle: 00:41:42–00:42:22
1.I	I: Schlüssel hat dir einer geholfen? Oder nicht?
2.I	S: Ja. Der dass ich mit Farben arbeiten soll.
3.I	I: Mhm. Und wie hat er dir geholfen?
4.I	S: Er hat mich auf die Idee gebracht, ähm eben zu markieren, wo denn jetzt ein Quadrat ist.
5.I	I: Mhm. Und du hast den jetzt ja aber nicht benutzt, weil du irgendwie hängen geblieben bist. Hast du dir den gemerkt irgendwie? Oder?
6.I	S: Ja. Ich war auch bei nem Mathewettbewerb und da sollten wir in ner Pyramide Dreiecke verwenden. Da bin ich auch so vorgegangen.
7.I	I: Okay. Mhm.

Der Wechsel zwischen den drei Episoden ist in Lauras Bearbeitungsprozess nicht auf die Strategieschlüssel zurückzuführen. Wodurch die Episodenwechsel initiiert werden, kann an dieser Sequenz nicht weiter geklärt werden. Es entsteht aber der Eindruck, als würde sie zu Beginn einen Plan haben, diesen ausführen und feststellen, dass er nicht funktioniert. Sie wechselt also nach einem misslungenen Plan in einen wild-goose-chase Prozess. Dieser Verlauf kommt innerhalb der 41 Problembearbeitungsprozesse nur bei Laura vor.

In Lauras Problembearbeitungsprozess können verschiedene selbstregulatorische Tätigkeiten identifiziert werden. Zunächst geht die Initiative zur Schlüsselinteraktion von ihr selbst aus. Sie verwendet die Schlüssel dann zur *Strategieverfeinerung*, kombiniert also verschiedene Heurismen und steuert damit auch ihren Heurismeneinsatz. Eine Veränderung auf der Ebene der Heurismen ist nicht erkennbar.

17.3.6 Zusammenfassung

Die Gruppe der Problembearbeitungsprozesse mit Schlüsselinteraktionen und einem sichtbaren Einfluss auf der Ebene der Heurismen scheint am vielfältigsten zu sein, was hier verdeutlicht werden soll.

Fabian (siehe Abschnitt 17.3.3) bleibt beispielsweise in seinem Bearbeitungsprozess stecken, greift nach einem Impuls der Interviewerin zu den Strategieschlüsseln und wählt den Schlüssel „Male ein Bild". Anschließend führt er diese neue Idee aus. Er nutzt diesen Schlüssel also zur *Strategiegenerierung*. Nachdem er die informative Figur gezeichnet hat, kommt er allerdings wieder ins Stocken. Er weiß nicht weiter und nutzt die Strategieschlüssel erneut – diesmal als *Checkliste*. Er überprüft sein Vorgehen, überlegt, was er schon gemacht hat und was er potentiell noch erledigen könnte. Dieses Vorgang wird hier als selbstregulatorische Tätigkeit gedeutet, denn so überwacht er seinen Problembearbeitungsprozess. Er findet allerdings keine sinnvolle Lösung für seine Barriere. Im Vergleich zum eingangs geschilderten Idealfall der Strategieschlüsselnutzung zeigt Fabian erste, vielversprechende Ansätze. Er beschäftigt sich mit den Strategieschlüsseln, wenn er auf eine Barriere trifft, wählt einen sinnvollen Schlüssel und probiert den darauf vorgeschlagenen Heurismus aus. Er greift sogar ein zweites Mal auf die Strategieschlüssel zurück und überprüft damit sein bisheriges Vorgehen. Allerdings weiß er trotzdem nicht weiter.

Anne greift auf die Strategieschlüssel zurück, wählt den Strategieschlüssel „Beginne mit einer kleinen Zahl" und nutzt anschließend den Heurismus, den sie auch vor der Schlüsselinteraktion einsetzte (siehe Abschnitt 17.3.1). Es ist möglich, dass sie den Strategieschlüssel auswählte, den sie bereits gut kannte. Es wäre auch denkbar, dass sie sich in ihrer vorherigen Vorgehensweise durch die Schlüsselinteraktion bestätigt fühlte. Sie setzte die Strategieschlüssel zur *Strategiebeibehaltung* ein. Diese Schlüsselnutzung wird hier als wenig selbstregulatorisch eingestuft. Immerhin ist sie zuvor mit dem Heurismus nicht weiter gekommen, ändert aber ihre Vorgehensweise nicht.

Der Problembearbeitungsprozess von Hannes ist besonders komplex (siehe Abschnitt 17.3.4). Er interagiert insgesamt dreimal mit den Strategieschlüsseln. Dabei interpretiert er insbesondere den Schlüssel „Suche nach einer Regel" auf eine nicht-mathematische Art und Weise. Er nutzt ihn gewissermaßen als *Motivationshilfe*, damit er weiter macht und nicht aufgibt. Er versteht aber auch den Strategieschlüssel „Male ein Bild" nur in seinem wortlautgetreuen Sinn. Er zeichnet das auf dem Arbeitsblatt gegebene Bild ab und ergänzt es um den Bauer Jens und einen Zaun. Er bildet die Situation ab, ohne dabei zusätzliche Informationen, wie beispielsweise Beschriftungen, hinzuzufügen. Es scheint vielmehr als würde er eine durch die Strategieschlüssel legitimierte *Denkpause* einlegen. Vor laufender Kamera nicht aktiv zu sein, könnte etwas Negatives sein. Der Strategieschlüssel gibt ihm gewissermaßen die Erlaubnis, abzuschalten und auf eine neue Idee zu warten. Das erinnert an die „Inkubationszeit" (Wallas 1926; Neuhaus 2001; Rott 2013) im Problembearbeitungsprozess, wenngleich diese Zeit hier deutlich kürzer ist als bei Wallas (1926). Andere Strategieschlüssel nutzt Hannes auch zur *Strategieänderung*, *Strategieverfeinerung* und *post-aktionalen Strategiebenennung*.

Laura (Schachbrett-Aufgabe, Abschnitt 17.3.5) verfolgt zunächst einen klaren Plan. Dieser scheint allerdings nicht zu funktionieren, weswegen sie dann in eine Explorationsphase übergeht und auf die Strategieschlüssel als mögliche Hilfe zurückgreift. Sie setzt die Strategieschlüssel zur *Strategieverfeinerung* ein. Danach findet sie aber keinen neuen Ansatz und verharrt insgesamt elf Minuten in einer Explorationsphase. Lauras Problembearbeitungsprozess verläuft atypisch: Sie wechselt von einem planvollen Vorgehen in ein wild-goose-chase Muster. Dabei gelingt es ihr auch mit Hilfe der Strategieschlüssel nicht dieses Muster wieder zu unterbrechen.

Christin (Schachbrett-Aufgabe, Abschnitt 17.3.2) benennt den Strategieschlüssel „Male ein Bild", beschließt damit eine Vorgehensweise und führt diese aus. Sie sagt also, was sie vor hat, bevor sie etwas macht. Sie nutzt die Strategieschlüssel damit zur *prä-aktionalen Strategiebenennung* innerhalb eines nicht-wild-goose-chase Prozessprofils.

Zusammenfassend sind in dieser Gruppe von Strategieschlüsselinteraktionen die Schlüssel auf vielfältige Weise genutzt worden. Die Interpretation der Strategieschlüssel durch die Kinder erfolgt auf intendierte und nicht-intendierte Weise. Die Kinder sind also in ihren Assoziationen mit den Strategieschlüsseln kreativer als erwartet. Gleichzeitig könnte genau diese Kreativität im Sinne einer Inkubationsphase (ebd.) auch nützlich für den Problembearbeitungsprozess sein – auch wenn die von Wallas (ebd.) verstandene Dauer dafür hier eine andere ist. Eindeutige Muster können in dieser Gruppe von Problembearbeitungsprozessen aufgrund ihrer Verschiedenheit nicht beschrieben werden.

Über die Problembearbeitungsprozesse hinweg scheint die *Strategiebeibehaltung* als wenig ergiebig für das Überwinden von Barrieren – so scheint es zumindest in den vorliegenden Fällen zu sein.

17.4 Problembearbeitungsprozesse mit Schlüsselinteraktion und mit sichtbaren Einfluss auf Heurismen und Episodenwechsel

Innerhalb der 41 Problembearbeitungsprozesse wurden neun Prozesse identifiziert, in denen mit den Strategieschlüsseln interagiert wird und dies Auswirkungen auf der Ebene der Heurismen und der Ebene der Episoden hat. Fünf Problembearbeitungsprozesse verteilen sich vereinzelt über die Teilwürfel II, IV, V, VI (siehe Abbildung 16.1). Vier der neun Problembearbeitungsprozesse wurden Teilwürfel VIII zugeordnet und sind damit charakterisiert durch viele Episodenwechsel, viele Heurismen und viele Schlüsselinteraktionen. Die neun Prozesse sind für die vorliegende Arbeit am vielversprechendsten und werden deswegen alle beschrieben und analysiert.

17.4.1 Anja (Bauernhof-Aufgabe)

Die Bauernhof-Aufgabe ist Anjas erste von zwei Aufgabenbearbeitungen. Anjas Problembearbeitungsprozess dauert etwas mehr als 27 Minuten und führt zu einem korrekten Lösungsansatz.

Sie liest zunächst die Aufgabe und versucht, sie zu verstehen, was als Analyse kodiert wurde (siehe Abbildung 17.11(a)). Nach einer ca. dreiminütigen Explorationsphase plant sie ihr weiteres Vorgehen und geht dann in eine Organisationsphase über. Diese führt zu einer insgesamt ca. 15-minütigen zweiten Explorationsphase.

Auf der zweiten Kodierschiene wurden fünf verschiedene und insgesamt acht Heurismen identifiziert. Innerhalb ihrer Analysephase versucht Anja die zwei Komponenten Anzahl der Tiere und Anzahl der Beine zu verstehen. Dazu geht sie zunächst von *Spezialfällen* aus, indem sie nur Hühner betrachtet. 20 Hühner – in diesem Fall wäre die Anzahl der Tiere korrekt – hätten 40 Beine. Die Anzahl der Beine wäre also noch nicht richtig. Für die richtige Anzahl von Beinen stellt sie fest: „Dann müssten es ja eigentlich insgesamt 35 Hühner sein". Diesen Konflikt löst sie mit der Aussage „Da sind noch Kaninchen" auf und geht in die Explorationsphase über. Im weiteren Verlauf erstellt sie eine *Tabelle*, generiert einen weiteren

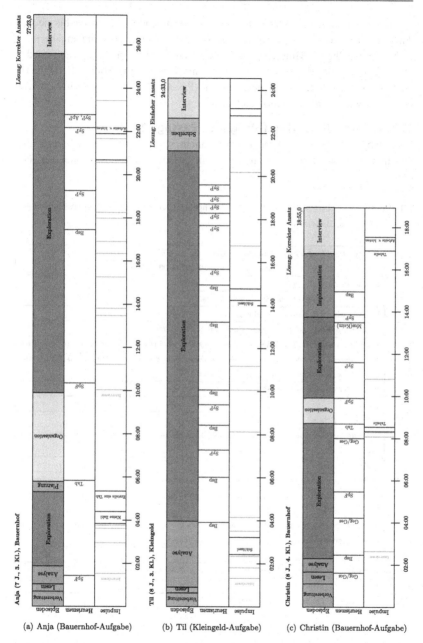

Abbildung 17.11 Anja und Christin (Bauernhof-Aufgabe), Til (Kleingeld-Aufgabe): Kodierschemata

Spezialfall und *Beispiele.* Dabei *probiert* sie zunehmend *systematisch*, bis sie sich durch das *Approximationsprinzip* immer weiter der richtigen Lösung annähert.

Nach ungefähr drei Minuten weiß sie nicht weiter und interagiert erstmals mit den Strategieschlüsseln (Passage 1, siehe Abschnitt 17.4.1.1). Bei Minute 21:00 interagiert sie erneut mit den Strategieschlüsseln (Passage 2, siehe Abschnitt 17.4.1.2). Beide Passagen werden nachfolgend analysiert.

17.4.1.1 Anja (Bauernhof-Aufgabe): Passage 1

Nach längerem Überlegen scheint Anja nicht weiter zu wissen (Zeile 2.1 in Tabelle 17.12), woraufhin die Interviewerin auf die Strategieschlüssel verweist

Tabelle 17.12 Anja (Bauernhof-Aufgabe): Transkriptauszug der ersten Schlüsselinteraktion

Passage 1 (Anja, Bauernhof)

00:03:35–00:05:54 (Exploration, Übergang zur Planung und Organisation) Originale Videostelle: 00:08:35–00:10:54	
1.1	I: Was überlegst du jetzt?
2.1	*(S zieht die Schultern hoch.)* S: Ich weiß nichts.
3.1	I: Sollen wir die Schlüssel einmal angucken?
4.1	S: Mmh. *(S nickt und richtet ihren Blick zum Schlüsselbund.)*
5.1	*(S nimmt jeden einzelnen Schlüssel in die Hand und blättert das Schlüsselbund von vorne nach hinten durch. Dabei verweilt sie bei jedem Schlüssel 2 bis 8 Sekunden. Beim Schlüssel „Beginne mit einer kleinen Zahl" verweilt sie 20 Sekunden.)*
6.1	I: Gibt der dir eine neue Idee?
7.1	S: Mmh.
8.1	I: Nicht so richtig?
9.1	S: Wenn man bei einer kleinen Zahl beginnt, dann könnte man ja eigentlich bei zwei oder eins beginnen.
10.1	I: Mmh. *(nickt)*
11.1	*(S blättert durch die verbleibenden Strategieschlüssel und verweilt wieder 2 bis 8 Sekunden bei jedem Schlüssel. Der letzte und sichtbar auf dem Tisch liegen bleibende Schlüssel ist „Erstelle eine Tabelle".)*
12.1	S: Ich glaub, man muss da erst ne Tabelle machen mit zwanzig Tieren und dann kann man da ja aufschreiben, wie viele Beine dann sind. Geht *(unverständlich)*
13.1	I: Mhm.
14.1	*(12 Sekunden Pause)* S: Ich weiß nur nicht, wie groß die Tabelle sein soll.
15.1	I: Hm.
16.1	*(10 Sekunden Pause) (S zeichnet eine Tabelle.)*

(Zeile 3.1). Anja blättert nun jeden Schlüssel nacheinander um und verweilt bei jedem Schlüssel für einen Moment. Sie beschäftigt sich länger mit dem Schlüssel „Beginne mit einer kleinen Zahl", indem sie eine generelle Vermutung äußert: „Wenn man bei einer kleinen Zahl beginnt, dann könnte man ja eigentlich bei zwei oder eins beginnen" (Zeile 9.1). Auf diese Idee geht sie allerdings nachfolgend nicht weiter ein.

Sie blättert dann weiter im Schlüsselbund und bleibt beim Schlüssel „Erstelle eine Tabelle" stehen. Hier äußert sie direkt eine Idee: „Ich glaub, man muss da erst ne Tabelle machen mit zwanzig Tieren und dann kann man da ja aufschreiben, wie viele Beine dann sind" (Zeile 12.1). Dieser Idee folgt sie, weiß aber zunächst nicht, wie sie sie umsetzen soll (Zeile 14.1). Schließlich zeichnet sie eine *Tabelle* mit 20 Spalten (siehe Abbildung 17.12). Nachdem die Tabelle fertig ist, verbindet sie die Idee der Tabelle mit dem Strategieschlüssel „Beginne mit einer kleinen Zahl" (siehe Abbildung 17.12). Sie generiert so den *Spezialfall* mit 20 Hühnern und 40 Beinen. Davon ausgehend tastet sie sich zunehmend systematisch an die Lösung heran – dann aber im Kopf. Das Eintragen in die Tabelle scheint schwierig für sie zu sein.

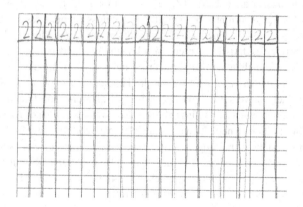

Abbildung 17.12 Anja (Bauernhof-Aufgabe): Arbeitsblatt (Ausschnitt)

Mit dem Strategieschlüssel „Erstelle eine Tabelle" wechselt Anja von der Explorations- in eine Planungsphase, die dann in die Organisationsphase mündet. Sie überprüft, was sie noch machen könnte, wählt einen Schlüssel, plant ihr weiteres Vorgehen und setzt dieses um. In anderen Worten: Mithilfe des Strategieschlüssels „Erstelle eine Tabelle" generiert sie eine neue Strategie (*Strategiegenerierung*) – nämlich die *Tabelle*.

Darüber hinaus kombiniert Anja diese neue Strategie der *Tabelle* nach ca. 10 Minuten (siehe Abbildung 17.11(a)) mit dem Ansatz, zunächst kleine Zahlen zu verwenden (Zeile 9.1 in Tabelle 17.12). Hier wird der bereits verwendete Heurismus *Tabelle* inhaltlich verändert, indem er mit dem neuen Heurismus *Systematisierungshilfe* kombiniert wird. Beides in Kombination führt zum Heurismus *Spezialfall*. Dies wird hier als *Strategieverfeinerung* interpretiert.

Des Weiteren zeigt Anja nach dieser Schlüsselinteraktion auch Veränderungen auf der Ebene der Episodentypen. So wechselt sie von einer Explorations- in eine Planungs- und Organisationsphase. Mit Hilfe der Strategieschlüssel kommt sie auf die Idee, eine Tabelle zu erstellen, plant diese und führt ihren Plan dann aus. Der Wechsel der Episodentypen wird hier auf die Strategieschlüssel zurückgeführt, weil der Impuls von ihnen ausging. Die Strategieschlüssel unterstützen sie an dieser Stelle dabei, ihren Problembearbeitungsprozess selbst zu regulieren.

17.4.1.2 Anja (Bauernhof-Aufgabe): Passage 2

Nach knapp 21 Minuten richtet Anja ihren Blick eigenständig auf die vor ihr liegenden Strategieschlüssel. Die Interviewerin drückt mit der Frage „Sollen wir noch mal einen Schlüssel angucken?" (Zeile 2.2 in Tabelle 17.13) aus, was sie zuvor beobachtet hat. Anja stimmt zu und greift zum Schlüsselbund. Diesmal blättert sie die einzelnen Schlüssel schneller durch und äußert dann eine Idee (Zeile 3.2), die durch den Strategieschlüssel „Arbeite von hinten" entstanden sein soll. Sie sagt, dass sie mehr Kaninchen als Hühner nehmen müsste, damit sie die Lösung findet (Zeile 3.2). Möglicherweise sind für sie die Hühner „vorne" und die Kaninchen „hinten". Sicherlich versteht Anja den Schlüssel „Arbeite von hinten" nicht als Rückwärtsarbeiten, wie er ursprünglich intendiert war (siehe hierzu Kapitel 2).

Sie probiert nun ihre neue Idee aus, indem sie verschiedene Beispiele systematisch überprüft (siehe Abbildung 17.11(a)). Zuerst berechnet sie, dass 14 Kaninchen 52 Beine und sechs Hühner zwölf Beine haben – also insgesamt 64 Beine und damit zu wenig. Sie probiert dann zwölf Kaninchen mit 48 Beinen und acht Hühner mit 16 Beinen aus. Damit kommt sie auf 56 Beine und stellt fest, dass dies weniger ist. Sie erkennt nun, dass sie mehr Kaninchen braucht und wählt als nächstes 16 Kaninchen mit 64 Beinen und vier Hühner mit acht Beinen. Dadurch kommt sie auf 72 Beine insgesamt, was zu viel ist. Sie benötigt also weniger Kaninchen. Schließlich wählt sie 15 Kaninchen mit 60 Beinen und fünf Hühnern mit zehn Beinen, erreicht damit insgesamt 70 Beine und 20 Tiere und die richtige Lösung.

Die Idee, mehr Kaninchen als Hühner zu verwenden, führt sie dazu, verschiedene Beispiele *systematisch zu probieren*. Sie nähert sich der Lösung von beiden Seiten an. Diese Vorgehensweise kam innerhalb der 41 Problembearbeitungsprozesse einmal vor und wurde als *Approximationsprinzip* kodiert. Ihren Angaben zufolge

Tabelle 17.13 Anja (Bauernhof-Aufgabe): Transkriptauszug der zweiten Schlüsselinteraktion

Passage 2 (Anja, Bauernhof)

	00:20:31-00:22:05 (Exploration) Originale Videostelle: 00:25:31-00:27:05
1.2	*(S richtet den Blick auf die Schlüssel.)*
2.2	I: Sollen wir noch mal einen Schlüssel angucken?
3.2	S: Mhm. *(S nickt. S blättert die Schlüssel wieder nacheinander von vorne nach hinten durch. Diesmal verweilt sie kürzer den einzelnen Schlüsseln.)* Ich glaub, man müsste dann von den Kaninchen ganz viele nehmen. Mehr als die Hühner. Dann würde das vielleicht gehen.
4.2	I: Mhm. Wie kommst du da jetzt drauf? Welcher Schlüssel hat dir die Idee gegeben vielleicht?
5.2	*(S zeigt den Schlüssel „Arbeite von hinten".)*
6.2	I: Arbeite von hinten?
7.2	S: Mhm. *(S nickt.)*
8.2	I: Mhm. Okay, dann lassen wir den doch mal so liegen und wir gucken mal. Du meinst jetzt, die Kaninchen müssten mehr sein als die Hühner, damit es geht.
9.2	S: Mhm. *(S nickt.)*
10.2	I: Okay.

kommt sie auf diesen Gedanken durch den Strategieschlüssel „Arbeite von hinten" (Zeilen 3.2 bis 5.2 in Tabelle 17.13). Anja ist schon vor dieser zweiten Schlüsselinteraktion systematisch vorgegangen. Allerdings verfeinert sie auch hier ihr Vorgehen, indem sie ein Kriterium definiert, das sie verändert – hier die Anzahl der Kaninchen. In diesem Sinne nutzt sie den Strategieschlüssel auch hier zur *Strategieverfeinerung*.

17.4.1.3 Anja (Bauernhof-Aufgabe): Zusammenfassung

Anja variiert in ihrem Problembearbeitungsprozess ihre Heurismenauswahl stark. Immer dann, wenn sie nicht weiter kommt, setzt sie verschiedene Heurismen ein – zuerst generiert sie *Beispiele*, dann erstellt sie eine *Tabelle* und *probiert* dann so *systematisch*, dass sie sogar das *Approximationsprinzip* nutzt. Anja zeigt damit, dass sie nicht nur über basale sondern auch über fortgeschrittene und damit elaborierte Heurismen[4] verfügt und diese aktivieren kann. Die Strategieschlüssel nutzt sie zur *Strategiegenerierung* und um ihre vorherige Vorgehensweise weiterzuentwickeln, also zur *Strategieverfeinerung*.

---

[4]Eine Erklärung zur Unterscheidung zwischen basalen und elaborierten Heurismen wird in Kapitel 9 gegeben.

Nach der ersten Schlüsselinteraktion folgt ein Episodenwechsel in eine inhaltstragende Episode – nämlich eine kurze Planungsphase. In dieser Phase überlegt sie,
wie sie eine Tabelle zeichnen könnte. Mit Beginn der Tabellenerstellung wechselt
sie in eine Organisationsphase. Der Impuls, eine Tabelle zu nutzen, kam von den
Strategieschlüsseln. Insofern wird an dieser Stelle der Episodenwechsel auf die
Strategieschlüssel zurückgeführt.

Die zweite Schlüsselinteraktion zeigt einen Einfluss auf der Ebene der Heurismen, denn danach geht Anja deutlich systematischer vor. Ein Einfluss auf der Ebene
der Episodentypen ist an dieser Stelle nicht erkennbar.

Insgesamt können in Anjas Problembearbeitungsprozess verschiedene selbstregulatorische Tätigkeiten beobachtet werden. Die Schlüsselinteraktionen gehen von
ihr aus und werden zur *Strategiegenerierung* und *-verfeinerung* genutzt. Darüber
hinaus steuert sie in gut erkennbarer Weise ihren Heurismeneinsatz. Die Schlüsselinteraktionen haben zusätzlich einen Einfluss auf der Ebene der Episodentypen.
Damit können bei Anja alle vier Arten selbstregulatorischer Tätigkeiten identifiziert
werden.

17.4.2 Christin (Bauernhof-Aufgabe)

Christins erste Aufgabenbearbeitung beträgt ca. neun Minuten. Sie gelangt
zum richtigen Ergebnis und damit einem korrekten Lösungsansatz (siehe
Abbildung 17.11(c)).

Auf der ersten Kodierschiene ist erkennbar, dass Christin zuerst die Aufgabe liest
und sie anschließend analysiert. Christin wechselt in eine Explorationsphase und
unterbricht diese nach knapp neun Minuten durch eine Organisationsphase. Danach
verläuft ihr Problembearbeitungsprozess mit einer Explorationsphase weiter, die
schließlich in eine Phase der Implementation übergeht.

Auf der zweiten Kodierschiene wurden insgesamt elf, darunter sieben verschiedene Heurismen identifiziert. Christin versucht sich bis zu Minute zwölf die Aufgabe zu erschließen, indem sie darüber nachdenkt, was *gegeben und gesucht* ist.
Zwischendurch generiert sie ein *Beispiel* und einen *Spezialfall*. Nach knapp neun
Minuten erstellt sie eine *Tabelle*. Kurz danach generiert sie einen *Spezialfall* und
probiert dann *systematisch*. Nach etwas mehr als 13 Minuten formuliert sie eine
Regelmäßigkeit in Form eines *Musters* – hier als Strategiekeim[5] kodiert – und *probiert* anschließend weiter *systematisch*.

---

[5]Nähere Informationen zu diesem Begriff können Abschnitt 14.2 entnommen werden.

In diesem Problembearbeitungsprozess sind drei Passagen von Interesse. Die erste Passage (Minuten 8:00 bis 10:00) beinhaltet eine intensive Interaktion mit den Strategieschlüsseln sowie Veränderungen auf den ersten beiden Kodierschienen. In der zweiten Passage wird untersucht, wie ein Episodenwechsel ohne Schlüsselinteraktion erfolgt (Minute 13:30 bis 14:30). Die dritte Passage (ab Minute 17:00) beinhaltet das Gespräch im Interview und die darin genannten Strategieschlüssel.

17.4.2.1 Christin (Bauernhof-Aufgabe): Passage 1

In Passage 1 (siehe Tabelle 17.14) beginnt Christin die Interaktion mit den Strategieschlüsseln von sich aus, indem sie ihren Blick aktiv zu den vor ihr liegenden Strategieschlüsseln wendet. Die Interviewerin verbalisiert diese Beobachtung als Frage an die Schülerin (Zeile 2.1). Christin liest nun jeden einzelnen Strategieschlüssel laut vor und wählt die Schlüssel „Erstelle eine Tabelle" und „Arbeite von hinten" aus, indem sie die Schlüssel näher an sich heranzieht. Zum Schluss beschließt sie, eine *Tabelle* zu erstellen (Zeile 5.1).

Tabelle 17.14 Christin (Bauernhof-Aufgabe): Transkriptauszug der ersten Schlüsselinteraktion

Passage 1 (Christin, Bauernhof)

00:08:14–00:08:46 (Exploration, Übergang zur Organisation)
Originale Videostelle: 00:12:14–00:12:46

1.1	*(S richtet den Blick auf die Strategieschlüssel.)*
2.1	I: Sollen wir die Schlüssel mal angucken?
3.1	S: Ja.
4.1	I: Okay.
5.1	S: Finde ein Beispiel. Male ein Bild. Verwende verschiedene Farben. Arbeite von hinten. Erstelle eine Tabelle? Wie arbeite von hinten? (...) Aber Erstelle eine Tabelle. Den hol ich mir mal. *(S nimmt diesen Schlüssel aus der Reihe und legt ihn vor sich.)* Den könnt ich mal gut gebrauchen. Oder arbeite von hinten. *(S zieht auch diesen Schlüssel zu sich und legt ihn vor sich.)* Die kann ich beide so mal gebrauchen. So. Erstelle eine Tabelle. Mach ich jetzt mal. *(S zeichnet Tabellenzeilen und -spalten.)*

Nun überprüft Christin jeden einzelnen Strategieschlüssel, wählt zwei Schlüssel aus und erledigt, was auf einem der Strategieschlüssel geschrieben ist – sie erstellt eine *Tabelle*. Damit zeigt sie einen neuen Heurismus, gewinnt durch den Strategieschlüssel eine neue Idee und verwendet ihn demnach zur *Strategiegenerierung*.

An dieser Stelle hat der Impuls durch den Strategieschlüssel einen Einfluss auf die Ebene der Heurismen.

Gleichzeitig vollzieht Christin einen Episodenwechsel in eine Organisationsphase – einen nicht-inhaltstragenden Episodentyp. Der Impuls durch den Strategieschlüssel beeinflusst damit auch die Ebene der Episodentypen.

Die Auswahl des zweiten Schlüssels „Arbeite von hinten" zeigt auf keiner der ersten beiden Kodierschienen einen sichtbaren Effekt. Christin verfolgt diesen Schlüssel in ihrem Problembearbeitungsprozess nicht weiter. Erst im Interview nimmt sie hierzu wieder Bezug.

Durch diese Passage wird erkennbar, dass Christin die Strategieschlüssel gezielt auswählt. Sie ist in der Lage, Strategieschlüssel sinnvoll in ihren Problembearbeitungsprozess zu integrieren und die auf den Strategieschlüsseln aufgeführten Strategien umzusetzen.

17.4.2.2 Christin (Bauernhof-Aufgabe): Passage 2

Vor dieser zweiten Passage hat Christin den *Spezialfall* mit zehn Hühnern und zehn Kaninchen entwickelt. Nun generiert sie das *Beispiel* neun Hühner und elf Kaninchen, indem sie *systematisch probiert* (siehe Tabelle 17.15, Zeilen 1.2 bis 9.2). Diese Systematik – nämlich die Anzahl der Tiere konstant zu halten, ein Kaninchen hinzuzufügen und ein Huhn abzuziehen – behält sie bei und findet so das *Beispiel* mit zwölf Kaninchen und acht Hühnern (Zeile 14.2). Sie formuliert sogar eine Regel, die als *Muster (Strategiekeim)* kodiert wurde: „Mit gleich vielen Tieren können mehr Beine generiert werden" (Zeile 12.2). Sie beginnt, diese Systematik zu nutzen, wenn auch noch nicht ganz ausgereift. Sie hat zwar verstanden, dass sie durch das Austauschen eines Huhns durch ein Kaninchen die Anzahl der Beine erhöhen kann; sie hat an dieser Stelle aber nicht formuliert, dass dann zwei Beine hinzukommen.

Mit dem Satz „Ich dreh mal das Blatt um" beginnt die neue Episode *Implementation*. Christin geht nun planvoller vor (Zeile 14.2). Die Auswahl der Beispiele erfolgt nicht zufällig, sondern gemäß der zuvor formulierten Systematik (Zeile 12.2). Zwischen dem *Beispiel* mit zwölf Kaninchen und acht Hühnern überlegt sie länger und formuliert dann die Idee, es mit 15 Kaninchen und fünf Hühnern zu probieren. An dieser Stelle verrät uns Christin nicht, was genau sie sich denkt. Sie scheint aber verstanden zu haben, dass ihre bisherigen Schritte recht klein sind und sie deswegen häufiger probieren müsste. Vermutlich entscheidet sie sich deswegen für einen größeren Sprung.

Der Übergang von der Explorations- zur Implementationsphase ist hier fließend. Christin probiert zunächst ein Beispiel aus – hier konkret sogar einen *Spezialfall*. Daraus entwickelt sie ein *systematisches Probieren*, dessen Systematik sie auch formuliert (Zeile 12.2, *Muster (Keim)*) und beginnt damit auf der Rückseite ihres Arbeitsblatts.

Tabelle 17.15 Christin (Bauernhof-Aufgabe): Transkriptauszug eines Episodenwechsels ohne Interaktion mit Strategieschlüsseln

Passage 2 (Christin, Bauernhof)

	00:11:39–00:16:07 (Exploration, Übergang zur Implementation) Originale Videostelle: 00:15:39:22–00:20:07
1.2	S: Wenn ich ein Huhn abnehme. Also neun Hühner. *(S schreibt 9 Hühner.)* Neun Hühner haben wie viele Beine? *(10 Sekunden Pause)* Sechsunddreißig haben die. Vierzig minus vier sind sechsunddreißig.
2.2	I: Hühner?
3.2	S: Ja.
4.2	I: Wie viele Beine hat ein Huhn?
5.2	S: Zwei. Ach ja stimmt. Sind zwei.
6.2	I: Hm.
7.2	S: Zwei. Neun Hühner. Dann kommen da achtzehn hin.
8.2	I: Mhm.
9.2	S: Achtzehn Beine haben die dann. *(S schreibt 18 Beine.)* Achtzehn Beine und ich hab noch elf Kaninchen. *(S schreibt 11 Kaninchen in die nächste Zeile)* Kaninchen haben vier Beine. So. Hm. Und elf mal die vier? Vierzig. Vierundvierzig.
10.2	I: Mhm.
11.2	*(S schreibt 44 Beine.)*
12.2	S: Bleibt gleich. Nur das hier acht plus vier sind? Zwölf. Und eins plus vier sind fünf. Sechs. Zweiundsechzig Beine. *(S schreibt 62 Beine.)* Hat super viel gebracht. Ich bin von sechzig Beinen mit gleich vielen Tieren auf zweiundsechzig Beine gekommen. Juhu. So. Muss ich hier irgendwas anderes machen. Ich dreh mal das Blatt um.
13.2	I: Mhm.
14.2	S: Hm. Wenn ich mal mit. Nicht ein Kaninchen. Das mach ich dann jetzt gerade wieder. Mit zwölf Kaninchen. Wie viele Beine haben die? Zwölf Kaninchen. Vierundvierzig. Achtundvierzig. *(S schreibt 48 Beine.)* Die haben achtundvierzig Beine. Schon wieder ein Fort *(unverständlich)*. Okay und dann hab ich aber nur noch acht Hühner. *(S schreibt 8 Hühner.)* Acht Hühner? Acht mal die zwei. Sechzehn. Haben sechzehn Beine *(S schreibt 16 Beine und addiert 48 und 16.)* *(13 Sekunden)* Ich sollte es mal versuchen mit fünfzehn Kaninchen und fünf Hühnern. Vielleicht komme ich dann mal irgendwann auf ein Ergebnis. Fünfzehn Kaninchen. *(S schreibt 15 Kaninchen und 5 Hühner, berechnet die Anzahl der Beine und addiert diese.)* Fünfzehn Kaninchen. Wie viele Beine haben die? Sechzig? Is doch viel zu hoch. Nee, sechzig. Stimmt ja. *(5 Sekunden Pause)* Is richtig. *(S schreibt 60.)* Und fünf Hühner sind zehn. Yeah. Ergebnis raus.

17.4.2.3 Christin (Bauernhof-Aufgabe): Ergänzung aus dem Interview

Im Interview (siehe Tabelle 17.16) erklärt Christin, dass ihr durch die Tabelle aufgefallen sei, sich zunächst auf die 20 Tiere konzentrieren zu müssen und diese konstant zu halten (Zeile 2.I). Außerdem sei ihr dadurch aufgefallen, dass die Kaninchen mehr Beine haben und so die Anzahl der Beine schneller steigt (Zeile 4.I). Die *Tabelle* scheint ihr also als ein erstes heuristisches Hilfsmittel gedient zu haben, um sich auf eine Komponente zu konzentrieren und anschließend systematischer vorzugehen.

Sie nennt hier erneut den Strategieschlüssel „Arbeite von hinten", hält ihn aber für wenig hilfreich. Immerhin könne man mit 70 Beinen weniger anfangen als mit 20 Tieren (Zeile 6.I). Die Interviewerin versucht, mit Nachfragen besser zu verstehen, was Christin meinen könnte. Sie scheint den hinteren Teil der Tiere mit Beinen zu verbinden und den vorderen Teil mit den Köpfen. Deswegen seien die Anzahl der Beine äquivalent zum „Arbeite[n] von hinten" (Zeilen 7.I bis 12.I).

Christin interpretiert diesen Strategieschlüssel anders als intendiert (siehe Kapitel 2). Sie arbeitet im klassischen Sinn nicht rückwärts, sondern wechselt vielmehr ihre Perspektive von der Anzahl der Köpfe zur Anzahl der Beine und damit nach „hinten". Der Impuls durch den Strategieschlüssel erlaubt ihr umzudenken und ihre bisherige Perspektive zu verändern.

17.4.2.4 Christin (Bauernhof-Aufgabe): Zusammenfassung

Christin greift innerhalb ihres Problembearbeitungsprozesses zu zwei Zeitpunkten auf die Strategieschlüssel zurück. Sie wählt die Schlüssel „Erstelle eine Tabelle" und „Arbeite von hinten".

Die erste Schlüsselinteraktion hat einen Einfluss auf der Ebene der Heurismen und auf der Ebene der Episodentypen zur Folge. Einerseits zeichnet sie nämlich anschließend eine Tabelle (*Strategiegenerierung*), was ein neuer Heurismus ist. Andererseits leitet dieser Heurismus in die nicht-inhaltstragende Episode *Organisation* über.

Christin spricht den Schlüssel „Arbeite von hinten" im Interview wieder an. Innerhalb des Problembearbeitungsprozesses wird seine Verwendung aber nicht deutlich. Der Zweck des zweiten Strategieschlüssels kann an dieser Stelle folglich nicht abschließend geklärt werden.

In Christins Problembearbeitungsprozess können insgesamt vier verschiedene selbstregulatorische Tätigkeiten identifiziert werden. Zunächst geht die Initiative zur Schlüsselinteraktion von ihr selbst aus. Sie nutzt die Strategieschlüssel dann zur *Strategiegenerierung*, ist also bereit ihre bisherige Vorgehensweise zu verändern und steuert in diesem Sinne ihren Heurismeneinsatz. Auch eine Veränderung auf der Ebene der Episodentypen kann verzeichnet werden, weil sie von der Exploration in eine Organisationsphase wechselt.

Tabelle 17.16 Christin (Bauernhof-Aufgabe), Passage 3: Transkriptauszug aus dem Interview zur Erklärung der Strategieschlüsselinteraktion

Ergänzung aus dem Interview (Christin, Bauernhof)

	00:16:47-00:18:28 (Interview) Originale Videostelle: 00:20:47–00:22:28
1.I	I: Wie haben dir denn jetzt die Schlüssel geholfen?
2.I	S: Ähm. Mit dieser erstelle auf eine Tabelle bin ich drauf gekommen, dass ich vielleicht erstmal so auf die zwanzig gucken soll. Das ich auf jeden Fall zwanzig Tiere erstmal hab und nicht erst auf die siebzig Beine.
3.I	I: Mmh.
4.I	S: Dann muss ich halt erstmal gucken, dass es weil Kaninchen halt mehr Beine haben, dass weil weil weil Kaninchen halt mehr Beine haben, können die auch größ können die auch ne mehrere Anzahl haben, weil dann geht halt das Ergebnis schneller hoch.
5.I	I: Mmh.
6.I	S: Und Hühner ist ja nur noch der Rest. Dann bin ich auf Erstelle von einer Tabelle. Und arbeite von hinten hab ich eigentlich eher am Anfang schon gemacht. Aber das hat mir nicht viel geholfen, weil 70 Beine damit kann man nicht so v... siebzig Beine kann man nicht so viel anfangen, wie mit zwanzig Tieren.
7.I	I: Mmh. Das heißt, die Beine sind quasi von hinten arbeiten?
8.I	S: Ja.
9.I	I: Bei den Beinen anfangen ist hinten arbeiten.
10.I	S: Ja. Sozusagen.
11.I	I: Okay.
12.I	S: Weil man erst. Man sollte erst gucken, wie viele Hühner und Kaninchen es sind. Und sollte damit die Beine gucken, damit man auch irgendwann mal das richtige Ergebnis raus hat.
13.I	I: Du hast ja aber dann letztendlich gar nicht mehr in die Tabelle reingeschrieben. Das war ja irgendwie.
14.I	S: Ja. Dann streich ich die mal durch. *(S streicht die Tabelle durch.)*
15.I	I: Nee. Musst du nicht. Das ist ja
16.I	S: Aber warum ich das jetzt gemacht hab? Ich kann ja auch noch hier eintragen.
17.I	I: Nee. Aber warum hast du denn jetzt die Tabelle nicht benutzt?
18.I	S: Weil ich erst mit der Tabelle auf die Idee gekommen bin, dass and(...) so zu machen. Dass anders zu machen
19.I	I: Okay.

17.4.3 Christin (Sieben Tore-Aufgabe)

Die Sieben Tore-Aufgabe ist Christins dritte Aufgabenbearbeitung. Sie dauert knapp 16 Minuten und führt zu einem erweiterten Lösungsansatz (siehe Abbildung 17.13).

Christin liest zunächst die Aufgabe und zeigt dann ein Verhalten, das als Analysephase kodiert wurde. Sie probiert anschließend innerhalb einer Explorationsphase etwas aus, schreibt ihre Erkenntnisse nieder und geht in eine ca. 8-minütige Erkundung zurück. Sie beendet ihren Problembearbeitungsprozess mit einer Schreibphase. Somit entspricht Christins Problembearbeitungsprozess dem wild-goosechase Prozessprofil.

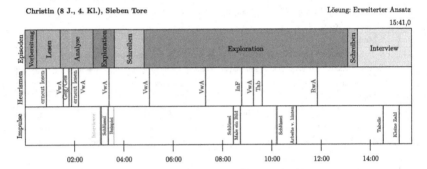

Abbildung 17.13 Christin (Sieben Tore-Aufgabe): Kodierschema

Auf der zweiten Kodierschiene wird eine Vielzahl von Heurismen erkennbar, auf die Christin zurückgreift: *erneut Lesen, Vorwärtsarbeiten, Gegeben und Gesucht, Informative Figur, Tabelle* und zum Schluss *Rückwärtsarbeiten*, insgesamt 12 verschiedene Heurismen. Sie scheint zu Beginn des Problembearbeitungsprozesses zu versuchen, die Aufgabe zu verstehen. Sie beschäftigt sich deswegen mit dem *Gegebenen und Gesuchten* und *liest* mindestens Teile der Aufgabe *erneut*. Sie versucht, die Aufgabe zu lösen, indem sie *vorwärts arbeitet*. Dazu sucht sie jeweils eine Startzahl und durchläuft damit die sieben Tore. Nach ca. 12 Minuten nutzt sie den Heurismus *Rückwärtsarbeiten* und beendet zwei Minuten später ihre Aufgabenbearbeitung.

Auf der dritten Kodierschiene wurden drei Passagen mit Schlüsselinteraktionen identifiziert. Innerhalb ihrer ersten Explorationsphase sucht Christin Hilfe bei den Strategieschlüsseln und wählt den Schlüssel „Finde ein Beispiel" (Passage 1, siehe Abschnitt 17.4.3.1). Nach knapp neun Minuten interagiert sie erneut mit den Strategieschlüsseln. Diesmal nutzt sie insbesondere die Strategieschlüssel „Male ein Bild" und „Arbeite von hinten" (Passage 2, siehe Abschnitt 17.4.3.2). Die dritte Passage liegt innerhalb der Interviewphase bei etwas mehr als 14 Minuten. Diese drei Passagen werden nun näher betrachtet und analysiert.

17.4.3.1 Christin (Sieben Tore-Aufgabe): Passage 1

Passage 1 (siehe Tabelle 17.17) beginnt, indem die Interviewerin einen Hinweis auf die Schlüssel gibt (Zeile 1.1). Christin folgt dieser Idee und liest die Strategieschlüssel der Reihe nach laut vor (Zeile 2.1). Sie scheint zu prüfen, welcher Strategieschlüssel für sie in Frage kommen könnte. Als sie auf den Schlüssel „Beginne mit einer kleinen Zahl" stößt, macht sie durch ihre Gestik und Mimik deutlich, dass sie eine Idee hat. Daraufhin legt die Interviewerin den Schlüssel gut sichtbar neben die anderen. Direkt im Anschluss sagt Christin „Ein Beispiel hab ich ja schon gefunden" (Zeile 4.1). Sie liest den dazu passenden Strategieschlüssel jedoch weder vor, noch legt sie ihn neben die anderen. Ihre Wortwahl lässt aber vermuten, dass sie hier auf den Strategieschlüssel „Finde ein Beispiel" verweist. Die Interviewerin fragt nun nach: „Was denn für ein Beispiel?" (Zeile 5.1). Christin erläutert ihr Beispiel (Zeile 6.1) und schreibt es auf, nachdem sie dazu aufgefordert wurde (Zeile 7.1).

Tabelle 17.17 Christin (Sieben Tore-Aufgabe): Transkriptauszug der ersten Schlüsselinteraktion

Passage 1 (Christin, Sieben Tore)

00:02:59–00:03:37 (Exploration) Originale Videostelle: 00:31:59–00:32:37	
1.1	I: Sollen wir mal einen Schlüssel angucken?
2.1	S: Ja. Male ein Bild. Erstelle eine Tabelle. Arbeite von hinten? Suche nach einer Regel. Beginne mit einer kleinen Zahl. *(S richtet sich auf, macht große Augen, hebt den Finger und lächelt.)* Beginne mit einer kleinen Zahl!
3.1	*(I schiebt den Schlüssel 10cm links neben die anderen Schlüssel.)*
4.1	S: Ein Beispiel hab ich ja schon gefunden.
5.1	I: Was denn für ein Beispiel?
6.1	S: Ähm. Hundert Äpfel, die Hälfte ist fünfzig, die Hälfte ist fünfundzwanzig, und davon die Hälfte sind vierzehneinhalb*[sic!]*.
7.1	I: Dann schreib mir das Beispiel doch mal noch auf bitte.
8.1	S: So. *(S schreibt das Beispiel auf.)*

In dieser Passage ist auffällig, dass der Strategieschlüssel „Beginne mit einer kleinen Zahl" keine weitere Beachtung findet, nachdem er genannt wurde. Stattdessen beschäftigt sich Christin direkt mit einem anderen Strategieschlüssel. Die Interaktion mit den Strategieschlüsseln kann also auch sehr schnell erfolgen. Außerdem scheint die Interaktion zumindest bei Christin kein Garant für eine anschließende Handlung zu sein. Christin führt den zuerst genannten Strategieschlüssel nicht aus und geht auch nicht weiter auf ihn ein.

Beim Strategieschlüssel „Finde ein Beispiel" nimmt sie indirekt auf einen Schlüssel Bezug. Sie nutzt ihn, um einen zuvor verwendeten Heurismus – nämlich das *Vorwärtsarbeiten* – zu benennen. Sie erklärt damit, was sie aus ihrer Sicht vorher erarbeitet hat. Der Strategieschlüssel erfüllt damit die Funktion der *post-aktionalen Strategiebenennung*.

Der Episodenwechsel von der Explorations- in die Schreibphase wurde von der Interviewerin initiiert. Eine Verbindung zu den Strategieschlüsseln ist an dieser Stelle nicht erkennbar.

17.4.3.2 Christin (Sieben Tore-Aufgabe): Passage 2

Diese zweite Passage (siehe Tabelle 17.18) beginnt, als Christin um einen Tipp bittet und die Interviewerin dann auf die Strategieschlüssel verweist (Zeilen 1.2 und 2.2). Christin referiert auf den Strategieschlüssel „Suche nach einer Regel" und prüft, ob ihr eine Regelmäßigkeit aus der Aufgabenstellung helfen könnte – nämlich „immer ein halber Apfel" (Zeile 3.2). Diesen Gedanken scheint sie direkt wieder zu verwerfen und überlegt stattdessen, „[o]b [sie] ein Bild hier malen soll" (Zeile 6.2). Diese Idee setzt sie direkt um und zeichnet die sieben Tore mit sieben Wächtern in Form von Strichmännchen (siehe Abbildung 17.14). Sie kommt hier also durch einen Strategieschlüssel auf eine neue Idee und zeigt anschließend einen neuen Heurismus – die *informative Figur*.

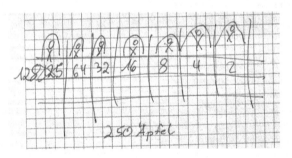

Abbildung 17.14 Christin (Sieben Tore-Aufgabe): Arbeitsblatt (Ausschnitt)

Daraufhin nutzt Christin wieder ihre vorherige Vorgehensweise – das *Vorwärtsarbeiten*: Sie sucht eine passende Startzahl – 250 Äpfel (Zeile 9.2) – und schreibt diese unter die Wächter sowie 125, die Hälfte von 250, unter das linke Strichmännchen, welches dem siebten Tor entspricht (siehe Abbildung 17.14). Nun bemerkt sie, dass die fünf in der Einerstelle nicht ohne Rest durch zwei teilbar ist.

Tabelle 17.18 Christin (Sieben Tore-Aufgabe): Transkriptauszug der zweiten Schlüsselinteraktion

Passage 2 (Christin, Sieben Tore)

	00:08:22-00:11:53 (Exploration) Originale Videostelle: 00:37:22–00:40:53
1.2	S: Kannst du mir nicht einen Tipp geben?
2.2	I: Die Schlüssel sind dein Tipp.
3.2	S: Ich muss nach einer Regel suchen. Super Idee. Immer ein halber Apfel. Super Idee. *(S lacht und schaut weiter auf die Schlüssel.)*
4.2	*(10 Sekunden Pause)*
5.2	I: Was überlegst du?
6.2	S: Ob ich ein Bild hier malen soll.
7.2	I: Mmh.
8.2	S: Kann ich ja mal machen. *(S zeichnet 21 Sekunden lang ein Bild.)*
9.2	S: So. Sieben. Ich habe zweihundertfünfzig. Zweihundertfünfzig Äpfel *(schreibt dies gleichzeitig auf)*. Von zweihundertfünfzig die Hälfte ist? Hundertfünfundzwanzig. Dann bekommt der erste hundertfünfundzwanzig. Ich hab noch hundertfünfundzwanzig übrig. *(S zeichnet Tabellenspalten und -zeilen.)* So. Hundertfünfundzwanzig. Der Zweite würde wieder. Ich darf nicht auf diese Mist fünf kommen, aber komm das immer. Ich darf nicht auf ne fünf kommen. Vielleicht rechne ich mal von der fünf los. Aber dann komm ich auf ne zwei. Zweieinhalb.
10.2	I: Guck doch mal, ob noch ein Hinweis in der Aufgabe steht.
11.2	S: Arbeite von hinten? Erstelle eine Tabelle? Hab ich schon. Male ein Bild? Die habe ich ja alle schon durch *(S schiebt die Schlüssel Erstelle eine Tabelle und Male ein Bild zur Seite)*. Finde ein Beispiel hab ich auch schon. Verschwende. Verwende verschiedene Farben. Hab ich sozusagen mit Male ein Bild. Weil mehr kann ich ja auch nicht. Soll ich die Äpfel noch rot anmalen?
12.2	*(I und S grinsen gemeinsam.)*
13.2	S: Suche nach einer Regel oder Arbeite. Suche nach einer Regel und Arbeite von hinten *(S schiebt beide Strategieschlüssel zur Seite)*. Das waren die einzigen beiden, die noch übrig bleiben, weil den Rest *(schiebt alle anderen Strategieschlüssel auf die andere Seite)*, den hab ich schon alles benutzt.
14.2	I: Mhm.
15.2	S: Arbeite von <u>hinten</u>. Dafür müsste ich wissen, wie viele es sind. Kann ich nicht benutzen. Suche nach einer Regel.
16.2	I: Das. Erklär mir das nochmal. Warum müsstest du, wenn du von hinten arbeitest, erst wissen, wie viele es sind?
17.2	S: Weil ich erst wissen müsste, wie viel es sind. Dann könnte ich
18.2	I: Am Anfang meinst du?
19.2	S: Ja. Oder nur einfach. Mir fehlt das. Mir fehlt, wie viel es als erst. Wie viel er als erster hat. Mir fehlt. Er als le. Wenn er. Wie viele Äpfel er noch übrig hat am Ende.
20.2	I: Das steht aber da.
21.2	S: Nein.
22.2	I: Am Schluss bleibt dem Mann ein Apfel übrig.
23.2	S: So. Ein Apfel da hat der andere. Och, da hat der andere gleich zwei. So. Das Ergebnis ist falsch *(streicht die vorher ermittelte Startzahl durch)*.

Die Interviewerin verweist auf die Aufgabe (Zeile 10.2). Christin geht auf diesen Hinweis nicht ein und wendet ihre Aufmerksamkeit wieder den Strategieschlüsseln zu. Sie überprüft jeden einzelnen Strategieschlüssel (Zeile 11.2) und stellt fest, dass sie die Schlüssel „Erstelle eine Tabelle" und „Male ein Bild" schon verwendet hat und schiebt diese zur Seite. Auch die Strategieschlüssel „Finde ein Beispiel" und „Verwende verschiedene Farben" benennt sie als verwendet. Sie schiebt alle bereits verwendeten auf eine Seite und die noch verbleibenden auf die andere. Aus ihrer Sicht bleiben ihr noch die Strategieschlüssel „Suche nach einer Regel" und „Arbeite von hinten" (Zeile 13.2). Kurz danach schließt sie den Strategieschlüssel „Arbeite von hinten" aus, weil ihr eine wesentliche Information fehlt (Zeile 15.2 und 19.2). Christin ringt um die passenden Worte, um zum Ausdruck zu bringen, welche Information ihr fehlt. Schließlich stellt sie fest, dass sie wissen muss, „[w]ie viele Äpfel er [der Mann] noch übrig hat am Ende" (Zeile 19.2). Da diese Zahl wider Christins Erwarten in der Aufgabe gegeben ist und die Interviewerin darauf hinweist, streicht sie ihr bisheriges Ergebnis durch und beginnt nun ihre vorherige Zeichnung (*informative Figur*) und die dazugehörige *Tabelle* von rechts nach links auszufüllen. Sie *arbeitet rückwärts*. Zu den ermittelten 128 Äpfeln addiert sie noch sieben Äpfel sowie den einen, der am Ende noch übrig war. So kommt sie schließlich auf 136 Äpfel.

In dieser Passage werden die Strategieschlüssel in drei unterschiedlichen Funktionen eingesetzt. Erstens gelingt es Christin, mithilfe eines Strategieschlüssels eine neue Idee zu entwickeln. Sie nutzt die Strategieschlüssel im ersten Abschnitt dieser Passage zur *Strategiegenerierung*. Kurz danach überwacht sie ihren Problembearbeitungsprozess, indem sie überprüft, was sie bereits gemacht hat (post-aktionale Phase der Selbstregulation) und was sie noch machen könnte (prä-aktionale Phase der Selbstregulation) (Herold-Blasius, Rott und Leuders 2017). Sie nutzt die Strategieschlüssel zweitens als *Checkliste*, strukturiert damit ihren Problembearbeitungsprozess, um so der Lösung näher zu kommen. So gelingt es ihr schließlich, den Schlüssel „Arbeite von hinten" mit ihren vorher eingesetzten Heurismen in Verbindung zu bringen. Sie arbeitet rückwärts und zwar in der zuvor angelegten Tabelle. In diesem Sinne nutzt sie den Schlüssel zur *Strategieverfeinerung*.

17.4.3.3 Christin (Sieben Tore-Aufgabe): Ergänzung aus dem Interview

Im Interview (siehe Tabelle 17.19) gibt Christin an, ihr haben „[k]eine" und „[a]lle" Strategieschlüssel geholfen (Zeile 2.I). Sie bemerkt, dass sie noch einen weiteren Schlüssel brauche, nämlich „Lies die Aufgabe" (Zeile 4.I).[6]

---

[6]Christin war die vierte Probandin. Zum Zeitpunkt ihrer Problembearbeitung und Erhebung existierte dieser Schlüssel noch nicht. Er wurde in den nachfolgenden Interviews hinzugefügt

Tabelle 17.19 Christin (Sieben Tore-Aufgabe): Transkriptauszug aus dem Interview

Ergänzung aus dem Interview (Christin, Sieben Tore)

00:13:31–00:15:53 (Interview) Originale Videostelle: 00:42:31–00:44:38	
1.I	I: Welcher Schlüssel hat dir denn jetzt geholfen?
2.I	S: Äh. Keine A. Nein. Alle. *(S lacht.)*
3.I	I: Kann sein.
4.I	S: Suche nach einer Regel. Es fehlt ihr noch ein Schlüssel. Und zwar Lies die Aufgabe. *(S zeichnet einen Schlüssel mit der Aufschrift „Lies die Aufgabe" auf ihr Bearbeitungsblatt.)* So, das ist der neue Schlüssel. *(S lacht.)*
5.I	I: Den Schlüssel würdest du noch brauchen?
6.I	S: Den bräuchte ich noch. Lies diese Scheißaufgabe. Sagt meine Lehrerin auch immer, weil wir die immer falsch machen.
7.I	I: Okay. Also, dir haben alle Schlüssel irgendwie ein bisschen geholfen, aber keiner so richtig.
8.I	S: Ja.
9.I	I: Welcher von denen, die dir ein bisschen geholfen haben, hat dir vielleicht am meisten geholfen?
10.I	S: Hm. Eine Tabelle hat mir vielleicht ein bisschen geholfen *(nimmt den Schlüssel in die Hand)*. Oder hat mir sehr schön geh(...) oder am meisten geholfen. Weil halt mit dieser Tabelle konnte ich nochmal feststellen, wie viele das genau sind. Dann konnte ich auch die hundertachtundzwanzig wenn ich jetzt mal Och da ist ein Vogel. Nach draußen gucke. Welche Zahl hat ich nochmal gerad. Ah ne hundertachtundzwanzig. Damit ich das dann machen kann.
11.I	I: Ah okay. Mhm. Wenn du abgelenkt bist, dann hilft dir ne Tabelle. Dann kannst du besser nachgucken.
12.I	S: Ja. Ja genau.
13.I	I: Ja.
14.I	S: Also Beginne mit einer kleinen Zahl hat mir, wenn ich die Aufgabe gelesen hat, auch weitergeholfen. Beginne mit einer kleinen Zahl. Weil ich doch erst die eins hab. Nämlich eins *(S klopft mit den Fingern auf den Tisch.)*
15.I	I: Die hast du vergessen zwischendurch die eins. Okay. Aber das heißt, der hätte dir auch helfen können *(zeigt auf den Schlüssel Beginne mit einer kleinen Zahl)*. Den hattest du ja ganz zu Beginn schon ausgesucht Beginne mit einer
16.I	S: Beginne mit einer kleinen Zahl.
17.I	I: Das war ja der erste Schlüssel, den du ausgesucht hattest, ne.
18.I	S: Ja, das stimmt.
19.I	I: Okay, ja. Vielen Dank!

und später auch von Lehrkräften eingefordert (Herold-Blasius und Rott 2018). Ohne diesen Strategieschlüssel arbeiteten Richard, Simon, Til und Christin.

Im Verlauf des Interviews gibt sie an, dass der Strategieschlüssel „Erstelle eine Tabelle" am hilfreichsten war (Zeile 10.I). Das systematische und übersichtliche Aufschreiben helfe, um Ablenkungen zu überwinden und um nachzuschauen, was bisher erarbeitet wurde. Sie stellt außerdem fest, dass ihr der Schlüssel „Beginne mit einer kleinen Zahl" hätte helfen können, wenn sie ihn beachtet hätte (Zeile 14.I). Dieser Schlüssel wurde zwar als erstes ausgewählt, fand dann aber keine weitere Beachtung.

17.4.3.4 Christin (Sieben Tore-Aufgabe): Zusammenfassung

Christin durchläuft einen wild-goose-chase Prozess. Dabei greift sie zu verschiedenen Zeitpunkten auf die Strategieschlüssel zurück und setzt diese verschiedenartig ein. Ihre erste Schlüsselinteraktion dient dazu, ihren zuvor verwendeten Heurismus zu benennen (*post-aktionale Strategiebenennung*).

Nach der zweiten Schlüsselinteraktion folgt keine Veränderung auf der Ebene der Episodentypen, dafür aber auf der Ebene der Heurismen. Der Strategieschlüssel „Male ein Bild" führt zu einer *informativen Figur* und der Strategieschlüssel „Arbeite von hinten" zum *Rückwärtsarbeiten*. Beide Strategieschlüssel führen hier zu den intendierten Heurismen. Den ersten Schlüssel nutzt Christin zur *Strategiegenerierung*, den zweiten zur *Strategieverfeinerung*.

Zusätzlich geht Christin alle ihr vorliegenden Strategieschlüssel gewissenhaft durch und prüft jeden einzelnen auf Nützlichkeit. Sie verwendet die Strategieschlüssel also außerdem als *Checkliste*.

In Christins Problembearbeitungsprozess können drei verschiedene selbstregulatorische Tätigkeiten identifiziert werden. Erstens geht der Wunsch nach einem Tipp und damit die Schlüsselinteraktion von ihr aus (siehe Passage 2 in Abschnitt 17.4.3.2). Zweitens nutzt sie die Strategieschlüssel wie oben beschrieben vielfältig. Wechsel auf der Ebene der Episoden finden in Christins Problembearbeitungsprozess statt. Allerdings wurde der Wechsel hier von der Interviewerin initiiert. Einen Hinweis auf Christins selbstregulatorische Fähigkeiten gibt der Wechsel damit nicht. Drittens steuert Christin mit Hilfe der Strategieschlüssel ihren Heurismeneinsatz. So generiert sie nicht nur eine neue Strategie, weil ihre vorherigen nicht zielführend waren. Sie entwickelt auch vorher verwendete Heurismen weiter, indem sie sie mit anderen kombiniert.

17.4.4 Felix (Smarties-Aufgabe)

Felix bearbeitet als dritte Aufgabe die Smarties-Aufgabe. Er hat sich bei vorangegangenen Problembearbeitungsprozessen bereits mit den Strategieschlüsseln vertraut gemacht und sie auch verwendet. Für die Smarties-Aufgabe benötigt er knapp acht Minuten und kommt zu einem erweiterten Lösungsansatz (siehe Abbildung 17.15(a)).

Felix liest erst die Aufgabe und geht dann in eine Planungsphase über. Diesen Plan setzt er anschließend in einer Implementationsphase um und schreibt schließlich seine Ergebnisse auf.

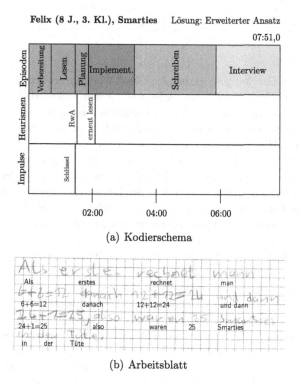

(a) Kodierschema

(b) Arbeitsblatt

Abbildung 17.15 Felix (Smarties-Aufgabe): Kodierschema und Arbeitsblatt

Auf der zweiten Kodierschiene wurden kurz nach dem Lesen der Aufgabe die Heurismen *Rückwärtsarbeiten* und *erneut Lesen* identifiziert. Beide Heurismen scheinen für diese Aufgabe passend und gezielt ausgewählt zu sein.

Eine Schlüsselinteraktion fand nach ca. 01:30 Minuten statt. Hier schaute Felix kurz auf die Strategieschlüssel (Zeile 2 in Tabelle 17.20) und sagte dann, dass er „von hinten rechnen" (Zeile 3) möchte. Sein Blick scheint hier eher eine Orientierungsfunktion zu haben, um eine Idee zu bestätigen oder sich für die Umsetzung

Tabelle 17.20 Felix (Smarties-Aufgabe): Transkriptauszug der Schlüsselinteraktion

Passage 1 (Felix, Smarties)

00:01:29-00:01:50 (Planung) Originale Videostelle: 00:33:46–00:34:07	
1	*S liest die Aufgabe laut vor.*
2	S: Ähm. *(S schaut für eine Sekunde auf die Strategieschlüssel.)*
3	S: Am besten rechne ich von hinten. So was Ähnliches hatten wir nämlich schon mal als Hausaufgabe. Da irgendwas hatte ich das das und da hat da sollte man dann von hinten rechnen.
4	I: Mhm.

einer Idee eine Genehmigung einzuholen. Felix' Wortwahl erlaubt die Vermutung, dass er sich am Strategieschlüssel „Arbeite von hinten" orientiert. Dieser Schlüssel scheint ihn an eine ihm bekannte Hausaufgabensituation zu erinnern (Zeile 3). Der Strategieschlüssel scheint hier als Erinnerungshilfe zu fungieren. Kurz nach der Schlüsselinteraktion wechselt er schließlich in die Implementationsphase.

Felix nutzt den Strategieschlüssel „Arbeite von hinten" also, um sich an eine Hausaufgabensituation zu erinnern, sich zu vergewissern und seine Idee zu bestätigen. Nach der Bestätigung nutzt er dann den Heurismus *Rückwärtsarbeiten*, den intendierten Heurismus. Gleichzeitig regt ihn die Schlüsselinteraktion an, sein weiteres Vorgehen zu benennen und damit zu planen. Felix benennt sein Vorgehen im Vorhinein und nicht – wie bisher in anderen Problembearbeitungsprozessen erkennbar – im Nachhinein. Er nutzt den Strategieschlüssel also zur *prä-aktionalen Strategiebenennung*.

Durch die Schlüsselinteraktion wird die Planungsphase initiiert. Die Implementationsphase folgt naturgemäß, weswegen der Episodenwechsel von der Planung zur Implementation nicht in Verbindung mit den Strategieschlüsseln gesehen wird.

Felix interagiert von sich aus mit den Strategieschlüsseln und nutzt sie zur *prä-aktionalen Strategiebenennung*. Ein Episodenwechsel findet zwar nach der Schlüsselinteraktion statt, wird aber nicht primär darauf zurückgeführt. Eine Steuerung der Heurismen erfolgt hier insofern, als Felix vorher überlegt, welchen Heurismus er einsetzen möchte. Er verändert also nicht sein Vorgehen, sondern plant es im Vorfeld. Insgesamt können so drei selbstregulatorische Tätigkeiten identifiziert werden.

17.4.5 Julius (Sieben Tore-Aufgabe)

Julius' Bearbeitung der Sieben Tore-Aufgabe wird nach 40 Minuten von der Interviewerin abgebrochen. Er kommt zu einem Ergebnis, das als einfacher Lösungsansatz kodiert wurde (siehe Abbildung 17.16).

Julius liest zuerst die Aufgabe, analysiert sie dann und geht in eine Explorationsphase über. Nach etwa zwölf Minuten wechselt er sein Verhalten, sodass der Episodentyp *Organisation* kodiert wurde. Er durchläuft innerhalb seines Bearbeitungsprozesses noch zwei weitere Explorations- und eine weitere Organisationsphase. Julius' Problembearbeitungsprozess entspricht damit dem wild-goose-chase Prozessprofil.

Auf der zweiten Kodierschiene wurden häufig die gleichen Heurismen identifiziert. Das Generieren von *Beispielen*, das *Vorwärtsarbeiten* und das Erstellen von *Tabellen* kamen besonders häufig vor.

Tabelle 17.21 Julius (Sieben Tore-Aufgabe): Transkriptauszug der Schlüsselinteraktion
Passage 1 (Julius, Sieben Tore)

	00:12:02-00:15:13 (Exploration, Übergang zur Organisation)
	Originale Videostelle: 00:36:14–00:39:25
1	I: Sollen wir uns vielleicht doch mal einen Schlüssel angucken? Vielleicht gibt der uns eine neue Idee?
2	S: Mhm. Vielleicht der mit der Tabelle?
3	I: Soll ich den mal raus nehmen?
4	S: Mhm. *(zustimmend)*
5	*(I legt den Schlüssel sichtbar neben die anderen.)*
6	*(S zeichnet eine Tabelle. Dauer: 02:12 Minuten)*
7	*(S schreibt die 50 über die Tabelle.)*
8	I: Ah. Du denkst dir jetzt wieder eine Zahl aus.
9	S: mhm. Und das mach ich da genauso. Nur mit ner kleinen Tabelle.

Nach etwa zwölf Minuten interagiert Julius mit den Strategieschlüsseln. Der Impuls für Julius' Schlüsselinteraktion geht von der Interviewerin aus (Zeile 1, Tabelle 17.21). Julius stimmt der Idee zu und wählt den Strategieschlüssel „Erstelle eine Tabelle" (Zeile 2). Er setzt die Idee um und zeichnet eine *Tabelle* (Zeile 6, siehe auch Abbildung 17.17). Danach nutzt er sie, um seine bisherige

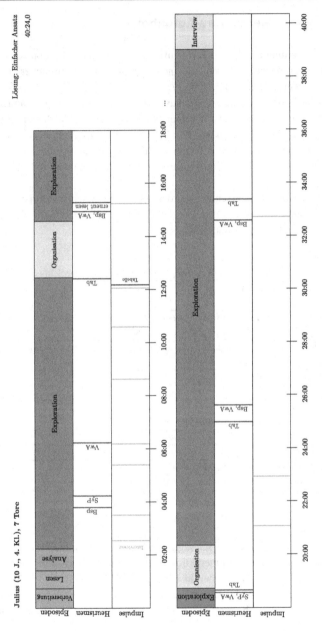

Abbildung 17.16 Julius (Tore-Aufgabe): Kodierschema

Strategie – das *Vorwärtsarbeiten* – damit zu kombinieren. Er nutzt den Strategieschlüssel demnach zur *Strategieverfeinerung*.

Abbildung 17.17 Julius (Sieben Tore-Aufgabe): Arbeitsblatt (Ausschnitt)

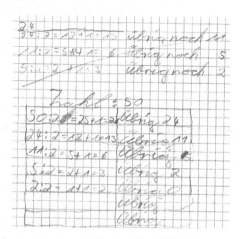

Julius' Problembearbeitungsprozess weist selbstregulatorische Tätigkeiten auf. Der Impuls, mit den Strategieschlüsseln zu interagieren, geht von der Interviewerin aus. Allerdings gelingt es dann einen Strategieschlüssel auszuwählen und diesen zur *Strategieverfeinerung* einzusetzen. Julius wechselt außerdem zwischen Episodentypen und steuert aufgrund der gezielten Verbindung zwischen *Vorwärtsarbeiten* und *Tabelle* auch seinen Heurismeneinsatz. In Julius' Fall können also alle vier, hier beschriebenen Arten von selbstregulatorischen Tätigkeiten identifiziert werden. Trotzdem bleibt Julius' Problembearbeitungsprozess nur wenig erfolgreich.

17.4.6 Richard (Bauernhof-Aufgabe)

Die Bauernhof-Aufgabe ist Richards zweite von drei Aufgabenbearbeitungen. Der Problembearbeitungsprozess dauert etwa neun Minuten und führt zu einem korrekten Lösungsansatz.

Richard liest die Bauernhof-Aufgabe (siehe Abbildung 17.18) und erkundet sie dann. Nach etwa drei Minuten überprüft er, was er bisher gemacht hat (Verifikationsphase) und geht dann in eine zweite Explorationsphase über. Es folgen eine Organisations- und eine Implementationsphase.

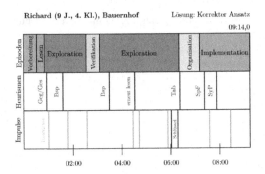

Abbildung 17.18 Richard (Bauernhof-Aufgabe): Kodierschema

Während seines Problembearbeitungsprozesses nutzt Richard sieben Heurismen, darunter sechs verschiedene. Er überlegt sich zunächst, was *gegeben und gesucht* ist und generiert zwei *Beispiele*. Nach dem Erstellen einer *Tabelle* findet er einen *Spezialfall* und *probiert* schließlich *systematisch*.

Richard interagiert nach ca. sechs Minuten mit den Strategieschlüsseln. Dies beginnt mit einem Impuls durch die Interviewerin (siehe Tabelle 17.22). Sie verweist auf die Strategieschlüssel (Zeile 3), wobei sie durch das Wort „wieder" signalisiert, dass Richard vorher bereits mit Strategieschlüsseln gearbeitet hat – und zwar in der zuvor bearbeiteten Kleingeld-Aufgabe. Richard beschäftigt sich mit den Strategieschlüsseln (Zeile 4) und benennt die Tabelle als eine mögliche Vorgehensweise (Zeile 5). Er erstellt eine dreispaltige *Tabelle* (siehe Abbildung 17.19) und möchte diese dazu nutzen, auszuprobieren (Zeile 8). Er trägt deswegen den *Spezialfall* mit 20 Kaninchen und 80 Beinen in die Tabelle ein. Richard nutzt die Tabelle gleichzeitig, um die Anzahl der Tiere konstant zu halten und nicht wie zuvor (siehe linker Teil von Abbildung 17.19) die Anzahl der Beine.

Richard nutzt die Strategieschlüssel in dieser Passage zur *Strategiegenerierung*, indem sie ihn auf die Idee bringen, eine *Tabelle* zu zeichnen. Das Umsetzen dieser Idee resultiert schließlich in zwei Episodenwechsel – einer kurz vor und einer nach dem Erstellen der Tabelle (Zeile 7). Richard scheint nach der Erstellung der Tabelle einen Plan zu haben und diesen innerhalb der Implementation zu verfolgen. Sein Plan besteht darin, *Beispiele* zu generieren und diese mithilfe der Tabelle festzuhalten. Er kombiniert also den Heurismus *Tabelle* mit anderen Heurismen – hier *Spezialfall* und *systematisches Probieren*. In diesem Sinne nutzt Richard den Strategieschlüssel auch zur *Strategieverfeinerung*.

Tabelle 17.22 Richard (Bauernhof-Aufgabe): Transkriptauszug der Schlüsselinteraktion

Passage 1 (Richard, Bauernhof)

	00:05:47-00:07:37 (Exploration, Übergang zur Organisation und Implementation) Originale Videostelle: 00:19:26–00:21:16
1	I: Wenn du dir mal die beiden hier anguckst, die du hier hast *(zeigt auf die zwei zuvor generierten Beispiele)*. Jetzt schauen wir nochmal.
2	S: Ja.
3	I: Vielleicht hilft dir wieder ein Schlüssel.
4	*(S schaut auf die Strategieschlüssel.)*
5	S: Hm. Vielleicht (...) sollte man mal eine Tabelle erstellen.
6	I: Mhm. Nehmen wir den mal raus *(I rückt den Schlüssel Erstelle eine Tabelle neben die anderen Schlüssel.)*
7	*(S erstellt Tabelle (Dauer: 51 Sekunden).)*
8	S: Jetzt hat man hier ziemlich viel Platz zum Ausprobieren einfach mal.
9	I: Dann leg mal los.
10	S: Also 20 Kaninchen. Nee. 20 Kaninchen sind schon mal 80.
11	I: Schreib doch schon mal auf.
12	*(S schreibt auf.)*

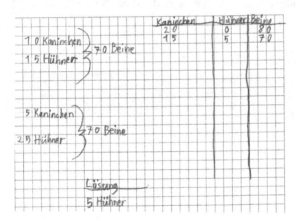

Abbildung 17.19 Richard (Bauernhof-Aufgabe): Arbeitsblatt

Richard verfügt über ein ausgeprägtes Heurismenrepertoire, das er mit und ohne Schlüsselinteraktion abrufen kann. Die Interaktion mit den Strategieschlüsseln scheint ihm an dieser Stelle eine Fokussierung anzubieten. Nach der Schlüsselinteraktion sind die Heurismen elaborierter als sie es vorher waren.

Richards Problembearbeitungsprozess zeigt selbstregulatorische Tätigkeiten. Die Schlüsselinteraktion wird zwar nicht von ihm, sondern von der Interviewerin initiiert, allerdings nutzt er die Strategieschlüssel dann zur *Strategieverfeinerung*. Damit steuert er gleichzeitig seinen Heurismeneinsatz. Denn er erkennt, dass sein bisheriges Vorgehen noch nicht zielführend ist und passt deswegen seine Vorgehensweise an. Er wechselt zwischen Episodentypen. Insgesamt können bei Richard damit drei selbstregulatorische Tätigkeiten identifiziert werden.

17.4.7 Richard (Kleingeld-Aufgabe)

Die Kleingeld-Aufgabe ist Richards erste von drei Aufgabenbearbeitungen. Er beschäftigt sich mehr als elf Minuten mit der Aufgabe und kommt zu einem erweiterten Lösungsansatz.

Richard liest die Aufgabenstellung und geht dann in eine Explorationsphase über (siehe Abbildung 17.20). Nach knapp acht Minuten wechselt er in eine Phase, die als Implementation kodiert wurde.

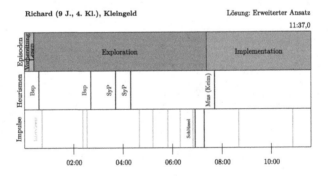

Abbildung 17.20 Richard (Kleingeld-Aufgabe): Kodierschema

Bei Richards Problembearbeitungsprozess sind auf der zweiten Kodierschiene die Heurismen *Beispiel, systematisches Probieren* und *Muster (Strategiekeim)* identifiziert worden. Er nutzt also drei verschiedene Heurismen, die er teilweise auch mehrfach aktiviert.

Tabelle 17.23 Richard (Kleingeld-Aufgabe:) Transkriptauszug der Schlüsselinteraktion
Passage 1 (Richard, Kleingeld)

	00:06:51-00:08:03 (Exploration, Übergang zur Implementation) Originale Videostelle: 00:08:51–00:10:03
1	I: *(I zeigt auf die Strategieschlüssel.)* Vielleicht ist ja einer dabei, der dir auch hilft. Guck dir die doch mal an.
2	*(S liest die Schlüssel von oben nach unten.)*
3	I: Ist da einer dabei, der dir helfen könnte?
4	S: Ja. Suche nach einer Regel.
5	I: Okay. Warum kann der dir helfen? *(I legt den Schlüssel sichtbar neben die anderen Strategieschlüssel.)*
6	S: Wenn man dann ne Regel hat, könnte man zum Beispiel versuchen rauszufinden, wie viele das man hat. Zum Beispiel zehn Cent, fünf Cent und zwei Cent Münzen. Da kann man dann ja zwei zwei Cent Mün. Eine zwei Cent, zwei zwei Cent also zweimal zwei Cent. Müsste man das eigentlich hinkriegen und dann zweimal zwei Cent, dreimal, viermal, fünfmal, sechsmal, siebenmal bis dreizehn Mal.
7	I: Mhm. Magst du's mal probieren?
8	S: Also, ich versuch's mal.

Nach ungefähr sieben Minuten interagiert er mit den Strategieschlüsseln (siehe Tabelle 17.23). Der Impuls, die Aufmerksamkeit auf die Strategieschlüssel zu lenken, geht von der Interviewerin aus (Zeile 1). Das ist Richards erster Kontakt mit den Strategieschlüsseln, weswegen er die Schlüssel zunächst durchliest. Richard wählt den Strategieschlüssel „Suche nach einer Regel" aus (Zeile 4) und formuliert, wie dieser helfen könnte (Zeile 6). Er möchte die Anzahl der 2-Cent Münzen systematisch variieren und so Beispiele generieren. Dieser Systematik folgt er im Anschluss und ermittelt so 19 Möglichkeiten (siehe Abbildung 17.21).

Richard ist bereits vor der Schlüsselinteraktion systematisch vorgegangen, indem er die Anzahl der 2-Cent Münzen variiert hat. Dieses systematische Vorgehen verbindet er mit der formulierten Regel (Zeile 6 in Tabelle 17.23). Er hat sich so ein klares Sortierkriterium erarbeitet, das er bis zum Ende der Bearbeitung verwendet. In diesem Sinne kombiniert er die Heurismen *systematisches Probieren* und *Muster (Strategiekeim)* miteinander und verwendet den Strategieschlüssel damit zur *Strategieverfeinerung*. Gleichzeitig erläutert er, wie er weiter vorgehen könnte und nutzt den Strategieschlüssel damit auch zur *prä-aktionalen Strategiebenennung*.

In Richards Problembearbeitungsprozess können drei selbstregulatorische Tätigkeiten identifiziert werden. Die Interaktion mit den Strategieschlüssel geht nicht

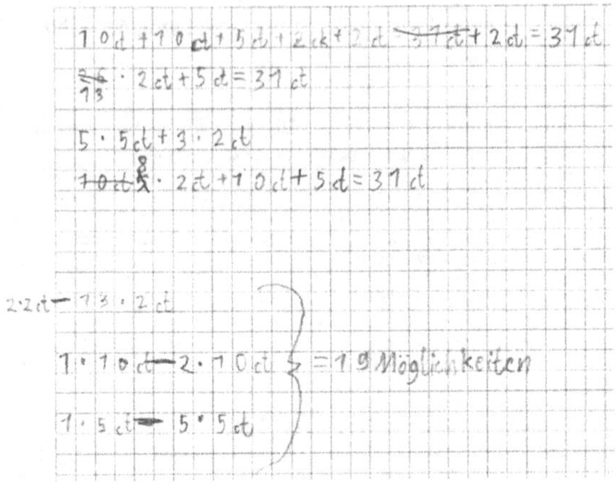

Abbildung 17.21 Richard (Kleingeld-Aufgabe): Arbeitsblatt

von ihm, sondern von der Interviewerin aus. Er nutzt die Strategieschlüssel dann aber zu *Strategieverfeinerung* und zur *prä-aktionalen Strategiebenennung*. Außerdem vollzieht Richard durch die Schlüsselinteraktion einen Episodenwechsel, denn er experimentiert dann nicht mehr, sondern führt ein zuvor formuliertes Vorgehen durch. Darüber hinaus steuert er seinen Heurismeneinsatz, indem er seine bisherige Vorgehensweise mit einem neuen Heurismus verbindet.

17.4.8 Richard (Sieben Tore-Aufgabe)

Die Sieben Tore-Aufgabe ist Richards dritte von drei Aufgabenbearbeitungen. Er beendet seinen Problembearbeitungsprozess nach 16:30 Minuten mit einem erweiterten Lösungsansatz (siehe Abbildung 17.22).

Richard liest zuerst die Aufgabenstellung und erkundet sie dann innerhalb einer Explorationsphase. Nach ca. elf Minuten geht er in eine Organisationsphase über. An diese schließt eine Implementationsphase an. Er beendet seinen Bearbeitungsprozess mit einer Verifikationsphase.

Richard verwendet zur Aufgabenbearbeitung insgesamt neun, darunter sechs verschiedene Heurismen. Zunächst setzt er Heurismen wie *Gegeben und Gesucht* oder *erneut Lesen* ein, um die Aufgabe besser zu verstehen. Unterstützend wirkt dabei auch der Heurismus *Beispiel* finden, auf den er zweimal zurückgreift. Er

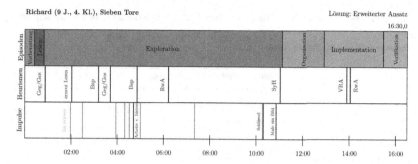

Abbildung 17.22 Richard (Sieben Tore-Aufgabe): Kodierschema

nutzt nach etwa sechs Minuten erstmals den Heurismus *Rückwärtsarbeiten*. Nach ca. 14 Minuten kann er diesen zielführend für eine Lösung einsetzen.

Auf der dritten Kodierschiene wird erkennbar, dass Richard innerhalb seines Problembearbeitungsprozesses zu zwei verschiedenen Zeitpunkten mit Strategieschlüsseln interagiert – nach ca. fünf Minuten und nach etwa 10 Minuten. Beide Passagen werden nachfolgend näher untersucht.

17.4.8.1 Richard (Sieben Tore-Aufgabe): Passage 1

Passage 1 beginnt bei 4:30 Minuten. Durch einen Impuls der Interviewerin wird die Schlüsselinteraktion initiiert (Tabelle 17.24). Richard wählt dann den Schlüssel „Arbeite von hinten" (Zeile 2.1) und generiert anschließend ein *Beispiel* (Zeile 4.1). Dieses dient dazu, das Rückwärtsarbeiten zu erklären und stellt kein Beispiel für die eigentliche Aufgabenlösung dar. Eine Minute später *arbeitet* Richard dann erstmals *rückwärts* (siehe Abbildung 17.22 und Abbildung 17.23, links).

In dieser Passage generiert Richard nach der Schlüsselinteraktion zuerst ein *Beispiel* und *arbeitet* anschließend *rückwärts*. Beide Heurismen folgen zeitlich aufeinander, werden aber nicht miteinander kombiniert. Stattdessen nutzt Richard das Beispiel dazu, sich das Rückwärtsarbeiten zu verdeutlichen und so besser zu verstehen. Richard ändert sein Vorgehen vermutlich aufgrund der vorherigen Schlüsselinteraktion, denn der kodierte Heurismus passt zum vorher ausgewählten Strategieschlüssel. An dieser Stelle vollzieht Richard somit eine *Strategieänderung*.

17.4.8.2 Richard (Sieben Tore-Aufgabe): Passage 2

Nach etwa 10 Minuten beginnt die zweite Schlüsselinteraktion (siehe Tabelle 17.25). Auch diesmal wird sie durch die Interviewerin initiiert. Richard nutzt den Vorschlag, überlegt kurz (Zeile 4.2) und äußert dann die Idee, die Tore mit ausgemalten Balken abzubilden (Zeile 6.2). Es liegt die Vermutung nahe, dass Richard durch den Strate-

Tabelle 17.24 Richard (Sieben Tore-Aufgabe): Transkriptauszug der ersten Schlüsselinteraktion

Passage 1 (Richard, Sieben Tore)

	00:04:30-00:05:05 (Exploration) Originale Videostelle: 00:27:55–00:28:30
1.1	I: Komm, wir gucken uns mal die Schlüssel an. *(Schlüssel werden hingelegt.)*
2.1	S: Arbeite von hinten. Das wär meine Idee.
3.1	I: Aber was bedeutet das denn?
4.1	S: Zum Beispiel die Hälfte und einer mehr von 20 sind 11.
5.1	I: Schreib doch mal ein bisschen was auf.
6.1	S: Ja.
7.1	I: Vielleicht kommen wir dem dann ein bisschen näher. Arbeite von hinten sagst du. *(I legt den Schlüssel neben die anderen.)*
8.1	S: Ja.

Abbildung 17.23 Richard (Sieben Tore-Aufgabe): Arbeitsblatt

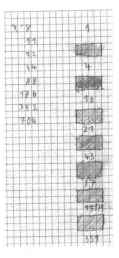

gieschlüssel „Male ein Bild" auf diese Idee gekommen ist. Er äußert dies aber nicht explizit. Anschließend zeichnet er sieben schwarze Balken (siehe Abbildung 17.23, rechts) und wechselt damit in die Organisationsphase (Zeile 12.2). Er weiß, dass am siebten Tor noch ein Apfel übrig ist, denn das hat er bereits an das Tor geschrieben (Zeile 20.2). Nun überlegt er, wie viele Äpfel der Mann am sechsten Tor noch gehabt

Tabelle 17.25 Richard (Sieben Tore-Aufgabe): Transkriptauszug der zweiten Schlüsselinteraktion

Passage 2 (Richard, Sieben Tore)

	00:10:14-00:13:52 (Exploration, Übergang zur Organisation und Implementation) Originale Videostelle: 00:33:39-00:37:17
1.2	I: Guck doch noch mal nach den Schlüsseln. Vielleicht gibt's noch einen, der uns hilft.
2.2	*(S schaut die Schlüssel an.)* S: Hm.
3.2	I: Die dürfen auch mehrmals benutzt werden.
4.2	S: Hm. Ich überleg' gerade mal. Hm. Ah. Ich hab ne Idee.
5.2	I: Mhm.
6.2	S: Und zwar könnte man ja, damit man etwas besser mit dem Zählen voran kommt, einfach zum Beispiel für jedes Tor so einen ausgemalten Balken machen *(S beginnt einen schwarzen Balken zu zeichnen.)*. So.
7.2	I: Mhm.
8.2	S: Und dann hier ne eins hinschreiben.
9.2	I: Mhm.
10.2	S: Und dann muss man's immer weiter schaffen.
11.2	I: Mhm.
12.2	*(S zeichnet sechs weitere schwarze Balken (Dauer: 1:48 Minuten). S überlegt 10 Sekunden.)*
13.2	I: So. Jetzt haben wir ein Tor. Jetzt hast du alle Tore gemalt.
14.2	S: Ja.
15.2	I: Was machen wir jetzt?
16.2	S: Ich hab ne Idee. Die Hälfte von sechs wär ja drei und einer mehr. Da hätte man. Ja. Die Hälfte von sechs müsste es sein. Einer mehr. Also vier. Nee, dann wären es zwei. Hälfte von fünf geht nicht.
17.2	I: So jetzt schreiben wir doch mal hin. Wir haben am Ende von dem siebten Tor einen Apfel.
18.2	S: Ja.
19.2	I: Das schreiben wir doch jetzt mal hin. Wo schreiben wir das denn jetzt die Äpfel hin?
20.2	S: Hab ich hier.
21.2	I: Ah ja. Okay.
22.2	S: Da. *(S zeigt auf sein Arbeitsblatt.)* *(unverständlich)* Eins. Dann müsste es hier ne Zahl sein. Fünf geht ja nicht? Da hätte man eineinhalb Äpfel.
23.2	I: Mhm.
24.2	S: Vier? Zwei und einer mehr? Ja. Vier muss der hier haben. *(S schreibt vier über das sechste Tor.)*

haben muss, probiert dazu verschiedene Zahlen aus, kombiniert das *Vorwärts- und das Rückwärtsarbeiten* und kommt letztlich auf vier Äpfel (Zeile 24.2). Diese Strategie verfolgt er bis zum Schluss weiter. Allerdings vertauscht er nach dem fünften

Tor die Reihenfolge der Operationen (siehe Abbildung 17.23, rechts), wodurch er nicht zum korrekten Ergebnis kommt.

Durch die sieben schwarzen Balken systematisiert Richard sein Vorgehen und behält die Übersicht. Er erstellt eine *Systematisierungshilfe*, die er für sein weiteres Vorgehen zielführend einsetzt. Aufgrund der Schlüsselinteraktion generiert er hier eine neue Idee (*Strategiegenerierung*) und verfeinert diese anschließend (*Strategieverfeinerung*). Er kombiniert den Heurismus *Systematisierungshilfe* mit dem *Vorwärts- bzw. Rückwärtsarbeiten*.

Außerdem vollzieht er innerhalb dieser Passage zwei Episodenwechsel – erst in einen nicht-inhaltstragenden, dann in einen inhaltstragenden Episodentyp. Beide Wechsel werden auf den Einfluss der Strategieschlüssel zurückgeführt. Denn kurz zuvor erfolgt eine Schlüsselinteraktion, die Heurismen triggert. Vor dieser Schlüsselinteraktion lag die Vermutung nahe, dass Richard einen wild-goose-chase Prozess durchlaufen könnte. Mit Hilfe der Schlüsselinteraktion, den dadurch getriggerten Heurismen und den damit im Zusammenhang stehenden Episodenwechseln gelang es Richard, das potentielle wild-goose-chase Muster zu unterbrechen und zu verlassen. Dies zeugt von einem hohen Maß an selbstregulatorischer Tätigkeit.

17.4.8.3 Richard (Sieben Tore-Aufgabe): Zusammenfassung

Richard interagiert während seiner Bearbeitung der Sieben Tore-Aufgabe zweimal mit den Strategieschlüsseln. Nach der ersten Schlüsselinteraktion folgt ein neuer Heurismus (*Strategieänderung*). Bei der zweiten Schlüsselinteraktion nutzt er den Strategieschlüssel erst für einen neuen Heurismus (*Systematisierungshilfe*), der zunächst von den vorherigen (*Strategiegenerierung*) losgelöst ist. Zwei Minuten später kombiniert er diesen Heurismus mit anderen, zuvor eingesetzten Heurismen (*Strategieverfeinerung*).

Nach der zweiten Schlüsselinteraktion vollzieht Richard außerdem zwei Episodenwechsel. Ihm gelingt es damit, den potentiellen wild-goose-chase Prozess zu unterbrechen.

Insgesamt zeigt Richard drei verschiedene selbstregulatorische Tätigkeiten. Er interagiert mit den Strategieschlüsseln zwar nicht von sich aus. Aber er nutzt die Strategieschlüssel zur *Strategiegenerierung* und *Strategieverfeinerung*. Damit steuert er auch seinen Heurismeneinsatz. Denn er ändert sein bisheriges Vorgehen, indem er einen neuen Heurismus generiert und diesen dann mit weiteren kombiniert. Außerdem wechselt er nach der Schlüsselinteraktion zwischen Episodentypen. So gelingt ihm schließlich auch das Unterbrechen des wild-goose-chase Prozesses. Richards

Problembearbeitungsprozess entspricht damit einem idealen Verlauf mit Schlüsselinteraktion.[7]

17.4.9 Til (Kleingeld-Aufgabe)

Da Tils Muttersprache nicht Deutsch ist, hat er Schwierigkeiten, die Aufgaben zu verstehen und seine Gedanken zu verbalisieren. An der Kleingeld-Aufgabe arbeitet Til insgesamt mehr als 24 Minuten und kommt zu einem einfachen Lösungsansatz (siehe Abbildung 17.11(b)). Til liest zuerst die Aufgabenstellung und analysiert sie dann drei Minuten lang. Anschließend wechselt er in eine 17-minütige Explorationsphase. Er schließt seinen Problembearbeitungsprozess mit einer Schreibphase ab. Tils Problembearbeitungsprozess entspricht einem wild-goose-chase Prozessprofil.

Auf der zweiten Kodierschiene sind die beiden Heurismen *Beispiel* generieren sechsmal und *systematisches Probieren* achtmal identifiziert worden. Til variiert seine Strategien also nicht, sondern nutzt immer wieder dieselben. Til interagiert er zweimal mit den Strategieschlüsseln – nach zwei Minuten und nach etwa 14 Minuten. Beide Passagen werden nachfolgend näher betrachtet (siehe Abschnitte 17.4.9.1 und 17.4.9.2) und um einen Auszug aus dem Interview ergänzt.

17.4.9.1 Til (Kleingeld-Aufgabe): Passage 1

Die erste Schlüsselinteraktion in Tils Problembearbeitungsprozess wird durch die Interviewerin initiiert. Sie schlägt vor, auf die Strategieschlüssel zu schauen (Zeile 1.1 in Tabelle 17.26). Anders als bisher liest die Interviewerin die Schlüssel laut vor (Zeile 3.1) und achtet dabei auf eine langsame und deutliche Sprechweise. Diese Abweichung von der methodischen Vorgehensweise ist auf die sprachlichen Defizite von Til zurückzuführen.

Nachdem alle Strategieschlüssel vorgelesen wurden, schaut Til intensiv auf die Schlüssel (Zeile 3.1). Die Interviewerin fragt, welcher Schlüssel helfen könnte (Zeile 4.1). Er antwortet nicht, sondern schaut weiter auf die ausgelegten Strategieschlüssel (Zeile 5.1). Nach 23 Sekunden entscheidet er sich für den Schlüssel „Finde ein Beispiel" (Zeile 6.1). Die Interviewerin legt diesen Schlüssel gut sichtbar neben die anderen (Zeile 7.1).

---

[7]Details zum idealen Einsatz der Strategieschlüssel können zu Beginn von Kapitel 17 entnommen werden.

Tabelle 17.26 Til (Kleingeld-Aufgabe): Transkriptauszug der ersten Schlüsselinteraktion
Passage 1 (Til, Kleingeld)

	00:02:19-00:03:20 (Analyse, Übergang zur Exploration) Originale Videostelle: 00:06:19–00:07:20
1.1	I: Sollen wir uns direkt mal die Schlüssel angucken?
2.1	S: Ja.
3.1	I: *(I liest die Schlüssel laut und langsam vor.)* Suche nach einer Regel. Beginne mit einer kleinen Zahl. Erstelle eine Tabelle. Male ein Bild. Arbeite von hinten. Verwende verschiedene Farben. Finde ein Beispiel.
4.1	*(S schaut für intensiv auf die Schlüssel. Dauer: 5 Sekunden)*
5.1	I: Welcher Schlüssel könnte vielleicht helfen?
6.1	*(S schaut auf die Schlüssel und bewegt dabei die Lippen. Dauer: 23 Sekunden)*
7.1	S: Finde eine [sic!] Beispiel?
8.1	I: Mhm. *(I legt den Schlüssel sichtbar neben die anderen.)* Den leg ich nur hier zur Seite, dass wir's den besser sehen können. Mhm.
9.1	*(S nickt.)*

Kurz nach der Schlüsselinteraktion verbalisiert Til, dass die Aufgabe möglich wäre, wenn man einen „10-Cent Schein" hätte und diesen halbieren würde. Daraufhin erklärt die Interviewerin, das man beliebig viele Münzen nutzen könnte, um insgesamt auf 31 Cent zu kommen.

Die erste Schlüsselinteraktion führt also dazu, dass Til verbalisiert, was er sich bisher gedacht hat. Dies deckt ein Missverständnis auf, sodass Til nach einer Erklärung die Aufgabe besser versteht. Im Interview greift er genau diese Funktion des Strategieschlüssels auf (Zeile 6.I in Tabelle 17.27). Er nutzt die Strategieschlüssel hier gewissermaßen zur *Aufgabenklärung*. Diese Nutzweise taucht hier erstmals auf.

Gleichzeitig findet er nach der Schlüsselinteraktion erstmals *Beispiele*. Er nutzt die Strategieschlüssel hier zu *Strategiegenerierung*. Das Generieren von Beispielen führt auch dazu, dass er die Analysephase beendet und in eine Explorationsphase übergeht. Die Strategieschlüssel haben hier also auch einen Einfluss auf der Ebene der Episodenwechsel.

17.4.9.2 Til (Kleingeld-Aufgabe): Passage 2

Die zweite Passage wird von Til selbst initiiert. Er schaut von sich aus auf die Strategieschlüssel und liest sie durch (Zeile 1.2 in Tabelle 17.28). Er erklärt, dass der Schlüssel „Male ein Bild" nicht passen würde, begründet diese Entscheidung

Tabelle 17.27 Til (Kleingeld-Aufgabe): Transkriptauszug aus dem Interview

Ergänzung aus dem Interview (Til, Kleingeld)

	00:22:41-00:27:17 (Interview) Originale Videostelle: 00:26:41-00:27:17
1.I	I: Wie haben dir denn jetzt die Schlüssel geholfen?
2.I	S: Beginne mit der kleinsten Zahl hat mir geholfen, weil ich hier fast noch nie die zwei gemacht hab. *(S zeigt auf die Anfänge der geschriebenen Zeilen.)*
3.I	I: Mmh. Und dann hast du mal mit der zwei vorne angefangen und hast noch Möglichkeiten gefunden?
4.I	S: Mmh. *(S nickt zustimmend)*
5.I	I: Okay. Und der andere?
6.I	S: Finde ein Beispiel weil du mir danach gesagt hast dass ähm dass so viele sein können wie es passt.
7.I	I: Mmh. So viele wie du brauchst genau.
8.I	*(S nickt zustimmend)*

aber nicht (Zeile 3.2). Die Schlüssel „Arbeite von hinten" und „Erstelle eine Tabelle" werden ebenfalls ausgeschlossen, wenn auch nicht explizit (Zeilen 3.2 und 5.2). Der Strategieschlüssel „Beginne mit einer kleinen Zahl" wird als hilfreich eingestuft (Zeile 5.2 bzw. 7.2) und entsprechend sichtbar zur Seite gelegt.

Kurz nach der Schlüsselinteraktion generiert er ein *Beispiel*, beginnend mit 2-Cent Münzen. Er nutzt die kleine Zahl also zum systematischen Probieren (siehe Abbildung 17.11(b)).

Til nutzt den Strategieschlüssel hier, um seine vorher verwendeten Heurismen weiterzuentwickeln. Er generiert weiter Beispiele, nun aber nach einer bestimmten Systematik. Er verwendet den Schlüssel also zur *Strategieverfeinerung*.

17.4.9.3 Til (Kleingeld-Aufgabe): Zusammenfassung

Til setzt die Strategieschlüssel in seinem Problembearbeitungsprozess auf drei verschiedene Arten ein, zur *Aufgabenklärung*, *Strategiegenerierung* und *Strategieverfeinerung*. Damit kann ein Einfluss der Strategieschlüssel auf der Ebene der Heurismen festgestellt werden.

Auf der Ebene der Episoden erfolgt nach der ersten Passage ein Wechsel in die Explorationsphase; nach der zweiten Passage vollzieht er keinen Wechsel. Til nutzt häufig Heurismen, nur sind dies immer wieder dieselben. Er scheint nicht in der Lage zu sein, mehr Heurismen einzusetzen oder sie durch andere zu ersetzen – zumindest nicht bei dieser Aufgabe.

Tabelle 17.28 Til (Kleingeld-Aufgabe): Transkriptauszug der zweiten Schlüsselinteraktion

Passage 2 (Til, Kleingeld)

00:14:21-00:14:55 (Exploration) Originale Videostelle: 00:18:17–00:18:55	
1.2	*(S schaut auf die Schlüssel und liest sie leise.)*
2.2	I: Wir können nochmal die Schlüssel angucken. Ich glaub, das machst du schon, oder? Welcher könnte denn vielleicht noch helfen?
3.2	S: Also Male ein Bild nicht. Arbeite von hinten?
4.2	I: Den nehmen wir dann mal raus. *(I schiebt den Schlüssel „Male ein Bild" noch immer sichtbar zur rechten Seite des Tisches.)*
5.2	S: Erstelle eine Tabelle. Beginne mit einer kleinen. Suche. Beginne mit einer kleinen Zahl.
6.2	I: Mhm. Der könnte helfen?
7.2	*(S nickt.)*
8.2	I: Mhm. *(I legt den Schlüssel sichtbar zur linken Seite des Tisches.)*

Til zeigt in seinem Problembearbeitungsprozess selbstregulatorische Tätigkeiten, indem er selbstinduziert zu den Strategieschlüsseln greift und diese auf verschiedene Weise nutzt (siehe oben). Eine Steuerung der Heurismen scheint ihm nicht zu gelingen. Nach der ersten Schlüsselinteraktion erfolgt auch ein Episodenwechsel. Insgesamt können bei Til somit drei selbstregulatorische Tätigkeiten identifiziert werden.

17.4.10 Zusammenfassung

Innerhalb der 41 Problembearbeitungsprozesse gab es insgesamt neun Prozesse, in denen eine Schlüsselinteraktion auftrat und daraufhin eine Veränderung auf den Ebenen der Heurismen und der Episodentypen festgestellt werden konnte. Dabei erfolgte zumeist erst eine Veränderung auf der Ebene der Heurismen. Ein Episodenwechsel erfolgte bei dieser Probandengruppe also meist mit heuristischer Vorankündigung. Innerhalb der Gruppe von Problembearbeitungsprozessen mit Schlüsselinteraktion und einem Einfluss auf die Heurismen und Episodentypen konnten vier Muster identifiziert werden, die nachfolgend beschrieben werden.

Das erste Muster kam in drei Problembearbeitungsprozessen vor. Die Schlüsselinteraktion erfolgt hier in Explorationsphasen. Nach der Schlüsselinteraktion tritt jeweils ein kodierter Heurismus auf – z. B. bei Christin (Bauernhof-Aufgabe,

Abschnitt 17.4.2 oder Sieben Tore-Aufgabe, Abschnitt 17.4.3) und bei Julius (Sieben Tore-Aufgabe, Abschnitt 17.4.5). In diesen Problembearbeitungsprozessen werden die Strategieschlüssel zur *prä-aktionalen Strategiebenennung, Strategiegenerierung* oder *Strategieverfeinerung* verwendet. Außerdem wechseln die Kinder von einer Explorationsphase in einen nicht-inhaltstragenden Episodentyp, wie das *Schreiben* oder die *Organisation*. Im Anschluss an diese Episodentypen gingen beide Kinder jeweils wieder in eine Explorationsphase über. Ihnen gelang es also, ihren potentiellen wild-goose-chase-Prozess zu unterbrechen, nicht aber, ihn zu verlassen.

Das zweite Muster kam in fünf Problembearbeitungsprozessen vor. Hier treten die Schlüsselinteraktionen im Zusammenhang mit Analyse- oder Planungsphasen auf – z. B. bei Anja (Bauernhof-Aufgabe, Abschnitt 17.4.1). Im Anschluss an die Planungs- oder Analysephasen erfolgt ein Wechsel in Explorations-, Organisations- oder Implementationsphasen. Diese Schülerinnen und Schüler regulieren ihren Problembearbeitungsprozess, indem sie sich zu Beginn überlegen, wie sie vorgehen wollen. Sie regulieren ihren Problembearbeitungsprozess so, dass sie ihren potentiellen wild-goose-chase-Prozess unterbrechen.

In zwei von Richards Problembearbeitungsprozessen (Bauernhof-Aufgabe, Abschnitt 17.4.6 und Sieben Tore-Aufgabe, Abschnitt 17.4.8) gelingt genau das. Er unterbricht seine Explorationsphase durch eine Schlüsselinteraktion. In beiden Prozessen interagiert er zunächst mit den Strategieschlüsseln und wählt einen neuen Heurismus im Sinne einer *Strategiegenerierung* aus. Er setzt diesen während einer Organisationsphase um, wechselt in eine Implementationsphase und kombiniert hier den zuvor generierten Heurismus mit einem weiteren (*Strategieverfeinerung*). Es gelingt Richard in beiden Fällen, seine potentiellen wild-goose-chase Prozesse zu unterbrechen, indem er einerseits eine neue Strategie generiert und diese anschließend verfeinert sowie andererseits über eine Organisations- in eine Implementationsphase wechselt. In beiden Problembearbeitungsprozessen kommt Richard zu einem erfolgreichen Ergebnis, das mit einem erweiterten oder korrekten Lösungsansatz kodiert wurde. Durch die Schlüsselinteraktion unterbricht Richard also seine bisherige Vorgehensweise und verlässt das wild-goose-chase Prozessprofil.

Die Problembearbeitungsprozesse dieses Musters entsprechen zu großen Teilen dem zu Beginn des Kapitels skizzierten idealen Szenario (siehe Kapitel 17, Seite 277). Wesentliches Merkmal dieser Problembearbeitungsprozesse ist der Wechsel von einer Explorationsphase über einen nicht-inhaltstragenden Episodentyp in einen inhaltstragenden Episodentyp. Eine Regulation der Problembearbeitungsprozesse findet bei diesem Muster auf den Ebenen der Heurismen und der Episodentypen statt.

Das dritte Muster ist dadurch gekennzeichnet, dass der Problembearbeitungsprozess schon zu Beginn keinem wild-goose-chase Prozessprofil entspricht. Dieses

Muster tritt unter allen Problembearbeitungsprozessen nur einmal auf, nämlich bei Felix (Smarties-Aufgabe, Abschnitt 17.4.4). Er interagiert mit den Strategieschlüsseln, es entsteht ein neuer Heurismus und es folgt ein Episodenwechsel in eine inhaltstragende Episode – hier die *Implementation*. Die Strategieschlüssel werden hier zur *prä-aktionalen Strategiebenennung* verwendet.

Das vierte Muster tritt ebenfalls einmal auf und ist durch den Wechsel zwischen inhaltstragenden Episodentypen gekennzeichnet. Allerdings bleibt hier das wild-goose-chase Prozessprofil bestehen – z. B. Til (Kleingeld-Aufgabe, Abschnitt 17.4.9). Til interagiert während einer Analysephase mit den Strategieschlüsseln und geht anschließend in eine Explorationsphase über. Er nutzt die Strategieschlüssel zur *Strategiegenerierung* und später auch zur *Strategieverfeinerung*. Es zeigen sich Veränderungen auf der Ebene der Heurismen und auf der Ebene der Episodentypen. Trotzdem gelingt es Til nicht, sein wild-goose-chase Prozessprofil zu unterbrechen.

Resümierend ist die Gruppe der Problembearbeitungsprozesse mit Einfluss auf die Heurismen und die Episodentypen mit vier verschiedenen Mustern die vielfältigste. Für den Mathematikunterricht am vielversprechendsten sind die ersten beiden Muster. Hier gelingt es den Kindern ihre wild-goose-chase Prozesse zu unterbrechen und führen deswegen eher zu einer erfolgreichen Lösung.

17.5 Zwischenfazit zu den qualitativen Analysen

Im Rahmen der qualitativen Analysen wurden die Verläufe der 41 Problembearbeitungsprozesse zunächst beschrieben und dann markante Passagen detailliert untersucht. Daraus ergaben sich verschiedene Ergebnisse. Erstens konnten die bisher bekannten Nutzweisen der Strategieschlüssel bestätigt und erweitert werden (siehe Abschnitt 17.5.1). Zweitens wurden innerhalb der vier übergeordneten Gruppen Muster identifiziert (siehe Abschnitt 17.5.2). Drittens wurden selbstregulatorische Tätigkeiten in den Problembearbeitungsprozessen beobachtet (siehe Abschnitt 17.5.3). Die Ergebnisse zu diesen Bereichen werden im Folgenden zusammenfassend dargestellt.

17.5.1 Nutzweisen der Strategieschlüssel

Die qualitativen Analysen zeigen, wofür die Schülerinnen und Schüler die Strategieschlüssel verwenden. Insgesamt konnten neun verschiedene Nutzweisen identifiziert werden, die nachfolgend beschrieben werden.

- *Aufgabenklärung*: Die Schülerin bzw. der Schüler nutzt einzelne Strategieschlüssel, z. B. „Lies die Aufgabe noch einmal", um die Aufgabe besser zu verstehen.
- *Strategiegenerierung*: Entwickelt eine Schülerin bzw. ein Schüler nach einer Schlüsselinteraktion einen neuen Heurismus, dann handelt es sich um eine *Strategiegenerierung*.
- *Strategiebeibehaltung*: Eine Schülerin bzw. ein Schüler interagiert mit den Strategieschlüsseln und ändert nichts am bisherigen Vorgehen. Er bzw. sie behält die zuvor verwendete Vorgehensweise bei.
- *Strategieänderung*: Anders als bei der Strategiegenerierung muss bei der Strategieänderung zuvor ein anderer Heurismus eingesetzt worden sein. Eine Schülerin bzw. ein Schüler verwendet also bereits einen Heurismus, der für den Problembearbeitungsprozess aus Sicht der Schülerin bzw. des Schülers nicht weiter hilfreich ist. Sie bzw. er interagiert mit den Strategieschlüsseln und wählt anschließend einen neuen Heurismus aus, der mit dem zuvor verwendeten Heurismus in keiner erkennbaren Verbindung steht.
- *Strategieverfeinerung*: Verwendet eine Schülerin bzw. ein Schüler bereits einen Heurismus und kombiniert diesen mit einem anderen Heurismus, wird ersterer gewissermaßen weiterentwickelt und in diesem Sinne verfeinert. An welcher Stelle hierbei die Schlüsselinteraktion stattfindet – also vor oder nach den bereits verwendeten Heurismen –, spielt dabei keine Rolle.
- *Strategiebenennung*: Hier gibt es zwei Szenarien: Es wurde erst ein Heurismus verwendet, der dann mit Hilfe der Strategieschlüssel eine Bezeichnung erhält (*post-aktionale Strategiebenennung*). Alternativ wurde erst ein Strategieschlüssel ausgewählt, um auf einen Heurismus hinzuweisen, der danach ausgeführt werden soll und auch wird (*prä-aktionale Strategiebenennung*).
- *Checkliste*: Werden die Strategieschlüssel als *Checkliste* verwendet, überprüft die Schülerin bzw. der Schüler, was sie bzw. er bereits gemacht hat und was im Problembearbeitungsprozess potentiell noch hilfreich sein könnte.
- *Motivationshilfe*: Die Schülerin bzw. der Schüler nutzt die Strategieschlüssel, um sich selbst zu motivieren. So gibt sie bzw. er beispielsweise nicht auf und bearbeitet die Aufgabe weiter. Die Strategieschlüssel übernehmen hier kurzfristig die motivierende Funktion z. B. der Lehrkraft[8].
- *Denkpause*: Weiß eine Schülerin bzw. ein Schüler nicht weiter und findet auch keinen passenden Heurismus, dann bieten die Strategieschlüssel eine Legitimierung für eine Denkpause an, indem die Schülerin bzw. der Schüler beispielsweise ein Bild malt. Diese Pause ermöglicht einen gewissen Abstand von der Aufgabe,

---

[8]Diese Nutzweise der Strategieschlüssel erinnert an die Motivationshilfe nach Zech (2002) und wurde deswegen genauso benannt.

ohne jedoch untätig zu sein und eröffnet dadurch ggf. neue Möglichkeiten der
Aufgabenbearbeitung.

Insgesamt konnten mit diesen Nutzweisen die in (ebd.) formulierten Nutzweisen
bestätigt werden[9] und darüber hinaus neue Nutzweisen identifiziert werden. Hinzu
kamen die Nutzweisen *Aufgabenklärung, Checkliste, Motivationshilfe* und *Denkpause*. Zusätzlich konnte die Nutzweise *Strategiebenennung* ausdifferenziert werden. Die Kinder benennen ihre Vorgehensweisen sowohl vor als auch nach dem
Ausführen einer Handlung. Die *Strategiebenennung* wird deswegen unterschieden
in die *prä-aktionale* und *post-aktionale Strategiebenennung*. Es konnten mit Hilfe
der kleinschrittigen Analysen also vier neue Nutzweisen herausgearbeitet, sowie
eine der vorherigen Nutzweisen konkretisiert werden.

In den Tabellen 17.29a und 17.29b werden die 41 Problembearbeitungsprozesse
aufgelistet. Mit einem Häkchen ist markiert, ob die Kinder die Strategieschlüssel
jeweils eingesetzt haben; die Position der Häkchen gibt zusätzlich Auskunft darüber,
welche Nutzweise der Schlüsselinteraktion zugeordnet wurde.

Am häufigsten nutzen die Kinder die Strategieschlüssel zur *Strategieverfeinerung*. Sie kombinieren also am häufigsten vorher eingesetzte Heurismen mit neuen,
durch die Strategieschlüssel getriggerten Heurismen.

Die *Strategiebenennung* wurde insgesamt neun Mal identifiziert, davon dreimal
prä-aktional und sechsmal *post-aktional*. Drei der *post-aktionalen Strategiebenen-
nungen* traten nur während des Interviews auf. Es ist also möglich, dass diese Benen-
nungen eher deshalb auftraten, weil sie sozial erwünscht waren. Außerdem nutzte
nur ein Schüler – nämlich Collin – die *post-aktionale Strategiebenennung* im Interview. Nichtsdestotrotz nutzen die Schülerinnen und Schüler die Strategieschlüssel,
um ihr weiteres Vorgehen zu benennen – möglicherweise als Vorstufe für eine Planung – und um im Nachhinein über ihr Vorgehen zu sprechen. Hier wird reflektiert
und in diesem Sinne Selbstregulation betrieben.

In sieben Problembearbeitungsprozessen kam die *Strategiegenerierung* vor. Die
Kinder generierten also nach einer Schlüsselinteraktion neue Ideen und zeigten
neue Heurismen. Die Strategieschlüssel regen Kinder also dazu an, ihnen bekannte
Strategien zu aktivieren und in diesem Sinne als Strategie-Aktivatoren zu fungieren.

An dieser Stelle sei auch darauf hingewiesen, dass es insgesamt acht Problembearbeitungsprozesse gab, in denen zwar mit den Strategieschlüsseln interagiert
wurde, aber anschließend keine Nutzweise zugeordnet werden konnte. In diesen
Fällen haben die Kinder keinen passenden Schlüssel gefunden. Es gelingt also nicht
immer, die Strategieschlüssel sinnvoll in den eigenen Problembearbeitungsprozess

---

[9]Details dazu können Abschnitt 15.2.1 entnommen werden.

Tabelle 17.29a Überblick über das Auftreten der einzelnen Nutzweisen der Strategieschlüssel; Häkchen in Klammern bedeuten, dass die Schlüsselinteraktion ausschließlich während des Interviews auftrat.

Kind / Art der Schlüsselnutzung	Strategiegenerierung	Strategieänderung	prä-aktionale Strategiebenennung	Aufgabenklärung	Strategiebeibehalten	Strategieverfeinerung	Checkliste	Motivationshilfe	Denkpause	post-aktionale Strategiebenennung	Schlüsselinteraktion, aber keine Nutzung	Keine Schlüsselinteraktion
Anja												
- Bauernhof						✓						
- Smarties											✓	
Anke												
- Bauernhof											(✓)	
- Legosteine												✓
Anne												
- Bauernhof					✓							
Christin												
- Bauernhof	✓											
- Schachbrett			✓									
- 7 Tore	✓					✓	✓			✓		
Collin												
- Bauernhof	✓											
- Kleingeld										(✓)		
- Schachbrett										(✓)		
- 7 Tore										(✓)		
Fabian												
- Legosteine	✓						✓					
Felix												
- Legosteine											✓	
- Schachbrett												✓
- Smarties			✓									
Hannes												
- Bauernhof		✓				✓		✓	✓	✓		
Julius												
- Kleingeld						✓						
- 7 Tore						✓						
Laura												
- Bauernhof							✓					
- Kleingeld												✓
- Schachbrett						✓						
- Smarties												✓

Tabelle 17.29b Fortsetzung: Überblick über das Auftreten der einzelnen Nutzweisen der Strategieschlüssel

Art der Schlüsselnutzung / Kind	Strategiegenerierung	Strategieänderung	prä-aktionale Strategiebenennung	Aufgabenklärung	Strategiebeibehalten	Strategieverfeinerung	Checkliste	Motivationshilfe	Denkpause	post-aktionale Strategiebenennung	Schlüsselinteraktion, aber keine Nutzung	Keine Schlüsselinteraktion
Markus												
- Legosteine											✓	
- Smarties												✓
Prisha												
- Bauernhof											✓	
- Kleingeld					✓					✓		
- 7 Tore												✓
- Schachbrett												✓
Richard												
- Bauernhof	✓					✓						
- Kleingeld			✓			✓						
- 7 Tore	✓	✓				✓						
Simon												
- Bauernhof												✓
- Kleingeld						✓						
- Schachbrett												✓
- 7 Tore												✓
Til												
- Bauernhof											✓	
- Kleingeld	✓			✓		✓						
Vicky												
- Bauernhof												✓
- Legosteine											✓	
- Smarties											✓	
Summe	7	2	3	1	1	12	3	1	1	6 (3)	8 (1)	11

zu integrieren. Das kann verschiedene Ursachen haben. In Prishas und Vickys Problembearbeitungsprozessen schien es stellenweise so, als würden die Kinder nicht über genügend Vorwissen verfügen, um die Strategieschlüssel sinnvoll einzubinden (siehe z. B. Abschnitt 17.2.2). Bei den Problembearbeitungsprozessen von Markus (siehe Anhang) oder Anja (siehe Anhang) schien es eher, als würde ihnen schlicht keine passende Idee einfallen. Hier hätte möglicherweise ein anderer Hinweis mehr geholfen.

Insgesamt triggern die Strategieschlüssel auf vielfältige Weise Heurismen und fungieren damit als Strategie-Aktivatoren (Reigeluth und Stein 1983). Sie dienen darüber hinaus als Legitimation für *Denkpausen* und erinnern an die Einleitung in eine „Inkubationszeit" (Wallas 1926; Flavell 1970), wenngleich die Phase hier deutlich kürzer und nicht gezielt eingesetzt ist. Möglicherweise sind sie für manche Kinder auch der Grund, weswegen sie die Aufgabe überhaupt bis zum Ende bearbeiten und nicht aufgeben. Sie könnten in ihrer Funktion als *Motivationshilfe* ggf. die Frustrationstoleranz der Kinder positiv beeinflussen.

17.5.2 Muster bei der Interaktion mit Strategieschlüsseln

Neben den Nutzweisen wurden die 41 Problembearbeitungsprozesse auch dahingehend untersucht, ob sich bei der Integration der Strategieschlüssel in die Bearbeitungsprozesse Muster ergeben. Es konnten insgesamt vier übergeordnete Gruppen mit acht untergeordneten Mustern identifiziert werden. Diese werden nachfolgend beschrieben.

(1) **Problembearbeitungsprozesse ohne Schlüsselinteraktion**
Muster (1a): Es gibt Problembearbeitungsprozesse, in denen die Schülerinnen und Schüler einen wild-goose-chase Prozess durchlaufen und keine Barriere antreffen. In diesen Fällen erleben die Schülerinnen und Schüler kein mathematisches Problem, keine Hürde und damit auch nicht die Notwendigkeit, auf die Strategieschlüssel zurückzugreifen.
Muster (1b): Es gibt Schülerinnen und Schüler, die in ihrem Problembearbeitungsprozess keiner Barriere begegnen, weil sie wissen, wie sie vorgehen sollen. Sie kennen ein passendes Verfahren. Diese Schülerinnen und Schüler haben keine Notwendigkeit, auf die Strategieschlüssel zurückzugreifen. Eine sinnvolle Verwendung der Strategieschlüssel könnte hier theoretisch zur Beschreibung der verwendeten Heurismen – also zur post-aktionalen Strategiebenennung – erfolgen. Dies ist innerhalb der 41 Problembearbeitungsprozesse aber nicht aufgetreten.

(2) **Problembearbeitungsprozesse mit Schlüsselinteraktion und ohne sichtbaren Einfluss auf die Heurismen oder die Episodenwechsel**
Alle hier zugeordneten Problembearbeitungsprozesse zeigten ein wild-goose-chase Prozessprofil.
Muster (2a): Es gibt Kinder, die an einer Aufgabe arbeiten und vermeintlich nachdenken, bis die Zeit abgelaufen ist. Wenn sie mit den Strategieschlüsseln interagieren, wissen sie auch danach nicht, was sie anderes tun könnten. Sie scheinen die angebotenen Impulse nicht umsetzen zu können und verbleiben im wild-goose-chase Prozessprofil.
Muster (2b): Die Schülerinnen und Schüler bemerken, dass sie stecken geblieben sind und suchen sich bei den Strategieschlüsseln eigenständig Hilfe. Die Strategieschlüssel werden hier als *Checkliste* eingesetzt. So wird überprüft, was bisher schon erledigt wurde und was eventuell noch helfen könnte. Allerdings entsteht trotz der intensiven Schlüsselinteraktion keine neue Idee. Der wild-goose-chase Prozess wird fortgeführt.

(3) **Problembearbeitungsprozesse mit Schlüsselinteraktion und mit sichtbarem Einfluss auf die Heurismen**
Die Strategieschlüssel werden von den Kindern in verschiedener Weise genutzt: *Strategiegenerierung, Checkliste, Strategiebeibehaltung, Motivationshilfe, Denkpause, Strategieänderung, Strategieverfeinerung,* prä- und post-aktionale *Strategiebenennung.* Innerhalb dieser Gruppe werden die Strategieschlüssel zusätzlich zu den intendierten Interpretationen (siehe Kapitel 2) auch in anderer Weise verstanden, z. B. als Motivationshilfe.

(4) **Problembearbeitungsprozesse mit Schlüsselinteraktion und mit sichtbarem Einfluss auf die Heurismen und die Episodenwechsel**
Die Schülerinnen und Schüler setzen die Strategieschlüssel hier zu vier verschiedenen Nutzweisen ein: *Aufgabenklärung, Strategiegenerierung, prä-aktionale Strategiebenennung* und *Strategieverfeinerung.* Diese Nutzweisen treten auch miteinander kombiniert auf.
Muster (4a): Entsprechen Problembearbeitungsprozesse einem wild-goose-chase Prozessprofil und wechseln zwischen den Episodentypen *Analyse* und *Exploration* – also zwischen inhaltstragenden Episodentypen, dann trifft dieses Muster zu. Es gelingt in diesen Problembearbeitungsprozessen nicht, das wild-goose-chase Prozessprofil zu unterbrechen oder zu verlassen.
Muster (4b): Die Schlüsselinteraktion tritt in einer Explorationsphase auf. Danach tritt ein Heurismus auf und es erfolgt ein Übergang in eine nicht-inhaltstragende Episode, wie das *Schreiben* oder die *Organisation.* Im Anschluss an diese Episoden wechselt das Kind wieder in eine Explorationsphase. Diesen Schülerinnen und Schülern gelingt es, ihren potentiellen wild-goose-chase-

Prozess zu unterbrechen, nicht aber, ihn gänzlich zu verlassen.

Muster (4c): Die Schlüsselinteraktion tritt im Zusammenhang mit Analyse-oder Planungsphasen auf. Anschließend erfolgt ein Wechsel in einen inhaltstragenden Episodentyp, also z. B. Implementation oder Exploration. Der potentielle wild-goose-chase Prozess kann hier erfolgreich unterbrochen und verlassen werden.

Muster (4d): Diesem Muster entsprechen Problembearbeitungsprozesse ohne einen wild-goose-chase Verlauf, in denen aber eine Schlüsselinteraktion stattfindet. Hier werden die Strategieschlüssel zur *prä-aktionalen Strategiebenennung* eingesetzt. Anschließend werden Veränderungen auf der Ebene der Heurismen und der Episodenwechsel erkennbar.

Wir erinnern uns an den zuvor geschilderten Idealfall: Eine Schülerin bzw. ein Schüler bearbeitet ein mathematisches Problem, bleibt stecken und kommt, ggf. auch nach längerer Zeit des Grübelns, nicht weiter. Wenn eine Schülerin bzw. ein Schüler in diesem Sinne eine „Barriere" erlebt, könnte sie bzw. er idealerweise zum Schlüsselbund greifen. Sie bzw. er könnte die Strategieschlüssel der Reihe nach durchblättern und jeden einzelnen Strategieschlüssel auf sein Potential zur Überwindung der Barriere prüfen. Im Idealfall würde sich das Kind für ein oder zwei Strategieschlüssel entscheiden und ausführen, was darauf geschrieben ist. Das würde dazu führen, dass es neue Heurismen anwendet. Diese münden in ein planvolles Vorgehen und in einer korrekte Lösung des Problems.

Diese zuvor beschriebenen Gruppen können nun in einer Art Stufenfolge interpretiert werden. Denn Gruppe (4) – also die Problembearbeitungsprozesse mit Schlüsselinteraktion und einem Einfluss auf die Heurismen und die Episodenwechsel – scheint dem Idealfall am ehesten zu entsprechen, wohingegen beispielsweise Gruppe (2) – Problembearbeitungsprozesse mit Schlüsselinteraktion und ohne sichtbaren Einfluss – deutlich weniger dem Idealfall entspricht. Über den Ausgang eines Problembearbeitungsprozesses und dessen Lösungserfolg kann auch am Ende der Analysen keine zuverlässige Vorhersage getroffen werden. Allerdings sind die Problembearbeitungsprozesse der Gruppen (3) und (4) für den Mathematikunterricht und das eigenständige mathematische Problemlösen vielversprechend. Die Kinder gehen in diesen Gruppen mehr oder weniger planvoll vor und setzen die Strategieschlüssel vielfältig, in Gruppe (4) stellenweise sogar gezielt ein – und das schon beim ersten Kontakt mit den Strategieschlüsseln, also ohne jegliches Training.

Die Tabellen 17.30a und 17.30b stellen dar, welcher Problembearbeitungsprozess welcher Gruppe und welchem Muster zugeordnet wurde. Insgesamt kamen in Gruppe (1) 14 Problembearbeitungsprozesse vor, davon zehn Mal Muster (1a) und vier Mal Muster (1b). Den Gruppen (2), (3) und (4) wurden jeweils neun Problembe-

Tabelle 17.30a Zuordnung der einzelnen Problembearbeitungsprozesse zu einem Muster

Art der Schlüsselnutzung / Kind	Gruppe (1)	Muster (1a)	Muster (1b)	Gruppe (2)	Muster (2a)	Muster (2b)	Gruppe (3)	Gruppe (4)	Muster (4a)	Muster (4b)	Muster (4c)	Muster (4d)
Anja												
- Bauernhof								✓			✓	
- Smarties				✓	✓							
Anke												
- Bauernhof				✓	✓							
- Legosteine	✓	✓										
Anne												
- Bauernhof							✓					
Christin												
- Bauernhof								✓			✓	
- Schachbrett							✓					
- 7 Tore								✓		✓		
Collin												
- Bauernhof							✓					
- Kleingeld	✓	✓										
- Schachbrett	✓	✓										
- 7 Tore	✓	✓										
Fabian												
- Legosteine							✓					
Felix												
- Legosteine				✓	✓							
- Schachbrett	✓	✓										
- Smarties								✓				✓
Hannes												
- Bauernhof							✓					
Julius												
- Kleingeld							✓					
- 7 Tore								✓		✓		
Laura												
- Bauernhof				✓	✓							
- Kleingeld	✓	✓										
- Schachbrett							✓					
- Smarties	✓		✓									

Tabelle 17.30b Fortsetzung: Zuordnung der einzelnen Problembearbeitungsprozesse zu einem Muster

Art der Schlüsselnutzung / Kind	Gruppe (1)	Muster (1a)	Muster (1b)	Gruppe (2)	Muster (2a)	Muster (2b)	Gruppe (3)	Gruppe (4)	Muster (4a)	Muster (4b)	Muster (4c)	Muster (4d)
Markus												
- Legosteine				✓	✓							
- Smarties	✓	✓										
Prisha												
- Bauernhof				✓		✓						
- Kleingeld							✓					
- 7 Tore	✓	✓										
- Schachbrett	✓	✓										
Richard												
- Bauernhof								✓			✓	
- Kleingeld								✓			✓	
- 7 Tore								✓			✓	
Simon												
- Bauernhof	✓		✓									
- Kleingeld							✓					
- Schachbrett	✓		✓									
- 7 Tore	✓		✓									
Til												
- Bauernhof				✓	✓							
- Kleingeld									✓	✓		
Vicky												
- Bauernhof	✓	✓										
- Legosteine				✓		✓						
- Smarties				✓	✓							
Summe	14	10	4	9	7	2	9	9	1	2	5	1

arbeitungsprozesse zugeordnet. Dabei kommen die Muster (2a) sieben und Muster (4c) fünf Mal vor. Die restlichen Muster treten dann jeweils nur ein- bis zweimal auf.

Eine Ähnlichkeit zeigt sich bei den Mustern (1b) und (4d). In beiden Fällen treten keine wild-goose-chase Prozesse auf und es entstand auch zu keinem Zeitpunkt der Eindruck, dass es ein wild-goose-chase Prozess sein könnte. Diese Kinder verfolgen einen Plan und führen diesen aus – unabhängig davon, ob sie die Interviewerin über den Plan informieren. Die beiden Muster unterscheiden sich bezogen auf die Schlüsselinteraktion. In Muster (1b) interagieren die Kinder nicht mit den Strategieschlüsseln, weil sie keine Hürde antreffen und eben wissen, wie sie vorgehen wollen. In Muster (4d) treffen die Kinder auch keine Hürde an. Trotzdem interagieren sie mit den Strategieschlüsseln und zwar um zu benennen, wie sie zukünftig vorgehen werden. Sie machen mit Hilfe der Strategieschlüssel ihren Plan transparent.

17.5.3 Überblick über die selbstregulatorischen Tätigkeiten

Innerhalb der Beschreibungen der einzelnen Problembearbeitungsprozesse wurde jeweils erläutert, ob und ggf. welche selbstregulatorischen Tätigkeiten in den einzelnen Problembearbeitungsprozessen vorkamen. Unterschieden wurden vier Arten von selbstregulatorischen Tätigkeiten: die Initiative zur Schlüsselinteraktion durch das Kind, die Nutzweise der Strategieschlüssel, der Wechsel zwischen Episodentypen und die Steuerung der Heurismen[10]. In den Tabellen 17.31a und 17.31b sind die vier Arten der selbstregulatorischen Tätigkeiten spaltenweise angegeben. Zeilenweise sind die einzelnen Problembearbeitungsprozesse aufgelistet. Die Häkchen in den Tabellenzellen markieren jeweils, ob diese Art der selbstregulatorischen Tätigkeit auftrat; nicht aber deren Häufigkeit. Außerdem wurden nicht selbstregulatorische Tätigkeiten im Allgemeinen und über den gesamten Bearbeitungsprozess betrachtet, sondern nur die, die auch im Zusammenhang mit den Strategieschlüsseln stehen. Wenn also eine Strategieschlüsselnutzweise identifiziert wurde, dann können auch andere selbstregulatorische Tätigkeiten aufgelistet werden. Ist keine Strategieschlüsselnutzweise zugeordnet, dann wird die Spalte markiert, in der keine selbstregulatorische Tätigkeit auftritt.

Den Tabellen kann entnommen werden, dass es Kinder gibt, bei denen keine mit den Strategieschlüsseln im Zusammenhang stehenden selbstregulatorischen Tätig-

---

[10]Nähere Informationen zur Identifizierung von selbstregulatorischen Tätigkeiten können Abschnitt 15.2.2 entnommen werden.

Tabelle 17.31a Überblick über die selbstregulatorischen Tätigkeiten pro Problembearbeitungsprozess

Arten selbstregulatorischer Tätigkeiten Kind	Initiative der Schlüsselinteraktion durch das Kind	Nutzweise der Strategieschlüssel	Wechsel zwischen Episodentypen	Steuerung der Heurismen	keine selbstregulatorische Tätigkeit
Anja					
- Bauernhof	✓	✓	✓	✓	
- Smarties					✓
Anke					
- Bauernhof					✓
- Legosteine					✓
Anne					
- Bauernhof		✓			
Christin					
- Bauernhof	✓	✓	✓	✓	
- Schachbrett	✓	✓		✓	
- 7 Tore	✓	✓		✓	
Collin					
- Bauernhof		✓			
- Kleingeld	✓	✓			
- Schachbrett		✓			
- 7 Tore	✓	✓			
Fabian					
- Legosteine		✓		✓	
Felix					
- Legosteine	✓	✓			
- Schachbrett					✓
- Smarties	✓	✓		✓	
Hannes					
- Bauernhof	✓	✓		✓	
Julius					
- Kleingeld	✓	✓		✓	
- 7 Tore	✓	✓	✓	✓	
Laura					
- Bauernhof	✓	✓			
- Kleingeld					✓
- Schachbrett	✓	✓		✓	
- Smarties					✓
Markus					
- Legosteine					✓
- Smarties					✓

Tabelle 17.31b Fortsetzung: Überblick über die selbstregulatorischen Tätigkeiten pro Problembearbeitungsprozess

Arten selbstregulatorischer Tätigkeiten / Kind	Initiative der Schlüsselinteraktion durch das Kind	Nutzweise der Strategieschlüssel	Wechsel zwischen Episodentypen	Steuerung der Heurismen	keine selbstregulatorische Tätigkeit
Prisha					
- Bauernhof	✓				
- Kleingeld		✓			
- 7 Tore					✓
- Schachbrett					✓
Richard					
- Bauernhof		✓	✓	✓	
- Kleingeld		✓	✓	✓	
- 7 Tore		✓	✓	✓	
Simon					
- Bauernhof					✓
- Kleingeld		✓		✓	
- Schachbrett			✓		
- 7 Tore					✓
Til					
- Bauernhof	✓				
- Kleingeld	✓	✓	✓		
Vicky					
- Bauernhof					✓
- Legosteine					✓
- Smarties					✓
Summe	16	23	8	14	15

keiten beobachtet werden konnten (z. B. Anke, Markus oder Vicky). Im Gegensatz dazu gibt es auch Kinder, die besonders viele selbstregulatorische Tätigkeiten gezeigt haben (z. B. Anja, Christin und Julius). Bei den meisten Kindern scheinen die selbstregulatorischen Tätigkeiten von den Aufgaben abzuhängen. Bei manchen Aufgaben zeigen sie selbstregulatorische Tätigkeiten, bei anderen nicht (z. B. Felix, Laura und Simon). Christin und Richard sind die Kinder, bei denen auch über mehrere Aufgaben hinweg mindestens drei selbstregulatorische Tätigkeiten beobachtet werden konnten. Die beiden unterscheiden sich v. a. in der Initiative zur Schlüsselinteraktion. Während Christin bei ihren drei Aufgabenbearbeitungen selbstinduziert mit den Strategieschlüsseln interagiert, greift Richard kein einziges Mal von sich aus auf die Strategieschlüssel zurück.

In 15 der 41 Problembearbeitungsprozessen gab es keinen Hinweis auf selbstregulatorische Tätigkeiten, die durch die Strategieschlüssel induziert wurden. Die Problembearbeitungsprozesse wurden nicht dahingehend überprüft, ob generell selbstregulatorische Tätigkeiten vorkamen. Das entsprach nicht dem Anliegen dieser Arbeit.

Insgesamt konnten alle vier selbstregulatorischen Tätigkeiten im Datenmaterial beobachtet werden. In 16 Problembearbeitungsprozessen geht beispielsweise die Schlüsselinteraktion vom jeweiligen Kind aus. Dabei gibt es einige Kinder, die auch in mehreren ihrer Problembearbeitungsprozesse auf die Strategieschlüssel zugreifen (z. B. Christin, Collin, Felix oder Laura).

In 23 Problembearbeitungsprozessen wurde der Schlüsselinteraktion eine Nutzweise der Strategieschlüssel zugeordnet. Das entspricht mehr als der Hälfte der Problembearbeitungsprozesse. Diese Kinder agierten nach einer Schlüsselinteraktion also v. a. auf der Ebene der Heurismen so, dass ein Einfluss der Strategieschlüssel beobachtet werden konnte.

Die Heurismensteuerung als selbstregulatorische Tätigkeit basiert auf der Frage, ob die Kinder mit Hilfe der Strategieschlüssel ihren Heurismeneinsatz steuern können. Eine Steuerung der Heurismen kommt in 14 Problembearbeitungsprozessen vor. Bei der Beurteilung, ob eine Steuerung der Heurismen vorkam oder nicht, traten zwei Nutzweisen der Strategieschlüssel in den Mittelpunkt: *Strategieänderung* und *Strategieverfeinerung*. In beiden Fällen werden erst andere Heurismen verwendet und von den Schülerinnen und Schülern als nicht zielführend eingeschätzt. Das allein zeugt von selbstregulatorischen Fähigkeiten der Schülerinnen und Schüler. Durch die Strategieschlüssel ändern die Kinder entweder ihr bisheriges Vorgehen oder kombinieren ihre bisherigen Heurismen mit neuen. Die Kinder stellen also fest, dass sie ihr bisheriger Weg nicht weiter bringt, nutzen ein Hilfsmittel und sind dann auch noch in der Lage, einen anderen Weg einzuschlagen. Sie zeigen hier also schon eine selbstregulatorische Fähigkeit.

Die Wechsel zwischen Episodentypen, die im Zusammenhang mit Schlüsselinteraktionen auftraten, werden in acht Problembearbeitungsprozessen als selbstregulatorische Tätigkeit interpretiert. Fünf Kindern gelingt ein solcher Wechsel einmal (z. B. Anja, Christin und Simon). Bei Richard tritt diese Form der selbstregulatorischen Tätigkeit bei allen drei seiner Problembearbeitungen auf. Er scheint demnach im Vergleich zu den anderen Kindern dieser Studie in besonderem Maße über selbstregulatorische Fähigkeiten zu verfügen.

Zusammenfassend kann an dieser Stelle festgehalten werden, dass die Strategieschlüssel auf neun verschiedene Weise genutzt wurden, den Einsatz von Heurismen triggern und selbstregulatorische Tätigkeiten bei den Schülerinnen und Schülern anregen. Darüber hinaus konnten vier Gruppen und acht untergeordnete Muster bzgl. der Interaktion mit den Strategieschlüsseln identifiziert werden.

Fazit und Ausblick

Ausgangspunkt dieser Untersuchung sind sogenannte Strategieschlüssel (siehe Kapitel 2). Es handelt sich dabei um schlüsselförmige Karten, auf denen jeweils ein Heurismus in schülernaher Sprache formuliert und mit einer dazu passenden Visualisierung versehen ist. Die Strategieschlüssel dienen für die vorliegende, explorative Untersuchung als Interventionsinstrument. Sie sollen Schülerinnen und Schülern dabei helfen, eigenständig Barrieren in mathematischen Problembearbeitungsprozessen zu überwinden.

Im ersten Teil dieser Arbeit wurden zunächst die vier theoretischen Konzepte Hilfekarten, Prompts, Nudges und Scaffolding (siehe Kapitel 3 bis 6) beschrieben und jeweils deren aktueller Forschungsstand dargelegt. Dies wurde dann zur theoretischen Fundierung der Strategieschlüssel verwendet (siehe Kapitel 7), indem die jeweiligen theoretischen Konzepte miteinander verglichen und einander gegenübergestellt wurden. Im Anschluss wurden die Strategieschlüssel zu jedem dieser Konzepte in Bezug gesetzt. Dadurch wurde deutlich, dass es sich bei diesen vier Konzepten ebenso wie bei den Strategieschlüsseln um Impulse bzw. Hinweise handelt, deren übergeordnetes Ziel darin liegt, im Prozess des Lernens voranzuschreiten. Es wurde außerdem gezeigt, dass keines der vier theoretischen Konzepte allein genügen würde, um die Strategieschlüssel theoretisch zu fundieren. Stattdessen ergänzen sie sich und bilden ein Theoriehybrid. Zudem konnte gezeigt werden, dass solche Impulse während eines Lern- bzw. Erarbeitungsprozesses Einfluss haben insbesondere auf den Einsatz von (Problemlöse-)Strategien und auf die Selbstregulation. Unklar blieb, auf welche Art und Weise ein Einfluss genommen wird. Qualitative Untersuchungen wurden nur vereinzelt, in keinem Fall systematisch durchgeführt. Die Zusammenführung der vier theoretischen Konzepte lässt vermuten, dass die Strategieschlüssel möglicherweise nicht nur als Strategie-Aktivatoren (Reigeluth und Stein 1983; Hasselhorn und Gold 2017) fungieren, sondern auch selbstregulatorische Prozesse initiieren können.

© Der/die Autor(en), exklusiv lizenziert durch Springer Fachmedien Wiesbaden GmbH, ein Teil von Springer Nature 2021
R. Herold-Blasius, *Problemlösen mit Strategieschlüsseln*, Essener Beiträge zur Mathematikdidaktik, https://doi.org/10.1007/978-3-658-32292-2_18

Für die Untersuchung des Einflusses der Strategieschlüssel bedarf es eines mathematischen Themenfeldes, in dem Schülerinnen und Schüler auch tatsächlich auf die Schlüssel zurückgreifen (müssen). Dazu bietet sich das mathematische Problemlösen an (siehe dazu die Kapitel 8 bis 11). Hierbei begegnen Schülerinnen und Schüler Hürden bzw. Barrieren, die es zu überwinden gilt. Es haben sich hierzu zwei Bereiche als besonders geeignet herausgestellt: (a) der Einsatz von Heurismen (Problemlösestrategien) (Bruder und Collet 2011; Mevarech und Kramarski 1997; Rott 2018) und (b) die Regulation und Überwachung des eigenen Problembearbeitungsprozesses (auch „Control" genannt) (Schoenfeld 1985; Rott 2014a).

Werden nun beide theoretischen Teile aufeinander bezogen, entsteht der Eindruck, dass Strategieschlüssel insbesondere den Einsatz von Heurismen und die Selbstregulation beeinflussen. Außerdem konnte in beiden Theorieteilen gezeigt werden, dass Grundschulkinder in Studien zu diesen Forschungsfeldern bislang unterrepräsentiert sind. Das Ziel der vorliegenden Arbeit besteht deswegen darin (siehe Kapitel 12), zu untersuchen, auf welche Art und Weise Strategieschlüssel den Problembearbeitungsprozess von Dritt- und Viertklässlern beeinflussen. Dazu werden vier Teilfragen bearbeitet:

(A) Wie hängt die Nutzung der Strategieschlüssel zusammen mit dem Problembearbeitungsprozess (konkretisiert durch Phasen (Episodentypen), den Heurismeneinsatz und den Lösungserfolg)?

(B) Lassen sich verschiedene Nutzweisen der Strategieschlüssel unterscheiden und wenn ja, welche?

(C) Welche selbstregulatorischen Tätigkeiten hängen mit der Strategieschlüsselnutzung zusammen?

(D) Welche Muster können bei der Strategieschlüsselnutzung unter Verwendung der Erkenntnisse der Forschungsfragen (A) bis (C) beschrieben werden?

Zur Untersuchung dieser Fragen wurden 16 Dritt- und Viertklässler während der Bearbeitung von mathematischen Problemen videografiert und anschließend interviewt (siehe Kapitel 13). Die Kinder haben jeweils unterschiedlich viele Aufgaben gelöst, sodass insgesamt 41 Problembearbeitungsprozesse aufgezeichnet wurden. Die anschließende Aufbereitung der Daten erfolgte, indem sie auf vier verschiedene Weisen kodiert wurden (siehe Kapitel 14): Episoden im Problembearbeitungsprozess, Heurismeneinsatz, Lösungserfolg und externe Impulse. Für ein umfassendes Bild jedes einzelnen Prozesses wurden die vier Kodierungen jeweils innerhalb einer Abbildung dargestellt. Dadurch konnte jeder einzelne Problembearbeitungsprozess visualisiert und für vergleichende Analysen genutzt werden. Mit Hilfe eines Mixed-Method-Designs (siehe Kapitel 15) und den durchgeführten Analysen (siehe

Kapitel 16 und 17) werden die genannten Forschungsfragen nun in den nächsten Abschnitten beantwortet.

18.1 Beantwortung der Forschungsfragen

18.1.1 Forschungsfrage (A): Zusammenhang zwischen Schlüsselnutzung und Problembearbeitungsprozess

Mit Hilfe von χ^2-Unabhängigkeitstests und unter Berücksichtigung von zwei bzw. drei Merkmalen gleichzeitig konnten nach der Bonferroni-Korrektur zwei statistisch signifikante, positive Zusammenhänge festgestellt werden, nämlich (1) zwischen der Anzahl der Episodenwechsel (Fünftupel) und dem Prozessprofil ($p = 0,005145$) sowie (2) zwischen der Schlüsselinteraktion, den Episodenwechseln (Achttupel) und den Heurismen ($p < 0,001$[1]). Für die Beantwortung der Forschungsfrage (A) ist der zweite Zusammenhang von besonderem Interesse. Es kann demnach davon ausgegangen werden, dass mehr Heurismen eingesetzt und mehr Episodenwechsel vollzogen werden, je mehr Schlüsselinteraktionen erfolgen.

Damit wird die Annahme bestärkt, dass Strategieschlüssel einen Einfluss auf den Phasenverlauf eines Problembearbeitungsprozesses nehmen können. Hierbei spielen nicht nur die inhaltstragenden, sondern auch die nicht-inhaltstragenden Episodentypen *Schreiben* und *Organisation* eine Rolle. Werden die Episodenwechsel als Operationalisierung von selbstregulatorischen Tätigkeiten verstanden, dann scheinen Schülerinnen und Schüler, die mit den Strategieschlüsseln interagieren, häufiger die Episoden im Problembearbeitungsprozess zu wechseln und in diesem Sinne häufiger selbstregulatorische Tätigkeiten zu zeigen.

Aus dem Zusammenhang ergibt sich außerdem diese Annahme: Je häufiger mit Strategieschlüsseln interagiert wird, desto mehr Heurismen werden eingesetzt. Die Strategieschlüssel scheinen also Strategien zu triggern und die Anzahl der verwendeten Heurismen zu beeinflussen. Dabei ist keine Aussage dahingehend möglich, wie sinnvoll oder hilfreich die Strategieschlüssel oder die eingesetzten Heurismen im jeweiligen Problembearbeitungsprozess waren.

Der Vollständigkeit halber wird an dieser Stelle auch darauf hingewiesen, dass erwartungskonform zwischen der Interaktion mit Strategieschlüsseln und dem Lösungserfolg kein statistischer Zusammenhang besteht. Das kann einerseits daran liegen, dass vorwiegend schlechtere Problemlöser mit den Strategieschlüsseln inter-

---

[1]Dieser Zusammenhang ist auch nach der Bonferroni-Korrektur auf dem 1%-Niveau hoch signifikant.

agierten und andererseits daran, dass der Kontakt mit den Strategieschlüsseln sehr kurz war.

Zusammenfassend besteht aber ein positiver, statistischer Zusammenhang zwischen den drei Merkmalen Schlüsselinteraktion, Heurismenanzahl und Anzahl der Episodenwechsel. Dadurch und durch deren hohe statistische Signifikanz verfestigt sich die Annahme, dass Strategieschlüssel Heurismen triggern und in diesem Sinne als Strategie-Aktivatoren (Reigeluth und Stein 1983; Hasselhorn und Gold 2017) fungieren. Es kann ebenso bestätigt werden, dass Strategieschlüssel selbstregulatorische Tätigkeiten anregen. Es bleibt offen, welche Weisen der Schlüsselnutzung sich unterscheiden lassen und welche selbstregulatorischen Tätigkeiten mit der Schlüsselnutzung zusammenhängen.

18.1.2 Forschungsfrage (B): Nutzweisen der Strategieschlüssel

Innerhalb der 41 Problembearbeitungsprozesse wurden 229 Heurismen (Zählweise (1)) (darunter 18 verschiedene (Zählweise (3))) kodiert, die meisten davon innerhalb von Explorationsphasen. Fünf Heurismen wurden besonders häufig identifiziert: *Gegeben und Gesucht, erneut Lesen, Routineaufgabe, Beispiele* und *systematisches Probieren*. Diese fokussieren vor allem das Verstehen der Aufgabe. Sie scheinen eher grundlegend und weniger elaboriert zu sein. Andere Heurismen wurden nur selten kodiert – so z. B. das *Approximationsprinzip* oder das Entdecken von *Mustern*. Diese Heurismen werden als elaborierte Problemlösestrategien gedeutet. Wenn sie vorkommen, dann häufig als Strategiekeime (Stein 1995). Die Grundschulkinder scheinen also in der Lage zu sein, grundlegende Heurismen zum Verstehen einer Aufgabe anzuwenden. Die Verwendung von fortgeschrittenen Heurismen gelingt ihnen nur vereinzelt.

Hervorzuheben ist an dieser Stelle der Heurismus *Routineaufgabe*[2]. Er wurde immer dann kodiert, wenn die Schülerinnen und Schüler in der Aufgabenstellung gegebenes Zahlenmaterial miteinander in Verbindung brachten, ohne dabei zu reflektieren, ob dies zielführend ist. Sie gingen dann ähnlich wie bei Kapitänsaufgaben vor. Stern (1992, S. 14–15) erklärt, dass „viele Kinder [beim Bearbeiten von Kapitänsaufgaben] zu einer Antwort kommen, ohne die Aufgabe verstanden zu haben. Die Kinder verrechnen die in den Aufgaben vorkommenden Zahlen in relativ willkürlicher Weise". Dieses Vorgehen ist für das Lösen zahlreicher Textaufgaben auch zielführend (ebd., S. 15). Es verwundert deswegen wenig, dass die

---

[2]Der Begriff *Routineaufgabe* wird hier anders verwendet, als Winter (1985) ihn gebrauchte. Er bezeichnet eingekleidete Sachaufgaben als Routineaufgabe.

Schülerinnen und Schüler auf die *Routineaufgabe* auch bei der Bearbeitung von mathematischen Problemen häufig zurückgreifen.

Die quantitativen Analysen zeigten, dass die Anzahl der Schlüsselinteraktionen in einem statistischen Zusammenhang mit der Anzahl der Heurismen steht. Die Strategieschlüssel triggern also Heurismen. Die qualitativen Analysen verdeutlichten, wie genau dies geschieht. Dabei konnten neun Nutzweisen der Strategieschlüssel herausgearbeitet werden, durch die Einflüsse auf der Ebene der Heurismen entstehen (siehe auch Herold-Blasius, Rott und Leuders 2017; Herold-Blasius 2017)[3]:

- *Aufgabenklärung*: Die Schülerin bzw. der Schüler nutzt einzelne Strategieschlüssel, um die Aufgabe besser zu verstehen.
- *Strategiegenerierung*: Nach einer Schlüsselinteraktion wird ein neuer Heurismus genutzt. Vor der Schlüsselinteraktion wurde noch kein Heurismus verwendet.
- *Strategiebeibehaltung*: Eine Schülerin bzw. ein Schüler verwendet bereits einen Heurismus. Nach der Schlüsselinteraktion ändert sie bzw. er nichts am bisherigen Vorgehen, sondern geht genauso vor wie bisher.
- *Strategieänderung*: Eine Schülerin bzw. ein Schüler verwendet bereits einen Heurismus. Die Schülerin bzw. der Schüler interagiert mit den Strategieschlüsseln und wählt anschließend einen neuen Heurismus aus, der mit dem zuvor verwendeten Heurismus in keiner erkennbaren Verbindung steht.
- *Strategieverfeinerung*: Verwendet eine Schülerin bzw. ein Schüler bereits einen Heurismus und kombiniert diesen mit einem anderen, wird ersterer gewissermaßen weiterentwickelt und verfeinert.
- *Strategiebenennung*: Hier gibt es zwei Szenarien: Es wurde erst ein Heurismus verwendet, der dann mit Hilfe der Strategieschlüssel einen Namen erhält (*post-aktionale Strategiebenennung*). Alternativ wurde ein Strategieschlüssel ausgewählt, um noch vor der Handlung auf einen Heurismus hinzuweisen. Dieser benannte Heurismus wird anschließend ausgeführt (*prä-aktionale Strategiebenennung*).
- *Checkliste*: Die Schülerin bzw. der Schüler überprüft, was sie bzw. er bereits gemacht hat und was im Problembearbeitungsprozess potentiell noch hilfreich sein könnte.
- *Motivationshilfe*: Die Schülerin bzw. der Schüler nutzt die Strategieschlüssel, um sich selbst zu motivieren. So gibt sie bzw. er beispielsweise nicht auf und

---

[3]Hier wird eine komprimierte Beschreibung angeboten. In Abschnitt 17.5 können die einzelnen Nutzweisen detaillierter nachvollzogen werden.

bearbeitet die Aufgabe weiter. Die Strategieschlüssel übernehmen hier kurzfristig die motivierende Funktion z. B. der Lehrkraft[4].

- *Denkpause*: Weiß eine Schülerin bzw. ein Schüler nicht weiter und findet auch keinen passenden Heurismus, dann bieten die Strategieschlüssel eine Legitimierung für eine Denkpause an, indem die Schülerin bzw. der Schüler beispielsweise ein Bild malt. Diese Pause ermöglicht einen gewissen Abstand von der Aufgabe, ohne jedoch nichts zu tun und eröffnet dadurch ggf. neue Möglichkeiten der Aufgabenbearbeitung.

Diese neun Nutzweisen bestätigen auch qualitativ, dass die Strategieschlüssel Heurismen initiieren. Neue Heurismen treten insbesondere dann auf, wenn die Schlüssel zur *Strategiegenerierung*, *Strategieänderung* und *Strategieverfeinerung* eingesetzt werden.

Im Zusammenhang mit der *Strategiebeibehaltung* treten keine neuen Heurismen auf. Setzt die Schülerin bzw. der Schüler die Strategieschlüssel dafür ein, fühlt sie bzw. er sich ggf. in ihrer bzw. seiner vorherigen Vorgehensweise bestärkt und behält diese bei. Allerdings ist sie bzw. er vorher bereits stecken geblieben und kommt deswegen auch danach nicht weiter.

Die Strategiebeibehaltung könnte aber auch in einem anderen Szenario auftauchen: Wenn eine Schülerin bzw. ein Schüler seinen Problembearbeitungsprozess beispielsweise erfolgreich regulieren kann, dann sollte sie bzw. er auch erkennen, ob der Einsatz eines möglicherweise erfolgversprechenden Heurismus abgebrochen werden sollte. Unter Umständen kann ein Beihalten der bisherigen Strategie auch sinnvoll sein. Dieses Szenario kam in der vorliegenden Studie nicht vor, ist aber theoretisch denkbar.

Besonders bemerkenswert ist die *Checkliste*. Manche Kinder scheinen ihren Problembearbeitungsprozess damit besser überblicken und überwachen zu können. Hier werden nicht einzelne Schlüssel, sondern der gesamte Schlüsselbund auf einmal genutzt. Dabei dient der Schlüsselbund dann gewissermaßen als metakognitiver Prompt, wohingegen die einzelnen Strategieschlüssel eher als kognitive Prompts verstanden werden können (siehe Abschnitt 7.3.2).

Die *Motivationshilfe* und *Denkpause* sind in nur einem Problembearbeitungsprozess aufgetreten. Beide wurden von der Autorin im Vorhinein weder antizipiert noch intendiert. Dennoch scheinen sie für den Schüler Hannes in der spezifischen Interviewsituation große Wirkung gehabt zu haben.

---

[4]Diese Nutzweise erinnert an die Motivationshilfe nach Zech (2002) und wurde deswegen genauso benannt.

Die Nutzweise *Aufgabenklärung* kam im Datenmaterial einmal vor und wurde durch den Strategieschlüssel „Finde ein Beispiel" initiiert (siehe Abschnitt 17.4.9). Zusammenfassend triggern die Strategieschlüssel Heurismen und können deswegen als Strategie-Aktivatoren bezeichnet werden. Insgesamt konnten neun Nutzweisen der Strategieschlüssel unterschieden werden. Manche dieser Nutzweisen triggern bei den Kindern der vorliegenden Studie häufiger Heurismen (z. B. Strategieänderung) als andere. Außerdem führen Schlüsselinteraktionen dazu, dass der gesamte Problembearbeitungsprozess überprüft, Denkpausen eingelegt und eigenständig Motivationshilfen genutzt werden. Die Strategieschlüssel zeigen damit mehr Verwendungsweisen als auf Basis theoretischer Überlegungen zunächst angenommen.

18.1.3 Forschungsfrage (C): Selbstregulatorische Tätigkeiten im Zusammenhang mit den Strategieschlüsseln

Von den 41 Problembearbeitungsprozessen konnte ein überdurchschnittlich großer Anteil – etwa 75 % – dem wild-goose-chase Prozessprofil zugeordnet werden. Dieser Befund geht einher mit den Ergebnissen anderer Studien (z. B. Rott 2013), wobei der Anteil in der vorliegenden Arbeit größer ist. Das kann nicht an einer fehlenden Motivation der Kinder liegen, denn sie haben sich alle freiwillig für die Teilnahme an dieser Studie gemeldet und waren aufgrund des Settings hoch motiviert und interessiert. Stattdessen kann dies mit dem Alter der Kinder begründet werden. Schließlich verfügen sie im Vergleich zu älteren Schülerinnen und Schülern nur über begrenzte selbstregulatorische Fähigkeiten (z. B. Hembree 1992).

Mit Hilfe der qualitativen Analysen der Schlüsselnutzung mit Bezug auf die Heurismen konnten die zuvor beschriebenen neun Nutzweisen der Strategieschlüssel (siehe Abschnitt 18.1.2) identifiziert werden. Diese werden nun als selbstregulatorische Tätigkeiten interpretiert, denn sie können den drei Phasen der Selbstregulation zugeordnet werden, nämlich der prä-aktionalen, aktionalen und post-aktionalen Phase (siehe Abbildung 18.1, siehe auch Herold-Blasius, Rott und Leuders 2017).

In der *prä-aktionalen Phase* geht die Schlüsselinteraktion dem Einsatz von Heurismen zeitlich voraus. Der Schlüsselinteraktion folgt dann eine *Strategiegenerierung*, *Strategieänderung* oder *Strategiebenennung*. Die meisten Kinder nutzen die Strategieschlüssel in der prä-aktionalen Phase, um neu anzufangen bzw. einen neuen Heurismus auszuprobieren. Sie wagen ihr bisher Erarbeitetes zu verwerfen und neue Ansätze zuzulassen. Manche Kinder benennen mit den Strategieschlüsseln im Sinne einer prä-aktionalen Strategiebenennung sogar ihr geplantes, zukünftiges Vorgehen.

Abbildung

18.1 Interpretation der
Nutzweisen von
Strategieschlüsseln als
Selbstregulation

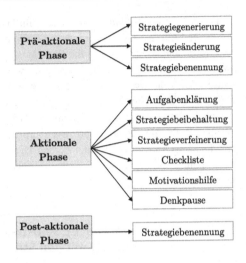

In der *aktionalen Phase* begleitet die Schlüsselinteraktion den Einsatz von Heurismen. Diese können ggf. auch mit neuen Heurismen kombiniert werden. Die Strategieschlüssel werden dabei verwendet zur *Strategieverfeinerung*, zur *Strategiebeibehaltung*, aber auch als *Checkliste*, *Motivationshilfe* und Legitimation für eine *Denkpause*. In dieser Phase ist es essentiell, dass die Kinder den Bearbeitungsprozess nicht abbrechen und weitermachen. Die Strategieschlüssel scheinen die Kinder dabei vielseitig zu unterstützen. Im Übrigen werden innerhalb der aktionalen Phase keine grundlegenden Richtungsänderungen, z. B. durch Strategiegenerierungen oder -änderungen, vorgenommen. Lediglich die Strategieverfeinerung erlaubt hier eine leichte Anpassung der zuvor verwendeten Heurismen.

In der *post-aktionalen Phase* erfolgt die Interaktion mit einem Strategieschlüssel nach einem Heurismeneinsatz. In allen Fällen wird der vorher verwendete Heurismus benannt (*Strategiebenennung*). Hier scheinen die Kinder ihr vorheriges Vorgehen gewissermaßen zu überprüfen und ggf. zu reflektieren, welches weitere Vorgehen für eine kommende Aufgabe oder innerhalb des gleichen Problembearbeitungsprozesses zu einer Strategiemodifikation führen kann (Schmitz 2001, S. 183; zur post-aktionalen Phase siehe Abschnitt 10.1.2). Die Strategieschlüssel regen also die Reflexion über den Strategiegebrauch sowie die Veränderung des Strategiegebrauchs im Sinne einer selbstregulatorischen Tätigkeit an.

Zwar muss nicht auf jede Schlüsselinteraktion ein Heurismus folgen. Allerdings konnten selbstregulatorische Tätigkeiten vorwiegend in Verbindung mit Heurismen identifiziert werden, was teilweise auch an der vorgenommenen Operationalisierung liegt. Trotzdem scheint für den gesamten Prozessverlauf der Problembearbeitung der Einsatz der Strategieschlüssel in der prä-aktionalen Phase besonders vielversprechend zu sein. Dies deckt sich mit Ergebnissen anderer Studien (z. B. Perels 2003).

Neben den Nutzweisen konnten noch drei weitere selbstregulatorische Tätigkeiten in den Problembearbeitungsprozessen beobachtet werden. So konnte beispielsweise die Initiative der Schlüsselinteraktion von dem jeweiligen Kind ausgehen oder die Heurismen nach einer Schlüsselinteraktion gesteuert oder ein Wechsel zwischen Episodentypen vollzogen werden. In den einzelnen Prozessbeschreibungen wurde gezeigt, dass das Nutzen der Strategieschlüssel häufig mit einer Heurismensteuerung einhergeht. Denn die *Strategieänderung* bzw. *-verfeinerung* modifizieren im Normalfall das bisherige Vorgehen im Problembearbeitungsprozess. Der Wechsel der Episodentypen ausgelöst durch eine Schlüsselinteraktion tritt insgesamt achtmal innerhalb der Problembearbeitungsprozesse auf (siehe Tabellen 17.31a und 17.31b). Diese selbstregulatorische Tätigkeit kommt davon sieben Mal zusammen mit der Nutzweise der Strategieschlüssel und der Steuerung der Heurismen vor.

Diese Beobachtungen lassen vermuten, dass Schülerinnen und Schüler zuerst in der Lage sein müssen, ihren Heurismeneinsatz zu steuern, bevor sie ihren gesamten Problembearbeitungsprozess überwachen, die Phasen im Problembearbeitungsprozess steuern und in diesem Sinne selbstregulatorisch tätig sein können.

18.1.4 Forschungsfrage (D): Strategieschlüssel und Verwendungsmuster

Zur Beantwortung der Forschungsfrage (D) wurden die 41 Problembearbeitungsprozesse in vier Gruppen geordnet und Muster innerhalb dieser beschrieben. An dieser Stelle werden die einzelnen Gruppen und Muster komprimiert beschrieben.[5]

(1) Problembearbeitungsprozesse ohne Schlüsselinteraktion

Muster (1a): Es handelt sich um wild-goose-chase Prozesse, in denen die Schülerinnen und Schüler keine Barriere antreffen, z. B. weil sie die Aufgabenkomplexität entsprechend reduziert wird.

Muster (1b): Schülerinnen und Schüler wissen, wie sie vorgehen wollen und treffen auf keine Barriere.

---

[5] Ausführliche Beschreibungen der Muster können Abschnitt 17.5 und eine Übersicht über die jeweiligen Anzahlen den Tabellen 17.30a und 17.30b entnommen werden.

(2) **Problembearbeitungsprozesse mit Schlüsselinteraktion und ohne sichtbaren Einfluss auf die Heurismen oder die Episodenwechsel**
Muster (2a): Auch nach einer Schlüsselinteraktion weiß die Schülerin bzw. der Schüler nicht, was sie bzw. er anderes tun könnte. Die Impulse können nicht umgesetzt werden. Die Schülerin bzw. der Schüler verbleibt im wild-goose-chase Prozessprofil.
Muster (2b): Die Schülerin bzw. der Schüler trifft auf eine Barriere und verwendet die Strategieschlüssel als *Checkliste*. Danach entsteht trotzdem keine neue Idee und der wild-goose-chase Prozess wird fortgeführt.

(3) **Problembearbeitungsprozesse mit Schlüsselinteraktion und mit sichtbarem Einfluss auf die Heurismen**
Die Strategieschlüssel werden von den Schülerinnen und Schülern vielfältig eingesetzt: *Strategiegenerierung, Checkliste, Strategiebeibehaltung, Motivationshilfe, Denkpause, Strategieänderung, Strategieverfeinerung,* prä- und postaktionale *Strategiebenennung*. In dieser Gruppe wird am meisten ausprobiert.

(4) **Problembearbeitungsprozesse mit Schlüsselinteraktion und mit sichtbarem Einfluss auf die Heurismen und die Episodenwechsel**
Die Strategieschlüssel werden hier auf vier Weisen genutzt: *Aufgabenklärung, Strategiegenerierung, prä-aktionale Strategiebenennung* und *Strategieverfeinerung.* Diese Nutzweisen treten auch miteinander kombiniert auf.
Muster (4a): Entsprechen Problembearbeitungsprozesse einem wild-goose-chase Prozessprofil und wechseln zwischen den Episodentypen *Analyse* und *Exploration* – also zwischen inhaltstragenden Episodentypen – dann trifft dieses Muster zu. Es gelingt in diesen Problembearbeitungsprozessen nicht, das wild-goose-chase Prozessprofil zu unterbrechen oder zu verlassen.
Muster (4b): Nach einer Schlüsselinteraktion in einer Exploration tritt ein Heurismus auf und es erfolgt ein Übergang in eine nicht-inhaltstragende Episode (*Schreiben* oder *Organisation*). Danach wird wieder in eine Exploration gewechselt. Das potentielle wild-goose-chase Prozessprofil wird also unterbrochen, aber nicht vollständig verlassen.
Muster (4c): Die Schlüsselinteraktion tritt im Zusammenhang mit Analyse- oder Planungsphasen auf. Anschließend erfolgt ein Wechsel in einen inhaltstragenden Episodentyp (*Implementation* oder *Exploration*). Der potentielle wild-goose-chase Prozess kann hier erfolgreich unterbrochen und verlassen werden.
Muster (4d): Hierzu zählen Problembearbeitungsprozesse, die keinen wild-goose-chase Prozess durchlaufen, aber in denen eine Schlüsselinteraktion stattfindet. Die Strategieschlüssel werden zur *prä-aktionalen Strategiebenennung* eingesetzt. Anschließend wird ein Einfluss auf der Ebene der Heurismen und der Episoden erkennbar.

Die Verwendung der Strategieschlüssel ist vielfältig und unterschiedlich einflussreich auf den Gesamtbearbeitungsprozess. Es konnten insgesamt neun Muster (1a, 1b, 2a, 2b, 3, 4a, 4b, 4c und 4d) identifiziert werden. Die Gruppen (1) bis (4) scheinen dabei aufeinander aufzubauen und in Stufen angeordnet zu sein. Für die Gruppen (1) und (2) ist die Interaktion mit den Strategieschlüsseln wenig ergiebig. Die Kinder können die Interaktion mit den Strategieschlüsseln entweder nicht sinnvoll in den Gesamtprozess integrieren – über die Gründe hierfür kann nur spekuliert werden (siehe dazu Abschnitt 18.2) –, oder sie sind bereits erfolgreich in ihrem Problembearbeitungsprozess und erleben deswegen keine Schlüsselinteraktion.

Die Gruppen (3) und (4) scheinen die Strategieschlüssel vielversprechender in ihren Problembearbeitungsprozess zu integrieren. In Gruppe (3) liegt der Fokus auf dem Triggern von Heurismen. Den Kindern aus dieser Gruppe gelingt es, verschiedene Vorgehensweisen zu nutzen und unterschiedliche Heurismen auszuprobieren. Viele der Kinder kommen damit auch zu einem erfolgreichen Ergebnis. Dieser Gruppe gelingt es aber noch nicht, mit Hilfe der Schlüsselinteraktion auch eine Veränderung auf den Prozessverlauf vorzunehmen. Dieser Übertrag auf die Ebene der Episoden gelingt erst den Schülerinnen und Schülern aus Gruppe (4). Aber auch hier schaffen es nicht alle, ihr wild-goose-chase Prozessprofil zu verlassen (siehe Muster (4a)). Das wäre aber das übergeordnete Ziel und ein klares Indiz für erfolgreiche Prozess- und damit Selbstregulation. In den Problembearbeitungsprozessen der Muster (4b) und (4c) gelingt es den Schülerinnen und Schülern, ihr potentielles wild-goose-chase Prozessprofil zu unterbrechen und teilweise sogar es zu verlassen.

18.1.5 Übergeordnete Forschungsfrage: Einfluss der Strategieschlüssel auf Problembearbeitungsprozesse

Die Bearbeitung der vier Teilfragen führt nun zur Antwort auf die Kernfrage nach dem Einfluss der Strategieschlüssel auf Problembearbeitungsprozesse. Die Strategieschlüssel beeinflussen den Problembearbeitungsprozess auf verschiedene Art und Weise.

Erstens und ganz zentral: Die Strategieschlüssel wirken als Strategie-Aktivatoren (Reigeluth und Stein 1983) und triggern Heurismen. Sie führen dazu, dass Schülerinnen und Schüler viele Heurismen einsetzen. In zahlreichen Problembearbeitungsprozessen gelang es den Kindern sogar, ihre Heurismen mit Hilfe der Strategieschlüssel zu steuern.

Zweitens nutzte ein Schüler die Strategieschlüssel während der Problembearbeitung als *Denkpause*. Diese kann als Inkubationszeit im Problembearbeitungsprozess interpretiert werden. Wallas (1926, S. 80) beschreibt insgesamt vier Stufen des Denkens und beruft sich bei den ersten drei Stufen auf eine Rede von Helmholtz im Jahre 1891:

> The first in time I shall call Preparation, the stage during which the problem was 'investigated …in all directions'; the second is the stage during which he was not consciously thinking about the problem, which I shall call Incubation; the third, consisting of the appearance of the 'happy idea' together with the psychological event which immediately preceded and accompanied that appearance, I shall call Illumination. And I shall add a fourth stage, of Verification […]. (Wallas 1926, S. 80)

Die zweite Stufe des Denkens besteht demnach darin, eine Pause vom Denken einzulegen, in der Hoffnung, dass danach eine neue Idee auftaucht. Der Einsatz der Strategieschlüssel kann in diesem Sinne als Initiierung von Inkubationszeiten (ebd.) verstanden werden, auch wenn die Phase hier deutlich kürzer und nicht gezielt eingesetzt ist.

Drittens haben die Strategieschlüssel eine klärende und eine motivierende Funktion. Sie helfen Schülerinnen und Schülern, in die Aufgabe zu finden und sie besser zu verstehen (z. B. in ihrer Funktion zur *Aufklärung*). Sie bieten ein mögliches Werkzeug, um potentielle Frustrationserlebnisse zu überwinden und nicht aufzugeben (z. B. in ihrer Funktion als *Motivationshilfe*). Letztlich bieten ihnen die Strategieschlüssel eine alternative Handlung an: Wenn eine Schülerin bzw. ein Schüler im Problembearbeitungsprozess stecken bleibt und nicht weiter weiß, kann sie bzw. er nachdenken und aufgeben, die Lehrkraft fragen oder eben eigenständig zu den Schlüsseln greifen und nach neuen Möglichkeiten suchen.

Viertens beeinflussen die Strategieschlüssel die Problembearbeitungsprozesse und den Heurismeneinsatz der Schülerinnen und Schüler bereits ohne ein vorangegangenes Training. Aus Untersuchungen bei Designstudierenden ist bekannt, dass das einfache Zeigen von Heurismen ausreichen kann, um vielfältiges Denken zu stimulieren (Yilmaz, Seifert und Gonzalez 2010, S. 335). Ein Training zu den Strategieschlüsseln ist für einen sinnvollen und vielfältigen Einsatz also nicht zwingend erforderlich. Gleichzeitig ist es denkbar, dass der Einsatz der Strategieschlüssel durch eine Einführung in den Unterricht und ein Training noch bessere Resultate erzielt. So könnten beispielsweise mehr Schülerinnen und Schüler den Übergang von Gruppe (3) – Problembearbeitungsprozesse mit Einfluss auf Heurismen – zu Gruppe (4) – Problembearbeitungsprozesse mit Einfluss auf Heurismen und Episoden – schaffen.

Fünftens beeinflussen die Strategieschlüssel die selbstregulatorischen Tätigkeiten der Schülerinnen und Schüler. Hier sind allerdings starke Unterschiede erkennbar. So gibt es Kinder, bei denen nach Schlüsselinteraktionen keine selbstregulatorischen Tätigkeiten zu verzeichnen sind (z. B. Muster (2a)). Es gibt aber auch welche, die sich bemühen, ihren Problembearbeitungsprozess zu überwachen und zu regulieren, indem sie die Strategieschlüssel beispielsweise als Checkliste einsetzen (z. B. Muster (2b) und (3)). In diesen Fällen werden selbstregulatorische Tätigkeiten durch die Strategieschlüssel initiiert. Die selbstregulatorischen Tätigkeiten in Gruppe (3) scheinen nur teilweise gezielt eingesetzt zu werden. In den Mustern der Gruppe (4) zeigen sich durch die Strategieschlüssel die wirkungsvollsten selbstregulatorischen Tätigkeiten. Hier initiieren die Strategieschlüssel erst einen Heurismeneinsatz, der sich dann auf die Ebene der Episoden auswirkt. Diese Problembearbeitungsprozesse sind mit Blick auf den Lösungserfolg am erfolgversprechendsten.

Die Gesamtschau zeigt deutlich, dass die Strategieschlüssel die Problembearbeitungsprozesse von Dritt- und Viertklässlern beeinflussen. Die Art und Weise des Einflusses ist dabei sehr vielfältig und wirkt nicht nur auf die Ebene der Heurismen, sondern auch auf die Ebene der Episoden und damit den Prozessverlauf. Die Strategieschlüssel haben keinen nachweisbaren Einfluss auf den Lösungserfolg. Ob dies beispielsweise durch eine explizite Einführung oder eine langfristig angelegte Intervention verändert werden kann, bleibt offen und kann in Folgestudien untersucht werden.

18.2 Interpretation der Ergebnisse

In den Analysen wurde deutlich, dass alle 16 Kinder in der Lage sind, Heurismen einzusetzen. Im Verständnis von Koichu, Berman und Moore (2007) verfügen die Kinder damit zumindest in Teilen über eine sogenannte „heuristic literacy".

> By heuristic literacy we refer to students' capacity to use heuristic vocabulary in problem-solving discourse and to approach (not necessarily to solve!) mathematical problems by using a variety of heuristics. (ebd., S. 120)

Die Forschergruppe konnte die „heuristic literacy" bei Schülerinnen und Schülern der Sekundarstufe I nachweisen. Die vorliegende Studie konnte aufzeigen, dass auch Schülerinnen und Schüler der Grundschule schon über Teile dieser Fähigkeit verfügen, denn sie begegnen einem mathematischen Problem bereits mit verschiedenen Heurismen.

Die Strategieschlüssel triggern Heurismen und fungieren in diesem Sinne als Strategie-Aktivatoren (Reigeluth und Stein 1983). Dabei konnten verschiedene Varianten herausgearbeitet werden. Eine Variante besteht in der *Strategiegenerierung*. Die Strategieschlüssel unterstützen Schülerinnen und Schüler also dabei, neue Ideen zu generieren, und genau diese Funktion von Prompts ist bereits bekannt (Thillmann et al. 2009). Darüber hinaus wurde auch die *Strategiebenennung* als mögliche Funktion von Heurismen in der Literatur benannt. So weist Pólya (1973/1945, S. 3) darauf hin, dass die von ihm formulierten Fragen und Hinweise auch dazu genutzt werden können, um sich besser auszudrücken und so über den Strategiegebrauch zu sprechen. Es kann mit der vorliegenden Arbeit empirisch nachgewiesen werden, dass Schülerinnen und Schüler die Strategieschlüssel dazu einsetzen. Es konnte außerdem gezeigt werden, dass es noch sieben weitere Varianten gibt, die Strategieschlüssel zu verwenden. Der Einfluss der Strategieschlüssel und damit auch von Prompts bzw. Hilfekarten ist auf qualitativer Weise also deutlich vielfältiger als zunächst angenommen.

Unter den 41 Problembearbeitungsprozessen gab es welche, in denen Kinder mit den Strategieschlüsseln interagierten, aber daraus keine neue Idee entwickelten (siehe Muster (2a)).

Ein möglicher Grund dafür kann in fehlenden metakognitiven Fähigkeiten der Kinder liegen. So wurde beispielsweise bei Studierenden herausgefunden, dass sie metakognitive Defizite mit Hilfe von Promptingmaßnahmen kompensieren können. Das gelingt aber nur, falls keine gravierenden metakognitiven Defizite vorliegen (Stark et al. 2008, S. 67). Wenn Schülerinnen und Schüler also bereits über eine Basiskompetenz bzgl. ihrer metakognitiven Fähigkeiten verfügen, dann können sie möglicherweise den Impuls durch die Strategieschlüssel gewinnbringender umsetzen. Gürtler (2003, S. 248) vermutet, „dass wenig Problemlösekompetenz mit viel Selbstregulationskompetenz einhergeht und umgekehrt". Das scheint allerdings nur eine mögliche Facette zu sein, die sich in den Mustern (3) und (4b) widerspiegelt. Es gibt darüber hinaus noch deutlich mehr Feinheiten und Abstufungen, wie die Vielfalt der Muster zeigt.

Eine alternative Erklärung für die misslungene Integration der Strategieschlüssel kann im Vorwissen der Kinder liegen (Stark et al. 2008). Es wird vermutet, dass insbesondere leistungsschwächere Kinder solche Hinweise nicht richtig verarbeiten können und deswegen deren Potential und Nutzen nicht ausschöpfen (Harskamp und Suhre 2006, S. 814). Einzelne Kinder der vorliegenden Untersuchung – wie z. B. Vicky oder Prisha – haben aufgrund ihres Verhaltens in der Interviewsituation, ihren Äußerungen und ihrer verwendeten Heurismen den Anschein erweckt, dass sie nicht genügend Vorwissen für die Bearbeitung der Aufgaben hätten. In der Forschung besteht zur Relevanz von Vorwissen im Zusammenhang mit der Umsetzung von Prompts allerdings keine Einigkeit. Es ist lediglich bekannt, dass nicht alle Lernenden in gleichem Maße von Prompts als Lernhilfen profitieren (Stark et al. 2008; Bannert 2003; Krause und Stark 2006; Krause 2007). Das kann auch mit der hier durchgeführten Untersuchung bestätigt werden. Dabei liegt die Vermutung nahe, dass die Strategieschlüssel Schülerinnen und Schüler dabei unterstützen, ein Produktionsdefizit – also das Aktivieren von bereits bekannten Strategien – zu überwinden. Die Überwindung eines Verfügbarkeitsdefizits – also das Initiieren von nicht bekannten Strategien – scheint schwieriger zu sein. Beim notwendigen Vorwissen der Schülerinnen und Schüler könnte es sich also um Wissen über Problemlösestrategien handeln. Ist dieses ausgebildet, können die Schülerinnen und Schüler die Strategieschlüssel möglicherweise besser in ihre Bearbeitungsprozesse integrieren und damit auch Verfügbarkeits- und/oder Produktionsdefizite überwinden. In diesem Sinne wäre eine explizite Intervention mit den Strategieschlüsseln ein möglicher Ansatz, um die Überwindung dieser Defizite zu adressieren.

Es konnte innerhalb der vorliegenden Studie kein Zusammenhang zwischen der Interaktion mit den Strategieschlüsseln und dem Lösungserfolg gefunden werden. Dieses Ergebnis ist aufgrund der kurzen Zeit, die die Kinder mit den Schlüsseln arbeiteten, wenig überraschend. Gleichzeitig konnte auch in anderen Studien der Einfluss von Prompts auf den Lernerfolg nicht immer nachgewiesen werden (z. B. Stark et al. 2008). In langfristigen Studien sollte dieser Zusammenhang unter Kontrolle der sonstigen Fähigkeiten weiter beobachtet werden.

In der vorliegenden Arbeit wurden mathematisch interessierte Kinder gebeten, mathematische Problemaufgaben zu bearbeiten. Dabei waren keinerlei Informationen über den einzelnen Kenntnisstand der Kinder bekannt. In einer Folgestudie sollte daher der Vorwissensstand der Schülerinnen und Schüler unbedingt erhoben werden. In den einzelnen Interviews konnten dennoch Unterschiede im Vorwissensstand und den Rechenfähigkeiten festgestellt werden. Allerdings hatte dies keinen Einfluss auf die Häufigkeit von Schlüsselinteraktionen. Alle Kinder interagierten unterschiedlich häufig mit den Strategieschlüsseln. Die leistungsstarken Schülerinnen und Schüler nutzten die Hinweise also ebenso häufig wie die leistungsschwächeren – eine Erkenntnis, die auch in anderen Studien gewonnen wurde (Harskamp und Suhre 2006, S. 814). Im hiesigen Setting kann das u. a. an der kindlichen Neugier liegen. Den Schülerinnen und Schülern wurden die Strategieschlüssel erstmals präsentiert und angeboten. Sie wollten die Schlüssel gerne verwenden, nicht zuletzt um der Interviewerin einen Gefallen zu tun. In einer langfristigen Erhebung müsste diese Beobachtung nochmals überprüft werden.

Die meisten Schlüsselinteraktionen kamen in der vorliegenden Studie während Explorationsphasen vor. Auch in den Untersuchungen von Schoenfeld (1985) wurden externe Hinweise vorwiegend in Explorationsphasen integriert. In einer anderen Untersuchung wurden die meisten Hinweise innerhalb von Analyse- und Explorationsphasen genutzt (Harskamp und Suhre 2006, S. 810). In dieser Studie arbeiteten Schülerinnen und Schüler der Sekundarstufe II ($n = 302$) mit Hinweisen zum mathematischen Problemlösen. Es scheint, als würden jüngere Schülerinnen und Schüler eher in Explorationsphasen mit solchen Hinweisen arbeiten, ältere hingegen auch in Analysephasen. Möglicherweise verlagert sich der Zeitpunkt der Hinweisintegration im Verlauf der Schuljahre an den Anfang der Problembearbeitungsprozesse. Im Sinne der prä-aktionalen Phase (Schmitz 2001) wäre das ein wünschenswerter Entwicklungsverlauf.

Für den Einsatz der Strategieschlüssel im alltäglichen Mathematikunterricht sind die Vorgehensweisen der Gruppen (3) und (4) für ein erfolgreiches Problemlösen am vielversprechendsten, weil in diesen Problembearbeitungsprozessen am meisten Potential in Bezug auf den Einsatz von Heurismen und auf die Initiierung von selbstregulatorischen Tätigkeiten liegt. Es wäre also Ziel, möglichst viele Kinder in diesen Gruppen zu finden. Gleichzeitig sollten sich die Lehrkräfte darüber im Klaren sein, dass sie auch andere Arten von Einflüssen im Unterricht antreffen werden. Möglicherweise müssen sich die Kinder nach und nach die einzelnen Stufen der Verwendung der Strategieschlüssel erarbeiten und erschließen. Deswegen ist es erlaubt, wenn sie zunächst auf Stufe (1) beginnen und erst viele Strategieschlüssel als Hilfsgerüst (Scaffolding) verwenden, um die einzelnen Heurismen dann schrittweise zu verinnerlichen und sich anschließend wieder von den Schlüsseln zu lösen. Hier ist Geduld der Lehrkräfte und der Lernenden gefragt, um die Problemlösekompetenz mit der Zeit auszubilden (Bruder und Collet 2011; Lester 1994).

Innerhalb der Daten konnten selbstregulatorische Tätigkeiten bei den Schülerinnen und Schülern beobachtet werden. In der Literatur (z. B. Brown 1984; Schoenfeld 1985; Schmitz 2001) wird die Selbstregulation häufig durch verschiedene Handlungen beschrieben, nämlich metakognitive, kognitive und motivationale. Zu *metakognitiven Handlungen* zählt beispielsweise das Planen, Überwachen und Überprüfen des eigenen Problembearbeitungsprozesses. Das schließt auch das Planen des weiteren Vorgehens ein, z. B. indem eine Strategie benannt wird, die als nächstes zum Einsatz kommen soll. Im Kontext der vorliegenden Untersuchung könnten die Verwendung der Strategieschlüssel zur *prä-aktionalen Strategiebenennung* oder als *Checkliste* als metakognitive Handlung interpretiert werden. Denn genau dadurch kann das Planen und Überwachen des eigenen Problembearbeitungsprozesses gelingen.

In Hannes Problembearbeitungsprozess konnte die Verwendung der Strategieschlüssel als *Motivationshilfe* für motivationale Handlungen, nämlich nicht aufzugeben, hervorrufen.

Zu den kognitiven Handlungen zählt das bewusste Auswählen einer Strategie (Goos und Galbraith 1996, S. 230). Übertragen auf die Strategieschlüssel bedeutet dies, das konkrete Auswählen eines Strategieschlüssels, um eine spezifische Strategie anzuwenden.

Insgesamt können einige der beobachteten selbstregulatorischen Tätigkeiten Handlungen zugeordnet werden, die bezogen auf die Selbstregulation und Metakognition bereits bekannt sind (Brown 1984; Schoenfeld 1985; Schmitz 2001; Goos und Galbraith 1996). Allerdings führen die Kinder der vorliegenden Untersuchung nicht alle Handlungen vollständig aus. So nutzen einzelne Kinder die Strategieschlüssel z. B. als *Checkliste* und vollziehen dann keine anschließende Handlung. Diese Kinder wissen also, dass es ihnen helfen könnte, auf die Strategieschlüssel zurückzugreifen und sie wissen auch, dass es sinnvoll ist, die Schlüssel nacheinander auf Eignung zu prüfen. Die Handlungsumsetzung gelingt dann aber nicht (siehe Muster (2b)). In solchen Fällen stellt sich die Frage, ob es äquivalent zu den Strategiekeimen (Stein 1995) möglicherweise auch *Selbstregulationskeime* gibt, die im Mathematikunterricht genutzt und weiter ausgebaut werden können. Dieser Vermutung sollte im Rahmen weiterführender Studien nachgegangen werden.

18.3   Reflexion der Methoden und Grenzen der Studie

Die Schülerinnen und Schüler arbeiteten jeweils allein an den mathematischen Problemaufgaben. Das hatte zur Folge, dass sie sich verstärkt an die Interviewerin wendeten und sie als Gesprächspartnerin wahrnahmen. Diese äußerte sich deswegen häufiger als geplant. Für weitere Erhebungen wird, um den Gesprächsanteil der Interviewerin zu minimieren, die Partnerarbeit empfohlen.

Die Methode des lauten Denkens eignet sich für die Art der Datenerhebung solch einer explorativen Studie, denn so werden die Kinder angeregt, ihre Vorgehensweise gleichzeitig zu verbalisieren. In Studien zu Leistungsunterschieden zwischen Kindern mit und ohne lautem Denken konnte gezeigt werden, dass es diese eigentlich nicht gibt. Allerdings benötigen die Kinder, die laut denken, mehr Bearbeitungszeit (Brown 1984, S. 71). Außerdem werden die Kinder durch das laute Denken und die damit einhergehende Verbalisierung auch zum intensiveren Denken angeregt. Möglicherweise konnten dadurch einzelne Kinder bessere Leistungen erzielen, als es ihnen im regulären Unterricht oder in einem anderen Erhebungssetting gelungen wäre. Bessere Leistungen könnten aber ebenso an der Eins-zu-Eins-Betreuung durch die Interviewerin liegen. Denn sie war die gesamte Zeit anwesend und hat aktiv zugehört. Es ist weiterhin unklar, ob die Schülerinnen und Schüler dieser Altersstufe bereits in der Lage sind, sich sprachlich differenziert genug auszudrücken. Das laute Denken als Methode ist also umstritten.

Die Interaktion mit den Strategieschlüsseln erfolgte überraschend häufig. Jedes Kind interagierte mindestens einmal mit einem Strategieschlüssel. Insgesamt kam es in etwa 75 % der Problembearbeitungsprozesse zu Schlüsselinteraktionen. Dieses hohe Vorkommen liegt sicherlich an dem zuvor unbekannten Material, das die Kinder aufgrund ihrer kindlichen Neugier gerne ausprobieren wollten. Es kann auch

der Interviewsituation geschuldet sein. Es ist in einem schulischen Kontext davon
auszugehen, dass die Schülerinnen und Schüler seltener mit den Strategieschlüsseln
interagieren.

Der Umfang der Datenerhebung hat sich als sinnvoll erwiesen, denn es wurden
nicht nur die Schülerprodukte, sondern auch prozessbegleitende Daten erhoben. So
kann beispielsweise auch die Verwendung von Strategien erfasst werden (Montague,
Warger und Morgan 2000). Die Kodierung der Problembearbeitungsprozesse wurde
auf vielfältige Weise vorgenommen und war dadurch sehr zeitaufwändig. Sollte
diese Art der Kodierung auch in anderen Studien verwendet werden, muss ggf. auf
zusätzliche Kodierer oder mehr Zeit zurückgegriffen werden.

Die Kodierung selbst konnte viele Facetten des Problemlösens erfassen und mit
den Impulsen durch die Strategieschlüssel in Verbindung bringen. Trotzdem filtert
sie bestimmte Informationen und reduziert in diesem Sinne die Komplexität der
Daten. Dadurch wird nicht alles, was im Video während des Problembearbeitungsprozesses geschieht, mit der Kodierung abgebildet.

Darüber hinaus ermöglicht die Kodierung nicht immer eine eindeutige Kodezu-
ordnung. Deswegen sollte trotz einer guten bis sehr guten Interraterreliabilität in
allen vier Kodierungen auch eine konsensuelle Validierung als Ergänzung genutzt
werden.

Die Strategieschlüssel wurden mit Hilfe der vier Konzepte Hilfekarten, Prompts,
Nudges und Scaffolding theoretisch fundiert. Dabei konnte herausgearbeitet werden, dass keines der Konzepte vollständig zu den Strategieschlüsseln passt, sondern
erst die Verbindung der vier theoretischen Konzepte das Potential der Strategieschlüssel widerspiegelt. Aufgrund dieser theoretischen Konstruktion ist es zwar
möglich, die Ergebnisse der vorliegenden Arbeit umfassend zu interpretieren. Einen
Erkenntnisgewinn für eines der vier Konzepte zu generieren und damit die Übertragbarkeit der Ergebnisse auf die vier theoretischen Konzepte zu schaffen, ist allerdings
nur in Ansätzen möglich.

Die aus den videographierten Problembearbeitungsprozessen generierten, vorwiegend qualitativen Daten wurden so aufbereitet, dass sie sowohl qualitativ als
auch quantitativ ausgewertet werden konnten. Im Sinne einer explorativen Studie
ist das ein legitimes Vorgehen. Für verallgemeinerbare, quantitative Aussagen reichen die Daten allerdings nicht aus. Dafür müsste die Untersuchung mit deutlich
mehr Schülerinnen und Schülern durchgeführt werden und idealerweise auch in
einem stärker kontrollierten Setting. Auch auf andere Lernergruppen sind die Ergebnisse nur schwer zu übertragen. Es handelt sich immerhin um eine ganz besondere
Probandengruppe – nämlich mathematisch interessierte Dritt- und Viertklässler. Es
wäre wünschenswert, die hiesigen Ergebnisse bei anderen Lernergruppen zu repli-

zieren. Verallgemeinernde Aussagen sind mit den Ergebnissen der vorliegenden Untersuchung nämlich nicht möglich.

18.4 Diskussion und weiterführende Fragen

In dieser Arbeit konnte gezeigt werden, dass die Strategieschlüssel ein wirksames Material zur Unterstützung von Problembearbeitungsprozessen sind. Sie sind für verschiedene Aufgaben sinnvoll und damit allgemein einsetzbar.

Die Ergebnisse der vorliegenden Studie sind aus verschiedenen Gründen relevant. Erstens stehen Strategieschlüssel im gegebenen Setting als Stellvertreter für Prompts und Hilfekarten. Beide theoretischen Konzepte wurden bislang kaum auf qualitative Art und Weise untersucht (siehe z. B. Bannert 2009). Die vorliegende Arbeit gibt detaillierte Hinweise darauf, wie genau Grundschülerinnen und Grundschüler diese Impulse in ihren Arbeitsprozess integrieren.

Zweitens wurde die Untersuchung mit Schülerinnen und Schülern der Grundschule durchgeführt. Diese Altersgruppe wurde in der Forschung sowohl zum Problemlösen betrachtet (z. B. Sturm 2018; Rasch 2009) als auch in der Forschung zu Prompts, Hilfekarten oder Scaffolding (z. B. Maker, Bakker und Ben-Zvi 2015). Trotzdem bleibt diese Altersgruppe in der Forschung insgesamt unterrepräsentiert (z. B. Hembree 1992 und siehe Teil I dieser Arbeit).

Drittens konnte die Grundannahme widerlegt werden, dass, falls der Einsatz von Strategieschlüsseln keinen Einfluss auf mathematisch interessierte Grundschulkinder hat, ein Einsatz im realen Schulkontext in der gleichen Altersgruppe vermutlich wenig Sinn ergeben würde. Es kann sich demnach lohnen, weitere Studien im realen Schulkontext und hier insbesondere in der Grundschule durchzuführen.

Viertens wurde in dieser Arbeit ein mehrschichtiges Kodierverfahren angewandt. Damit konnten die Problembearbeitungsprozesse der Schülerinnen und Schüler umfassend abgebildet und miteinander verglichen werden. Diese Art der Kodierung und Darstellung von Problembearbeitungsprozessen bietet sich auch für andere Arbeiten in diesem Bereich an.

Insgesamt scheinen die Strategieschlüssel ein vielversprechendes Material für den Einsatz in der Grundschule zu sein. Die Auswahl der Strategieschlüssel hat sich als geeignet herausgestellt. Für den Einsatz im Klassenzimmer kann je nach Altersstufe aber auch die Anzahl der Strategieschlüssel variiert oder es können andere Schlüssel hinzugefügt werden. Allerdings können nicht alle Kinder intuitiv damit arbeiten und die Impulse angemessen umsetzen. Eine Einführung des Materials und ggf. ein Training zum Umgang damit könnte diese Hürde überwinden. Diese sollte dann entsprechend wissenschaftlich begleitet werden (van de Pol 2012). Außerdem kann nicht davon ausgegangen werden, dass Schülerinnen und Schüler intuitiv wissen, wie sie mit Hilfekarten im Unterricht umgehen sollen. Möglicherweise bedarf es hier mehr Vorbereitung, damit die Kinder die Karten möglichst sinnvoll in ihre Bearbeitungsprozesse integrieren.

Es ist denkbar, dass der Einsatz der Strategieschlüssel für Schülerinnen und Schüler der fünften bis siebten Klassen noch effektiver ist. Zumindest weisen die Ergebnisse der Metastudie von Hembree (1992) darauf hin, denn diese Schülergruppe bildet zunehmend metakognitive Fähigkeiten aus. Perels (2003, S. 35) begründet dies mit der formal-operationalen Phase nach Piaget (1966), die Jugendliche im Alter von 11 bis 15 Jahren durchlaufen. Hier erfolgt der Übergang zum abstrakten Denken und damit das Erlernen metakognitiver Fähigkeiten. Es wäre also auch denkbar, die Strategieschlüssel mit älteren Schülerinnen und Schülern zu verwenden. Nichtsdestotrotz ist ein möglichst früher Einsatz wünschenswert, weil sich Selbstregulations- und Problemlösefähigkeiten nicht automatisch entwickeln:

> [...] children and youngsters apparently do not become self-regulated learners and problem solvers automatically and spontaneously, self-regulation of the processes of knowledge and skill acquisition and of problem solving is not only a major characteristic of productive learning, but it constitutes, at the same time and itself, a main goal of a long-term learning process that, therefore, should be induced from an early age on (De Corte, Verschaffel und Op't Eynde 2000, S. 688)

Die Strategieschlüssel könnten dafür genau das passende Material sein. Denn damit werden nicht nur Problemlösenstrategien aktiviert und ggf. erlernt, sondern auch selbstregulatorische Fähigkeiten trainiert, wie z. B. die Verwendung der Strategie als *Checkliste*. In der Forschungsarbeit von Gürtler (2003, S. 244) wurde herausgearbeitet, dass das Training einzelner Problemlösestrategien erst in Kombination mit der Förderung selbstregulatorischer Fähigkeiten ergiebig ist. Für die Implementatierung der Strategieschlüssel in den Mathematikunterricht sind deswegen selbstregulatorische Elemente, wie beispielsweise die regelmäßige Reflexion nach der Verwendung der Strategieschlüssel, zu empfehlen.

Dazu bieten sich etwa Reflexionsfragen an, wie sie bereits im aufgabenbasierten Interview gestellt und auch in anderen Studien (z. B. bei Perels 2003, S. 146) verwendet wurden, z. B.

- Was (genau) macht ihr? (Könnt ihr es genau beschreiben?)
- Warum tut ihr das? (In welcher Weise passt das zur Lösung des Problems?)
- In welcher Weise hilft es euch? (Was werdet ihr mit dem Ergebnis machen, wenn ihr es erreicht habt?) (übersetzt von der Autorin, Schoenfeld 1985, S. 222)

Diese Fragen können auch im Zusammenhang mit den Strategieschlüsseln zur Reflexion anregen und im realen Unterricht eingesetzt werden. Gleichzeitig wäre es möglich, die Fragen noch etwas zu konkretisieren, z. B. „In welcher Weise haben euch die Strategieschlüssel geholfen?".

In jedem Fall sollten die Strategieschlüssel im Schulkontext genutzt und empirisch evaluiert werden (Perels 2003, S. 35; Brandtstädter 1982). Die bisherige Momentaufnahme zum Einsatz der Strategieschlüssel deutet darauf hin, dass das Material auch für ältere Schülerinnen und Schüler vielversprechend ist. Allerdings könnte eine empirische Evaluation dazu Gewissheit bringen.

Die für diese Arbeit durchgeführte Untersuchung ist eine Momentaufnahme. Die Kinder haben zuvor nie mit den Strategieschlüsseln gearbeitet und sollten sie spontan einsetzen. Nach diesen vielversprechenden Ergebnissen stellt sich nun die Frage, welche langfristigen Auswirkungen der Einsatz von Strategieschlüsseln oder anderen Hilfekarten im realen Schulalltag haben können. Langzeitstudien dazu gibt es nur wenige, und die bisherigen Ergebnisse ergeben ein widersprüchliches Bild. Hübner, Nückles und Renkl (2007, S. 131) berichten beispielsweise davon, dass Prompts bei Studierenden zunächst als Strategie-Aktivatoren fungierten und bei ihnen die Anwendung von produktiven Strategien während eines Schreibprozesses induzierten.

> Je mehr nun aber die Studierenden die Tendenz zur Strategienanwendung internalisierten und daher die Strategien entsprechend spontan bzw. von sich aus anwendeten, umso mehr wurden die Prompts überflüssig und von den Studierenden vermutlich als störend oder hemmend wahrgenommen. Die Prompts fungierten dann nicht als Strategie-Aktivatoren, sondern vielmehr als ‚Strategie-Inhibitoren'. (ebd., S. 131)

Um diesem Effekt mildernd entgegen zu wirken, empfehlen Hübner, Nückles und Renkl (ebd., S. 132) eine „„Fading-Prozedur', bei der je nach individuellem Kompetenzniveau der Lernenden sukzessive diejenigen Prompts ausgeblendet werden (= Fading), die überflüssig geworden sind [...]" (ebd., S. 132). Die Lernenden sollen also wieder langsam von der Lernunterstützung abgelöst werden. Wie genau dieser Prozess von Scaffolding und Fading im Zusammenhang mit Promptingmaßnahmen bzw. dem Einsatz von Hilfekarten im schulischen Kontext verläuft, ist bisher nicht untersucht worden. Es bedarf hierfür Langzeitstudien, in denen diese Prozesse beobachtet und analysiert werden.

Zur Durchführung solcher Langzeitstudien im realen Schulkontext wird eine Mindestlänge von 12 Wochen empfohlen (van de Pol 2012, S. 243; Slavin 2008). Nur so kann es gelingen, einen Einfluss auf die nur schwer veränderbare Kultur im Klassenraum (van de Pol 2012) zu nehmen. Für die Gestaltung einer langfristigen

Intervention bietet sich die Arbeit in kleinen Gruppen sowie eine wissenschaftliche Begleitung an (ebd., S. 14).

Diese Empfehlungen wurden bereits innerhalb der sogenannten *Havixbeck-Studie* umgesetzt (Herold-Blasius und Rott 2021). Hier wurden etwa 200 Sechst- und Siebtklässler, die mit den Strategieschlüsseln arbeiteten, ein Schuljahr lang begleitet. Durch ein Wartekontrollgruppendesign sollen u. a. mögliche Unterschiede bzgl. der Heurismennutzung untersucht werden. Ergebnisse aus dieser Erhebung stehen noch aus.

Strategieschlüssel eignen sich, so soll abschließend angemerkt werden, als Material zur Differenzierung im Klassenkontext und eröffnen vielfältige Handlungsmöglichkeiten. So ist es etwa denkbar, die Schlüssel im Klassenzimmer als Scaffolding-Maßnahme einzusetzen, um die Verwendung von Heurismen im Mathematikunterricht zu verinnerlichen. Dabei sollte unbedingt berücksichtigt werden, dass sowohl der Einsatz selbstregulatorischer Tätigkeiten als auch von Heurismen individuell verschieden ist und nicht jede Strategie für jede Schülerin bzw. jeden Schüler gleichermaßen passt und geeignet ist. Außerdem profitieren manche Lernende anscheinend stärker von den Strategieschlüsseln als andere. Es lohnt sich aber, den Schülerinnen und Schülern die Strategieschlüssel anzubieten:

> It seems, in fact, that all that may be necessary is to remind people that they ought to consider their goals and possible actions; once reminded, they can acess what they already have learned to do. (Resnick und Glaser 1976, S. 227)

Sind Schülerinnen und Schüler durch die Strategieschlüssel also erstmal daran erinnert, was sie beim Problemlösen schon wissen und können, dann entstehen dadurch reichhaltige Problembearbeitungsprozesse. Für die Integration der Schlüssel in den Mathematikunterricht werden an die Lehrkräfte allerdings große Anforderungen gestellt, für die es bislang nur unzureichende Fortbildungskonzepte gibt (van de Pol 2012, S. 245). Die Lehrkräfte sollten also auf die Arbeit mit den Strategieschlüsseln im Speziellen und mit Hilfekarten im Allgemeinen vorbereitet werden. Nur so können die vielen, reichhaltigen Momente auch erspäht und genutzt werden.

Literaturverzeichnis

Adamski, P. (2017). *Binnendifferenzierung im Geschichtsunterricht. Aufgaben, Materialien, Lernwege*. Seelze: Kallmeyer Klett.

Aßmus, D. (2010). Fähigkeiten im Umkehren von Gedankengängen bei mathematisch begabten Grundschulkindern. In A. Lindmeier & S. Ufer (Hrsg.), *Beiträge zum Mathematikunterricht 2010* (S. 137–140). Münster: WTM.

Babbs, P. (1983). *The effects of instruction in the use of a metacognitive comprehension monitoring strategy upon fourth graders' reading comprehension and recall performance* (Diss., Purdue University).

Bannert, M. (2003). Effekte metakognitiver Lernhilfen auf den Wissenserwerb in vernetzten Lernumgebungen. *Zeitschrift für Pädagogische Psychologie, 17*(1), 13–25.

Bannert,M. (2009). Promoting Self-Regulated Learning through Prompts. *Zeitschrift für Pädagogische Psychologie, 23*(2), 139–145.

Bannert, M., Sonnenberg, C., Mengelkamp, C. & Pieger, E. (2015). Short- and long-term effects of students' self-directed metacognitive prompts on navigation behavior and learning performance. *Computers in Human Behavior, 52*, 293–306.

Barton, A. & Grüne-Yanoff, T. (2015). From Libertarian Paternalism to Nudging – and Beyond. *Review of Philosophy and Psychology, 6*(3), 341–359.

Barzel, B., Ehret, M., Herold, R. & Leuders, T. (2014). „Lernförderliche Unterrichtsmethoden". Leitideen und Bausteine. In C. Selter, S. Prediger, M. Nührenbörger & S. Hußmann (Hrsg.), *Mathe sicher können. Handreichungen für ein Diagnose- und Förderkonzept zur Sicherung mathematischer Basiskompetenzen. Natürliche Zahlen* (S. 13–16). Berlin: Cornelsen.

Baumert, J. & Köller, O. (1996). Lernstrategien und schulische Leistungen. In J. Möller & O. Köller (Hrsg.), *Emotionen, Kognitionen und Schulleistung*. Weinheim: Beltz.

Bayrak, K. (2017). *Problemlösen mit Strategieschlüsseln. Der Einuss heuristischer Prompts auf Problemlöseprozesse von Fünft- und Sechstklässlern bei der Aufgabe „Kleingeld"*. Unveröffentlichte Masterarbeit, Universität Duisburg-Essen.

Behrends, E. (2013). *Elementare Stochastik. Ein Lernbuch – von Studierenden mitentwickelt*. Wiesbaden: Springer Spektrum.

Belland, B. R. (2014). Scaffolding. Definition, current debates, and future directions. In J. M. Spector, M. D. Merrill, J. Elen & B. M. J. (Hrsg.), *Handbook of research on educational communications and technology* (4. Aufl., S. 505–518). New York: Springer Science + Business Media.

© Der/die Herausgeber bzw. der/die Autor(en), exklusiv lizenziert durch Springer Fachmedien Wiesbaden GmbH, ein Teil von Springer Nature 2021
R. Herold-Blasius, *Problemlösen mit Strategieschlüsseln*, Essener Beiträge zur Mathematikdidaktik, https://doi.org/10.1007/978-3-658-32292-2

Benninghaus, H. (2007). *Deskriptive Statistik. Eine Einführung für Sozialwissenschaftler* (11. Au.). Wiesbaden: VS.

Berthold, K., Nückles, M. & Renkl, A. (2007). Do learning protocols support learning strategies and outcomes? The role of cognitive and metacognitive prompts. *Learning and Instruction, 17*(5), 564–577.

Besser, M., Leiss, D. & Blum, W. (2015). Theoretische Konzeption und empirische Wirkung einer Lehrerfortbildung am Beispiel des mathematischen Problemlösens. *Journal für Mathematik- Didaktik, 36*(2), 285–313.

Betsch, T., Funke, J. & Plessner, H. (2011). *Denken – Urteilen, Entscheiden, Problemlösen. Allgemeine Psychologie für Bachelor.* Berlin, Heidelberg: Springer.

Bildungsserver Rheinland-Pfalz (o. D.): Einheitlich gestellte Aufgaben unter Verwendung von Lernhilfen. Zugriff 04. Januar 2021, unter https://heterogenitaet.bildung-rp.de/materialien/differenzieren/wahlmoeglichkeiten-geben/lernhilfen.html

Bjorklund, D. F. (Hrsg.). (2015). *Children's strategies. Contemporary views of cognitive development.* Hillsdale, NJ: Routledge.

Boekaerts, M. (1997). Self regulated learning. A new concept embraced by researchers, policy makers, educators, teachers, and students. *Learning and Instruction, 7*(2), 161–186.

Boekaerts, M. (1999). Self-regulated learning. Where are we today. *International Journal of Educational Research, 31*(6), 445–457.

Bortz, J. & Döring, N. (2006). *Forschungsmethoden und Evaluation für Human- und Sozialwissenschaftler* (4. Aufl.). Heidelberg: Springer Medizin Verlag.

Bortz, J. & Schuster, C. (2010). *Statistik für Human- und Sozialwissenschaftler* (7. Au.). Berlin, Heidelberg: Springer.

Böttinger, C. (2016). Mathe für schlaue Füchse – Ein Projekt zur Förderung mathematisch interessierter Grundschulkinder. In K. Altenschmidt & W. Stark (Hrsg.), *Forschen und Lehren mit der Gesellschaft. Community Based Research und Service Learning an Hochschulen* (S. 95–108). Wiesbaden: Springer VS.

Bovens, L. (2010). Nudges and cultural variance. A note on Selinger and Whyte. *Knowledge, Technology and Policy, 23*(3), 483–486.

Brandstädter, J. (1982). Prävention als psychologische Aufgabe. In J. Brandstädter & A. von Eye (Hrsg.), *Psychologische Prävention. Grundlagen, Programme, Methoden* (S. 15–36). Bern: Huber.

Braun, E. (2020). *Offene lebensweltorientierte Aufgaben zum Thema Zootiere: Entwicklung, Evaluation und empirische Nutzung eines Lern- und Arbeitsmaterials für die Grundschule* (Diss.). WTM: Münster.

Bredenbröcker, M., Elsner, D., Gleixner-Weyrauch, S., Gutwerk, S., Lugauer, M. & Spangenberg, A. (2005). *Sally. Englisch 3.* Oldenbourg.

Brockhaus. (2019a). Heuristik. Zugriff 7. Februar 2019, unter http://brockhaus.de/ecs/enzy/article/heuristik

Brockhaus. (2019b). Kognition. Zugriff 7. Februar 2019, unter http://brockhaus.de/ecs/enzy/article/kognition

Brockhaus. (2019c). meta (allgemein). Zugriff 7. Februar 2019, unter http://www.brockhaus.de/ecs/enzy/article/meta-allgemein

Brockmann-Behnsen, D. & Rott, B. (2017). Probleme durch ein systematisches explizites Training erfolgreicher lösen. Quantitative Ergebnisse der Langzeitstudie HeuRekAP. *mathematica didactica, 40*(2), 79–98.

Brown, A. L. (1984). Metakognition, Handlungskontrolle, Selbststeuerung und andere, noch geheimnisvollere Mechanismen. In F. E. Weinert & R. H. Kluwe (Hrsg.), *Metakognition Motivation und Lernen* (S. 60–109). Stuttgart: Kohlhammer.

Brownell, W. A. (1942). Problem solving. In N. B. Henry (Hrsg.), *The psychology of learning. Forty-first yearbook of the National Society for the Study of Education* (Bd. 2, S. 415–443). Chicago, IL: University of Chicago Press.

Bruder, R. (2000). Akzentuierte Aufgaben und heuristische Erfahrungen. In W. Herget & L. Flade (Hrsg.), *Lehren und Lernen nach TIMSS. Anregungen für die Sekundarstufen* (S. 69–78). Berlin: Volk & Wissen.

Bruder, R., Büchter, A. & Leuders, T. (2005). Die „gute" Mathematikaufgabe – ein Thema für die Aus- und Weiterbildung von Lehrerinnen und Lehrern. In G. Graumann (Hrsg.), *Beiträge zum Mathematikunterricht 2005* (S. 139–146). Münster: WTM.

Bruder, R. & Collet, C. (2011). *Problemlösen lernen im Mathematikunterricht.* Cornelsen Scriptor.

Bruder, R. & Müller, H. (1990). Heuristisches Arbeiten im Mathematikunterricht beim komplexen Anwenden mathematischen Wissens und Könnens. *Mathematik in der Schule, 28*(12), 876–886.

Büchter, A. & Leuders, T. (2011). *Mathematikaufgaben selbst entwickeln. Lernen fördern – Leistung überprüfen* (5. Aufl.). Berlin: Cornelsen Scriptor.

Burchartz, B. (2003). *Problemlöseverhalten von Schülern beim Bearbeiten unlösbarer Probleme.* Hildesheim: Franzbecker.

Buschmann, N. (2015). *Problemlösen mit Strategieschlüsseln. Heurismen in den Prozessen von Dritt- und Viertklässlern.* Unveröffentlichte Examensarbeit, Universität Duisburg-Essen.

Cagiltay, K. (2006). Scaffolding strategies in electronic performance support systems. Types and challenges. *Innovations in Education and Teaching International, 43*(1), 93–103.

Cardelle-Elawar, M. (1995). Effects of metacognitive instruction on low achievers in mathematics problems. *Teaching and Teacher Education, 11*(1), 81–95.

Charles, R. & Lester, F. (1982). *Teaching problem solving. What, why and how.* Dale Seymour.

Collet, C. (2009). *Förderung von Problemlösekompetenzen in Verbindung mit Selbstregulation – Wirkungsanalysen von Lehrerfortbildungen.* Münster: Waxmann.

Cyert, R. (1980). Problem solving and educational policy. In D. T. Tuma & F. Reif (Hrsg.), *Problem Solving and education. Issues in teaching and research* (S. 3–8). Hillsdale, NJ: Lawrence Erlbaum.

Damani, A. (2017). Behavioural solutions for road safety. It's time authorities stopped relying on ineffective money-draining campaigns, driver education and enforcement of laws. Zugriff 20. August 2018, unter https://www.livemint.com/Opinion/TTSDjGCvEva68sLAREKKSL/Behavioural-solutions-for-road-safety.html

Daniels, H. (2016). *Vygotsky and pedagogy* (2. Au.). London: Routledge.

Daumiller, M. & Dresel, M. (2019). Supporting self-regulated learning with digital media using motivational regulation and metacognitive prompts. *Journal of exerimental education, 87*(1), 161–176.

Davis, E. A. (1996). Metacognitive scaffolding to foster scientiffc explanations. In *Annual Meeting of the American Educational Research Association* (S. 2–31). New York.

De Corte, E. & Somers, R. (1982). Estimating the outcome of a task as a heuristic strategy in arithmetic problem solving: a teaching experiment with sixth-graders. Human Learning. A *Journal of Practical Research and Applications*, *1*, 105–121.

De Corte, E., Verschaffel, L. & Op't Eynde, P. (2000). Self-regulation. A characteristic and a goal of mathematics education. In M. Boekaerts, P. R. Pintrich & M. Zeidner (Hrsg.), *Handbook of self-regulation* (S. 687–726). San Diego: Academic Press.

Deitering, F. (2001). *Selbstgesteuertes Lernen* (2. Au.). Göttingen: Hogrefe.

Dicke, C. & Prieß, J. (2007). Die Hilfekarte in der Arbeitsphase. Ein kleines Ritual mit großer Wirkung. *Schule heute*, (1–2). Zugriff 13. April 2018, unter https://vbe-nrw.de/?contentid=1367

Döring, N. & Bortz, J. (2016). *Forschungsmethoden und Evaluation in den Sozial- und Humanwissenschaften* (5. Aufl.). Berlin, Heidelberg: Springer.

Dörner, D. (1979). *Problemlösen als Informationsverarbeitung* (2. Aufl.). Stuttgart: Kohlhammer.

Dudenredaktion. (2018a). Libertär auf Duden online. Zugriff 17. August 2018, unter https://www.duden.de/node/650027/revisions/1195489/view

Dudenredaktion. (2018b). Paternalismus auf Duden online. Zugriff 17. August 2018, unter https://www.duden.de/node/691667/revisions/1120598/view

Dudenredaktion. (2019). Heuristik. Zugriff 28. Januar 2019, unter https://www.duden.de/node/682397/revisions/1914623/view

Edelmann, W. (1994). *Lernpsychologie. Eine Einführung* (4. Aufl.). Weinheim: Beltz.

Ehrhard, T. (1995). *Metakognition im Unterricht. Optimierung des Problemlöseverhaltens durch selbstreflexive Prozesse*. Frankfurt a. Main: Lang.

Eichholz, L. & Selter, C. (2018). Mathe kompakt – Entwicklung und Erprobung eines Kurses für Mathematik fachfremd unterrichtende Grundschullehrpersonen. In R. Biehler, T. Lange, T. Leuders, B. Rösken-Winter, P. Scherer & C. Selter (Hrsg.), *Mathematikfortbildungen professionalisieren. Konzepte, Beispiele und Erfahrungen des Deutschen Zentrums für Lehrerbildung Mathematik* (S. 299–317). Wiesbaden: Springer Spektrum.

Elsner, D. (2010). *Englisch in der Grundschule unterrichten. Grundlagen, Methoden, Praxisbeispiele*. München: Oldenbourg.

Ericsson, K. A. & Simon, H. A. (1993). *Protocol analysis. Verbal reports as data* (2. Aufl.). Cambridge, Massachusetts: MIT Press.

Flavell, J. H. (1970). Developmental studies of mediated memory. *Advances in child development and behavior*, *5*, 181–211.

Flavell, J. H. (1976). Metacognitive aspects of problem solving. In L. B. Resnick (Hrsg.), *The Nature of Intelligence* (S. 231–235). Hillsdale, NJ: Lawrence Erlbaum.

Flavell, J. H. (1984). Annahmen zum Begriff Metakognition sowie zur Entwicklung von Metakognition. In F. E. Weinert & R. H. Kluwe (Hrsg.), *Metakognition Motivation und Lernen* (S. 23–31). Stuttgart: Kohlhammer.

Franke-Braun, G., Schmidt-Weigand, F., Stäudel, L. & Wodzinski, R. (2008). Aufgaben mit gestuften Lernhilfen: Ein besonderes Aufgabenformat zur kognitiven Aktivierung der Schülerinnen und Schüler und zur Intensivierung der sachbezogenen Kommunikation, 27–42. Zugriff unter http://www.xn--studel-cua.de/schriften_LS/264%20forschergruppe_unipress_F.pdf

Friedrich, H. F. & Mandl, H. (1992). Lern- und Denkstrategien – ein Problemaufriß. In H. Mandl & H. F. Friedrich (Hrsg.), *Lern- und Denkstrategien. Analyse und Intervention* (S. 3–54). Göttingen: Hogrefe.

Ge, X., Chen, C.-H. & Davis, K. A. (2005). Scaffolding novice instructional designers' problemsolving processes using question prompts in a web-based learning environment. *Journal of Educational Computing Science, 33*(2), 219–248.

Gelfman, E. & Kholodnaya, M. (1999). The role of ways of information coding in students' intellectual development. In I. Schwank (Hrsg.), *European research in mathematics education. Proceedings of the First Conference of the European Society for Research in Mathematics Education* (Bd. 2, S. 39–49). Osnabrück: Forschungsinstitut für Mathematikdidaktik.

Gerjets, P. H., Scheiter, K. & Schuh, J. (2005). Instruktionale Unterstützung beim Fertigkeitserwerb aus Beispielen in hypertextbasierten Lernumgebungen. *Zeitschrift für Pädagogische Psychologie, 19*(1/2), 23–38.

Glogger, I., Holzäpfel, L., Schwonke, R., Nückles, M. & Renkl, A. (2009). Activation of learning strategies in writing learning journals. The specificy of prompts matters. *Zeitschrift für Pädagogische Psychologie, 23*(2), 95–104.

Goldin, G. A. (2000). A scientiffc perspective on structured, task-based interview in mathematics education research. In A. Kelly & R. Lesh (Hrsg.), *Handbook of research design in mathematics and science education* (S. 517–545). New York: Lawrence Erlbaum.

Goos, M. & Galbraith, P. (1996). Do it this way! Metacognitive strategies in collaborative mathematical problem solving. *Educational Studies in Mathematics, 30*(3), 229–260.

Graf, R. (2015). „Heuristics and biases" als Quelle und Vorstellung. Verhaltensökonomische Forschung in der Zeitgeschichte. *Zeithistorische Forschungen, 12*(3), 511–519.

Greeno, J. G. (1980). Trends in the theory of knowledge for problem solving. In D. T. Tuma & F. Reif (Hrsg.), *Problem solving and education. Issues in teaching and research* (S. 9–23). Hillsdale, NJ: Lawrence Erlbaum.

Grenz, T. & Emling, D. (2017). Wider Emergenz und Zwang. Zur Kombinatorik in der Theoriearbeit. In N. Burzan & R. Hitzler (Hrsg.), *Theoretische Einsichten. Im Kontext empirischer Arbeiten* (S. 31–51). Wiesbaden: Springer VS.

Griffin, D. (2011). Nudging students' creative problem-solving skills. *Political Science and Politics, 44*(2), 425–427.

Gürtler, T. (2003). *Trainingsprogramm zur Förderung selbstregulativer Kompetenz in Kombination mit Problemlösestrategien. PROSEKKO.* Frankfurt a. Main: Peter Lang.

Gürtler, T., Perels, F., Schmitz, B. & Bruder, R. (2002). Training zur Förderung selbstregulativer Fähigkeiten in Kombination mit Problemlösen in Mathematik. In M. Prenzel & J. Doll (Hrsg.), *Bildungsqualität von Schule. Schulische und außerschulische Bedingungen mathematische, naturwissenschaftlicher und überfachlicher Kompetenzen* (S. 222–239). Zeitschrift für Pädagogik, Beiheft 45. Weinheim: Beltz.

Haas, H., Bernegger, W., Repscher, K., Anneser, F. & Meyer, S. (2002). Eigenverantwortliches Lernen, 50–67. Zugriff 27. September 2019, unter http://www.deltaplus.bayern.de/fileadmin/userupload/DELTAplus/Broschuere2002/SINUS_Bayern_2002.pdf

Hagman, W., Andersson, D., Västfjäll, D. & Tinghög, G. (2015). Public views on policies involving nudges. *Review of Philosophy and Psychology, 6*(3), 439–453.

Hannafin, M., Land, S. & Oliver, K. (1999). Open learning environments: Foundations, methods, and models. In C. M. Reigeluth (Hrsg.), *Instructional-design theories and models. A new paradigm of instructional theory* (Bd. 2, S. 115–140). Mahwah: Lawrence Erlbaum.

Hansen, P. G., Schmidt, K., Skov, L. R., Jespersen, A. M., Pèrez-Cueto, F. J. A. & Mikkelsen, B. E. (2013). Smaller plates, less food waste. A choice architectural experiment in a selfservice eating setting, 1754. Zugriff 15. Juli 2019, unter https://forskning.ruc.dk/en/publications/smaller-plates-less-food-waste-a-choice-architectural-experiment-

Hansen, P. G. & Jespersen, A. M. (2013). Nudge and the manipulation of choice. A framework for the responsible use of the nudge approach to behaviour change in public policy. *European Journal of Risk Regulation, 4*(1), 3–28.

Hansen, P. G., Skov, L. R., Jespersen, A. M., Skov, K. L. & Schmidt, K. (2016). Apples versus brownies. A field experiment in rearranging conference snacking buffets to reduce shortterm energy intake. *Journal of Foodservice Business Research, 19*(1), 122–130.

Harnishfeger, K. K. & Bjorklund, D. F. (2015). Children's strategies: A brief history. In D. F. Bjorklund (Hrsg.), (S. 1–22). Hillsdale, NJ: Routledge.

Harskamp, E. G. & Suhre, C. J. M. (2006). Improving mathematical problem solving. A computerized approach. *Computers in Human Behavior, 22*(5), 801–815.

Hasselhorn, M. (1996). *Kategoriales Organisieren bei Kindern. Zur Entwicklung einer Gedächtnisstrategie.* Göttingen: Hogrefe.

Hasselhorn, M. & Gold, A. (2013). *Pädagogische Psychologie. Erfolgreiches Lernen und Lehren* (3. Aufl.). Stuttgart: Kohlhammer.

Hasselhorn, M. & Gold, A. (2017). *Pädagogische Psychologie. Erfolgreiches Lernen und Lehren* (4. Aufl.). Stuttgart: Kohlhammer.

Hausman, D. M. & Welch, B. (2010). Debate. To nudge or not to nudge. *The Journal of Political Philosophy, 18*(1), 123–136.

Hein, K. & Prediger, S. (2017). Fostering and investigating students' pathways to formal reasoning: A design research project on structural scaffolding for 9th graders. In T. Dooley & G. Gueudet (Hrsg.), *Proceedings of the 10th Congress of the European Society for Research in Mathematics Education* (S. 163–170). Dublin, Irland: DCU/ERME.

Heinrich, F. (1999). Welches „Steuerungsverhalten" vermag das Entstehen kreativer Produkte beim Bearbeiten mathematischer Probleme zu fördern? In B. Zimmermann (Hrsg.), *Kreatives Denken und Innovation in mathematischen Wissenschaften. Tagungsband zum interdisziplinären Symposium an der Friedrich-Schiller-Universität Jena* (S. 75–91). Jena: Universität Jena.

Heinrich, F. (2004). *Strategische Flexibilität beim Lösen mathematischer Probleme. Theoretische Analysen und empirische Erkundungen über das Wechseln von Lösungsanläufen.* Hamburg: Dr. Kovač.

Heinrich, F., Bruder, R. & Bauer, C. (2015). Problemlösen lernen. In R. Bruder, L. Hefendehl-Hebeker, B. Schmidt-Thieme & H.-G. Weigand (Hrsg.), *Handbuch der Mathematikdidaktik.* Berlin: Springer Spektrum.

Heinze, A. (2007). Problemlösen im mathematischen und außermathematischen Kontext. Modelle und Unterrichtskonzepte aus kognitionstheoretischer Perspektive. *Journal für Mathematik-Didaktik, 28*(1), 3–30.

Hembree, R. (1992). Experiments and relational studies in problem solving: A meta-analysis. *Journal for Research in Mathematics Education, 23*(3), 242–273.

Henze, N. (2018). *Stochastik für Einsteiger. Eine Einführung in die faszinierende Welt des Zufalls* (12. Aufl.). Wiesbaden: Springer Spektrum.

Herold, R. (2015). Problemlösen lernen mit Strategieschlüsseln. Eine Pilotstudie. In F. Caluori, H. Linneweber-Lammerskitten & C. Streit (Hrsg.), *Beiträge zum Mathematikunterricht 2015* (S. 380–383). Münster: WTM.

Herold, R., Barzel, B. & Ehret, M. (2013). Strategy keys. An essential tool for (low-achieving) maths students. In A. Lindmeier & A. Heinze (Hrsg.), *Proceedings of the 37th Conference of the International Group for the Psychology of Mathematics Education* (Bd. 5, S. 72). Kiel, Germany: PME.

Herold-Blasius, R. (2017). Strategy keys as tool for problem solving. *Mathematics Teaching in Middle School, 23*(3), 147–153.

Herold-Blasius, R., Holzäpfel, L. & Rott, B. (2019). Problemlösestrategien lehren lernen – Wo die Praxis Probleme beim Problemlösen sieht. In A. Büchter, M. Glade, R. Herold-Blasius, M. Klinger, F. Schacht & P. Scherer (Hrsg.), *Vielfältige Zugänge zum Mathematikunterricht. Konzepte und Beispiele aus Forschung und Praxis.* Wiesbaden: Springer.

Herold-Blasius, R. & Rott, B. (2017). Welchen Einuss haben Strategieschlüssel auf Problemlöseprozesse? Methodische überlegungen zur Analyse. In M. Beyerl, J. Fritz, M. Ohlendorf, A. Kuzle & B. Rott (Hrsg.), *Mathematische Problemlösekompetenzen fördern. Tagungsband der Herbsttagung des GDM Arbeitskreises Problemlösen in Braunschweig 2016* (S. 101–118). Münster: WTM.

Herold-Blasius, R. & Rott, B. (2018). Strategieschlüssel als Werkzeug beim mathematischen Problemlösen. *MNU Journal, 71*(1), 57–62.

Herold-Blasius, R. & Rott, B. (2021). Strategieschlüssel in der Sekundarstufe I. Ein Material zur Förderung des Strategieeinsatzes beim mathematischen Problemlösen. *Der Mathematikunterricht* 1, S. 26–36.

Herold-Blasius, R., Rott, B. & Leuders, T. (2017). Problemlösen lernen mit Strategieschlüsseln. Zum Einuss von exiblen heuristischen Prompts bei Problemlöseprozessen von Dritt- und Viertklässlern. *mathematica didactica, 40*(2), 99–122.

Hoffman, B. & Spatariu, A. (2008). The inuence of self-efficacy and metacognitive prompting on math problem-solving effciency. *Contemporary Educational Psychology, 33*(4), 875–893.

Hoffman, B. & Spatariu, A. (2011). Metacognitive prompts and mental multiplication. Analyzing strategies with a qualitative lens. *Journal of Interactive Learning Research, 22*(4), 607–635.

Holder, K. & Kessels, U. (2018). Lehrkräfte zwischen Bildungsstandards und Inklusion: Eine experimentelle Studie zum Einuss von „Standardisierung" und „Individualisierung" auf die Bezugsnormorientierung. *Unterrichtswissenschaft, 46*(1), 87–104.

Holling, H. & Gediga, G. (2016). *Statistik. Testverfahren.* Göttingen: Hogrefe.

Holton, D. & Clarke, D. (2006). Scaffolding and metacognition. *International Journal of Mathematical Education in Science and Technology, 37*(2), 127–143.

Holzäpfel, L., Lacher, M., Leuders, T. & Rott, B. (2018). *Problemlösen lehren lernen. Wege zum mathematischen Denken.* Seelze: Kallmeyer Klett.

Hoong, L. Y., Guan, T. E., Seng, Q. K., Lam, T. T., Choon, T. P., Dindyal, J., ... Yap, R. A. S. (2014). *Making mathematics more practical. Implementation in the schools.* New Jersey: World Scientific.

Hornby, A. S. (2003). *Oxford Advanced Learner's Dictionary* (6. Aufl.) (S. Wehmeier, Hrsg.). Oxford: Oxford University Press.

Hübner, S., Nückles, M. & Renkl, A. (2006). Prompting cognitive and metacognitive processing in writing-to-learn enhances learning outcomes. In R. Sun, N. Miyake & C. Schunn (Hrsg.), *Proceedings of the 28th annual conference of the cognitive science society* (S. 357–362). Mahwah: Lawrence Erlbaum.

Hübner, S., Nückles, M. & Renkl, A. (2007). Lerntagebücher als Medium des selbstgesteuerten Lernens – Wie viel instruktionale Unterstützung ist sinnvoll? *Empirische Pädagogik, 21*(2), 119–137.

Hugener, I. (2006). Sozialformen und Lektionsdauer. In I. Hugener, C. Pauli & K. Reusser (Hrsg.), *Dokumentation der Erhebungs- und Auswertungsinstrumente zur schweizerischdeutschen Videostudie „Unterrichtsqualität, Lernverhalten und mathematisches Verständnis". Teil 3 Videoanalysen* (S. 55–61). Frankfurt a. Main: Gesellschaft zur Förderung Pädagogischer Forschung.

iNudgeYou. (2019). 6 Nudges to Reduce Interruptions at the Workplace. Zugriff 15. Juli 2019, unter https://inudgeyou.com/en/6-nudges-to-reduce-interruptions-at-the-workplace/

Ishida, J. (1996). Mathematical problem solving strategies of good and poor sixth graders. *Japan Society for Science Education, 20*(4), 207–212.

Jackson, S. L., Krajcik, J. & Soloway, E. (1998). The design of guided learner-adaptable scaffolding in interactive learning environments. In C. M. Karat, A. Lund, J. Coutaz & J. Karat (Hrsg.), *CHI 98 conference proceedings* (S. 187–194). New York: ACM Press.

Jäger, R. S. (2008). Leistungsbeurteilung. In W. Schneider & M. Hasselhorn (Hrsg.), *Handbuch der Psychologie* (S. 324–336). Göttingen: Hogrefe.

Jaspers, M. W. M. & van Lieshout, E. C. D. M. (1991). Training specific modeling strategies for word problem solving in a computer assisted instruction program. In L. J. M. Mulder, F. J. Maarse, W. P. B. Sjouw & A. E. Akkerman (Hrsg.), *Computers in psychology, applications in education, research, and psychodiagnostics* (S. 54–60). Amsterdam: Swets & Zeitlinger.

Jensen, M. (2017). Bitte nicht stupsen? Wahrnehmung und Akzeptanz verschiedener Nudges durch deutsche Staatsbürger. *Behavioral Communications, 2*(1), 12–19.

Jitendra, A. K., Griffin, C. D. & Haria, P. (2007). A comparison of single and multiple strategy instruction on third-grade students' mathematical problem solving. *Journal of Educational Psychology, 99*(1), 115–127.

Jonassen, D. H. (2014). Assessing problem solving. In J. M. Spector, M. D. Merrill, J. Elen & B. M. J. (Hrsg.), *Handbook of Research on Educational Communications and Technology* (4. Aufl., S. 269–288). New York: Springer.

Jost, M. (2015). Einheitlich gestellte Aufgaben unter Verwendung von Lernhilfen. Zugriff 4. September 2017, unter https://heterogenitaet.bildung-rp.de/materialien/differenzieren/wahlmoeglichkeiten-geben/lernhilfen.html

Kahneman, D. (2011). *Thinking, fast and slow*. New York: Farrar, Straus und Giroux.

Kallbekken, S. & Saelen. (2013). „Nudging" hotel guests to reduce food waste as a win-win environmental measure. *Economics Letters, 119*(3), 325–327.

Kanfer, F. H. (1987). Self-regulation and behavior. In H. Heckhausen, P. M. Gollwitzer & F. E. Weinert (Hrsg.), *Jenseits der Rubikon: Der Wille in den Humanwissenschaften* (S. 186–299). Heidelberg: Springer.

Kanfer, F. H. (1996). Die Motivierung von Klienten aus der Sicht des Selbstregulationsmodells. In J. Kuhl & H. Heckhausen (Hrsg.), *Enzyklopädie der Psychologie: Themenbereich*

C, *Theorie und Forschung, Serie IV, Motivation und Emotion* (Bd. 4, S. 909–921). Göttingen: Hogrefe.

Kelle, U. & Kluge, S. (2010). *Vom Einzelfall zum Typus. Fallvergleich und Fallkontrastierung in der qualitativen Sozialforschung* (2. Aufl.). Wiesbaden: VS.

Kilpatrick, J. (1967). *Analyzing the solutions of word problems in mathematics. An exploratory study* (Diss., Stanford University, Stanford). Dissertation Abstracts International, 1968, 28, 4380-A. (University Microfilms, 68–5, 442).

King, A. (1994). Autonomy and question asking: The role of personal control in guided studentgenerated questioning. *Learning and Individual Differences, 6*(2), 163–185.

Klinger, M., Thurm, D., Barzel, B., Greefrath, G. & Büchter, A. (2018). Lehren und Lernen mit digitalen Werkzeugen. Entwicklung und Durchführung einer Fortbildungsreihe. In R. Biehler, T. Lange, T. Leuders, B. Rösken-Winter, P. Scherer & C. Selter (Hrsg.), *Mathematikfortbildungen professionalisieren. Konzepte, Beispiele und Erfahrungen des Deutschen Zentrums für Lehrerbildung Mathematik* (S. 395–416). Wiesbaden: Springer Spektrum.

Kluwe, R. H. (1982). Kontrolle eigenen Denkens und Unterricht. In B. Treiber & F. E. Weinert (Hrsg.), *Lehr-Lern-Forschung. Ein Uberblick in Einzeldarstellungen* (S. 113–133). München: U & S Pädagogik.

Kluwe, R. H. & Schiebler, K. (1984). Entwicklung exekutiver Prozesse und kognitive Leistungen. In F. E. Weinert & R. H. Kluwe (Hrsg.), *Metakognition Motivation und Lernen* (S. 31–60). Stuttgart: Kohlhammer.

Koenen, J. (2014). *Entwicklung und Evaluation von experimentunterstützten Lösungsbeispielen zur Förderung naturwissenschaftlich-experimenteller Arbeitsweisen.* Berlin: Logos.

Koenen, J. & Emden, M. (2016). Hilfekarten als Lernimpulse. In J. Koenen, M. Emden & E. Sumeth (Hrsg.), *Chemieunterricht im Zeichen der Erkenntnisgewinnung. Ganz In – Materialien für die Praxis* (S. 25–31). Münster: Waxmann.

Koichu, B., Berman, A. & Moore, M. (2007). Heuristic literacy development and its relation to mathematical achievements of middle school students. *Instructional Science, 35*(2), 99–139.

Komorek, E., Bruder, R. & Schmitz, B. (2004). Integration evaluierter Trainingskonzepte für Problemlösen und Selbstregulation in den Mathematikunterricht. In J. Doll (Hrsg.), *Bildungsqualität von Schule. Lehrerprofessionalisierung, Unterrichtsentwicklung und Schülerförderung als Strategien der Qualitätsverbesserung* (S. 54–76). Münster: Waxmann.

König, H. (1992). Einige für den Mathematikunterricht bedeutsame heuristische Vorgehensweisen. *Der Mathematikunterricht, 38*(3), 24–38.

Konrad, K. (2005). *Förderung und Analyse von selbstgesteuertem Lernen in kooperativen Lernumgebungen: Bedingungen, Prozesse und Bedeutung kognitiver sowie metakognitiver Strategien für den Erwerb und Transfer konzeptuellen Wissens.* Lengerich: Pabst.

Kosfeld, R., Eckey, H. F. & Türck, M. (2016). *Deskriptive Statistik. Grundlagen – Methoden – Beispiele – Aufgaben* (6. Aufl.). Wiesbaden: Springer Gabler.

Kostka, N. (2012). *Lerninhalte selbstständig erarbeiten. Mathematik 3. Mit Tippkarten Schritt für Schritt zur richtigen Lösung* (Donauwörth) (M. Bettner & E. Dinges, Hrsg.). Auer Verlag.

Krägeloh, N. & Prediger, S. (2015). Der Textaufgabenknacker. Ein Beispiel zur Spezifizierung und Förderung fachspezifischer Lese- und Verstehensstrategien. *MNU Journal, 68*(3), 138–144.

Kramarski, B. (2009). Developing a pedagogical problem solving view for mathematics teachers with two reection programs. *International Electronic Journal of Elementary Education, 2*(1), 137–153.

Kramarski, B., Mevarech, Z. R. & Lieberman, A. (2001). Effects of multilevel versus unilevel metacognitive training on mathematical reasoning. *The Journal of Educational Research, 94*(5), 292–300.

Kramarski, B., Weiss, I. & Sharon, S. (2013). Generic versus context-specific prompts for supporting self-regulation in mathematical problem solving among students with low or high prior knowledge. *Journal of Cognitive Education and Psychology, 12*(2), 197–214.

Krause, U.-M. (2007). *Feedback und kooperatives Lernen.* Münster: Waxmann.

Krause, U.-M. & Stark, R. (2006). Förderung des Wissenserwerbs im Bereich empirischer Forschungsmethoden mit Hilfe einer computerbasierten Lernumgebung. In G. Krampen & H. Zayer (Hrsg.), *Didaktik und Evaluation in der Psychologie* (S. 207–217). Göttingen: Hogrefe.

Kretschmer, I. F. (1983). *Problemlösendes Denken im Unterricht.* Frankfurt a. Main: Lang.

Krummheuer, G. & Voigt, J. (1991). Interaktionsanalysen von Mathematikunterricht. Ein überblick über einige Bielefelder Arbeiten. In J. Maier H. & Voigt (Hrsg.), *Interpretative Unterrichtsforschung* (S. 13–22). Köln: Aulis.

Kuckartz, U. (2014). *Qualitative Inhaltsanalyse. Methoden, Praxis, Computerunterstützung* (2. Aufl.). Weinheim: Beltz Juventa.

Lam, T. T., Seng, Q. K., Hoong, L. Y., Dindyal, J. & Guan, T. E. (2011). *Making mathematics practical. An approach to problem solving.* New Jersey: World Scienfic.

Landesakademie für Fortbildung und Personalentwicklung Baden-Württemberg. (o. D.). Selbstständiges Arbeiten in der Anfangslektüre. Wörterbuch-Trainingsspirale. Tippkarten. Zugriff 22. September 2019, unter https://lehrerfortbildung-bw.de/u_sprachlit/griechisch/gym/bp2004/fb1/03_lektuere/2_ein_diag/2tippkarten/

Lange, D. (2009). Auswahl von Aufgaben für eine explorative Studie zum Problemlösen. In M. Neubrand (Hrsg.), *Beiträge zum Mathematikunterricht 2009* (S. 221–224). Münster: WTM.

Lange, D. (2013). *Inhaltsanalytische Untersuchung zur Kooperation beim Bearbeiten mathematischer Problemaufgaben.* Münster: WTM.

Lee, C.-Y. & Chen, M.-P. (2009). A computer game as a context for non-routine mathematical problem solving: The effects of type of question prompt and level of prior knowledge. *Computers and Education, 52*(3), 530–542.

Lester, F. (1994). Musings about Mathematical Problem-Solving Research: 1970–1994. *Journal for Research in Mathematics Education, 25*(6), 660–675.

Leuders, T. (2010). Problemlösen. In T. Leuders & B. Barzel (Hrsg.), *Mathematik-Didaktik. Praxishandbuch für die Sekundarstufe I und II* (5. Aufl., S. 119–135). Berlin: Cornelsen Scriptor.

Leuders, T. (2011). Problemlösen. In T. Leuders & B. Barzel (Hrsg.), *Mathematik-Didaktik. Praxishandbuch für die Sekundarstufe I und II* (6. Aufl., S. 119–134). Berlin: Cornelsen Scriptor.

Leutner, D. & Leopold, C. (2006). Selbstregulation beim Lernen von Sachtexten. In H. Mandl & H. F. Friedrich (Hrsg.), *Handbuch Lernstrategien* (S. 162–171). Göttingen: Hogrefe.

Lompscher, J. (1972). *Theoretische und experimentelle Untersuchungen zur Entwicklung geistiger Fähigkeiten.* Berlin: Volk & Wissen.

Maher, C. A. & Sigley, R. (2014). Task-based interviews in mathematics education. In S. Lerman (Hrsg.), *Encyclopedia of Mathematics Education* (S. 579–582). Dordrecht: Springer.

Maker, K., Bakker, A. & Ben-Zvi, D. (2015). Scaffolding norms of argumentation-based inquiry in a primary mathematics classroom. *ZDM Mathematics education, 47*(6), 1107–1120.

Mason, J., Burton, L. & Stacey, K. (2006). *Mathematisch denken – Mathematik ist keine Hexerei* (4. Aufl.). München: Oldenbourg.

Mayer, R. E. & Wittrock, M. (1996). Problem-solving transfer. In D. C. Berliner & R. C. Calfee (Hrsg.), *Handbook of educational psychology* (S. 47–62). New York: Macmillan.

Mayring, P. (2010). *Qualitative Inhaltsanalyse. Grundlagen und Techniken.* Weinheim: Beltz.

Mertzman, T. (2008). Individualising scaffolding: Teachers' literacy interruptions of ethnic minority students and students from low socioeconomic backgrounds. *Journal of research in reading, 31*(2), 183–202.

Mevarech, Z. R. & Kramarski, B. (1997). IMPROVE. A multidimensional method for teaching mathematics in heterogeneous classrooms. *American Educational Research Journal, 34*(2), 365–394.

Miller, P. H. (1994). Individual differences in children's strategic behaviour. Utilization deficiencies. *Learning and Individual Differences, 6*(3), 285–307.

Miller, P. H. & Seier, W. L. (1994). Strategy utilization deficiencies in children. When, where and why. In H. W. Reese (Hrsg.), *Advances in child development and child behavior* (Bd. 25, S. 107–156). Academic Press.

Ministerium für Schule und Weiterbildung des Landes Nordrhein-Westfalen (Hrsg.). (2008). Lehrplan Mathematik für die Grundschulen des Landes Nordrhein-Westfalen. Zugriff 10. Juli 2019, unter https://www.schulentwicklung.nrw.de/lehrplaene/upload/klp_gs/GS_LP_M.pdf

Ministry of Education Singapore (Hrsg.). (2012). Mathematics syllabus. Primary one to six. Curriculum Planning und Development Division. Zugriff 7. August 2018, unter https://www.moe.gov.sg/docs/defaultsource/document/education/syllabuses/sciences/files/mathematics_syllabus_primary_1_to_6.pdf

Mohl-Lomb, M. (2007). Sachtexte mit dem Lesefächer knacken. *mathematik lehren, 143,* 68.

Molenaar, I., van Boxtel, C. A. M. & Sleegers, P. J. C. (2010). The effects of scaffolding metacognitive activities in small groups. *Computers in human behavior, 26*(6), 1727–1738.

Montague, M., Warger, C. & Morgan, T. H. (2000). Solve It! Strategy instruction to improve mathematical problem solving. *Learning Disabilities Research & Practice, 15*(2), 110–116.

Neuhaus, K. (2001). *Die Rolle des Kreativitätsproblems in der Mathematikdidaktik.* Berlin: Dr. Köster.

Neumann, R. (2013). *Libertärer Paternalismus.* Tübingen: Mohr Siebeck.

Nückles, M., Schwonke, R., Berthold, K. & Renkl, A. (2004). The use of public learning diaries in blended learning. *Journal of Educational Media, 29*(1), 49–66.

Oh, P. S. (2005). Discursive roles of the teacher during class sessions for students presenting their science investigations. *International Journal of Science Education, 27*(15), 1825–1851.

Perels, F. (2003). *Ist Selbstregulation zur Förderung von Problemlösen hilfreich?* Frankfurt a. Main: Peter Lang.

Philipp, K. (2013). *Experimentelles Denken. Theoretische und empirische Konkretisierung einer mathematischen Kompetenz.* Wiesbaden: Springer Spektrum.

Philipp, K. & Herold-Blasius, R. (2016). Schlüssel zum Erfolg. Mit Strategieschlüsseln Problemlösestrategien fördern. *Praxis der Mathematik in der Schule, 68*(58), 9–14.

Piaget, J. (1966). *Psychologie der Intelligenz* (2. Aufl.). Zürich: Rascher.

Pintrich, P. R. (2000). The role of goal orientation in self-regulated learning. In M. Boekaerts, P. R. Pintrich & M. Zeidner (Hrsg.), *Handbook of self-regulation* (S. 451–502). San Diego: Academic Press.

PISA-Konsortium Deutschland (Hrsg.). (2006). *PISA 2003. Untersuchungen zur Kompetenzentwicklung im Verlauf eines Schuljahres.* Münster: Waxmann.

Póhler, B. (2018). *Konzeptuelle und lexikalische Lernpfade und Lernwege zu Potenzen. Eine Entwicklungsforschungsstudie.* Wiesbaden: Springer Spektrum.

Pólya, G. (1949). *Schule des Denkens.* Bern: Francke.

Pólya, G. (1962). *Mathematical discovery. On understanding, learning, and teaching problem solving.* New York: John Wiley.

Pólya, G. (1964). Die Heuristik. Versuch einer vernünftigen Zielsetzung. *Der Mathematikunterricht, 1,* 5–15.

Pólya, G. (1973/1945). *How to solve it. A new aspect of mathematical method* (2. Au.). Princeton University Press.

Prediger, S. & Bikner-Ahsbahs, A. (2014). Introduction to networking: Networking strategies and their background. In A. Bikner-Ahsbahs & S. Prediger (Hrsg.), *Networking of theories as a research practice in mathematics education* (S. 117–125). Heidelberg: Springer.

Prediger, S., Bikner-Ahsbahs, A. & Arzarello, F. (2008). Networking strategies and methods for connecting theoretical approaches: first steps towards a conceptual framework. *ZDM Mathematics Education, 40*(2), 165–178.

Prediger, S. & Krägeloh, N. (2015). Low achieving eighth graders learn to crack word problems: a design research project for aligning a strategic scaffolding tool to students' mental processes. *ZDM Mathematics Education, 47*(6), 947–962.

Radford, J., Bosanquet, P., Webster, R., Blatchford, P. & Rubie-Davies, C. (2014). Fostering learner independence through heuristic scaffolding: A valuable role for teaching assistants. *International journal of educational research, 63*(2014), 116–126.

Radford, L. (2008). Connecting theories in mathematics education: challenges and possibilities. *ZDM Mathematics Education, 40*(2), 317–327.

Rasch, B., Friese, M., Hofmann, W. & Naumann, E. (2010). *Quantitative Methoden. Einführung in die Statistik für Psychologen und Sozialwissenschaftler* (3. Aufl.). Berlin: Springer.

Rasch, R. (2008). *42 Denk- und Sachaufgaben. Wie Kinder mathematische Aufgaben lösen und diskutieren* (3. Aufl.). Seelze-Velber: Kallmeyer.

Rasch, R. (2009). Textaufgaben in der Grundschule. Lernvoraussetzungen und Konsequenzen für den Unterricht. *mathematica didactica, 32,* 67–92.

Reigeluth, C. M. & Stein, F. S. (1983). The elaboration theory of instruction. In C. M. Reigeluth (Hrsg.), *Instructional-design theories and models: An overview of their current status* (Kap. 10, Bd. 1, S. 335–381). Hillsdale, NJ: Lawrence Erlbaum.

Reiser, B. J. (2004). Scaffolding complex learning. The mechanisms of structuring and problematizing student work. *Journal of Learning Sciences, 13*(3), 273–304.

Renkl, A., Schworm, S. & vom Hofe, R. (1995). Lernen mit Lösungsbeispielen. *Mathematic lehren, 109,* 14–18.

Resnick, L. B. & Glaser, R. (1976). Problem solving and intelligence. In L. B. Resnick (Hrsg.), *The nature of intelligence.* Hillsdale, NJ: Lawrence Erlbaum.

Rheinberg, F. (1980). *Leistungsbewertung und Lernmotivation.* Göttingen: Hogrefe.

Rizzo, M. J. & Whitman, D. G. (2009). Little Brother is watching you. New paternalism on the slippery slopes. *Arizona Law Review, 51*(3), 685–739.

Rott, B. (2013). *Mathematisches Problemlösen. Ergebnisse einer empirischen Studie.* Münster: WTM.

Rott, B. (2014a). Mathematische Problembearbeitungsprozesse von Fünftklässlern – Entwicklung eines deskriptiven Phasenmodells. *Journal für Mathematik-Didaktik, 35*(2), 251–282.

Rott, B. (2014b). Rethinking heuristics – Characterizations and examples. In A. Ambrus & È. Vásárhelyi (Hrsg.), *Problem solving in mathematics education. Proceedings of the 15th ProMath conference* (S. 176–192). Haxel nyomda, Hungary: Eötvös Loránd University.

Rott, B. (2018). Empirische Zugänge zu Heurismen und geistiger Beweglichkeit in den Problemlöseprozessen von Fünft- und Sechstklässlern. *mathematica didactica, 41*(1), 47–75.

Rott, B. & Gawlick, T. (2014). Explizites oder implizites Heurismentraining – was ist besser? *mathematica didactica, 37*, 191–212.

Sachs, L. (1990). *Statistische Methoden 2. Planung und Auswertung.* Berlin: Springer.

Schmidt, A. & Weidig, I. (Hrsg.). (2010). *Lambacher Schweizer. Mathematik. Serviceband. Oberstufe, Einführungsphase.* Stuttgart: Klett.

Schmidt, K., Schuldt-Jensen, J., Aarestrup, S. C., Jensen, A. R., Skov, K. L. & Hansen, P. G. (2016). Nudging smoke in airports. A case study in nudging as a method. iNudgeyou, 1–7. Zugriff 15. Juli 2019, unter https://inudgeyou.com/wp-content/uploads/2017/08/OPENG-Nudging_Smoke_in_Airports.pdf

Schmidt-Weigand, F., Franke-Braun, G. & Hänze, M. (2008). Erhöhen gestufte Lernhilfen die Effektivität von Lösungsbeispielen? Eine Studie zur kooperativen Bearbeitung von Aufgaben in den Naturwissenschaften. *Unterrichtswissenschaft, 36*(4), 365–384.

Schmidt-Weigand, F., Hänze, M. & Wodzinski, R. (2009). Complex Problem Solving and Worked Examples. The Role of Prompting Strategic Behavior and Fading-in Solution Steps. *Zeitschrift für Pädagogische Psychologie, 23*(2), 129–138.

Schmitz, B. (2001). Self-Monitoring zur Unterstützung des Transfers einer Schulung in Selbstregulation für Studierende. Eine prozeßanalytische Untersuchung. *Zeitschrift für Pädagogische Psychologie, 15*(3/4), 179–195.

Schnellenbach, J. (2011). Wohlwollendes Anschubsen: Was ist mit liberalem Paternalismus zu erreichen und was sind seine Nebenwirkungen? *Perspektiven der Wirtschaftspolitik, 12*(4), 445–459.

Schoenfeld, A. (1985). *Mathematical problem solving.* Orlando: Academic Press.

Schoenfeld, A. (1992a). Learning to think mathematically: Problem solving, metacognition, and sense making in mathematics. In D. A. Grouws (Hrsg.), *Handbook of research on mathematics teaching and learning. A project of the National Council of Teachers of Mathematics* (S. 334–370). New York: Macmilan.

Schoenfeld, A. (1992b). On paradigms and methods: What do you do when the ones you know don't do what you want them to? Issues in the analysis of data in the form of videotapes. *Journal of the Learning Sciences, 2*(2), 179–214.

Schoenfeld, A. (2011). *How we think. A theory of goal oriented decision-making and its educational applications.* New York: Routledge.

Schoenfeld, A. H. (1987). What's all the fuss about metacognition? In A. H. Schoenfeld (Hrsg.), *Cognitive science and mathematics education* (S. 189–215). Hillsdale: Lawrence Erlbaum.

Schreblowski, S. & Hasselhorn, M. (2006). Selbstkontrollstrategien. Planen, überwachen, Bewerten. In H. Mandl & H. F. Friedrich (Hrsg.), *Handbuch Lernstrategien* (S. 151–161). Göttingen: Hogrefe.

Schreiber, A. (2011). *Begriffsbestimmungen. Aufsätze zur Heuristik und Logik mathematischer Begriffsbildung.* Berlin: Logos.

Schulz, A., Leuders, T. & Kowalk, S. (2019). Skizzen helfen Textaufgaben zu verstehen ... und zu lösen. *mathematik lehren*, (214), 7–12.

Schwarz, W. (2006). *Heuristische Strategien des Problemlösens. Eine fachmethodische Systematik für die Mathematik.* Münster: WTM.

Schwarz, W. (2018). *Problemlösen in der Mathematik. Ein heuristischer Werkzeugkasten.* Berlin: Springer Spektrum.

Sekretariat der Ständigen Konferenz der Kultusminister der Länder in der Bundesrepublik Deutschland. (2004). *Bildungsstandards im Fach Mathematik für den Mittleren Schulabschluss. Beschluss vom 4.12.2003.* München: Wolters Kluwer.

Sekretariat der Ständigen Konferenz der Kultusminister der Länder in der Bundesrepublik Deutschland. (2005a). *Bildungsstandards im Fach Mathematik für den Hauptschulabschluss. Beschluss vom 15.10.2004.* München: Wolters Kluwer.

Sekretariat der Ständigen Konferenz der Kultusminister der Länder in der Bundesrepublik Deutschland. (2005b). *Bildungsstandards im Fach Mathematik für den Primarbereich. Beschluss vom 15.10.2004.* München: Wolters Kluwer.

Selinger, E. & Whyte, K. (2011). Is there a right way to nudge? The practice and ethics of choice architecture. *Sociology Compass*, *5*(10), 923–935.

Selter, C., Pliquet, V. & Korten, L. (2016). Aufgaben adaptieren. In Institut für Mathematik und Informatik der Pädagogischen Hochschule Heidelberg (Hrsg.), *Beiträge zum Mathematikunterricht 2016* (S. 903–906). Münster: WTM.

Seufert, T., Zander, S. & Brünken, R. (2007). Das Generieren von Bildern als Verstehenshilfen beim Lernen aus Texten. *Zeitschrift für Entwicklungspsychologie und Pädagogische Psychologie*, *39*(1), 33–42.

Sherry, L. & Wilson, B. (1996). Supporting human performance across disciplines: A converging of roles and tools. *Performance Improvement Quarterly*, *9*(4), 19–36.

Simon, H. A. (1980). Problem solving and education. In D. T. Tuma & F. Reif (Hrsg.), *Problem solving and education. Issues in teaching and research* (S. 81–96). Hillsdale: Lawrence Erlbaum.

Sinterhauf, R. & Schöning, S. (o. D.). Offene Aufgaben im Mathematikunterricht auf drei Niveaus – wiederholen, üben und vertiefen. Zugriff 27. September 2019, unter https://www.netzwerk-lernen.de/vorschau/NWL88792015_vorschau.pdf

Sitzmann, T. & Ely, K. (2010). Sometimes you need a reminder: The effects of prompting self-regulation on regulatory processes, learning and attrition. *Journal of Applied Psychology*, *95*(1), 132–144.

Sjuts, J. (2014). Vorstellungen und Darstellungen. Evidenzbasierte Diagnostik und Gestaltung mathematischer Lehr-Lern-Prozesse. In J. Roth & J. Ames (Hrsg.), *Beiträge zum Mathematikunterricht 2014* (S. 1139–1142). Münster: WTM.

Slavin, R. E. (2008). Perspectives on evidence-based research in education. What works? Issues in synthesizing educational programme evaluations. *Educational researcher*, *37*(1), 5–14.

Spooner, F., Knight, V. F., Browder, D. M. & Smith, B. R. (2012). Evidence-based practice for teaching academics to students with severe developmental disabilities. *Remedial and Special Education, 33*(6), 374–387.

Stark, R., Tyroller, M., Krause, U.-M. & Mandl, H. (2008). Effekte einer metakognitiven Promptingmaßnahme beim situierten, beispielbasierten Lernen im Bereich Korrelationsrechnung. *Zeitschrift für Pädagogische Psychologie, 22*(1), 59–71.

Steelcase. (2016). Engagement and the Global Workplace. Key findings to amplify the performance of people, teams and organizations. Zugriff 15. Juli 2019, unter https://cdn2.hubspot.net/hubfs/1822507/2016-WPR/EN/2017-WPR-PDF-360FullReport-EN.pdf

Stein, M. (1995). Elementare Bausteine von Problemlöseprozessen. Gestaltorientierte Verhaltensweisen. *mathematica didactica, 18*, 59–84.

Stein, M. (2014). Mathematische Lernräume als Lernumgebungen von Problemklassen. In F. Heinrich & S. Juskowiak (Hrsg.), *Mathematische Probleme lösen lernen. Vorträge auf dem gleichnamigen Symposium am 27. und 28. 2013 an der Technischen Universität Braunschweig* (S. 95–110). Münster: WTM.

Stein, M. (2017). Nudge and the concept of mathematical learning spaces as learning environments for problem classes. In M. Stein (Hrsg.), *A life's time for mathematics education and problem solving* (S. 421–435). Münster: WTM.

Stein, M. & Braun, E. (2013). Aufgaben mit Realitätsbezug in einer Lernumgebung zum Thema Zoo. In I. Bausch, G. Pinkernell & O. Schmitt (Hrsg.), *Unterrichtsentwicklung und Kompetenzorientierung. Festschrift für Regina Bruder* (S. 351–362). Münster: WTM.

Stern, E. (1992). Warum werden Kapitänsaufgaben „gelöst"? Das Verstehen von Textaufgaben aus psychologischer Sicht. *Der Mathematikunterricht, 4*, 7–29.

Stolz, N. (2008). Präsentieren. Rückmeldungen und Bewertungen. *Deutsch differenziert, 2008*(4), 43–45.

Stoppel, H.-J. (2019). *Beliefs und selbstreguliertes Lernen. Eine Studie in Projektkursen der Mathematik in der gymnasialen Oberstufe.* Wiesbaden: Springer Spektrum.

Sturm, N. (2018). *Problemhaltige Textaufgaben lösen Einuss eines Repräsentationstrainings auf den Lösungsprozess von Drittklässlern.* Wiesbaden: Springer Spektrum.

Sturm, N., Wahle, C., Rasch, R. & Schnotz, W. (2015). Self-generated representations are the key. The importance of external representations in predicting problem-solving success. In K. Bewick, T. Muir & J. Wells (Hrsg.), *Proceedings of the 39th Conference of the International Group for the Psychology of Mathematics Education* (Bd. 3, S. 209–216). Hobart, Australien: PME.

Sutherland, L. (2002). Developing problem solving expertise. The impact of instruction in a question analysis strategy. *Learning and Instruction, 12*(2), 155–187.

Thaler, R. & Sunstein, C. (2008). *Nudge. Improving decisions about health, wealth, and happiness.* New York: Yale University Press.

Thaler, R. & Sunstein, C. R. (2003). Libertarian Paternalism. *American Economic Review, 93*(2), 175–179.

Thillmann, H., Künsting, J., Wirth, J. & Leutner, D. (2009). Is it merely a question of „what" to prompt or also „when" to prompt? The role of point of presentation time of prompts in self-regulated learning. *Zeitschrift für Pädagogische Psychologie, 23*(2), 105–115.

Tietze, U.-P., Klika, M. & Wolpers, H. (2000). *Mathematikunterricht in der Sekundarstufe II.* Braunschweig: Vieweg.

Toutenburg, H. & Heumann, C. (2008). *Deskriptive Statistik. Eine Einführung in Methoden und Anwendungen mit R und SPSS* (6. Au.). Berlin: Springer.

Tversky, A. & Kahneman, D. (1974). Judgment under uncertainty. Heuristics and biases. *Science, 185*(4157), 1124–1131.

Tyroller, M. (2005). *Effekte metakognitiver Prompts beim computerbasierten Statistiklernen* (Diss., Ludwig-Maximilians-Universität München, München).

van de Pol, J. E. (2012). *Scaffolding in teacher-student interaction: exploring, measuring, promoting and evaluating scaffolding* (Diss., University of Amsterdam, Amsterdam).

van de Pol, J. E., Volman, M. & Beishuizen, J. (2010). Scaffolding in teacher-student interaction. A decade of research. *Educational psychology review, 22*(3), 271–296.

van den Heuvel-Panhuizen, M. & van den Boogaard, S. (2008). Picture books as an impetus for kindergartners' mathematical thinking. *Mathematical Thinking and Learning, 10*(4), 341–373.

van Oers, B. (2014). Scaffolding in mathematics education. In S. Lerman (Hrsg.), *Encyclopedia of Mathematics Education* (S. 535–538). Dordrecht: Springer.

van Someren, M. W., Barnard, Y. F. & Sandberg, J. A. (1994). *The think aloud method. A practical guide to modelling cognitive processes*. London: Academic Press.

Vauras, M., Kinnunen, R. & Rauhanummi, T. (1999). The role of metacognition in the context of integrated strategy intervention. *European Journal of Psychology of Education, 14*(4), 555–569.

Vygotsky, L. S. (1978). *Mind in society. The development of higher psychological processes*. London: Harvard University Press.

Wallas, G. (1926). *The art of thought*. London: Butler & Tanner.

Walther, G., Selter, C. & Neubrand, J. (2008). Die Bildungsstandards Mathematik. In G. Walther, M. van den Heuvel-Panhuizen, D. Granzer & O. Köller (Hrsg.), *Bildungsstandards für die Grundschule: Mathematik konkret* (S. 16–41). Berlin: Cornelsen Scriptor.

Wälti, B. S. (2015). *Alternative Leistungsbewertung in der Mathematik. Mathematische Beurteilungsumgebungen. Theoretische Auseinandersetzung und empirische Studie* (3. Aufl.). Schulverlag.

Wälti, B. S. (2017). *Alternative Leistungsbewertung in der Mathematik. Unterrichtskonzepte und Beurteilungskonzepte gemeinsam denken*. Saarbrücken: Akademikerverlag.

Weinstein, C. E. & Mayer, R. E. (1986). The teaching of learning strategies. In M. Wittrock (Hrsg.), *Handbook of research in teaching* (S. 315–327). New York: Macmillan.

Weiß, B. (2016). Überblick über den Problemlöseprozess. Die Phasen des Problemlöseprozesses erkennen und festhalten. *Grundschule Mathematik, 50*, 29–31.

Wessel, L. (2015). *Fach- und sprachintegrierte Förderung durch Darstellungsvernetzung und Scaffolding. Ein Entwicklungsforschungsprojekt zum Anteilbegriff*. Wiesbaden: Springer Spektrum.

Wichmann, A. & Leutner, D. (2009). Inquiry learning. Multilevel support with respect to inquiry, explanations and regulation during an inquiry cycle. *Zeitschrift für Pädagogische Psychologie, 23*(2), 117–127.

Wills, H. P., Kamps, D., Hansen, B., Conklin, C., Bellinger, S., Neaderhiser, J. & Nsubuga, B. (2010). The classwide function-based intervention team program. *Preventing School Failure, 54*(3), 164–171.

Wilson, J. W., Fernandez, M. L. & Hadaway, N. (1993). Mathematical problem solving. In P. S. Wilson (Hrsg.), *Research ideas for the classroom: High school mathematics* (S. 57–77). New York: Macmillan.

Winter, H. (1985). *Sachrechnen in der Grundschule*. Bielefeld: Cornelsen.

Winter, H. (1995). Mathematikunterricht und Allgemeinbildung. *Mitteilungen der Gesellschaft für Didaktik der Mathematik, 61*, 37–46.

Wirth, J. (2009). Promoting self-regulated learning through prompts. *Zeitschrift für Pädagogische Psychologie, 23*(2), 91–94.

Wolff, G. & Wolff, K. (2016). Multimediale Hilfekarten. Einsatz von Smartphones im mathematischnaturwissenschaftlichen Unterricht. *MNU Journal, 69*(6), 406–411.

Wong, R. M., Lawson, M. J. & Keeves, J. (2002). The effects of self-explanation training on students' problem solving in high-school mathematics. *Learning and Instruction, 12*(2), 233–262.

Wood, D., Bruner, J. S. & Ross, G. (1976). The role of tutoring in problem solving. *Journal of Child Psychology and Psychiatry, 17*(2), 89–100.

Yilmaz, S., Seifert, C. M. & Gonzalez, R. (2010). Cognitive heuristics in design. Instructional strategies to increase creativity in idea generation. *Artificial Intelligence for Engineering Design, Analysis and Manufacturing, 24*(3), 335–355.

Zech, F. (2002). *Grundkurs Mathematikdidaktik: Theoretische und praktische Anleitungen für das Lehren und Lernen von Mathematik* (10. Au.). Weinheim: Beltz.

Zimmerman, B. J. (1998). Developing self-fulffling cycles of academic regulation. An analysis of exemplary instructional models. In D. H. Schunk & B. J. Zimmerman (Hrsg.), *Selfregulated learning. From reaching to self-reective practice* (S. 1–19). New York: Guilford.

Zimmerman, B. J. (2000). Attaining self-regulation. A social cognitive perspective. In M. Boekaerts, P. R. Pintrich & M. Zeidner (Hrsg.), *Handbook of self-regulation* (S. 13–41). San Diego: Academic Press.

Zimmermann, B. (2003). Mathematisches Problemlösen und Heuristik in einem Schulbuch. *Der Mathematikunterricht, 49*(1), 42–57.

Printed in the United States
By Bookmasters